化工多相流多尺度数学模拟与应用

李伟伟　著

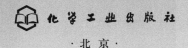

化学工业出版社

·北京·

内容简介

随着计算机技术的飞速发展和人工智能技术的广泛应用，化工多相流多尺度模拟在化学工业中的应用日益广泛，其重要性日益凸显。本书主要介绍了从化工产品研发到工业放大过程中所涉及的主要模拟方法，如 MS、 CFD、 Aspen Plus、 ANN 和经验模型等，包括化工模拟的原理、方法、分类，特点及优缺点，并结合具体案例进行讲解，如含碳资源的高效转化过程、含能材料制备的过程模拟、化工单元操作过程（吸收、精馏、萃取和结晶等）和过程工业的污染物（二氧化硫、氮氧化物、废水和颗粒物等）的脱除过程等。

本书适合化工高新技术企业相关研发人员、技术人员以及管理人员阅读参考，也可作为高等院校化工、材料、能源和环境专业本科生、研究生的教材。

图书在版编目（CIP）数据

化工多相流多尺度数学模拟与应用 / 李伟伟著 .

北京：化学工业出版社， 2024.12. -- ISBN 978-7-122-47148-2

Ⅰ.TQ02

中国国家版本馆 CIP 数据核字第 20247BC223 号

责任编辑：于 水　　　装帧设计：关 飞

责任校对：宋 夏

出版发行：化学工业出版社

　　　　　（北京市东城区青年湖南街 13 号　邮政编码 100011）

印　　装：北京天宇星印刷厂

710mm×1000mm　1/16　印张 23　字数 454 千字

2025 年 7 月北京第 1 版第 1 次印刷

购书咨询：010-64518888　　售后服务：010-64518899

网　　址：http: //www. cip. com. cn

凡购买本书，如有缺损质量问题，本社销售中心负责调换。

定　　价：168.00 元　　　　　　版权所有　违者必究

前言

　　继实验科学和理论研究之后，化工多相流多尺度模拟技术已成为自然科学研究的重要手段。它运用数学方法，将实验过程和现象抽象成一系列公式，从而揭示实验中难以直接测量和捕捉的信息，有效优化了化工过程中的操作条件和设备结构，以达到整体性能优化的目的，大幅降低人力、物力和财力的消耗。

　　通过学习本书，化工科研人员能够掌握多相流多尺度模拟的方法，提升对化工过程的理解，完成化工模拟工程师的基本训练，为反应器设计和工艺放大打下坚实基础。然而，由于目前化工科研工作者的专业水平和基础理论参差不齐，对模拟方法的理解和应用能力有限，这在一定程度上限制了模拟技术在化工领域的广泛应用。因此，本书采用理论与实践相结合的方式，深入浅出地阐述了化工多相流多尺度模拟的方法和典型建模步骤，旨在帮助读者快速、全面、准确地掌握模拟技术，起到"举一反三、启发思维"的作用，明确各种模拟方法的优势与局限以及它们各自适合解决的问题。

　　本专著汇集了作者近十年的科研项目经验和理论研究成果。全书共6章，由作者独立撰写，围绕含能材料、含碳资源的高效转化过程和化工单元操作过程三个领域，重点介绍了化工多相流多尺度模拟的方法、分类、关键问题与技术，以及模拟的具体步骤和应用实例。第1章为绪论，概述了化工多相流模拟的全过程；第2章至第6章分别介绍了分子模型、CFD模型、经验模型、Aspen Plus模型和机器学习模型等内容。

　　在此，作者感谢课题组的硕士研究生史晓澜、柴凡、张彦奇、刘佳敏、王丽君、王晨、杨晨宇、郝东杰、陈贵明、王敏、李雨函、田忠印、杨佳伟、曾露、赵花和高少明以及本科生徐强、孙正则和付丽英在撰写过程中的协助。特别感谢李晓颖女士在生活上的关怀和精神上的鼓励，没有她的支持，本书的完成难以想象。同时，作者也衷心感谢化学工业出版社的工作人员为本书出版付出的辛勤努力。

本书适作为高等院校、科研院所以及企事业单位中从事化工、能源和环境等专业的本科生、硕士生和博士生作为化工多相流多尺度数学模拟的教学用书，同时也适合广大化工工程技术人员作为模拟计算的参考书籍。鉴于著者水平有限，书中如有不足之处，敬请广大读者批评指正。

李伟伟

2025 年 3 月于中北大学

目录

第1章
绪　论

1.1 概述

化工模拟技术作为一种利用计算机和数学模型对化工过程进行虚拟重现的高新技术，其应用范围广泛，涉及反应工程、分离过程、流体动力学、传热传质等多个环节。该技术的核心在于通过精确的数学方程来描述复杂的物理化学规律，并借助数值计算方法预测实际系统的行为。与传统的实验方法相比，化工模拟能够显著降低人力、物力和财力的投入。

化工模拟的崛起，标志着继实验科学和理论研究之后，自然科学研究方法的又一次重大突破。由于所有模拟都基于一定的假设，因此存在一定的局限性，但在揭示实验无法直接测量的结果方面仍具有不可替代的作用。过去，模拟技术常被视为"马后炮"，认为其只是在已知结果后的验证。然而，随着理论的深化和认识的提升，模拟技术已逐渐转变为"马前卒"，尤其是在人工智能等先进技术的推动下。

通过化工模拟，可以在设计阶段实现优化，替代传统的试错法，大幅缩短设备研发周期。流程模拟的应用有助于降低生产成本，减少新项目的能耗。同时，通过安全评估，可以降低事故发生率，确保生产安全。此外，环保方面的效益也十分显著，化工模拟有助于提升污染物排放达标率，为我国绿色发展战略贡献力量。

1.2 化工模拟技术的发展历史

化工模拟技术的演进是一个计算机科学、数学建模与化学工程多学科深度融合的过程，其发展历程可分为五个关键阶段，涵盖了经验模型、流程模型（Aspen Plus）、计算流体力学（CFD）模型、分子模型（MS）及机器学习（ML）模型等技术的诞生与迭代。

（1）经验模型（EM）时代（20世纪50年代前）[1]

在这个阶段，化工模拟主要依赖于手工计算和经验公式。这一时期的化工模拟技术起步于19世纪末的热力学研究，并在20世纪初随着单元操作理论的提出而得到发展。例如，1925年McCabe和Thiele提出用于精馏塔理论板数计算的McCabe-Thiele法，以及1943年Hausen提出用于换热器设计的LMTD（对数平均温差）法，都是这一时期的代表性成果。

在这个阶段，工程师们主要依靠实验数据来建立经验关联式，如传热系数的关联式，并使用简化的物料与能量平衡计算来模拟化工过程。这些计算通常是通过手工或机械计算器完成的。然而，由于这种方法过度依赖工程师的个人经验，且无法处理复杂的系统，因此在模拟复杂化工过程时，其准确性和可靠性受到了限制，误差相对较大。

（2）流程模型崛起（20世纪50～70年代）——Aspen Plus的诞生[2]

随着20世纪50年代电子计算机的问世，化工模拟进入了全流程建模新时代。Aspen技术的出现，基于严格的热力学模型，如NRTL（non-random two-liquid）和UNIQUAC（universal quasi-chemical）方程，使得稳态和动态流程模拟成为可能。1958年，Kellogg公司开发了首个计算机辅助流程模拟程序FLEXIBLE，标志着流程模拟技术的商业化应用。1976年，美国能源部资助麻省理工学院（MIT）启动了Aspen项目，旨在优化能源密集型流程。1982年，Aspen Tech公司成立，并推出了Aspen Plus，这是首个商业化的流程模拟软件，极大地推动了化工过程设计和优化的发展。

（3）计算流体力学（CFD）模型的发展（20世纪60～90年代）——从学术研究到工业工具[3-4]

CFD的发展始于1965年，Harlow和Welch提出的Marker-and-Cell MAC方法，为数值流体力学开启了新的篇章。1972年，Patankar和Spalding提出的SIMPLE算法成为CFD模型的核心求解器。这两项研究为CFD模型的发展奠定了理论基础。1983年，FLUENT公司的成立及其首款商用CFD软件的推出，使得CFD模型开始广泛应用于工业领域。1995年，ANSYS公司收购了FLUENT，并将其整合为ANSYS Fluent，实现了更大规模的网格模拟[5]。

（4）分子模型兴起（20世纪80年代～21世纪初）——微观尺度的突破[6]

分子模型的兴起，使得化工模拟能够在微观尺度上取得突破。1957年，Alder和Wainwright首次实现了分子动力学（MD）模拟，尽管是基于简单的硬球模型[7]。1985年，Car和Parrinello提出的CPMD方法，使得第一性原理分子动力学成为可能，实现了电子结构的计算[8]。20世纪90年代，蒙特卡罗（MC）方法在吸附和扩散过程模拟中得到了广泛应用[9]。1983年，CHARMM软件的发布以及1998年Materials Studio的商业化，都标志着分子模型的成熟和普及[10]。

（5）机器学习模型革命（2010年至今）——数据驱动的范式转型[11]

机器学习（ML）模型的兴起，特别是2012年深度学习在Image Net竞赛中的突破，激发了化工领域对ML模型的兴趣。2016年，谷歌Deep Mind利用强化学习优化数据中心冷却，实现了能效的显著提升。2020年，巴斯夫公司部署了ML驱动的反应条件优化系统，大幅提高了催化剂筛选的效率。目前，机器学习在化工模拟领域的新兴方向包括使用生成对抗网络（GAN）进行新材料的分子设计以及利用图神经网络（GNN）预测复杂反应网络的路径。这些技术的发展，标志着化工模拟进入了数据驱动的新时代。

1.3 化工模型分类

典型的化工模型有五种，包括分子模型（MS）、经验模型（EM）、计算流体力学（CFD）模型、Aspen Plus 模型和机器学习模型，如图 1.1 所示。表 1.1 呈现了五种模型的适用范围以及优缺点。

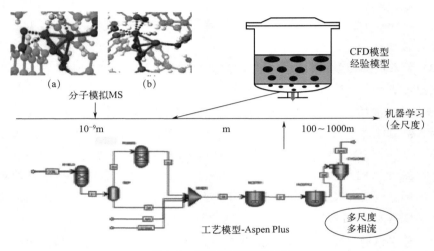

图 1.1 不同尺度模拟方法

表 1.1 不同模型的适用范围和优缺点

模拟方法	适用范围	特点
分子模型（MS）	分子尺度	分子键的断键规律，调控产物分布，揭示反应机理
机器学习模型	全尺度	计算精度高，可预测未知复杂的相互作用关系，黑箱模型
计算流体力学（CFD）模型	反应器	反应器流体流动情况
Aspen Plus 模型	工艺	各个反应器耦合，流程最优
经验模型（EM）	全尺度	物理模型清晰，速度快，适合放大

（1）分子模型（MS）

分子模型属于微观尺度模型，其主要功能是揭示化学反应的深层次机理。这些模型在分子或原子层面上深入探究化学键的形成与断裂以及自由基生成的过程，为理解反应本质提供了强有力的工具，在揭示反应机理和构建动力学模型方面具有极高的价值，推动了材料科学与工艺技术的创新。通过分子层面的设计，可以预测材料的吸附性能和催化活性，从而加速新材料的研发进程。此外，分子模型能够优化反应路径，解析反应中间体的能量变化，筛选出高效的催化剂。同时，还能模拟界面行为，研究气液/固液界面现象，为传质强化提供理论指导。

（2）计算流体力学（CFD）模型

计算流体力学模型是一种中尺度模型，通过数值离散化技术直接求解流体动量方程，实时反映反应器内的流动状况。尽管 CFD 模型的计算耗时较长，收敛难度较大，尤其是在处理带有化学反应的大型反应器时，但其能够实现对设备级别的精准调控和安全优化。CFD 模型能够揭示反应器和塔器内部的复杂流体行为，如速度和压力分布，从而指导结构优化。CFD 模型还能进行传质/传热优化，预测温度梯度和浓度分布，提高混合效率，例如通过改进搅拌桨设计可提升传质效率 20%～40%。此外，CFD 模型在安全评估方面也发挥着重要作用，能够模拟爆炸和泄漏等事故场景，优化安全防护设计。

（3）经验模型（EM）

经验模型是基于大量实验数据建立的全尺度模型，其计算公式简单快捷，能够轻松描述反应器内的整体流体流动和化学反应行为。尽管这些模型可能无法全面捕捉反应器中的流体力学细节，但在数字传承和升级传统知识方面发挥了重要作用。在处理多相流、非牛顿流体等复杂体系时，经验模型通过建立半经验关联式填补理论空白。结合工程师的经验规则，经验模型能够实现初步工艺设计的快速决策支持，缩短概念设计周期达 70%。经验模型与机理模型相结合，能够在数据稀缺的场景下提升预测的可靠性。

（4）Aspen Plus 模型

Aspen Plus 作为一种宏观模型，提供了一个全面的物理性质数据库和一系列通用的单元操作模型，包括反应模块和分离模块，用于模拟整个工艺流程。Aspen Plus 能够有效地评估工艺性能和优化操作条件。尽管 Aspen Plus 模型在煤气化等过程的计算中可能基于最小吉布斯自由能，而实际反应可能远未达到平衡，这种"黑箱"方法忽略了质量传递、动量传递和热量传递的细节，但在全流程系统集成和能效提升方面仍具有显著优势。Aspen Plus 模型能够实现全流程建模，集成各种单元操作，进行物料与能量的全局平衡计算。通过经济性分析，可以快速比较不同工艺路线，测算投资回报率（ROI），并通过动态控制优化操作策略，如缩短动态响应时间 50%。此外，Aspen Plus 模型还能评估碳足迹，提出减排路径。

（5）机器学习模型

机器学习模型，尤其是人工神经网络（ANN）模型，作为一种全尺度模型，能够模拟传统模型难以处理的复杂过程，并快速准确地预测多种性能指标。随着大数据的普及，机器学习模型变得越来越强大。机器学习模型能够实现数据驱动的智能决策和预测，通过模型降阶，将高保真的 CFD/Aspen Plus 模型转化为轻量化的代理模型，实现实时优化，计算速度提升超过 1000 倍。它还能基于历史数据预测催化剂失活周期、设备结垢趋势等关键参数，并基于传感器数据预测设备故障，如泵轴承磨损预警的准确率超过 90%。机器学习模型还能够实现多目标优化，同时考虑能耗、收率、安全性等指标，突破传统试错法的局限。

1.4 化工模拟技术国内外对比与发展趋势

（1）技术成熟度

国外：CFD、Aspen Plus 和 MS 已经形成了完整的技术生态链，而 ML 的应用更侧重于底层算法的创新。

国内：CFD 和 Aspen Plus 技术接近国际水平，但 MS 和 ML 的核心工具（如分子力场、AutoML 平台）仍依赖于进口。

（2）应用特色

国外：专注于尖端领域，如量子计算结合 MS、生成式 AI 设计材料等。

国内：在大型工程集成（如炼化一体化数字孪生）和特定行业突破（如煤化工、电池材料）方面表现强劲。

（3）未来竞争点

跨尺度融合：实现 MS 到 CFD、Aspen Plus 再到 ML 的全链条建模，如中国科学院支持的"先导"计划下的多尺度仿真云平台。

自主软件生态：国产替代方案，如华为昇腾＋中望 CFD、阿里云＋流程工业知识图谱等正在加速发展。

当前，全球化工模拟市场呈现出"西方领先算法创新，东方工程落地能力强"的格局。我国正通过国家超算中心、行业数据库等基础设施建设，逐步缩小技术差距。预计到 2030 年，AI 驱动的多尺度模型将成为化工创新的标准配置工具。

无论是哪种模型，其核心均在于所涉及的公式是否能准确地反映实际过程以及模型的假设与实际情况之间的差距是否在可接受的范围内。尽管大多数过程都有现成的软件可供参考，但研究者往往对其内部的机理、数学公式和假设缺乏深入的理解，盲目地套用公式进行模拟是不恰当的。许多模型仅仅用于验证实验过程，对操作条件的预测能力较弱，尤其是对反应之间的内在耦合作用以及反应与流动之间的耦合作用的深入认识不足。因此，模拟的关键在于揭示各因素之间的相互作用，进行合理的外推。

1.5 化工模拟未来的发展方向

CFD、Aspen Plus、MS、ML 与 EM 已经从单一的分析工具，转变为推动现代化工向高效化、智能化、绿色化转型的核心动力。化工模型未来的主要研究方向包括以下方面。

(1) 多尺度融合

① MS→CFD→Aspen Plus：分子模拟提供微观参数，CFD 优化设备流场，Aspen Plus 集成全流程。例如，在流化床煤催化气化的研究中，使用 MS 研究多种气氛在煤结构表面的相互作用，通过 CFD 或 EM 揭示流场特性，Aspen Plus 模拟整个气化工艺进行综合分析。

② ML→Aspen Plus 闭环优化：机器学习实时调整 Aspen Plus 模型参数，实现自适应流程控制。

③ ML→EM：将经验公式作为物理约束嵌入神经网络，提高模型的可解释性。

④ CFD→Aspen Plus：设备级流场数据输入流程模拟，实现全厂级动态优化。

⑤ ML→MS：神经网络势函数大幅提升分子动力学模拟速度。

(2) 数字孪生

① 数据驱动的 CFD/Aspen Plus 模型在线更新和优化，构建"虚拟工厂"。

② 整合 CFD、Aspen Plus、MS 与实时物联网数据，实现工厂级数字孪生。

(3) 量子化学计算

突破传统 MS 的尺度限制，精确模拟催化剂表面反应。

(4) 生成式 AI

自动生成优化方案，如微反应器拓扑优化。

(5) 自主实验室

ML＋机器人实现"模拟-实验"闭环，如全自动化工实验平台。

未来，随着量子计算、生成式 AI 等技术的进一步发展，化工模拟将实现从"分子设计→工厂运营"的全生命周期闭环创新，成为全球化工竞争的战略制高点。通过多技术深度融合，化工模拟正从传统的分析工具进化为智能决策中枢，成为化工行业绿色化、高端化转型的核心引擎。

参考文献

[1] McCabe W L，Smith J C，Harriott P. Unit Operations of Chemical Engineering [M]. 7st ed. New York：McGraw-Hill，2004.

[2] 彭伟锋. 水煤浆气化过程的建模与优化 [D]. 上海：华东理工大学，2011.

[3] https：//www. nafems. org/blog/posts/analysis-origins-fluent/.

［4］ https：//www. ansys. com/en-gb/blog/ansys-fluent-history-of-innovations.

［5］ 朱育丹，陆小华，郭晓静，等．材料化学工程科学内涵及方法初探：从介观尺度界面流体行为出发认知材料［J］．化工学报，2013，64（1）：148-154.

［6］ 郑默．基于 GPU 的煤热解化学反应分子动力学（ReaxFF MD）模拟［D］．北京：中国科学院研究生院，2015.

［7］ 朱宇，陆小华，丁皓，等．分子模拟在化工应用中的若干问题及思考［J］．化工学报，2004，55（8）：1213-1223.

［8］ 吕玲红，陆小华，刘维佳，等．分子模拟在化学工程中的应用［J］．化学反应工程与工艺，2014，30（3）：193-204.

［9］ 钟英杰，都晋燕，张雪梅．CFD 技术及在现代工业中的应用［J］．浙江工业大学学报，2003，31（3）：284-289.

［10］ 李向辉．壳牌"润滑分析师"（Lube Analyst）服务——开启中国钢铁行业润滑管理大数据时代［C］.2016 年全国轧钢生产技术会议论文集，2016：1-4.

［11］ Jordan M T, Mitchell T M. Machine learning：Trends，perspectives，and prospects［J］. Science，2015，349（6245）：255-260.

第 2 章

分子模型

2.1　概述

分子模型是计算科学领域的一种尖端研究手段,为从分子层面深入探究体系的微观结构提供了可能。它通过计算机技术,构建出精细的三维分子结构模型,并模拟其微观机制与动态行为,融合化学和物理等多个学科的知识,对材料的位置、结构及性质进行系统化的研究[1-2]。这一过程不仅可获得丰富的分子系统物理和化学数据,还收获了高时空分辨率的微观结构和动力学信息。1957 年,Alder 和 Wainwright 首次进行了分子动力学模拟实验[1]。

得益于计算机硬件技术的迅猛发展和多体势函数的不断完善,分子模型已逐步演变成一个功能强大的理论工具,已成为化学研究领域除理论预测和实验验证之外的另一重要研究手段。它与实验研究相得益彰,成为揭示反应机理的关键方法。如今,能够对原子和分子等微观粒子的运动进行详尽的观察和研究,模型规模已扩展至百万原子级别,显著推动了物理化学领域的研究进展。分子模型在成本效益、操作安全性、结果准确性和高度可视化以及体系的精确表征方面具有显著优势,广泛应用于原料特性分析、催化反应机理探究、催化剂设计、产物分布预测以及新技术的研究与开发中。

2.2　分子模型分类

常用的分子模型包括量子化学 (Quantum Chemistry,QC)、分子动力学 (Molecular Dynamic,MD)、分子力学 (Molecular Mechanics,MM) 和蒙特卡罗 (Monte Carlo,MC) 模型[2-3],以下是这些方法的详细解释。

2.2.1　量子化学（QC）

量子化学计算是在原子和电子层面上,对实验难以探究的过程 (如反应机理、过渡态搜寻和微观作用路径等) 进行研究的一种方法。自 20 世纪 20 年代起,科学家们开始将量子力学原理应用于化学问题,从而诞生了量子化学这一学科。

在量子化学中,化学反应被视为化学键的断裂与重组,这些过程由电子间的相互作用及其运动所引起。量子化学通过波函数研究微观粒子的运动规律,基于薛定谔方程的基本假设,以电子为研究对象,计算和描述分子和原子中的电子特性。这种方法能够相对准确地描述分子体系中电子的运动状态,并计算分子体系的几何结构、能量、反应路径、反应机理、过渡态、微观性质以及化学反应过程中的热力学和动力学参数。

量子化学能够从电子层面上提供体系全面而清晰的描述，已成为研究分子体系化学反应的主要方法之一，能够提供分子性质和相互作用的定量信息，并深入理解实验手段难以完全揭示的化学反应机理。然而，由于只有极简单体系的薛定谔方程在特定边界条件下能得到精确解析解，因此在大多数情况下，需要采用近似方法来求解薛定谔方程，以适应更大体系的研究。常用的量子化学计算方法包括从头算方法（ab initio）、半经验方法（semi-empirical）和密度泛函理论（DFT）。

尽管量子化学的计算精度非常高，但由于需要考虑电子的运动，其计算量极为庞大。因此，量子化学方法主要适用于研究原子数量不超过 100 的小分子体系。对于复杂的煤的热转化反应体系，由于其结构的高度无定形和复杂性，化学反应路径无法提前设计，量子化学方法并不适用。在研究煤的热转化过程时，通常采用有代表性的煤模型化合物进行研究。但是，由于真实煤分子结构的多样性和不均一性，使用 QM 计算时往往只能采用与真实煤结构相去甚远的小型模型化合物，这限制了量子化学方法在煤的热转化反应机理研究中的应用。

2.2.2 分子动力学（MD）

分子动力学包含经典分子动力学（MD）和 ReaxFF 反应分子动力学。

（1）经典分子动力学模型

基于波恩-奥本海默近似原理，假设将原子核的运动与电子的运动分离开来，认为原子的受力仅是原子核间距离的函数，而与电子的运动状态无关，前提是电子处于基态。在这种框架下，MD 模型通过使用经验力场来求解牛顿运动方程，从而模拟分子体系的动态行为。

在 MD 模型中，通过对分子体系在不同状态下的采样，计算体系在各状态下的势能，进而求得体系的构型积分，获得系统中原子在每个时间步内的运动轨迹。结合统计学方法，可以从中得到温度和压力等宏观热力学和动力学性质。

MD 模型的核心在于求解牛顿积分方程，同时，选择合适的初始条件（如初始构型、时间步长、模拟时间和系综）对于确保模拟结果的准确性至关重要。近年来，随着计算机硬件技术的飞速发展，MD 模型能够处理的原子数目已经达到上百万个，模拟时长也可达到纳秒甚至亚微秒级别，这使得 MD 在时间和空间尺度上的模拟远超量子化学方法，并广泛应用于研究各种复杂体系的物理特性。

然而，尽管经典 MD 能够描述包含百万级原子的复杂分子体系，但由于它在计算过程中保持原子之间的连接关系和原子的部分电荷不变，因此无法模拟涉及化学反应的分子体系行为。这意味着经典 MD 不适合用于模拟包含化学键断裂和形成的过程，如煤热转化过程。因此，在研究煤热转化反应机理时，MD 模型存在一定的局限性，因为它不能准确地描述化学反应过程中电子的重新排布和化学键的变化。

为了突破这一限制，研究者们通常会结合量子化学计算和分子动力学模型，或者使用增强的力场和高级模拟技术来探索化学反应的机理。

（2）ReaxFF 反应分子动力学（ReaxFF-MD）

为了研究大分子、复杂体系的化学反应问题，弥补量子化学和经典分子动力学模型的不足，人们希望在两者之间架起一座桥梁，发展既具有比较高的预测准确度，又能比较简单地描述化学反应的方法，因此将化学反应力场与分子动力学相结合的方法——反应分子动力学（ReaxFF-MD）应运而生[4-8]。2001 年，Van Duin 等[4] 基于 ReaxFF 反应力场，提出了反应分子动力学模型。ReaxFF 力场是基于第一性原理开发的，力场参数来源于大量的实验以及量子力学计算得到的能量和构型的训练集，因此，ReaxFF 力场的计算精度非常高。此外，ReaxFF 力场还引入了"键级"的概念，认为在 ReaxFF 力场作用下的体系中各原子之间不存在固定连接，模拟过程中通过计算体系中任意两个原子之间的键级来确定当前时刻原子间的连接性，从而确定反应过程中化学键的断裂以及生成情况。在化学反应模拟过程中键级处于连续不断的变化过程中。键级越大，原子之间形成的化学键越稳定；相反，键级越小，原子间形成的化学键就越弱。当键级为零时，说明化学键发生断裂。ReaxFF 开发的最初阶段，力场参数仅包含 C 和 H 两种元素，随着不断地开发和完善，ReaxFF 力场基本覆盖了大部分周期表元素。

相对于量子化学计算，ReaxFF-MD 可以模拟研究高达百万原子的体系，且模拟速度快、耗时短，时间尺度能达纳秒级，发展前景和应用范围广阔。而相比于经典分子动力学模型，由于不用考虑分子体系内原子间的连接性，因此可以模拟原子化学键的断裂和形成等化学反应过程。

2.2.3　分子力学（MM）

分子力学以其独特的视角，可深入探究原子间的微妙相互作用，如范德华力、氢键以及偶极的相互作用等。这些相互作用被巧妙地转化为势能函数，成为分子力学研究的核心。以能量最小化为追求目标，分子力学通过精细调整键长、键角、二面角等结构参数，引导原子分布走向更为稳定、合理的几何位置，从而揭示分子的稳定构象。值得注意的是，分子力学在计算研究体系的物理性质方面表现出色，但对于动态反应过程的探究则显得力不从心。

2.2.4　蒙特卡罗（MC）

蒙特卡罗方法作为一种独具匠心的计算机模拟技术，通过大量、随机的取样过程，可为研究体系构建出一个既符合概率规律，又具备随机特性的模型。这一模型犹如真实体系的一面镜子，映射出其内在的性质与特点。通过对模型的抽样计算，蒙特卡罗方法能够巧妙地估算出真实体系的近似解，为复杂问题的解决提供了有力的工具。不同分子模型的比较见表 2.1。

表 2.1　不同分子模型的比较[9]

模型	原理	应用与特征
分子力学 （MM）	基于波恩-奥本海默近似原理，根据分子的力场计算分子的各种特性，忽略电子的运动，将系统的能量视为原子核位置的函数	适用于计算庞大与复杂分子的稳定构象、热力学特性及振动光谱等。计算时间远小于量子力学
蒙特卡罗 （MC）	通过系统中质点的随机运动结合统计力学的概率分配原理，得到体系的统计及热力学参数	适用于研究复杂体系、金属的结构及其相变化性质，且经济快速；缺点在于只能计算统计的平均值，无法得到动态信息
量子化学 （QM）	求解薛定谔方程获得体系电子水平的描述	适用于物质结构（几何构型、电子结构、分子轨道、过渡态、激发态等）、能量以及物理化学性质。量子化学方法计算代价高昂，只适用于较为简单的分子体系模拟研究
经典分子动力学 （MD）	求解牛顿运动方程，采用势函数对原子与分子间的相互作用、速度、位移和能量等信息进行计算分析	计算量远低于量子化学方法，可以处理大体系和长时间的模拟工况。模拟体系物理变化开展研究，无法模拟化学反应过程
反应力场分子 动力学 （ReaxFF-MD）	在传统分子动力学力场的基础上引入键级的概念，提出反应力场（ReaxFF），采用电负性平衡算法对体系中原子的部分电荷进行模拟	能够模拟化学反应（化学键的断裂以及生成）过程

ReaxFF-MD 方法结合了量子化学和经典分子动力学的优点，既可以用于研究大分子、复杂体系，又可以在事先不设定反应路径的前提下研究体系的化学反应过程，为准确研究煤大分子结构的化学反应机理提供了可能性。反应分子动力学方法的计算框架与经典分子动力学类似，主要的区别在于体系势能的计算采用专门的反应力场。

2.3　分子动力学模型建模的关键

分子动力学模型建模的关键问题有三个：模型化合物的选择、力场的选择和反应条件的选择。

2.3.1　模型化合物的选择

分子动力学模拟的首要步骤是确立模拟对象的分子结构。对于纯物质和具有明确分子式的物质，如苯和聚乙烯，可以依据其分子式和分子量直接确定模型的基本结构。然而，对于混合物，尤其是分子结构不明确的化合物，选择合适的简化结构来代表真实物质，并准确反映其物理化学性质，对于模拟结果的可靠性至关重要。

以煤为例，为了构建一个合理的煤结构模型，需要关注其碳骨架结构、杂原子的存在形态和元素比例等，以构建初步的二维结构模型，例如 Fuchs 模型、Given 模型、Wiser 模型和 Shinn 模型等。在此基础上，结合实验数据和表征分析进行模型的修正和优化，包括元素分析、工业分析、溶剂萃取、液化、热解和光谱分析（如拉曼光谱、傅里叶变换红外光谱、^{13}C NMR、STM、XRD 和 XPS 等）以及各种仪器设备检测（如 NMR、TPD、TGA、同位素示踪实验、Fringe3D 和 HRTEM 晶格条纹图像等），以确定氮、硫、氢、σ 键和 π 键的数量，目的是获得脂肪族/芳香族区域和杂原子官能团的位置、芳香族结构、官能团和桥梁的连接方式、共价键的浓度以及优化和验证原子间角度、原子振动、键扭转和二维分子结构，以实现能量最小化的构象。

煤结构模型的优化方法主要分为两种：一种是结合分子力学（MM）模型和分子动力学（MD）模型，将力场和系综设置应用到初始模型中；另一种是通过量子化学方法进行模型优化。模型的验证主要通过实验测定元素组成、碳芳香性、分子量分布、密度、孔径分布和径向分布函数（RDF）等参数。此外，傅里叶变换红外光谱、^{13}C NMR 化学位移和密度泛函理论等方法也被用于评估煤分子结构。随后，将多个三维结构组装成周期性盒子，构建 ReaxFF-MD 的煤模型，并通过优化消除不合理构象，直至能量收敛并稳定。

模型尺度，无论是小尺度（原子数少于 10000）还是大尺度（原子数大于 10000），都会对反应机理的研究产生影响。小尺度模型难以反映煤结构的多样性和复杂性，通常用于研究形成机制、转化路径和典型产物的演化分布，但几乎无法获得完整的产物分布以及分子量较大产品的合理演变趋势。因此，大尺度模型的构建逐渐显示出在探索化学反应机制方面的优势，能够获取更全面的产物、自由基和中间体演变信息，捕捉产物的形成过程和反应途径，预测产物的演化趋势、迁移和自由基的转化过程。然而，大尺度模型进行更深入的反应分析需要更多的计算时间和资源。

2.3.2　力场的选择

力场的选择在分子动力学模拟中至关重要，因为其直接影响模拟的准确性和可靠性[4-8]。力场的核心在于描述原子之间的相互作用力，包括键合作用、非键合作用（如范德华力和库仑力）以及角和二面角势能。目前应用较为广泛的反应力场方法包括 Brenner 力场[5]、BEBO（bond energy bond order）力场[6]、VALBOND 力场[7] 和 ReaxFF 力场[4]。

Brenner 力场是一种广泛应用的基于键级的反应力场，特别适用于碳氢化合物。Brenner 力场能够较好地模拟碳氢化合物基态的几何构型，并描述反应过程中键的断裂和形成。然而，它没有包含范德华和库仑非键作用，这些作用在许多体系中对于结构和性质的预测至关重要，尤其是在处理具有分子量分布广和显著分子间相互作用的复杂体系时显得尤为重要。为了克服这一缺陷，开发了扩展的 Brenner 力场，加入了非键相互作用的描述，但在修正势能曲面的准确性方面仍有局限性。

BEBO 力场由 Johnston 提出，基于 Pauling 的价键理论。BEBO 力场通过假设从反应物到产物的最低能量路径是总键级的函数来描述反应势能面。这种方法在处理氢原子的表面反应方面表现出一定的优势，但其适用范围相对有限，因为其主要关注特定的反应路径，可能不适用于更复杂的反应机制。

VALBOND 力场由 Landis 等基于杂化轨道理论提出，适用于描述含过渡金属化合物的多重价键平衡。VALBOND 力场在描述简单体系中的小分子过渡态和振动频率方面表现良好，但对于复杂体系，其适用性和准确性可能会受到限制。

ReaxFF 力场，自 2001 年由 Van Duin 等[4] 提出以来，经过与 Goddard 等研究者的不断改进和完善，已经成为一种非常有效的基于键级的化学反应力场。它为研究凝聚态物质的性质和处理其中可能发生的化学反应提供了强有力的工具。

ReaxFF 力场的开发旨在创建一种既准确又具有反应性的经验力场。其开发过程包括以下几个关键步骤：①量子力学计算与实验数据拟合：ReaxFF 力场的参数是通过拟合量子力学计算结果和实验数据来确定的，以确保其能够准确地描述化学反应。②相互作用参数优化：力场中的元素和原子之间的相互作用参数，包括原子本身的参数、键伸缩、键角、二面角扭转、共轭、配位校正、氢键以及范德华和库仑相互作用等，都经过了精细的优化。③键序形式的极化电荷描述：ReaxFF 力场使用具有极化电荷描述的键序形式来定义原子之间的反应性和非反应性相互作用，提供了详细的键合能参数信息（如角和二面角势能）和非结合能量（如范德华力和库仑力）。④模拟化学反应行为：ReaxFF 力场能够解决键断裂和形成、结构转变以及极化效应的化学环境问题，使其能够模拟复杂的化学反应行为。

在 ReaxFF 力场中，键级是随着原子间距离的变化而动态计算的，在分子动力学模型的每一个时间步中都会重新计算。当化学键断裂时，与键级相关的能量和力会变为零，从而实现化学反应的模拟。

ReaxFF 力场最初用于描述碳氢化合物，现在已经扩展到模拟含氧、氮和硫等反应性分子。ReaxFF-MD 结合了 ReaxFF 力场和分子动力学模拟，特别适合于模拟含碳化合物的演变过程。通过电负性平衡算法（EEM）动态更新体系的部分电荷，ReaxFF-MD 能够有效地捕获自由基和中间产物，揭示不同反应之间的竞争作用以及键的生成和断裂。

ReaxFF-MD 的优势在于其不需要预定义反应位点或路径，能够平滑地描述大规模分子体系化学反应随时间的演化过程。与量子化学计算保持相似的精度，但能够模拟的体系规模提高了至少一个数量级，因此在研究反应机理方面受到了广泛关注，并成为实验研究的重要补充工具。

ReaxFF 反应力场在近年来得到了迅速的发展，其应用范围已经扩展到元素周期表中的多种元素，涵盖了从高能物质爆炸反应、晶体及晶体表面的相互作用，到含碳资源的热转化和新材料开发等多个领域。ReaxFF-MD 在碳氢化合物体系中的应用，成功激发了研究者将其应用于更复杂体系的兴趣，包括煤、生物质和聚合物的热解、燃烧和气化过程机理的探索。

ReaxFF 力场的核心在于其基于键级的描述，能够处理力场中所有与成键和断键相关的能量项，具体包括键长（bond stretching）、键角（bond angle）、扭转二面角（dihedral angles）、过配位和配位不足校正（overcoordination and undercoordination corrections）、氢键作用（hydrogen bonding）、其他相互作用的校正，如孤对电子能（lone pair energies）、三体共轭（three-body conjugation）、四体共轭等（four-body conjugation）。其表达式如式 2.1 所示：

$$E_{system} = E_{bond} + E_{over} + E_{under} + E_{val} + E_{pen} + E_{tors} + E_{conj} + E_{vdwaals} + E_{coulomb}$$

$$(2.1)$$

E_{system} 表示系统总能量；E_{bond} 为键能项；E_{over} 为过配位能量校正项；E_{under} 为配位不足能量校正项；E_{val} 为键角能量项；E_{pen} 为键角能量惩罚项；E_{tors} 为二面角旋转位垒；E_{conj} 为共轭项；$E_{vdwaals}$ 和 $E_{coulomb}$ 为非键作用项。

ReaxFF 力场还采用了基于 Tper 校正的修正 Morse 势来描述范德华非键作用以及采用原子点电荷来描述库仑静电作用。此外，利用电负性平衡理论（electronegativity equilibration method，EEM）动态更新每个时间步的原子电荷。通过这种方式，ReaxFF 力场能够根据原子间瞬时距离的键级来计算各种能量项，并通过键级的变化来描述化学反应过程中键的断裂和形成，从而实现对复杂化学反应过程的模拟。

2.3.3 反应条件的选择

在当前计算资源的制约下，所进行的模拟研究仅能覆盖几千摄氏度的温度区间以及高达数万个大气压的压力范围，时间尺度则局限于皮秒至秒的区间。显而易见，这些模拟条件与实际实验条件之间存在显著差异。进一步而言，温度和压力变化的模拟是否能在一定程度上揭示真实反应过程的内在规律，尤其是对于键的初始断裂点和反应突变点的精确预测（这一点至关重要），直接决定了模拟结果在指导实验过程中的有效性和实用性。

2.4 分子动力学模型建模过程

以煤的热解过程为例，介绍分子动力学模型的构建过程[10,11]，如图 2.1 所示。

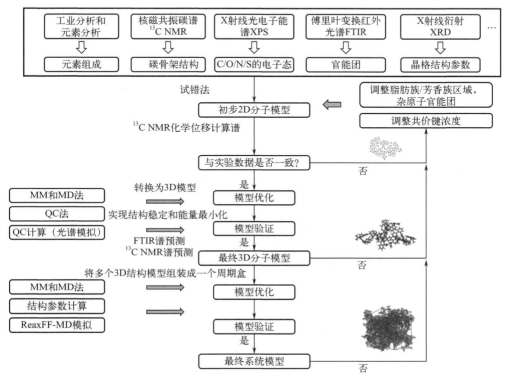

图 2.1 煤分子动力学模型的构建过程[10]

（1）煤的物性表征与分析

确立煤的化学结构模型的关键在于识别并明确各原子的具体存在形态及其成键方式。通过煤的工业和元素分析，可以确定原子比例（如 H/C、O/C、N/C 和 S/C），这些比例构成了构建煤大分子结构模型的基础。

利用固态核磁共振碳谱（^{13}C NMR）技术，能够分析煤的平均碳骨架结构，并通过计算桥碳与周碳的比例来揭示煤中芳香环的平均缩聚程度。结合元素分析结果，可以推算出各结构单元的数量。^{13}C NMR 图谱根据化学位移的不同，分别对应煤中的不同碳类型：芳甲基、带酯甲基、含氧甲基和亚甲基等脂肪族碳（0～60）；带质子、桥连、侧支等芳香类碳（100～175）；羰基、羧基和酚基的羰基碳（190～225）。

X 射线光电子能谱（XPS）技术则用于对煤中的 C、O、N 和 S 元素进行精细的谱扫描，并通过分峰拟合来定量分析煤中官能团的分布，进而探讨元素的存在形态及其化学环境。碳元素主要以芳香碳和氧接碳的形式存在，C 原子以 C—C 键、C—H 键、C—O 键（代表醇、酚和醚键）以及 C=O 键（代表羰基和羧基）的形式出现。氧元素的存在形态包括有机氧、无机氧和吸附氧，O 原子主要以 C—O 键、C=O 键和少量金属氧化物的形式存在。氮元素主要以吡咯型氮、吡啶型氮、季氮和氮氧化物四种形态存在。硫元素则主要表现为巯基形式。通过不断调整模型，确保 n（H）∶n（C）的比值与实验数据相吻合，从而提升模型的精确度和可靠性。

红外光谱分析是研究煤结构的重要手段。在波数小于 $1250cm^{-1}$ 的区域，即低频区或指纹区，可以观察到一些特征振动以及碳-碳、碳-氧和碳-氮等单键振动的吸收峰。这一区域的信息对于识别煤中的特定结构非常关键。在 $1250\sim3700cm^{-1}$ 的高频区，即官能团区，谱峰通常用于分辨不同的官能团。根据这一区域的特征，可以将煤的傅里叶变换红外光谱图分为四个主要部分：$700\sim900cm^{-1}$ 区域代表芳香烃结构的吸收峰；$1000\sim1800cm^{-1}$ 区域包含氧、氮、硫等杂原子的吸收峰；$2800\sim3000cm^{-1}$ 区域对应羟基的吸收峰；$3000\sim3600cm^{-1}$ 区域则与脂肪官能团相关。通过分析这些区域，可以计算煤的基本结构参数，如芳氢率、氢碳原子比、芳碳率以及脂肪烃链长度等。

利用 X 射线衍射（XRD）分析，可以将煤的结构特征与晶体石墨的 002 峰和 100 峰进行对比。煤的 XRD 谱图中的 002 峰位于 $20°\sim30°$，其面积与芳香环层间距离和空间排列紧密相关，反映了芳香层片的堆砌高度。γ 峰位于 $10°\sim20°$ 之间，受饱和脂肪结构的影响，由缩聚芳香核连接的脂肪支链、脂环烃以及其他官能团决定。100 峰位于 $40°\sim50°$ 之间，由芳香缩合程度和芳香片层尺寸决定，反映了芳香环的缩合程度。通过这些数据，可以计算以下结构参数：芳香环层片的层间距离（d_{002}）；芳香环层片沿芳核垂直方向的有效堆砌厚度（L_c）；堆砌簇中芳香环层片的平均直径（L_a）；芳香环层片的有效堆砌层数（N_{ave}）。这些参数提供了煤的微观结构和芳香性的详细信息，对于理解煤的物理和化学性质具有重要意义。

（2）煤分子模型的构建

煤的化学结构基础是由各结构单元通过碳链连接而成的碳骨架。利用 XPS 的分析结果，在基础碳骨架上添加含氧官能团、吡咯结构和巯基结构，以建立初始的化学结构模型。

初始模型与平衡状态的结构存在显著差异，因此需要进行结构优化以降低体系的局部能量。在 Materials Studio 软件中，使用 Forcite 模块对化学结构模型进行分子动力学退火，退火温度范围设定在 $500\sim1000K$。通过多次循环，实现势能面上分子构象的优化，以达到局部能量最小化。最终，通过几何结构优化，获得稳定的几何构型。

根据煤中的含碳量，可以确定芳香缩合环的数量。含碳量在 70%～83% 之间时，通常有 2 个芳香缩合环；而当含碳量超过 83% 时，芳香缩合环数为 3～5 个。通过调整煤分子构型中的苯环、萘环和蒽环等芳香环的数量，使模型中的桥周碳之比（XBP）接近实验值。

脂肪碳结构的确定。通过计算煤结构模型中的总碳原子数和芳香族碳原子数，可以确定脂肪碳原子的数量。结合氢碳原子比（H/C），可以进一步确定甲基、亚甲基、次甲基和季碳的数目。

杂原子结构的确定。根据元素分析数据和总碳原子数，可以估算 N、S 和 O 的大致数量。利用 XPS 分析结果，结合红外波谱在 $1000～1800cm^{-1}$ 波段的分峰拟合，可以确定醚氧基（C—O）、羰基（C $=$ O）及羧基（COO—）的个数。

（3）煤热解模型构建与优化

在确定了芳香结构、脂肪碳结构和杂原子结构之后，构建煤的 2D 平面模型，并放置各个结构单元，通过不断的调整和退火优化，构建煤热解模型。首先将优化后的煤化学结构放入模拟盒子（BOX）中，构建低密度结构，并采用 NPT 系综进行优化，设置适当的温度、压力和计算时间步长。优化过程中，内部原子排列紧密，相互聚合收缩，且不产生新物质。系统总能量逐渐降低并稳定，密度逐渐上升后稳定，与实验值对比，确认模型优化完成。

（4）模拟热解条件设置

在热解过程中，需要确定模拟的因素，如升温速率和热解温度。通常模拟温度范围为 1000～3000K，升温速率为 8～64K/s，压力为 1～10GPa，时间为 100～250ps。进行 ReaxFF-MD 模拟，输出不同时刻下的产物变化规律，并统计结果，分析产物变化规律。由于模拟时间远短于实验时间，因此模拟温度通常高于实际实验温度，以增加原子间碰撞，促进反应在短时间内发生。根据煤结构模型中所含元素特点，选用不同的 ReaxFF-MD 进行模拟，监测并捕获热解过程中产生的自由基，从而获得众多基元反应，探索煤的热解机理。

2.5 应用实例

本节结合具体的应用实例进行模拟介绍，主要分为三大类：①含能材料领域，主要包括喷雾干燥制备含能材料，如六硝基六氮杂异伍兹烷（CL-20），环三亚甲基三硝胺（RDX）和环四亚甲基四硝胺（HMX）等；②含碳资源的高效转化过程，主要包括煤、生物质和废轮胎等的气化过程；③化工单元操作过程，主要包括吸收、精馏、萃取和多相分离等过程。目前针对分子动力学,主要开展了含碳资源气化过程断键行为的一些初步模拟研究,主要研究煤、废塑料和废轮胎在气化过程中,产生氢气和其他小分子的过程。其他方面的研究正在陆续开展中。

2.5.1 煤气化过程

2.5.1.1 引言

煤催化气化是目前先进的煤气化技术,解决了传统气化技术中存在气化反应温度高和效率低等问题。分子动力学可以在分子水平揭示煤与气化剂之间的相互作用,从而指导气化剂和操作条件的选用以及揭示反应机理。

2.5.1.2 模型的构建

大多数情况下,在构建煤的模型时通常采用 Wiser 模型,随后在其基础上利用 AC 模块添加官能团,建立周期性盒子,通过反复的几何优化和退火计算完成建模。由于煤结构的复杂性以及计算机资源的限制,首先采用具有代表性的小分子化合物呋喃进行计算。

(1) 分子搭建

首先搭建模型化合物呋喃,先构建一个五元环,用 O 原子替换其中的一个 C 原子,使用 Calculate Bonds 按钮使其成键后选择双键,然后使用 Auto Hydrogen 功能对每一个碳自动加氢,最后点击 clean 按钮初步优化其结构,结果如图 2.2 (a) 所示。用类似操作得到 H_2O,如图 2.2(b)所示。

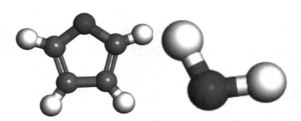

(a) 呋喃的分子结构(C_4H_4O)　　　(b) 水分子结构(H_2O)

图 2.2　煤气化分子模型的搭建

(2) 模型搭建及优化

利用 Materials Studio 软件的 Forcite 模块完成分子动力学优化,力场选择 Compass。初步的分子力学几何优化参数:最大迭代步数为 500,收敛标准为 Fine,能量偏差设置为 0.001kcal/mol,原子均方根力设置为 0.005kcal/(mol·A),电荷分布采用平衡法,库仑能和范德华选择原子状态,静电势能和范德瓦尔斯作用的加和方式均为原子基的加和方式。运用 Amorphous Cell 模块中的 Construction 选项来完成体系的构建。建立由呋喃分子(50)、水分子模型(60)和 K_2CO_3(5)组成的周期性盒子。系统综合密度设置为 0.3g/cm³。退火模拟指为体系加温后再徐徐冷却，反复循环后，可以选择能量最低的构型，使后期的计算分析更加可靠。退火动力学计算共分两块进行：首先为 NVT 系综（固定温度和体积）下的退火计算，参数设置为：初始温度 298K，最高温度 700K，升温速率 80K/次，模拟时间 1fs。采用 Nose 方法作为控温程序，退火循环次数为 10 次。其次选择 NPT 系综（固定压强和体积）并分两步实行。参数设置为：在压力 0.01GPa 和 1×10^{-4}GPa 下对模型进行压缩和解压。退火动力学模拟结束后，将会得到过程中的一系列结构模型，选择其中能量最小的构型。完成上述三步后，得到如图 2.3 所示的稳定体系模型。此时密度为 0.235g/cm³，结构模型晶胞尺寸大小为：30.0436Å × 30.0436Å × 30.0436Å。

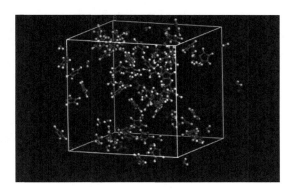

图 2.3　最终优化煤气化分子动力学模型

以 3000K 为例对反应过程进行分析，从图 2.4（a）中可以发现，反应过程中温度基本控制在 2900~3100K，波动均匀，说明温度控制参数设置合理，表明了模拟结果的可靠性。模拟过程中的能量随时间的变化如图 2.4（b）所示，体系的总

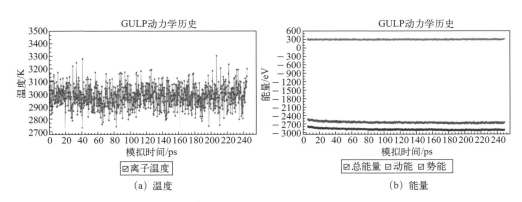

图 2.4　煤气化分子动力学过程中温度和能量随时间的变化

能量、动能及势能函数随时间的变化均匀波动，这表明体系在进行动力学模拟之前已经达到能量最低优化的要求，能量的均匀性为准确描述与分析呋喃-水体系气化过程、产物的生成和反应过程中的能量变化提供了可靠的依据。

2.5.1.3 模拟预测——温度与水量

（1）温度

将优化好的呋喃和水的结构模型使用 Materials studio 中的 GULP 模块进行计算。力场选择 ReaxFF。采用 NVT 系综，分别对 2000K、2500K、3000K 和 3500K 进行分子动力学模拟，每个温度模拟 250ps。一个温度计算大约需要耗时 3～4 天，模拟完成后可以得到一系列分子轨迹图，用以分析反应过程的碎片分子。模拟温度与实际温度差距较大，提高模拟温度可以加快反应并使其完全进行。由于受计算能力和模拟方法的限制，能够接受的模拟反应时间（ps）与实际反应时间（s）相差很大，因此必须采用更高的反应温度来模拟反应过程。Salmon 等[13] 证明了模拟和实验之间的反应温度差异不会显著地影响煤热分解中的反应过程，尽管可能影响产物分布。这也是 ReaxFF 分子动力学模拟相关研究普遍采用的做法。虽然时间和温度都与实际不同，但仍能获得一些可供分析的结果。

以 3000K 为例，分析其模拟过程中一帧的三维图像，如图 2.5 所示。从轨迹图中可以发现，其在高温下原子剧烈振动、化学键极易断裂。三维结构表明反应彻底。从局部细节可以很明显地看出呋喃裂解产生了许多分子碎片。

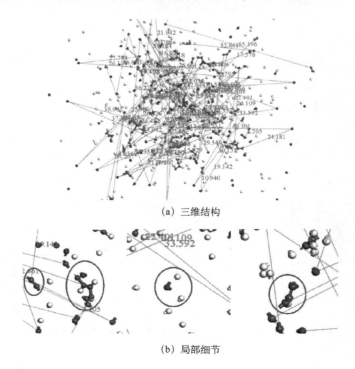

(a) 三维结构

(b) 局部细节

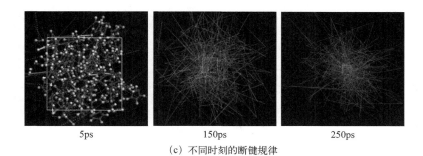

| 5ps | 150ps | 250ps |

（c）不同时刻的断键规律

图 2.5　分子模拟煤气化过程

为了更直观地表现气化过程，图 2.5（c）呈现了 5ps、150ps 和 250ps 不同时刻的断键规律。在 5ps 时键长比较固定，很少有键的断裂；150ps 时混乱程度中等，反应仍在继续进行；250ps 时整个体系生成许多产物，且不断伴随着新物质的生成和分解，体系处于动态平衡。图 2.6 列举了在 3000K 温度下气化过程中主要产物 H_2、CO_2 和 CO 碎片随时间演变的规律。H_2 分子数初始阶段就显著增加，在 $0 \sim 30$ps，分子数达到 6，且持续上升；在 150ps 达到 10，之后仍呈上升趋势，最后达到动态平衡。CO_2 的分子数相对高于 CO，两者分别在 $1 \sim 3$ 和 $1 \sim 2$ 之间波动。

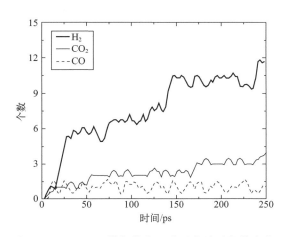

图 2.6　3000K 下煤气化主要分子数随时间的变化

① 反应物呋喃分子的变化。

图 2.7 所示为不同温度下呋喃分子数随时间的变化。呋喃分子的分解速度为 4000K＞3000K＞2500K＞2000K。在初始时刻（即 $t=0$ 时）体系内共有 50 个呋喃分子，其在反应一开始就快速减少，而且随温度的升高分解速度加快，从图 2.7 可以看出，在高温下（3000K 和 4000K）呋喃分子数减少得非常迅速，分别在 40ps 和 25ps 之前就完全分解。而在较低的温度下（2000K 和 2500K），分解时间较长，

尤其是在 2000K，80ps 之后才彻底分解。说明了反应温度对呋喃分子的分解具有重大影响。

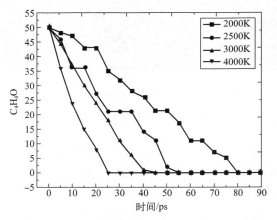

图 2.7　不同温度下呋喃分子数随时间的演变

② 产物分布。

图 2.8 所示为在不同温度下 250ps 时煤气化产物的分布情况。按照反应分子数的变化选择了具有代表性的分子 H_2、CH_2O、CO 和 CO_2 作图。图 2.8 中分别显示了在不同温度下的产物分布情况，可以看出 H_2 分子数受温度的影响最大，在 2000～4000K 之间一直呈现上升的趋势。H_2 分子数在 2000K 和 2500K 时较小，仅为 3。而 3000K 和 4000K 时，H_2 分子数迅速提升到 14 和 19。当反应温度低于 3000K 时，反应速率较慢。而 CH_2O、CO 和 CO_2 的分子数一直徘徊在低位。CO_2 分子数随温度的升高而减少。CO 分子数随温度的升高而增大。CH_2O 分子数在 2000～2500K 减少，在 3000～4000K 增加，但趋势并不明显。

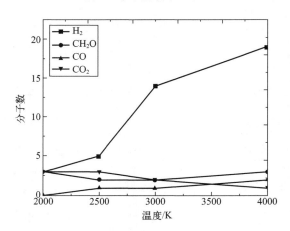

图 2.8　不同温度下的煤气化产物分布

　　———————— 化工多相流多尺度数学模拟与应用

③ 气体产物随时间的变化。

图 2.9 给出了不同温度下气体分子数随时间的变化，H_2 作为煤气化的主要产物，在 $2500 \sim 4000 \mathrm{K}$ 的温度范围内，H_2 随着反应温度升高其数目增加十分明显。2500K 时，分子数在 $4 \sim 5$ 趋于稳定；3000K 时，分子数在 $12 \sim 13$ 趋于稳定；4000K 时，H_2 分子数在 $18 \sim 19$ 趋于稳定。H_2 分子大都从 5ps 开始生成，说明温度基本上不会影响 H_2 开始生成的时间。H_2 的生成途径主要包括水生成氢自由基反应和呋喃分子内的脱氢反应。反应过程中水分子的变化量并不大，因此认为氢自由基的数量非常有限，所以 H_2 的主要生成方式为反应过程中分子的脱氢反应。

CO_2 分子数在 2500K 下保持在 3 附近，3000K 下保持在 2 附近，4000K 下保持在 1 附近，虽然分子数很小，但是可以看出温度越高 CO_2 分子数量越少。而 CH_2O 和 CO 分子数量在三个温度下几乎重合在一起，而且分子数少。

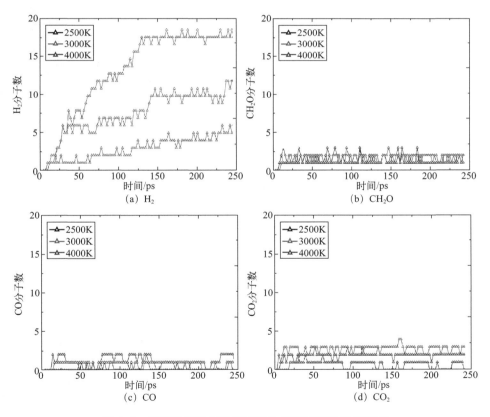

图 2.9　不同温度下煤气化产物分子数量随时间的演变

通过统计 CO 分子和 CH_2O 分子在每个时间段出现的分子数总和，可以大致推测气体产物与温度之间的关系。图 2.10 是 CO 和 CH_2O 分子在模拟过程中，对不同温度下每一帧轨迹图中的数目求和所做的柱状图。和的数量越大，可以认为其在反应过程中参与越多，生成的概率越大。CO 总分子数 2500K 时为 72，3000K 时为 124，4000K 时为 265，逐渐增大；CH_2O 总分子数 2500K 时为 307，3000K 时为 407，4000K 时为 660，同样逐渐增大，所以推测 CO 和 CH_2O 二者的分子数都随温度的升高而增大。

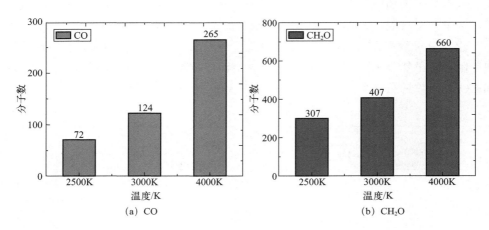

图 2.10　不同温度下煤气化分子数之和

（2）水量

构建三个呋喃与水不同比例的模型，如表 2.2 所示。

表 2.2　煤气化中呋喃与水不同比例的模型设置表

系统	呋喃分子	水分子
S1	10	8
S2	10	10
S3	10	12

　　图 2.11 显示了不同水量下呋喃分子分解速度随时间的变化。三个体系中呋喃分子的分解速度都很快，几乎都在 4～5ps 时就全部分解，说明水量对反应物的分解影响不大，主要受温度的影响。

　　图 2.12 显示了不同水量下 H_2 分子数随时间的变化，S1 环境下 H_2 分子的数量在 4 附近趋于稳定，S2 环境下 H_2 的分子数量在 5 附近趋于稳定，S3 环境下 H_2 分子的数量在 6 附近趋于稳定。不同比例的水中 H_2 大约在 5ps 就开始生成，说明 H_2 分子开始生成的时间同样基本不受水分子数量的影响。但 H_2 分子数很明显受到了

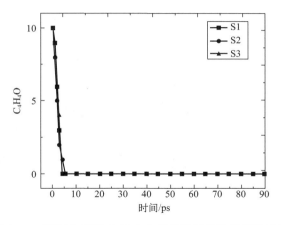

图 2.11　不同水量下 C_4H_4O 分子分解速度随时间的演变

水分子的影响，水分子越多，H_2 分子数越多。导致最终产物数量差别较小的原因可能是反应分子数太小或者呋喃与水的比例过小。

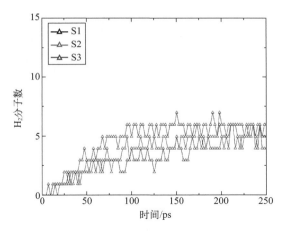

图 2.12　不同水量下 H_2 分子数随时间的演变

图 2.13 显示了 CO、CH_2O 和 CO_2 的分子数之和。CO 总分子数在 S1 环境下为 25，S2 环境下为 28，S3 环境下为 31，逐渐增大，推测 CO 随水量的增大而增加。CH_2O 总分子数在 S1 环境下为 149，S2 环境下为 119，S3 环境下为 93，逐渐减小，推测 CH_2O 随水量的增大而减少。CO_2 总分子数在 S1 环境下为 33，S2 环境下为 65，S3 环境下为 91，逐渐增加，推测 CO_2 随水量的增大而增加。

2.5.1.4　结论

用呋喃模拟煤分子中的典型化合物结构，使用分子动力学模拟的方法研究呋喃水体系的气化过程，探讨温度和不同水量对呋喃气化反应产物的影响。发现呋喃的

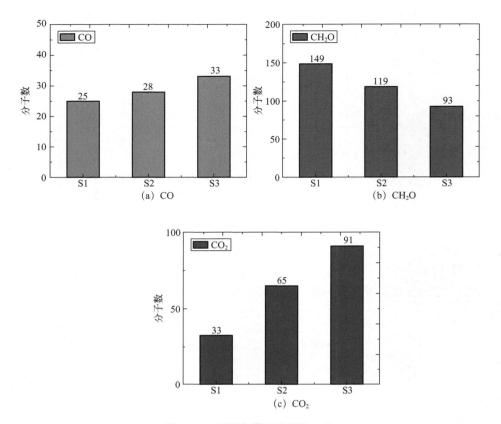

图 2.13　不同水量下分子数之和

分解速率随温度的升高而加快，主产物 H_2 的初始生成时间与温度无关，产量随温度的升高而增大。气化温度不宜在 3000K 以下，模拟时长应在 250ps 的基础上尽可能增加。主产物 H_2 开始生成的时间同样也与水量无关，但产量随体系中水分子数的增大而增加；综上所述，升高温度和增加体系中水分子数量可以使气化反应产氢量提高。

2.5.2　废塑料热解过程

2.5.2.1　引言

塑料作为一种化学制品，为人们生活带来便利的同时，也造成严重的环境污染。随着我国塑料制品使用率爆发式增长，产生的塑料垃圾也急剧增加。2022 年，我国产生的废弃塑料量约为 6300 万吨。废塑料的处理方式主要有四种：填埋、焚烧、物理和化学转化。化学转化包括热解、催化热解、热解-催化改质等[14,15]。其中热解法是废塑料高值化利用的有效方法之一。通过应用分子动力学模拟技术，可以对聚氯乙烯等典型废塑料的热解过程进行建模和分析，进而深入理解其反应机理和路径[16-19]。

2.5.2.2　模型的构建

（1）分子构建

由于废塑料的主要成分聚氯乙烯是典型的大分子聚合物，受其结构复杂性以及计算机资源的限制，采用聚合度为 5 的聚氯乙烯分子模型进行计算。具体搭建流程如下。首先构建一个含两个碳原子的碳链，在 1 和 2 碳原子间使用 Modify Bond Type 按钮选择双键，然后使用 Auto Hydrogen 功能自动加氢，选择任意一个氢原子使用 Modify Element 功能用 Cl 原子取代，然后用 Build Polymers 中的 Repeat Unit 设置头尾原子，接着设置聚合度为 5，最后点击 clean 初步优化其结构，输出的聚氯乙烯分子如图 2.14 所示。

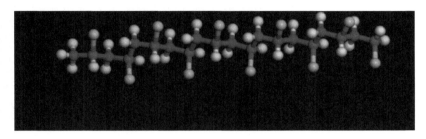

图 2.14　聚氯乙烯的分子结构（$C_{10}H_{15}Cl_5$）

（2）模型搭建及优化

利用 Forcite 模块进行分子动力学优化。使用 Amorphous Cell 模块中的 Construction 功能来构建体系，将聚氯乙烯分子模型放入一个立方盒子，建立一个指定数量的分子三维周期性结构。聚氯乙烯分子模型 5，系统综合密度设置为 1.38g/cm³。通过退火模拟中的 NVT 系综和 NPT 系综，得到如图 2.15 所示的稳定体系模型。此时密度为 1.38g/cm³，结构模型晶胞尺寸大小为：16.3687Å×16.3687Å×16.3687Å（1Å= 1×10^{-10} m）。

图 2.15　最终优化废塑料分子动力学模型

（3）ReaxFF 模拟

将优化好的聚氯乙烯结构模型使用 MS 中的 GULP 模块进行计算。在 Ensemble 选项中选择 NVT 系综，在 Temperature 选项中输入所需温度值，如 2000K、

2500K、3000K 和 3500K。设定模拟时间 100ps，时间步长选择 0.25fs。模拟结束后可以观察到分子轨迹图，记录产物分布并分析不同温度对热解产物的影响。最后进行模型稳态的判断。

2.5.2.3 模型预测——温度和压力

(1) 温度

① 反应物聚氯乙烯分子的变化。

图 2.16 是在不同温度下聚氯乙烯分子数随时间的变化。2000K，在 0～100ps 的时间范围内，反应物聚氯乙烯分子的数量持续下降。在 100ps 时下降为 1，聚氯乙烯已基本完全分解。而在 2500K、3000K 和 3500K 时，完全分解时间为 70ps、50ps 和 40ps。可以看出，聚氯乙烯完全分解时间随温度的升高急剧下降。

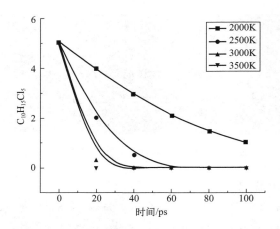

图 2.16 不同温度下聚氯乙烯分子数随时间的变化

聚氯乙烯分子的分解速度可以从曲线的斜率看出，在 0～40ps，分解速率 3500K＞3000K＞2500K＞2000K，说明反应速率随着温度的升高而增大。在 $t=0$ps 时体系内共有 5 个聚氯乙烯分子，随着时间的延长，其数量不断减小。在较低温度下（2000K），在 $t=100$ps 时聚氯乙烯分子的数量仍有 1 个，说明聚氯乙烯分子分解速率慢。而在较高温度下（2500K、3000K 和 3500K）聚氯乙烯分子数量随着反应的进行而迅速减少，分别在 70ps、50ps 和 40ps 就完全分解。说明反应温度对聚氯乙烯分子的分解影响较大。但当温度超过 3000K 时影响不大。

② 产物分布。

图 2.17 统计了 3000K 温度下热解过程中产生的主要产物随时间变化的规律。热解产物主要有 HCl、H_2、C_3H_4、C_4H_6、H_2、C_3H_4 和 C_4H_6。在反应过程中，H_2、C_3H_4 和 C_4H_6 分子数主要在 0～4 之间波动。HCl 的分子数初始达到 17，后随时间增长而逐渐减少，在 $t=15$ps 时达到最小值，后逐渐上升，之后在 15 和 22

之间波动。从图 2.17 中可以看出，HCl 产生的数量远大于其他产物。当 HCl 分子数较小时，H_2 的分子数较大。反应产物的分子数大小顺序为：$HCl > H_2 > C_3H_4 > C_4H_6$。在 70～90ps 的时间范围内，HCl 分子数减少，H_2 分子数在 3 左右波动，C_3H_4 和 C_4H_6 分子数也明显增加。结果表明，大分子片段先被分解成较短的链，形成产物 HCl，后续短链进一步分解，H_2、C_3H_4 和 C_4H_6 分子数增多。

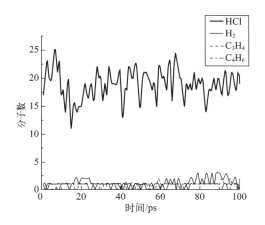

图 2.17　3000K 下废塑料热解主要产物的分子数随时间的变化

③ HCl 和 H_2 的变化。

HCl 是聚氯乙烯热分解的主要气体产物。图 2.18（a）给出了不同温度下 HCl 分子数随时间的变化。在 2000～3000K，随着反应温度升高，HCl 分子数增加；而在 3500K 时产生的 HCl 数量减少。在 60～80ps，2000K、2500K、3000K 和 3500K 时，HCl 的分子数分别在 18、20、22 和 16 左右波动。根据最终稳定的 HCl 分子数，得出模拟的裂解温度应设定在 2500K 以上和 3500K 以下。

图 2.18（b）给出了不同温度下 H_2 分子数随时间的变化。25ps 时，2000K 时，H_2 分子数为 0，而在 2500K、3000K 和 3500K，H_2 分子数为 1、2 和 4，可以看出随着温度的增加，H_2 分子数随之增加。在 2500K，H_2 分子数最终在 0 和 1 之间波动；在 3000K 和 $t = 88$ps 时达到最大 3，最终分子数在 1 和 3 之间波动；在 3500K 和 $t = 84$ps 时分子数达到最大值 7，随后呈现先下降后增长的趋势，最后在 2 和 7 之间波动。温度升高一般会促进 H_2 分子的生成，然而温度过高时，该反应是放热反应，使得平衡逆向移动，最终使氢气产率降低。

图 2.19 是在不同温度下模拟反应过程中 100ps 时 HCl 和 H_2 的分子数分布。从图中可以看出，在 2000～3500K 的范围内，随着温度的升高，HCl 分子数不断减少，而 H_2 分子数不断增大。2000K 时，H_2 分子数仅为 1，而在 3500K 时，H_2 分子数达到最大值 5，此时 HCl 分子数降到最低为 15。聚氯乙烯分解产物 H_2 来源有聚

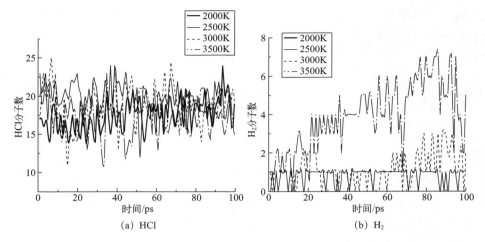

图 2.18 不同温度下 HCl 和 H_2 分子数随时间的变化

氯乙烯分子内脱氢和产物 HCl 气体分解。随着温度的升高，HCl 和 H_2 产量增大，但同时 HCl 分解生成 H_2 和 Cl_2。因此，H_2 的浓度明显增加，HCl 的浓度下降。

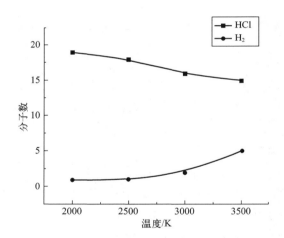

图 2.19 不同温度下 100ps 时的 HCl 和 H_2 分布

（2）压力

① 反应物聚氯乙烯分子的变化。

图 2.20 是在不同压力下聚氯乙烯分子数随时间的变化曲线。在 3GPa、6GPa 和 10GPa 下，完全分解时间依次为 12ps、17ps 和 22ps。可以看出，随着压力的增加，聚氯乙烯分子完全分解的时间增加。

② 产物分布。

图 2.21 给出了 10GPa 下热分解过程中产生的主要产物分子数随时间的变化。

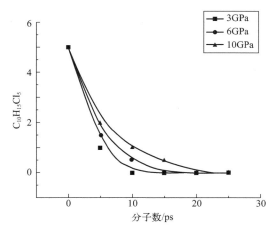

图 2.20　不同压力下聚氯乙烯分子数随时间的变化

由图 2.21 可知，生成 HCl 的量较多，生成 C_2H_4、CH_2、H_2 和 Cl_2 的量较少。HCl 分子数在 0～8 之间波动，在 $t=5ps$ 时分子数达到最大 8；C_2H_4 分子数主要在 0～1 间波动，在 35～55ps 的时间范围内，分子数在 0～2 之间波动。当在高温和高压条件下进行热分解反应时，碳-碳键和碳-氢键容易断裂，产生少量的 CH_2 自由基。聚氯乙烯分子热裂解第一阶段分解为 HCl、烃类分子和 $C_{10}H_{12}$ 自由基等；第二阶段烃类分子又分解为 H_2 和 Cl_2 和 CH_2、C_2H_4 和 C_3H_5 等小分子碎片。随着压力的增大，小分子碎片的种类和数目增多。2500K 下 NVT 系综及 NPT 系综，3GPa、6GPa 和 10GPa 条件下的分解产物及自由基的种类数分别为 369、677 和 825。

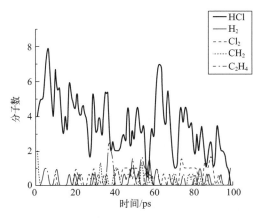

图 2.21　废塑料热解主要碳氢化合物的分子数随时间的变化

③ HCl 和 Cl_2 的变化。

图 2.22 给出了不同压力下 HCl 和 Cl_2 分子数随时间的变化。由图 2.22 可知，

压力对于聚氯乙烯热分解产物的影响相对温度较小。压力为 3GPa、6GPa 和 10GPa 时，HCl 分子数波动较大，在 0～10 范围内波动。Cl_2 分子数波动较小，在 0 和 3 之间波动。在聚氯乙烯热分解反应中，主要发生两种类型的反应：一次反应和二次反应。聚氯乙烯中的聚合物分子发生热解反应，分解为较小的 HCl、Cl_2 和其他烃类化合物分子。Cl_2 和一些碳化合物（如 CH_4）可以参与气相反应，生成更高碳数的烃类化合物，例如氯乙烷和氯丙烷等。对压力而言，压力的提高引起烯烃聚合反应和自由基再结合反应，形成更长的链烃，不易断裂为小分子。综合考虑，随着压力的增大，CH_2 和 C_2H_4 等自由基数量增多，HCl、H_2 和 Cl_2 气体的产量减少。

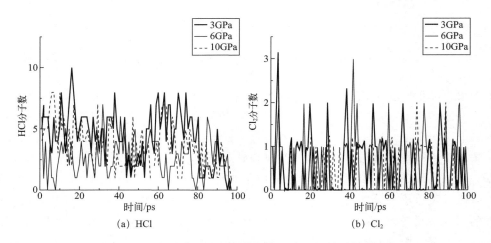

图 2.22　不同压力下废塑料热解产物分子数随时间的演变

图 2.23 是在不同压力下反应过程 $t=70ps$ 时的热解产物分布。在 3GPa、6GPa、10GPa 下 Cl_2 的分子数分别为 1、2 和 1，H_2 的分子数分别为 3、4 和 2，HCl 的分子数分别为 5、8 和 6。由图 2.23 看出，随着压力的增大，Cl_2、H_2 及 HCl 分子的数量均先增大后减小。说明在压力超过 6GPa 时并不利于聚氯乙烯热分解产物的生成。在适中的压力下，气体分子间的碰撞频率提升，这有利于推动热解反应的进行。增加的碰撞有助于在高温下促进 PVC 中碳氢化合物的裂解和转化，进而增加氯化氢和氢气的产量。然而，如果压力过高，可能会导致产物的选择性发生变化，从而限制了反应的进程。

2.5.2.4　结论

用聚氯乙烯模拟废塑料分子，采用分子动力学模拟的方法研究聚氯乙烯热裂解过程，探讨温度和压力对废塑料热分解产物的影响。模拟不同的温度条件（2000K、2500K、3000K 和 3500K）及压力条件（3GPa、6GPa 和 10GPa）下产物生成规律。随着温度的升高，聚氯乙烯的分解速率加快，产量增大，适宜的裂解温

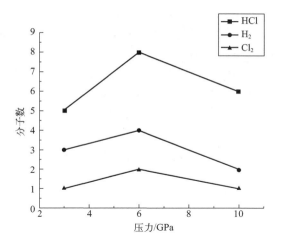

图 2.23 不同压力下的废塑料热解产物分布

度在 2500～3000K 和压力 6GPa，既能保证聚氯乙烯高分解速率，又能保证氢气的高生成量。

2.5.3 废轮胎气化过程

2.5.3.1 引言

废轮胎气化制氢是其有效利用方式之一[20,21]。许多学者已经通过实验对废轮胎气化进行了研究，但对其涉及自由基中间体的消耗和生成以及反应机理缺乏有效的认识。因此，利用分子动力学模拟技术来深入认识废轮胎气化反应的本质和规律显得越来越重要[22-27]，其有助于采取有针对性的措施来控制特定目标产物的生成。

2.5.3.2 模型的构建

（1）分子搭建

大多数研究者构建废轮胎模型时通常采用天然橡胶、丁苯橡胶和顺丁橡胶，按照一定比例混合建模，随后在其基础上利用 Amorphous Cell 模块添加官能团，进而建立周期性盒子，通过反复的几何优化和退火计算完成建模过程。由于废轮胎结构的复杂性，采用具有代表性的废轮胎模型化合物顺丁橡胶进行计算。先构建一个含八个碳原子的碳链，在 2、3 及 6、7 碳原子间使用 Modify Bond Type 按钮选择双键，然后使用 Auto Hydrogen 功能对每一个碳自动加氢，最后点击 Clean 按钮初步优化其结构。用类似操作得到 H_2O，如图 2.24 所示。

（2）模型搭建及优化

利用 Materials Studio 软件的 Forcite 模块完成分子动力学优化，具体参数设置如下。

① Geometry Optimization 设置参数。

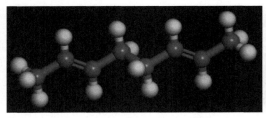
(a) 顺丁橡胶的分子结构（C_8H_{14}）

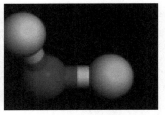
(b) 水分子结构（H_2O）

图 2.24　废轮胎分子动力学模型的建立

在 Material Studio 中选择 Modules 工具中的 Forcite 模块的 Calculation，力场选择 Compass。

初步的分子力学几何优化参数：最大迭代步数为 500，收敛标准为 Fine，能量偏差设置为 0.001kcal/mol，原子均方根力标准设置为 0.005kcal/（mol·A），电荷分布采用平衡法，库仑能和范德华选择原子状态，静电势能和范德华力作用的加和方式均为原子基加和方式。

② 建立周期性盒子。

运用 Amorphous Cell 模块中的 Construction 选项来完成体系的构建，将废轮胎模型化合物和水放入一个立方盒子，建立指定数量的分子三维周期性结构。顺丁橡胶分子（20），水分子（24），系统综合密度设置为 1.034g/cm^3。

③ 退火模拟。

退火模拟指为体系加温后再徐徐冷却，反复循环后，可以选择能量最低的构型，使后期的计算分析更加可靠。退火动力学计算共分为两块进行：首先为 NVT 系综下的退火计算。参数设置为：初始温度 300K，最高温度 500K，模拟时间为 1fs。采用 Nose 方法作为控温程序，退火循环次数为 5 次。其次选择 NPT 系综，参数设置为：0.01GPa 和 1×10^{-4}GPa 压力下对模型进行压缩和解压，退火动力学模拟结束后，将会得到过程中的一系列结构模型，选择其中能量最小的构型。

完成上述三步后，得到如图 2.25 稳定的体系模型。此时密度为 1.034g/cm^3，结构模型晶胞尺寸大小为：16.1775Å×16.1775Å×16.1775Å。

(3) ReaxFF 模拟

将优化好的顺丁橡胶和水的结构模型使用 Materials Studio 中的 GULP 模块进行计算。任务选择 Dynamics，力场选择 ReaxFF。在 Ensemble 选项中选择 NVT 系综，在 Temperature 中设定温度，在 Production time 中设定反应模拟时间，在 Time step 中设定时间步长。更改 Temperature 选项，分别对 2000K、2500K、3000K 和 3500K 进行分子动力学模拟。每个温度模拟 100ps，时间步长选择 0.25fs。一个温度计算大约需要耗时 1～2 天，模拟完成后可以得到一系列分子轨迹

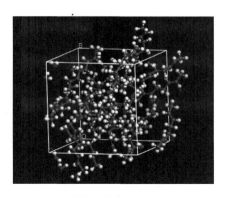

图 2.25   最终优化废轮胎分子动力学模型

图，观察并记录产物分布。以 3000K 为例，对气化反应过程进行模型稳态的分析判断，图 2.26 (a) 显示反应过程的温度在 2900~3300K 之间均匀波动，表明温度控制参数设置合理，从而证明了模拟结果的可靠性。图 2.26 (b) 显示体系的总能量、动能和势能函数随时间均匀波动，这表明在进行动力学模拟之前，体系已经达到了能量最低优化的要求。能量的均匀性为准确描述与分析顺丁橡胶-水体系气化过程、产物的生成和反应过程中的能量变化提供了可靠的依据。

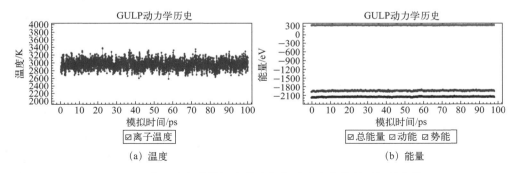

图 2.26   分子动力学模拟废轮胎气化过程中参数随时间的变化

2.5.3.3   模拟预测——温度和压力

(1) 温度

① 反应物顺丁橡胶分子的变化。

图 2.27 是在不同温度下顺丁橡胶分子数随时间的变化。在 2000K，在 0~40ps 内反应物顺丁橡胶分子数一直下降，到 100ps 时下降至 5，说明此时顺丁橡胶未能完全分解。2500K 下，顺丁橡胶分子数在 0~30ps 内不断下降，在 30~100ps 内分子数始终保持在 0，说明顺丁橡胶此时已完全分解。而在 3000K 和 3500K 时，顺丁橡胶的分子数完全分解时间为 20ps 和 10ps。可以看出，顺丁橡胶完全分解的时间

随着温度的升高急剧下降。

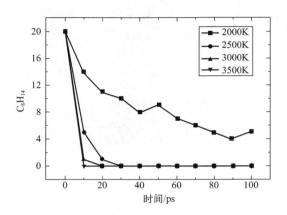

图 2.27　不同温度下顺丁橡胶分子数随时间的变化

　　顺丁橡胶分子数随温度的变化曲线斜率可以反映其分解速度的快慢。在 0～20ps，反应速率大小为 3500K＞3000K＞2500K＞2000K。在 $t=0$ps 时，体系内共有 20 个顺丁橡胶分子，随时间的增长，其数量不断减小，分解速度随温度的升高而显著加快。在较低温度时（2000K），C_8H_{14} 分子数逐步减小，而在 $t=100$ps 时，C_8H_{14} 分子的数量仍有 5 个，说明顺丁橡胶分子仍未完全分解。而在较高温度时（2500K、3000K 和 3500K），C_8H_{14} 分子的数量在反应一开始就急剧减少，分别在 30ps、20ps 和 10ps 完全分解。说明反应温度对顺丁橡胶分子的分解有重要影响，当温度超过 3000K 时影响微弱。

　　② 产物分布。

　　图 2.28 统计了 3000K 气化过程中产生的主要碳氢化合物碎片随时间的演变规律。反应物 C_8H_{14} 的分子数在反应初始阶段快速下降，在 $t=3$ps 时分子数为 0。C_6H_8 的分子数从 0 开始，在反应过程中主要在 1～2 波动。C_4H_6 的分子数初始时刻达到 7，后随反应时间的增长而逐渐减少。C_2H_4 的分子数在 $t=6$ps 时达到最大，后不断波动。C_8H_{14} 分子数达到最小值时，其余碳氢化合物碎片的分子数也正逼近各自的最大值。从整体来看，反应产生的碳氢化合物碎片的分子数顺序为：C_2H_4＞C_4H_6＞C_6H_8。在 50～60ps 时，C_6H_8 分子数减少，C_4H_6 分子数在 2 左右波动，C_2H_4 分子数从 2 增长至 7。结果表明，大分子片段先被分解成较短的链，后短链进一步裂解，C_2H_4 分子数增多。

　　③ H_2 和 CH_4 的变化。

　　图 2.29 (a) 给出了不同温度下 H_2 数量随时间的变化规律。可以看出在 2000K、2500K、3000K 和 3500K 下开始生成 H_2 的时间为 53ps、5ps、1ps 和 1ps，可以看出随温度的增加，H_2 初始生成的时间缩短，但产量迅速增加。在 95～

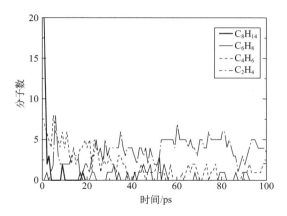

图 2.28　3000K 下顺丁橡胶热解主要碳氢化合物的分子数随时间的变化

100ps，2000K、2500K、3000K 和 3500K 时 H_2 的分子数量分别在 2、9、25 和 40 左右波动。在 0～7ps 时间范围内，H_2 产量随温度的变化率为：3500K＞3000K＞2500K＞2000K。因此，温度升高有利于增大氢气的生成速率。H_2 的生成途径主要包括水生成氢自由基反应和顺丁橡胶分子内的脱氢反应，而水分子的数量在反应前后基本维持在 20 左右。因此废轮胎气化产物 H_2 的主要来源是顺丁橡胶等碳氢化合物自身的脱氢反应。

图 2.29 (b) 给出了不同温度下 CH_4 分子随时间的变化。在 2000K，CH_4 分子数量为 0（图中未显示）；在 2500K、3000K 和 3500K 下，CH_4 生成的时间为 18ps、2ps 和 1ps。可以看出随温度增加，初始生成 CH_4 的时间缩短。在 2500K，CH_4 分子数最终在 5 左右波动；在 3000K、40ps 时分子数达到最大（15），之后在 10 波动；在 3500K、52ps 时分子数达到最大值（12），最终数量稳定在 2。因此，适当的升高温度会促进 CH_4 分子的生成。

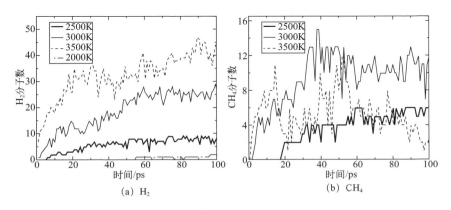

图 2.29　不同温度下废轮胎热解产物分子数随时间的变化

图 2.30 是在不同温度下 100ps 时 H_2 和 CH_4 的分子数分布。H_2 分子受反应温度的影响较大。在 2000～3500K 范围内，随温度的升高，H_2 分子数不断增长。2000K、2500K、3000K 和 3500K，H_2 分子数为 2、9、26 和 42。CH_4 分子随温度的增长呈现先上升后下降趋势，在 3000K 时达到最大（12），之后在 3500K 时降低至 3。Xin 等[35] 通过 ReaxFFMD 模拟得到了 NR 热解反应的不同气态产物（CH_4、C_2H_4、C_3H_6 和 C_4H_6）以及产物分布随温度的变化规律。在热解初期，部分活性较高的自由基，如 CH_3、H、C_2H_3 和 C_3H_5 等，是通过主链断裂产生的。随着温度的升高，自由基从其他分子中夺取 H 生成小分子气体。因此，H_2 的浓度明显增加，CH_4 的浓度下降。

（2）压力

① 反应物顺丁橡胶分子的变化。

图 2.31 是在不同压力下顺丁橡胶分子数随时间的变化，随着压力的增加，反应物顺丁橡胶的分子数不断降低。在 3GPa、6GPa 和 10GPa，反应物分解的时间为 8ps、10p 和 12ps。可以看出，随着压力的增加，顺丁橡胶完全分解的时间在增加。

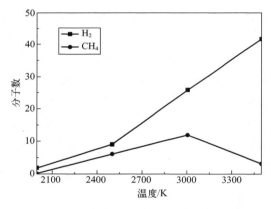

图 2.30　不同温度下 100ps 时废轮胎热解
产物的 H_2 和 CH_4 分布

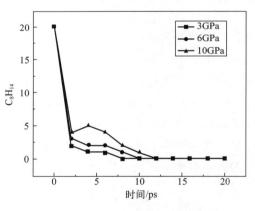

图 2.31　不同压力下顺丁橡胶
分子数随时间的变化

不同压力下的反应物数量均在反应初始时刻急剧减少。在 3GPa、6GPa 和 10GPa，$t=2$ps 时，C_8H_{14} 数量分别减少至 2、3 和 4。在 $t=12$ps 时，顺丁橡胶分子完全分解。而在 NVT 系综中，2500K 中反应物在 $t=25$ps 时才完全分解，可能是由于 NVT 系综下的固定体积限制了反应的进行。因此压力能够加快废轮胎气化的反应速率。

② 产物分布。

图 2.32 给出了 10GPa 下，气化过程中产生的主要碳氢化合物分子数随时间的

变化。由图 2.32 可知，生成的 C_6H_8 和 C_4H_6 分子数基本为 0，在个别时刻为 1；C_2H_4 分子数主要在 0～1 间波动，在 61～68ps，分子数在 0～4 间波动；在 0～29ps，CH_2 分子数在 0～1 间波动，而在 30～70ps 范围内主要在 0～6 间波动，在 $t=68$ps 时，分子数达到最大（8）。因此，生成的 CH_2 自由基数量最多，当高温和高压条件同时作用时，碳-碳键和碳-氢键容易断裂，产生大量的 CH_2 自由基。

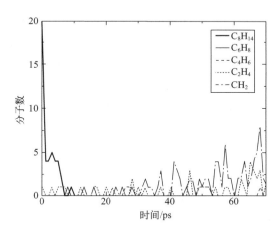

图 2.32　10GPa 下顺丁橡胶气化主要碳氢化合物的分子数随时间的变化

③ H_2 和 CH_4 的变化。

图 2.33 给出了不同压力下，H_2 和 CH_4 随时间的变化，压力对于废轮胎气化产物的影响相对温度的影响较小，不同压力下的产物分子数相差较小。压力为 3GPa 和 6GPa 时，H_2 分子数随时间增长不断上升，而压力为 10GPa 时，H_2 分子数在 0～4 间波动。3GPa 和 10GPa 时，CH_4 分子数基本在 0～2 间波动，而 6GPa 时，CH_4 和 H_2 分子数相对较大。在废轮胎气化反应中，主要发生两种类型的反应：一次反应和二次反应。废轮胎中的聚合物分子发生一次（热解）反应，分解为较小的 H_2、CH_4 和其他烃类化合物分子。H_2 和一些碳氢化合物（如 CH_4）可以参与二次反应，生成更高碳数的烃类化合物，例如乙烷和丙烷等。压力对于废轮胎气化反应的影响，一般被认为是由于二次反应造成的，增加压力引起反应物内部传质阻力增加，从而影响了其进一步参与二次反应。

图 2.34 是在不同压力下模拟反应过程中 $t=70$ps 时的气化产物分布。在 3GPa、6GPa 和 10GPa 下，H_2 的分子数分别为 4、6 和 5，CH_4 的分子数为 3、5 和 0。由图 2.34 得出随着压力的增大，H_2 及 CH_4 分子数量均先增大后减小。在 NVT 系综，2500K、$t=70$ps 时，H_2 和 CH_4 分子数分别为 8 和 5，说明压力超过 6GPa 的条件下并不利于废轮胎气化产物的生成。因此压力对于废轮胎气化反应的影响较为复杂，可能的原因是：适当压力下，气体分子之间的碰撞频率增加，有助

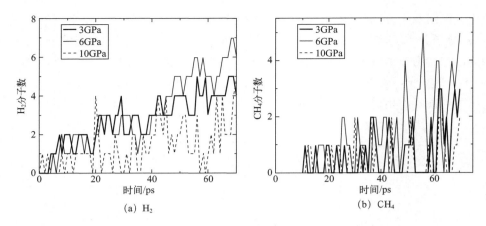

(a) H₂   (b) CH₄

图 2.33　不同压力下顺丁橡胶气化产物分子数随时间的演变

于促进气化反应，增加废轮胎中的碳氢化合物在高温条件下的裂解和转化，从而产生更多的氢气。

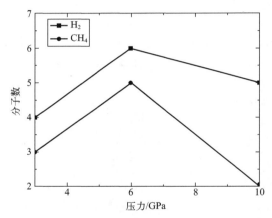

图 2.34　不同压力下顺丁橡胶气化的产物分布

2.5.3.4　结论

采用分子动力学模拟的方法研究顺丁橡胶水体系的气化过程，探讨温度和压力对废轮胎气化反应产物的影响。研究了 2000K、2500K、3000K 和 3500K 下的气化反应过程，得到了顺丁橡胶分子的分解时间。发现顺丁橡胶的分解随温度的升高而加快，产量随温度的升高而增大，得出适宜的气化温度在 2500～3500K 范围内；研究了 3GPa、6GPa 和 10GPa 下的气化反应过程，统计反应的分子碎片，分析后发现顺丁橡胶分子的分解速率加快，但产量降低。易产生小分子碎片，如 C_2H_4 和 CH_2，在高压下该趋势更加明显，并且产生的碎片种类也大大增加。

2.6　展望

受限于分子动力学的计算时间和周期，模拟时间与实际反应时间存在较大差异。随着未来计算机的快速发展，模拟时间可以更接近真实时间。目前对于简单分子可以直接建模，但是对于一些复杂的混合物，如煤和生物质等，其物理模型尤为重要，直接影响后续的计算结果。模型能否代表真实物料的特性成为模拟的关键，如高分子聚合物中聚合度的确定，煤结构模型（Wiser 煤模型）的选择，力场选择是否考虑了热化学转化过程中的催化剂作用等。

参考文献

[1] 郑默. 基于 GPU 的煤热解化学反应分子动力学（ReaxFF-MD）模拟 [D]. 北京：中国科学院研究生院，2015.

[2] 操政. CO_2 和 H_2O 对准东煤焦燃烧影响的反应分子动力学研究 [D]. 武汉：华中科技大学，2019.

[3] 唐钰杰. ReaxFF-MD 反应分子体系时空性质分析与可视化 [D]. 北京：中国科学院研究生院，2020.

[4] Van Duin A C T，Dasgupta S，Lorant F，et al. ReaxFF：A reactive force field for hydrocarbons [J]. Journal of Physical Chemistry A，2001，105（41）：9396-9409.

[5] Brenner D W. Empirical potential for hydrocarbons for use in simulating the chemical vapor-deposition of diamond films [J]. Physical Review B，1990，42（15）：9458-9471.

[6] Brenner D W，Shenderova O A，Harrison J A，et al. A second-generation reactive empirical bond order（REBO）potential energy expression for hydrocarbons [J]. Journal of Physics-Condensed Matter，2002，14（4）：783-802.

[7] Root D M，Landis C R，Cleveland T. Valence bond concepts applied to the molecular mechanics description of molecular shapes application to nonhypervalent molecules of the P-block [J]. Journal of the American Chemical Society，1993，115（10）：4201-4209.

[8] 刁玥楼. 基于 ReaxFF MD 的低阶煤焦油再次反应机理研究 [D]. 青岛：中国石油大学，2020.

[9] 陶超. 基于大分子结构的准东煤 ReaxFF-MD 热解特性研究 [D]. 徐州：中国

矿业大学，2022.

[10] 杨慧芳. 基于反应分子动力学方法对宁东煤热解过程及自由基演变的探究 [D]. 宁夏：宁夏大学，2020.

[11] Liu S H，Wei L H，Zhou Q，et al. Simulation strategies for ReaxFF molecular dynamics in coal pyrolysis applications：A review [J]. Journal of Analytical and Applied Pyrolysis，2023，170：5082.

[12] 翁晓霞. 超临界水中煤热解及催化气化机理研究 [D]. 天津：天津大学，2013.

[13] Salmon E，Behar F，Lorant F，et al. Early maturation processesincoal. Part 1：Pyrolysis massbalance and structural evolution of coalifed wood from the Morwell Brown Coal seam [J]. Org Geochem，2009，40：500-508.

[14] 张云鹤. 基于分子动力学的神府煤热解反应研究 [D]. 马鞍山：安徽工业大学，2019.

[15] 林蔚. 煤热解焦化和加氢脱硫的 ReaxFF 反应分子动力学分析 [D]. 北京：北京科技大学，2016.

[16] Gao M，Li X，Guo X，et al. Dynamic migration mechanism of organic oxygen in Fugu coal pyrolysis by large-scale ReaxFF molecular dynamics [J]. Journal of Analytical and Applied Pyrolysis，2021，156：105109.

[17] Zheng M，Li X，Guo L. Dynamic trends for char/soot formation during secondary reactions of coal pyrolysis by large-scale reactive molecular dynamics [J]. Journal of Analytical and Applied Pyrolysis，2021，155：105048.

[18] Wang M，Gao J，Xu J，et al. Effect of H_2O on the transformation of sulfur during demineralized coal pyrolysis：Molecular dynamics simulation using ReaxFF [J]. Energy & Fuels，2021，35（3）：2379-2390.

[19] Omazetis G，James B D，Liesegang J，et al. Experimental studies and molecular modelling of catalytic steam gasification of brown coal containing iron species [J]. Fuel，2012，93：404-414.

[20] Chen J，Pan X，Li H，et al. Molecular dynamics investigation on supercritical water oxidation of a coal particle [J]. Journal of Analytical and Applied Pyrolysis，2021，159：105291.

[21] Chen J，Pan X，Li H，et al. Molecular dynamics investigation on the gasification of a coal particle in supercritical water [J]. International Journal of Hydrogen Energy，2020，45（7）：4254-4267.

[22] Jin H，Xu B，Li H，et al. Numerical investigation of coal gasification in supercritical water with the ReaxFF molecular dynamics method [J]. Interna-

tional Journal of Hydrogen Energy，2018，43（45）：20513-20524.

[23] 李晔，许文. 中国塑料制品市场分析与发展趋势［J］. 化学工业，2021，39（04）：37-43.

[24] 王文茜，闫柯柯，冯传意，等. 废旧塑料的回收与利用［J］. 再生资源与循环经济，2024，17（01）：48-50.

[25] 黄金保，伍丹，童红，等. 聚乙烯热裂解行为的分子动力学模拟［J］. 材料导报，2013，27（S1）：130-132.

[26] 王玉琢. 基于钙循环的纤维素/聚乙烯共气化制氢的分子模拟及实验研究［D］. 山东：山东大学，2022.

[27] Huang J，Meng H，Luo X，et al. Insights into the thermal degradation mechanisms of polyethylene terephthalate dimer using DFT method［J］. Chemosphere，2022，291：133112.

[28] 魏鑫，张正林，杨启容，等. 天然橡胶热解行为的分子动力学模拟研究［J］. 青岛大学学报（工程技术版），2018，33（01）：92-96.

[29] 王晓初，江必有，聂晓梅. 中国废旧轮胎循环利用前景与建议［J］. 橡塑技术与装备，2022，48（08）：5-8.

[30] 陈玲，祁华清. 废弃轮胎气化制氢过程技术经济分析［J］. 广东化工，2022，49（17）：117-119.

[31] Nyden M R，Stoliarov S I，Westmoreland P R，et al. Applications of reactive molecular dynamics to the study of the thermal decomposition of polymers and nanoscale structures［J］. Materials Science and Engineering，2004，365：114-121.

[32] Smith K D，Bruns M，Stoliarov S I，et al. Assessing the effect of molecular weight on the kinetics of backbone scission reactions in polyethylene using reactive molecular dynamics［J］. Polymer，2011，52：10-11.

[33] Saha T，Bhowmick A K，Oda T，et al. Reactive molecular dynamics simulation for analysis of thermal decomposition of oligomeric poly-acrylicester model nanocomposite and its experimental verification［J］. Polymer，2018，137：38-53.

[34] Zheng M，Wang Z，Li X，et al. Initial reaction mechanisms of cellulose pyrolysis revealed by ReaxFF molecular dynamics［J］. Fuel，2016，177：30-41.

[35] Xin W，Hao W Z，Qi R Y，et al. Studying the mechanisms of natural rubber pyrolysis gas generation using RMD simulations and TG-FTIR experiments［J］. Energy Conversion and Management，2019，189：143-152.

第 3 章

CFD模型

3.1 概述

20世纪流体力学研究主要依托理论分析与实验研究两大传统手段。在计算机技术发展初期，受限于硬件性能不足和高昂的运维成本，计算流体力学（computational fluid dynamics，简称 CFD）模型仅局限于核工业与航空航天等尖端领域。随着 20 世纪 80 年代计算机革命带来的硬件成本下降与运算性能提升，CFD 模型开始向汽车制造与化学工程领域渗透，但受制于当时仍显不足的计算能力及较高的技术门槛，其应用范围依然有限。直至近十年，在计算速度呈现数量级提升、存储容量实现几何级增长、硬件成本断崖式下降的三重技术红利推动下，加之工程技术人员普遍掌握计算机辅助分析能力，CFD 模型终于突破专业领域壁垒，在常规工程设计中实现规模化应用，逐渐发展成为现代工程领域不可或缺的热门技术[1]。

CFD 是融合流体力学、数值计算与计算机科学的交叉学科，其核心是通过有限元等数值方法求解流体控制方程组（质量守恒方程、动量守恒方程和能量守恒方程），从而定量解析流场中速度、压力、温度和浓度等物理参数的时空分布规律。该技术不仅能揭示定常流动的空间特性与非定常流动的动态演化过程，还可通过可视化手段直观呈现流动与传热等复杂物理现象，有效弥补传统理论推导与实验观测的局限性。在工程应用领域，CFD 模型已形成完整的解决方案体系：前处理阶段，采用 Gambit、ANSYS Design Modeler 及 ICEM CFD 等建模工具构建几何模型并划分计算网格；求解阶段，依托 Phoenics、Star-CD、ANSYS CFX/Fluent、AVL FIRE、NUMECA 等商业软件进行数值计算；后处理阶段，通过专业可视化模块解析计算结果。这种全流程的数字化分析方法，使其在航空航天器气动优化、汽车空气动力学设计、生物医学器械流场分析、能源动力系统仿真、化工过程模拟等领域获得广泛应用，成为现代工程研发的重要技术支撑[1]。

CFD 模型主要特点如下。

① 在流场模拟、固体颗粒分布、设备磨蚀状况等领域展现出显著优势。它能够快速、高效且低成本地模拟真实条件，边界条件的调整更为便捷，大大提升了模拟的灵活性和实用性。

② 有效克服了试验设备内部温度场、压力场、浓度场等不可视的难题，能够实时监测设备内的动态变化。由于涉及的流场控制方程组复杂，解析解难以求得，而 CFD 模型则能有效地获得实际工程问题的合理解。

③ 为局部结构优化提供了有力支持，减少了试验和投资成本。预测局部高温点，判断是否超出材料承受范围以及颗粒或催化剂是否会发生烧结和结焦。同时，通过预测压力和速度分布，可以评估流场均匀性，识别死区和气体短路等问题。浓度分布的分析有助于了解反应气体间的返混程度，确保反应的均匀性，避免局部浓

度过高和反应过激。此外，CFD模型还能优化喷嘴结构、内构件设置及二次气体引入位置等。

④ 针对不同形式和物料进行定制化模拟，适应性强，应用范围广泛。指导设备放大，缩短工程预测周期。无须考虑物理模型大小、实验难以达到的条件以及操作人员安全等问题，还能实现特殊几何尺寸的模拟，这在实验中往往难以实现。例如，在含能材料制备过程中，CFD模型可模拟颗粒剪切和摩擦应力引起的爆炸以及结晶过程中颗粒形貌和尺寸的变化。在核工业中，CFD模型还能应用于辐射扩散、核反应温度和浓度的控制等。

然而，CFD模型仍在不断发展中，还存在以下不足。

① CFD模拟本质上是一种离散近似，无法得到解析式，只能提供离散点的数值模拟结果，因此与实际解存在一定误差。

② 要获得准确的CFD模拟结果，需要高性能的计算机硬件支持，这对计算机配置提出了较高要求。

③ CFD模型依赖于经验技巧进行程序编制和材料分析，其中某些误差难以控制。

作为计算流体力学领域的标志性产品，Fluent软件凭借其功能体系的完备性与工程适应性优势，长期占据全球商用CFD软件市场主导地位。该软件基于有限体积法开发，自1983年由美国Fluent公司推出以来，通过持续集成多物理场模型、优化数值算法及增强前后处理功能，构建了区别于同类产品的技术壁垒。在工程应用层面，Fluent不仅覆盖传统流体力学领域，更深度渗透至航空航天器气动优化、电子设备热管理、汽车空气动力学设计、增材制造过程仿真等前沿方向。特别是在燃烧反应机理模拟、污染物扩散预测及涡轮机械设计等专业领域，其专业化程度显著领先于同类软件。这种技术优势使其成为NASA、波音等顶尖机构的首选工具，并助力原Fluent公司占据CFD市场超35％的份额。通过整合Ansys Workbench平台，软件实现了与结构力学、电磁仿真等模块的多物理场耦合，效率提升40％，同时引入GPU加速计算、AI驱动网格生成等创新技术。值得关注的是，随着异构计算架构的演进，Fluent在保持工业级精度的前提下，其并行计算效率近年提升达400％，使得千万级网格规模的瞬态模拟成为可能。最新版本更是引入AI驱动的Smart Meshing技术，将复杂几何的网格生成时间缩短70％。此外，其化学反应求解器CHEMKIN-Pro可解析包含2000＋组分的燃烧过程，在航空发动机燃烧室仿真中达到与实验数据92％的吻合度。这些技术突破使Fluent持续保持全球CFD市场占有率首位（据2023年Tech-Clarity报告显示达38.7％），成为复杂流动问题数值模拟的黄金标准。这种技术进步不仅推动了数值模拟方法论的革新，更实质性地拓展了CFD模型在工程实践中的应用边界[1]。

Fluent展现出的显著工程优势主要有以下几方面。

① 网格技术体系。不仅兼容 Ansys Meshing、ICEM CFD 等专业前处理工具，更独创参数化建模模块，支持结构化/非结构化混合网格生成，包括面网格（三角形和四边形）、体网格（四面体和六面体），可处理包含 10^8 量级的超大规模网格系统。

② 物理模型库。集成 87 种经工程验证的物理模型，涵盖从层流到分离涡模拟的湍流解决方案（包括 k-ε 系列、S-A 模型、RSM、LES、DES 及 V2F 模型组）、噪声模型、化学反应模型、多相流模型及传热、相变和辐射模型，几乎适用于与流体相关的所有领域。

③ 扩展性架构。提供 UDF（用户自定义函数）接口支持二次开发，允许用户植入自定义本构方程或特殊边界条件，其 API 接口响应速度较传统 CFD 软件提升 5 倍。

④ 工业级求解能力。独有的多参考系（MRF）模型可精确模拟旋转机械流场，结合 DDPM（密集离散相模型）实现颗粒流动的跨尺度仿真，计算精度达到工程验证的 ±3% 误差范围。

⑤ 多种求解算法及运算速度。完全非结构化网格体系，支持基于网格单元/节点的混合梯度算法，在复杂几何建模方面展现出卓越的适应性。集成业界最完备的算法库，包含耦合显式、耦合隐式与非耦合隐式三类算法体系，覆盖从稳态计算到瞬态仿真的全场景需求，包括基于压力的分离求解器和耦合求解器及基于密度的求解器，能够确保针对各种类型的问题都能得到高精度的稳定收敛解。通过 C/C++ 底层架构实现内存优化管理与并行计算加速，其核心求解器计算效率较同类产品提升 30% 以上。

⑥ 全流程解决方案。支持从复杂几何建模到计算结果可视化的全流程解决方案。

3.2　CFD 模型分类

在计算流体力学中，根据描述质点运动方法的不同，可以分为欧拉模型和拉格朗日模型。欧拉模型着眼某一空间点物理量随时间的变化情况，而拉格朗日模型则跟踪某一质点的运动，着眼该质点物理量随时间的变化。计算气固两相流动主要有两种模型：欧拉-欧拉模型和欧拉-拉格朗日模型[2-4]。

3.2.1　欧拉-欧拉模型

在处理气固两相流动时，欧拉-欧拉模型将气相和固相均视为连续介质，两者被视为可以相互渗透的连续体，这种方法也被称为双流体模型（two-fluid model，简称 TFM）。在此模型中，气固两相均遵循 Navier-Stokes 方程，通过引入体积分数的概念来处理相与相之间体积不重合的问题。各相体积分数之和等于 1，每一相都独立满足质量和动量守恒定律，而气固之间的相互作用则通过曳力耦合来体现。为了降低计算成本，通常采用封闭模型来考虑各种影响因素，这使得欧拉-欧拉模型在稠密气固流动系统的研究中得到了广泛应用，尤其是在颗粒浓度高于 10% 的情况下。

由于在求解颗粒相时采用了连续介质假设，因此在双流体模型中需要对固体颗粒相定义类似于气体的黏度和压力等物理量，在求解其流动特性时需要构建复杂的本构关系对动量方程进行封闭。欧拉-欧拉模型中通常引入诸多子模型，使其能够以更高的精度描述气固相互作用。目前常用的颗粒黏度计算方法主要分为忽略固相黏度的无黏度模型，将颗粒黏度处理为气相黏度常数倍的常黏度模型以及将颗粒黏度定义为固含率函数的经验模型，这三种模型在处理颗粒黏度时比较粗糙，不同种类颗粒之间的相互作用力和每个相内部的作用力进行建模较为困难。尽管欧拉-欧拉模型引入了多种子模型以提高描述气固相相互作用的精度，但它主要在宏观尺度上描述气固两相流动特征，而无法提供颗粒尺度的详细信息，如颗粒多分散效应、颗粒缩核效应、颗粒-颗粒/壁面碰撞、颗粒团聚合/破裂、颗粒间传热传质以及颗粒粒径分布的影响等。这些限制阻碍了对稠密气固两相流动系统微观尺度的深入理解。

Anderson 和 Jackson 在 1967 年提出的动量方程为双流体模型的发展奠定了基础[5]。然而，早期由于对颗粒拟流体化本质的认识不足，颗粒相中的压力和应力张量的封闭条件难以准确确定，限制了模型的发展。直到 20 世纪 80 年代末至 90 年代初，Gidaspow 团队和 Kuipers 团队等提出了常黏性模型（constant viscous model，简称 CVM），该模型假设颗粒相的黏度为恒定常数，并定义了固相的弹性模量。尽管 CVM 模型在处理固相时过于简单，但随后发展的颗粒动力学理论（kinetic theory of granular flow，简称 KTGF）通过将气体分子的碰撞动力学理论类比应用于固相颗粒，成功描述了颗粒间的相互作用。KTGF 将分子动力学理论思想应用于稠密颗粒两相流，从玻尔兹曼方程出发，通过对颗粒速度分布的假设，推导出了与流体守恒方程形式一致的固相守恒方程。Ding 与 Gidaspow[6] 将 KTGF 应用于流化床的数值模拟，开启了新的研究纪元。CVM 模型可以视为 KTGF 在特定条件下的例子。Patil 等[7,8] 通过比较 KTGF 和 CVM 模型在模拟气固射流流化床和自由鼓泡流化床内的气泡特性，发现 KTGF 模型在优化颗粒黏性描述方面表现更佳。

3.2.2　欧拉-拉格朗日模型

在欧拉-拉格朗日模型中，气相被视为连续介质，并在欧拉框架下使用 Navier-

Stokes 方程进行求解。与此同时，固相被视为离散的颗粒相，在拉格朗日框架下，通过应用牛顿第二定律来追踪每个颗粒的运动轨迹。这种方法适用于固体颗粒相相对稀疏的情况，即颗粒间的相互作用力可以忽略不计，且颗粒体积分数对连续相的影响也可以忽略。通常，当颗粒相的体积分数小于 10％～12％ 时，可以采用欧拉-拉格朗日模型。在颗粒穿过连续相的过程中，质量、动量和能量的交换通过相间耦合计算来实现。欧拉-拉格朗日模型通过计算颗粒所受的各种平衡力和作用力来模拟颗粒的运动，这些力包括惯性力、曳力和重力。颗粒的密度、粒径、形状等属性都会在模型中加以考虑。根据处理颗粒之间相互作用力的不同方法，欧拉-拉格朗日模型可以分为以下几种：PR-DNS（particle resolved-direct numerical simula-tion）、CFD-DEM（computational fluid dynamics-discrete element method）、DDPM（dense discrete phase model）、Coarse-grained CFD-DEM 以及 MP-PIC（multiphase particle-in-cell）[3,4]。

① PR-DNS 代表了气固流动建模领域中的最高求解精度。该方法的核心在于对每个颗粒周围的流体运动进行详尽的解析，而颗粒本身的运动则由外部作用力所决定。为了精确捕捉颗粒周围的流动细节，PR-DNS 要求计算网格的尺寸必须远小于颗粒的直径，通常小于颗粒直径的十分之一。在此框架下，颗粒表面通常假定为无滑移边界条件，通过积分颗粒表面的应力张量来计算相间作用力。PR-DNS 的优势在于，它在计算流体运动时无须引入任何封闭模型，从而确保了求解的极高精度。然而，这种精度是以计算资源的巨大消耗为代价的。因此，PR-DNS 适用于颗粒尺寸远大于湍流最小尺度，且颗粒数量相对较少的系统。研究者们开发了多种 PR-DNS 方法，如格子-玻耳兹曼方法（Lattice-Boltzmann method，LBM）和浸没边界法（immersed boundary method，IBM），这些方法能够精确解析颗粒周围的流动，并为大尺度模型，如 CFD-DEM 和两流体模型（TFM），提供了重要的封闭模型参考。目前，由于直接数值模拟需要大量的网格，对计算资源的需求极大，这使得 PR-DNS 方法仅限于较小尺度的模拟区域，并且所能计算的颗粒数量也受到限制。当前的研究主要集中在颗粒数量在 10^5 以下的系统。尽管如此，PR-DNS 仍然是气固流动研究领域中不可或缺的工具，为理解复杂的颗粒动力学提供了宝贵的见解。

② CFD-DEM 巧妙地将气相的中观尺度行为与固相的微观尺度行为相结合。该方法利用 Navier-Stokes 方程对连续的气相进行描述，同时采用牛顿定律对离散的固体颗粒进行精确追踪，充分考虑了颗粒间的真实碰撞作用。它揭示了气固系统中微观与中观尺度之间的相互作用，通过局部的空隙率和流体-颗粒间的相互作用力（即曳力）实现两相的紧密耦合。

与 PR-DNS 的高精度模拟相比，CFD-DEM 在网格尺寸上有所放宽，其网格直径通常是颗粒粒径的 3～5 倍，从而减少了计算量，但求解精度略有下降。CFD-DEM 能够追踪每个颗粒的运动轨迹，通过引入空隙率，将颗粒受力情况插值反馈至流体计算网格，进而求解 Navier-Stokes 方程，获取气相的速度和压强等重要信息。该方法还引入了硬球和软球碰撞模型，精确捕捉每个颗粒的位置、速度、旋转和受力等细节。由于每个颗粒单独计算，因此可以轻松添加各种受力模型，如润滑力、磁场力和黏性力，同时处理多粒径、非规则形状和反应性颗粒。

DEM 最初由 Cundall 和 Strack[9] 提出，旨在解决固体颗粒堆积时的碰撞问题，并建立了完整的力学理论。在流化床研究中，这一机理被进一步发展，形成了 Tsuji 等[10] 的软球模型和 Hoomans 等[11] 的硬球模型。硬球模型假设颗粒为刚性，通过瞬时碰撞交换动量，而软球模型则考虑了颗粒的弹性变形和黏性耗散。Xu 和 Yu[12,13] 在此基础上进行了改进，引入了颗粒碰撞动力学模型，提高了模拟的准确性，并成功应用于三维气固流化床的模拟。

尽管 CFD-DEM 在稠密气固流动、传热、气化、燃烧等领域得到了广泛应用，但其计算效率受到颗粒碰撞检索、小时间步长和并行计算中"虚拟颗粒"问题的限制。这些问题使得传统 CFD-DEM 难以应用于工业尺度的大型反应器。然而，美国能源局国家能源实验室开发的 MFIX 软件平台，通过支持大规模并行计算，将 CFD-DEM 的应用推向了新的高度，使其能够处理 10^7 量级的颗粒数。用户可通过 UDF 文件自定义运算，模拟颗粒化学反应等功能，进一步拓宽了 CFD-DEM 的应用范围。目前广泛应用于实验室尺度的流化床模拟。

③ DDPM 是一种创新的混合模拟策略，它在处理气固两相流时展现了独特的灵活性。在固体颗粒浓度较低的场景中，DDPM 利用拉格朗日模型对颗粒相进行精确追踪，确保了颗粒运动的详尽描述。然而，当面临高颗粒浓度时，该方法转而采用颗粒动力学理论来模拟颗粒间的碰撞行为。这种切换不仅保留了拉格朗日方法在颗粒追踪方面的优势，而且使得大尺度反应器的模拟成为可能。

尽管 DDPM 在模拟复杂颗粒系统方面展现出潜力，但其模型准确性尚需经受更多考验。部分学者对其准确性持有保留态度，认为有必要通过更为严谨的实验验证和理论检验来确定其可靠性。此外，为了确保模拟过程的稳定性，需要进一步优化和提升 DDPM 的稳定性。研究人员正致力于这些关键问题的解决，以期 DDPM 能够在未来的工业应用中发挥更大的作用。

④ Coarse-grained CFD-DEM，旨在突破传统 CFD-DEM 在计算效率上的局限。该方法引入了粗粒化（coarse-grained method，CGM）的概念，旨在减少模拟中的计算负担。具体来说，它将众多具有相似物理化学特性的实际颗粒，聚合为一个更大的计算颗粒，即粗颗粒（coarse-grained parcel，CGP），并在这一尺度上进行拉格朗日追踪。这样做显著降低了系统中需要追踪的颗粒数量，从而加速了模拟过程。

与传统 CFD-DEM 相似，coarse-grained CFD-DEM 在粗颗粒尺度上直接求解颗粒间的碰撞过程，确保了在提高计算效率的同时，不会牺牲过多的计算精度。使用更大的粗颗粒可以大幅提升计算速度，但这也伴随着计算精度的下降，因此，选择适当大小的粗颗粒以准确代表真实颗粒系统是至关重要的。通过采用这种方法，研究人员能够处理高达 10^9 量级的真实颗粒系统，这使得 coarse-grained CFD-DEM 在诸如鼓泡流化床和喷动流化床等领域的应用变得可行，并且已经逐步在这些领域展现出强大的应用潜力。

⑤ MP-PIC 利用体积平均的 Navier-Stokes 方程来描述气相流动，并采用计算颗粒思想对固相进行离散化处理。通过对每个计算颗粒的追踪，能够获得颗粒相在各个时刻的空间分布情况。此外，该方法还通过将颗粒属性插值到流体网格上，实现了对颗粒相的双重处理：既将其视为连续介质，又视为离散个体。以下是 MP-PIC 方法的主要特点：

i. 引入了固相应力模型，以模拟颗粒间的碰撞，这一策略有效降低了计算量。

ii. 引入了计算颗粒（parcel）的概念，其中每个数值粒子代表多个具有相似运动特性的真实颗粒。通过求解 Liouville 输运方程来确定计算颗粒的分布函数，并采用连续的固相应力模型来防止颗粒过度堆积，避免超出物理极限。此方法不直接计算粗颗粒间的接触力，从而省去了对潜在碰撞对的搜索过程。

iii. 将固相群体的特性映射到欧拉网格上，以计算连续的颗粒应力场。同时，每个计算颗粒都拥有独立的速度和位置，通过积分牛顿运动方程进行更新，这使得 MP-PIC 兼具了 TFM 和 CFD-DEM 的优点。

基于这些特点，MP-PIC 能够在较低的网格分辨率和较大的固相时间步长下进行计算，从而在求解精度和计算效率之间取得了平衡。因此，该方法有能力处理包含高达 10^7 个计算颗粒的系统，这相当于超过 10^{10} 个真实颗粒的工业规模流化床。

3.2.3 其他模型

为了更精确地捕捉 KTGF 所无法模拟的旋转粗糙粒子的动态行为，Wang 等[14] 提出了粗糙球体动力学理论（kinetic theory of rough spheres，KTRS）。这一创新理论纳入了颗粒的平移和旋转温度，从而提升了模拟的准确性。此外，为了融合 CFD-DEM 在提供颗粒尺度细节方面的优势与 CFD-TEM 的计算效率，以应用于更大规模的流化床气化炉，Liu 等[15] 开发了一种多相颗粒-单元方法。该方法能够维持中尺度气泡尺寸的详细信息，同时利用 CFD 和经验关联式的长处，并克服它们的局限，引入了一个新模型：在该模型中，CFD 用于模拟气化炉内的流体动力学参数，而化学反应则通过 VMG-Sim 框架中的三个平推流反应器进行模拟[16]。最近，计算颗粒流体动力学（CPFD）模型的发展使得通过粒子打包技术处理大型流化床成为可能。除此之外，研究者们还提出一系列其他模型，包括离散气泡模型（discrete bubble model，DBM）、直接蒙特卡罗（direct simulation monte-carlo，DSMC）方法以及光滑粒子流体动力学（smoothed particle hydrodynamics，SPH）方法。表 3.1 总结了应用于鼓泡流化床煤气化的各种 CFD 模型。

表 3.1　鼓泡流化床煤气化的计算流体力学模型

参考文献	ID /cm	H /cm	T/K	P/MPa	煤种	进煤量/ (kg/h)	H₂O/ (kg/h)	空气和O₂/ (kg/h)	模型
Wang 等[14]	220	2000	812~905	0.1	Titiribí煤	6.6, 8	4.0, 4.7	17, 21.9	KTRS
Liu 等[15]	220	2000	1049~1149	0.1~0.15	Titiribí煤	8-16	4.6	28.4	MP-PIC, 气泡
Esmaili 等[16]	7.5	100	1085~1140	0.1	Titiribí煤	6.6, 8	4.0, 4.6	14.8~28.4	欧拉-欧拉, KTGF, VMG-Sim
Wang 等[17]	22	200	1099~1114	0.1	烟煤	8.0	4.6	19.4~28.4	TEM- KTGF
Yu 等[18]	220	2000	812~866	0.1	哥伦比亚煤	6.6, 8.0	4.0, 4.6	14.8~28.4	TEM- KTGF
Cornejo 等[19]	22	200	1099~1114	0.1	烟煤	8.0	4.6	19.4~28.4	欧拉-欧拉, KTGF
Armstrong 等[20-21]	22	200	1085~1139	0.1	哥伦比亚煤	8.0	4.7	17~21.9	欧拉-欧拉, 三相
Gao 等[22]	7.8	27	1023	0.1	煤	0.236	0.079	0.0489	欧拉-欧拉, 射流, 气泡
Deng 等[23]	7.8	27	1133	0.1~0.3	徐州烟煤	4.2~5.79	1.15~1.93	7.5~11.53	欧拉-欧拉, KTGF
Xia 等[24]	2.5	548.75	993	2.5	不连沟次烟煤	12	76.6	N₂: 6.6~233, O₂: 2.2~6	TFM- KTGF
Askari-pour[25]	10~22	2000	695	0.1	原煤	8	4.6	19.4, 21.9	欧拉-欧拉, KTGF
Parvath-aneni 等[26]	70, 150	1500	1078	0.1	褐煤	0.1296~0.2268	0.0972~0.1701	0.0972~0.1701	欧拉-欧拉, KTGF, 气体-惰性颗粒相动量交换
Xie 等[27]	220	2000	836~866	0.1	Titiribí煤	8	4.6	19.4, 21.9, 28.4	MP-PIC
Hu 等[28]	220	2000	812~905	0.1	Titiribí煤	8	4.7	17, 21.9	粗颗粒, CFD-DEM
Sahu 等[29]	200, 550	4000	1246~1249	0.1	高灰南非煤	26.9, 32.2	15.6, 16.5	21.9, 22.4	欧拉-欧拉

图 3.1 展示了流化床系统基于不同解析度的模型分类，涵盖了亚颗粒尺度、颗粒尺度和介观/宏观尺度。其中，亚颗粒尺度对应于 PR-DNS，颗粒尺度对应于 CFD-DEM、coarse-grained CFD-DEM 和 DDPM，介观/宏观尺度对应于 TFM 和 MP-PIC 方法。

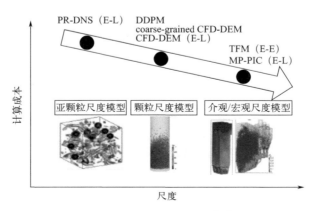

图 3.1　模拟方法的对比[3,4]

表 3.2 呈现了主要模型的优缺点。这些模型旨在解决不同分辨率下的气固流动问题，因此在计算精度和效率上各有千秋。高精度方法虽然能够提供精确的模拟结果，但通常伴随着较低的运算效率，且适用于较小的尺度。相反，低精度方法在计算效率上表现更佳，但牺牲了一定的计算精度。高精度模型的计算成果可以作为低精度模型的封闭模型，为后者提供精确的数据支持。通过这种方式，低精度模型可以利用高精度模型提供的封闭模型来提升自身的计算精度。因此，在选择模型时，需要根据研究的反应器尺度、其他相关约束条件以及所需的计算资源，来确定最合适的模型，以在计算精度和计算效率之间找到最佳的平衡点。这种方法论上的权衡确保了在实现研究目标的同时，也能在可接受的计算时间内获得满意的模拟结果。

表 3.2　主要模拟方法的对比[30]

模型	优点	缺点	模拟结果的使用
PR-DNS	能够完全解决流体结构问题，不需要建模假设	只能模拟小系统（约 10^5 个粒子）	制定本构模型，用于并验证更粗糙的模拟方法，例如流体-颗粒曳力模型
CFD-DEM	可以模拟多达 10^8 个粒子，其中 10^6 个为常规粒子大小分布（PSD），粒子间相互作用力来自范德华力、静电以及液体之间的相互作用	需要本构模型，用于流体-粒子相互作用力，有效统计的平均作用力；为了加快模拟速度，粒子通常比实际要软，与大部分商业规模过程不符	制定本构模型，用于并验证更粗糙的模拟方法，如颗粒相应力、混合、曳力以及团聚动力学。可以直接用于模拟小规模实验过程

模型	优点	缺点	模拟结果的使用
MP-PIC	能够模拟实验室和商业规模的系统。相对于 TEM，粒径分布更容易引入	需要本构模型，不能处理颗粒内部作用力的影响，防止过度填充	与 TEM 相同
TEM	能够模拟实验室和小试规模的系统，特别是对于 CFD-DEM 太大的系统	需要本构模型，很难考虑颗粒内部作用力，粒径分布增加了复杂性	制定本构模型，用于并验证更粗糙的模型，如过滤流体-颗粒的曳力和压力。可以直接用于模拟小试装置

3.3 CFD 模型建模的关键

CFD 模型的性能在很大程度上取决于研究对象简化的合理性与实际情况的契合度，这一过程主要涉及以下三个关键方面：网格划分、模块选择和模型求解。

3.3.1 网格划分

在采用数值计算方法求解流体流动和传热等问题的控制方程时，首先需要将计算区域划分为大量互不重叠的子区域，即网格。网格是数值求解控制方程的基本单元，可以分为结构化网格和非结构化网格两大类。结构化网格的特点是节点排列有序，邻点间的连接关系明确，且具有正交性，适用于几何边界规则的计算区域。而非结构化网格则适用于处理不规则边界的几何模型，虽然其求解效率较高，但网格生成的工作量较大，求解速度相对较慢。因此，网格划分是空间区域上微分方程离散化和数值求解的基础，它直接影响计算过程的收敛性、结果的合理性和准确性。

通常情况下，网格越密集，网格数量越多，计算精度越高，但同时计算量也越大。因此，需要根据计算机的处理能力合理选择计算区域的节点数。在工程允许的误差范围内，寻找数值解几乎不随网格数减少而变化的最小网格数，即所谓的网格无关解。具体操作上，可以在程序调试初期使用较多的节点数，随着计算的进行逐步减少网格数，直至减少到继续减少节点数会导致计算结果发生显著变化，无法满足误差要求，此时的网格数即为最小网格数。

在网格划分过程中，对于计算中物理量变化剧烈的局部区域，应进行适当的网格加密，这有助于使用较少的节点数获得更高精度的解，例如局部高温点、湍流急剧变化点和设备结构的拐弯处等。网格的大小和疏密程度需要根据具体的模拟对象和待解决的问题来确定，既不能过于粗糙，也不能过于精细，而应做到疏密适中，以匹配模拟需求。

3.3.2　模块选择

在 CFD 模型中，单一模块已不足以精确模拟复杂过程，因此需要多种模块的嵌套使用。但这些模块的背景知识、适用范围以及之间的相互作用往往被忽视。目前，验证模型正确性的主要方法是通过与实验数据对比，实际上应该更多地关注模型预测的变化趋势。

当实际过程与理论模块存在差异时，引入自定义函数来修正这些差异变得至关重要。这要求研究者具备深厚的专业知识，尤其在涉及蒸发、冷凝、气体生成或固体颗粒生成等过程时，不仅需要考虑相变模块，还需要考虑反应模块。对于气固流化床，颗粒粒径分布的问题一直是研究者的一个挑战，尤其是颗粒粒径对传质和反应速率的影响尤为关键，而目前尚未有完善的解决方案。尽管 CPFD（计算颗粒流体动力学）方法进行了一些颗粒打包处理，但对于颗粒如何影响反应和内扩散的问题，仍需进一步研究。

下面对 CFD 模型中常用的重要模块进行介绍。

(1) 相的选择

在 CFD 模型中模拟流化床时，不同相的设置至关重要。例如，煤和石英砂应被视为两个独立的相[20-21]。气泡和石英砂的粒度对返混现象有显著影响，这在热解气体燃烧过程中尤为重要。研究表明，当石英砂的粒径为 0.8mm 时，可以获得较好的返混效果。气化反应速率在很大程度上受到气泡引起的水平方向燃料混合的影响[28]。其他研究则关注局部气泡行为（如 $\beta_{\text{gas-inert}}$，即气-惰性固相动量交换系数）对非均相反应速率、气相温度和气体成分的影响。当 $\beta_{\text{gas-inert}}$ 值较高时，煤和惰性固体的混合程度增加，导致氢气和一氧化碳的产量较高[26]。这些研究表明，在 CFD 模型中，正确选择和设置相模型对于获得准确的模拟结果至关重要。研究者需要根据具体的模拟目标和流化床的特性，选择合适的模型和参数，以确保模拟的准确性和可靠性。

(2) 反应模型的选择

在 CFD 模型中，尤其涉及化学反应的流动，反应模型的选择至关重要。Fluent 软件提供了多种化学反应模型[2,31]，主要如下。

① 通用有限速率模型。该模型是求解混合物中所有组分的对流、扩散和反应源的守恒方程。适用于模拟壁面、微粒表面或多相中同时发生的反应。

② 非预混燃烧模型。求解一到两个守恒标量（如混合分数）的输运方程。通过预混分数计算各组分的浓度，不单独求解每个组分的输运方程。适用于模拟湍流扩散火焰，模型简单，不需要详细的化学反应机理和动力学参数。

③ 预混燃烧模型。燃料和氧化剂在点火前进行分子级别的混合。适用于湍流、亚音速模型，不适用于模拟反应的离散相。常用于模拟吸气式内燃机等。

④ 部分预混燃烧模型。预混模型和非预混模型的结合。适用于模拟带有不均匀燃料和氧化剂混合物的预混燃烧情况。

⑤ PDF 模型（概率密度函数模型）。适用于模拟有限速率的湍流化学动态效应。采用最详细的化学机理，但计算资源消耗较大，需要使用基于压力的求解器。

化学反应速率模型主要包括以下几种。

① 层流有限速率模型。使用 Arrhenius 公式计算化学源项，忽略湍流脉动的影响。适用于化学反应相对缓慢、湍流脉动较小的燃烧。

② 有限速率/涡耗散模型（finite-rate/eddy-dissipation）。结合层流有限速率和涡耗散模型，计算 Arrhenius 反应动力学速率与涡耗散方程，取较小值作为实际反应速率。适用于描述气化过程中的一系列反应，准确度高，适用于多步反应机理的模拟计算。

③ 涡耗散模型。假设反应速率由湍流控制，避免使用 Arrhenius 公式。适用于湍流主导的反应速率计算。

④ 涡耗散概念模型。涡耗散模型的扩展，能在湍流反应流动中合并详细的化学反应机理。数值积分开销较大，适用于需要详细化学机理的复杂反应流动模拟。

选择合适的化学反应模型和化学反应速率模型对于获得准确的模拟结果至关重要。研究者需要根据具体的模拟目标和反应特性，选择最合适的模型和参数。

（3）曳力模型的选择

曳力模型的选择在气固两相流动的 CFD 模拟中至关重要，因为直接影响颗粒在流体中的运动行为。气相与颗粒之间的相互作用力主要包括以下几种：压力梯度力，由于流场中压力的变化导致的作用在颗粒上的力；形式阻力（压差阻力），由于颗粒前后压力差产生的作用力；摩擦阻力，由于颗粒表面与气体分子之间的摩擦产生的作用力。

其中，形式阻力和摩擦阻力是与气体流动有关的附加力，总和被称为曳力。曳力是气固两相流动模拟中最关键的力，因为它决定了颗粒在流体中的加速度、速度和最终的运动轨迹。

无量纲阻力系数 C_d 是衡量曳力大小的关键参数，通常与雷诺数 Re 有关。如图 3.2 所示，根据雷诺数与阻力系数 C_d 的关系，可以确定以下几个区域[32]。斯托克斯区（低雷诺数区），在这个区域，曳力系数与雷诺数呈反比；中间区，介于斯托克斯区和牛顿区之间，曳力系数随雷诺数的变化而变化，但变化不如斯托克斯区显著；牛顿区（高雷诺数区），在这个区域，曳力系数与雷诺数无关，C_d 基本保持恒定；边界层分离区（极高雷诺数区），在这个区域，由于颗粒表面的边界层分离，曳力系数会显著增加。

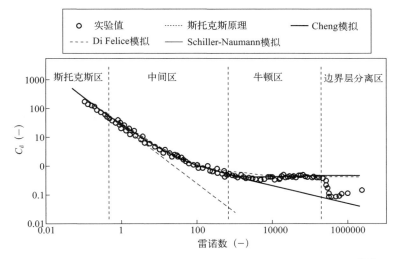

图 3.2　单颗粒球体的不可压缩流体的阻力系数与雷诺数的关系[32]

在气固两相流动的模拟中，考虑颗粒群中其他颗粒对单个颗粒的影响是非常重要的。实验研究和经验关系式的发展为这种复杂相互作用提供了计算依据。以下是针对球形颗粒的一些重要的经验关系式和模型[30]。

① Ergun 公式。适用于密颗粒流动，由表示斯托克斯体系中颗粒上的阻力项和表示惯性效应的项组成。

② Wen-Yu 公式和 Di Felice 公式。Wen-Yu 公式适用于空隙率大于 0.8 的稀颗粒流动，而 Di Felice 公式既适用于密颗粒流动，也适用于稀颗粒流动。

③ Chen 的曳力系数表达式。基于实验数据，总结了雷诺数小于 2×10^5 时的曳力系数表达式。

④ Gidaspow 模型。结合了 Ergun 公式和 Wen-Yu 公式，根据空隙率的不同选择不同的公式。

对于非球形颗粒的曳力系数，以下是一些考虑颗粒形状的方法。

① Haider 方法。提出了孤立的非球形颗粒的曳力系数表达式，主要由四个涉及球形度的函数组成。

② Ganser 方法。考虑了颗粒的形状与方向，引入了斯托克斯形状因子和牛顿形状因子，总结了非球形颗粒的曳力系数表达式。

③ Holzer 方法。结合 Haider 和 Ganser 的成果，提出了在全雷诺数范围内的非球形颗粒的曳力系数表达式。

在实际应用中，常用的曳力模型可以分为以下几类。

① 基于实验和经验模型的 Gidaspow 模型和 Syamlal-O'Brien 模型。Gidaspow 模型在流化床内以 B 和 D 类颗粒为主的气固流动预测中表现良好，适用于

大多数流态化计算。

② 基于格子-玻耳兹曼方法（Lattice-Boltzmann）和直接数值模拟方法（direct numerical simulation，DNS）推导的 BVK（Beetstra-Van der Hoef-Kuipers）曳力模型和 Koch & Hill 模型。Koch & Hill 模型适用于湍流较弱的稠密气固两相流模拟，如喷动床内的气固流动预测。

③ 基于能量最小多尺度（EMMS）的曳力模型。考虑了稠密气固两相流系统中的不均匀性，对以 A 类小粒径颗粒为主的、提升管内的气固流动具有较高的预测精度。

曳力模型的选择和修正对于准确模拟气固两相流动至关重要，特别是在处理颗粒形状、大小、空隙率以及流动条件多样化的问题时。研究者需要根据具体的模拟目标和流化床的特性，选择或开发合适的曳力模型。

（4）传热模型的选择

在流化床煤气化过程中，传热模型的选择对于准确模拟温度分布和热传递至关重要。传热机制如图 3.3 所示[4,30,33]。

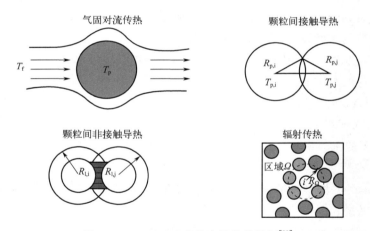

图 3.3　CFD-DEM 方法中的传热机制[33]

① 颗粒-颗粒/壁面导热。在颗粒浓度高的区域，颗粒间的直接接触导热和非接触导热是主要的传热方式。直接接触导热：通过颗粒间的碰撞在接触面上发生。非接触导热：通过颗粒间的气膜进行导热，无须直接接触。

② 颗粒-流体对流传热。遵循牛顿冷却定律，传热量与颗粒表面及流体之间的温差呈正比。通过经验关联式来计算，考虑了颗粒大小、流体性质和流速等因素。

③ 颗粒-环境辐射传热。颗粒表面与周围环境（包括流体、颗粒团和壁面）之间的热辐射交换。

④ 反应热。化学反应放热或吸热对颗粒和流体温度的影响。

辐射传热模型选择。在 Fluent 中，常用的辐射传热模型如下[2]。

① Rosseland 模型。适用于光学厚度较大的情况，计算成本较小。

② P1 模型。适用于计算域较大的情况，考虑散射和气固两相之间的辐射换热。

③ DTRM（discrete transfer）模型。适用于任何光学厚度，计算成本较高。

④ S2S（surface to surface）模型。适用于表面之间的辐射换热。

⑤ DO（discrete ordinate）模型。适用于任何情况，考虑散射，精度高，计算成本高。

选择辐射传热模型时考虑的因素[34]：

① 光学厚度，是选择辐射模型的重要指标。当光学厚度大于 1 时，P1 或 Rosseland 模型较为准确；大于 3 时，Rosseland 模型更经济合理。

② 散射与发射。P1、DO 模型考虑散射和气固两相之间的辐射换热，而 Rosseland 模型对壁面发射率不敏感。

表 3.3 呈现了不同辐射模型的对比。在选择传热模型时，研究者需要综合考虑模拟的精度要求、计算资源、适用范围以及实际工况的特点。对于流化床煤气化过程，通常需要综合考虑多种传热机制，并选择合适的模型来确保模拟结果的准确性。

表 3.3   不同辐射模型比较[35]

模型	优点	缺点
DTRM	简单，适用范围广	没考虑散射，计算量大，不适用于半透明介质
P1	模型简单，计算量小，考虑散射与颗粒的影响，可用于复杂几何体	适用于辐射厚度大于 1 的灰体辐射计算，不适用于半透明介质
Rosseland	计算速度快，需用内存小	适用于辐射厚度大的灰体辐射，不考虑颗粒影响，不适用于半透明介质
DOM	使用范围广，可用于半透明介质和非灰体辐射，考虑颗粒影响	不能用于介质参与的辐射换热，计算量大

（5）控制方程的选择

在气相控制方程的数值模拟中，湍流的影响至关重要，其影响流体速度和流场结构的复杂性，进而影响热传导和质量传递，特别是气化过程中的化学反应。

目前针对欧拉-拉格朗日模型下的 Navier-Stokes 方程的求解主要有三种方法[30,34]。

① 直接数值模型（DNS）。在网格内直接求解 Navier-Stokes 方程，误差最小，但计算资源需求极高。

② 大涡模型（LES）。在亚网格尺度内进行模拟，能够较好地模拟流动细节，计算资源需求较高。

③ 雷诺时均模型（RANS）。通过时均量或低阶关联项来封闭雷诺时均方程，适用于大型工程模拟计算。

Fluent 软件内置的湍流模型主要有以下几种[2,31,36]。

① LES（大涡模拟）模型。分离计算大涡和小涡，结果更准确，计算资源要求高。

② Spalart-Allmaras 模型。适用于计算流体遇到壁面时的绕流情况，常用于航空研究。

③ 标准 k-ε 模型。适用于大多数工程问题，计算量和精度适中。

④ RNG k-ε 模型。对标准 k-ε 模型进行修正，提高了计算旋流等问题的精度。

⑤ Realizable k-ε 模型。在标准 k-ε 模型基础上，增加新的湍流黏性公式，提高了预测旋流和各向同性剪切流动的精度。

⑥ RSM（雷诺应力模型）。直接求解雷诺时均方程组，不考虑各向同性假设，适用于需要考虑各向异性的流动工况。

不同雷诺应力模型的对比见表 3.4。在选择湍流模型时，研究者需要考虑以下因素：a. 流动的复杂性。是否包含强分离流、强旋流动或圆射流等。b. 计算资源。可用的计算能力是否足以支持高精度模型。c. 预期精度。所需的模拟精度水平。正确选择气相控制方程和湍流模型对于获得准确的气化过程模拟结果至关重要。

表 3.4   不同雷诺应力模型比较[35]

模型	优点	缺点
单方程模型（如 Spalart-Allmaras）	计算量小，对复杂的边界层有较好的效果	计算结果没被广泛测试，实用性差，缺少特定问题模型
双方程模型（如标准 k-ε）	应用面广泛，计算量适中，有一定的测试数据基础	对于流动曲率变化大、有较强压力梯度等复杂流动模拟效果欠佳
双方程模型（如 RNG k-ε）	可模拟流体撞击和旋转等复杂流型	受涡流黏性和各向同性假设限制
双方程模型（如 Realizable k-ε）	和 RNG 模型相似，可模拟圆口射流	同上
多方程模型（如雷诺应力模型）	更加仔细地考虑物理机理，考虑湍流各向异性影响	CPU 计算时间较长，动量湍流量高度耦合

（6）气固两相流模型的选择

气固两相流模型是用于描述气体和固体颗粒相互作用和流动行为的数学模型，在化工、能源和环境工程等领域有着广泛的应用。表 3.5 列举了一些常用的气固两相流模型[31]。

表 3.5　气固两相流模型比较

模型	应用范围	特点	应用场景
离散相模型（discrete phase model，DPM）	适用于离散相体积分数较低的情况，通常在10%～12%之间	不考虑颗粒间的相互作用，假设颗粒是独立的，彼此之间没有碰撞或影响	粉煤燃烧、液滴蒸发与沸腾、喷雾干燥等
VOF（volume of fluid）模型	适用于两种或多种不能互相参混的流体流动	跟踪流体界面的位置，适用于流体界面变化显著的流动	大型气泡在液体中的运动、大坝灌流、液体中的气泡流动等
混合物模型（mixture model）	适用于体积浓度大于10%的流动问题	将气体和固体颗粒视为一个整体，考虑相间的相互作用和传递	粒子沉降、旋风分离器、流化床等
欧拉模型（Eulerian model）	适用于高浓度颗粒流动，特别是颗粒体积分数大于10%的情况	将气体相和颗粒相都视为连续介质，分别求解各自的守恒方程	流化床、气力输送、颗粒床层等

在选择气固两相流模型时，需要考虑以下因素。

① 颗粒浓度。颗粒在流体中的体积分数。

② 颗粒相互作用。是否需要考虑颗粒间的碰撞和团聚现象。

③ 流动特性。流体的流动是否包含复杂的界面变化或相间作用。

④ 计算资源。可用的计算资源是否足以支持所选模型的计算需求。

每种模型都有其优势和局限性，因此在实际应用中，选择合适的模型对于准确模拟气固两相流动至关重要。

3.3.3　模型求解

（1）离散方法

控制方程通常由非线性微分方程构成。然而，鉴于问题处理的复杂性，直接获取方程的真解往往颇具挑战。为此，首先需要对计算区域进行离散化处理，接着采用数值方法，将网格节点或网格中心点上的应变量值视为未知数，进而构建出一组针对这些未知数的代数方程组。通过求解这一方程组，能够确定各节点上的值，而计算区域内其他位置上的值则可依据这些节点值进行推断。最终，这一过程实现了对积分区域上控制方程的离散化处理。

在流体力学数值计算领域，多种离散化方法被广泛应用，其中包括有限元法（FEM）、有限分析法（FAM）、有限差分法（FDM）以及有限容积法（FVM）等。其中，有限容积法凭借其高效的计算性能、良好的离散方程守恒性、较低的内存占用以及成熟的发展阶段，成为业界的热门选择。著名的流体力学软件 Fluent 便是基于有限容积法构建的。

有限容积法在处理时，通常将物理量存储于网格单元的中心点，并将单元视作围绕中心点的控制容积；或者直接在真实的网格节点上定义和存储物理量，并在节点周围构建控制容积。在控制容积的基础上，通过对守恒型微分方程进行积分，从而推导出离散方程。在此推导过程中，对界面上的被求函数及其一阶导数的构成进行假设是必不可少的，这些假设构成了有限容积法中的离散格式。有限容积法从物理角度出发，确保每个离散的微分方程都是应变量在控制容积上守恒的表达式，因此导出的离散方程不仅守恒性良好，而且物理意义明确。

有限容积法中一般对扩散项采用了中心差分的离散格式，对流项采用了一阶迎风格式。此外，还提供了混合格式、指数格式、乘方格式、二阶迎风格式和QUICK 格式等离散格式。通常，当流动和网格呈一条线时，一阶迎风离散格式的精度就足够了。然而有时流动和网格并不在一条线上，例如对于四面体和三角形网格，流体斜穿网格线，采用一阶对流离散就会增加对流项的误差。这时为了获取更高精度的结果，一般要使用二阶离散格式。总之，一阶离散虽然精度差一些，但相对于二阶离散来说收敛性好。所以，对于与网格呈一条线的简单流动，使用一阶离散格式代替二阶离散格式并不损失精度。在分离求解器下，所有方程的对流项在默认情况下都是一阶迎风的离散格式。对于初学者来说，采用默认格式即可。在计算过程不收敛和精度较差时，可以进一步采用更高级的格式，如为了使相间的界面清晰，空隙率方程的离散格式选择 QUICK 格式。

在 Fluent 的欧拉双流体模型数值求解中，还需关注几个关键问题：求解器的选择、流场数值计算的 SIMPLE 算法、求解策略的制定、松弛因子的设定以及收敛结果的判断等，这些因素都对计算的准确性和效率具有重要影响。

（2）求解器的选择

在 Fluent 软件中，用户可根据需要选择两种不同的求解器方式：耦合式求解器和分离式求解器。

耦合式求解器采用整场联立求解的策略，即所有变量在同一时间步长内被同时求解。这种方法的计算复杂度较高，因为对于具有 n 个节点的计算区域，每个时间步长内都需要求解由两个速度方程、一个压力或密度方程构成的庞大代数方程组，这导致计算效率相对较低，且内存消耗巨大。

分离式求解器则采取了不同策略，它不是直接求解联立方程组，而是顺序地、逐个地求解各变量的代数方程组。Fluent 为控制方程的线性化提供了隐式格式，这意味着对于任意给定变量，其控制容积内的未知量是通过邻近网格的未知量和已知量计算得出的。由于同一个未知量会出现在多个方程中，因此必须同时求解这些方程才能得到未知量的值。在分离式求解器中，每个离散控制方程都是关于其相关变量的隐式线性化表达式，从而使得计算区域内每个控制容积都对应一个方程，这些方程共同构成一个方程组。为了高效求解这个方程组，代数多重网格方法（AMG）

和高斯-塞德尔迭代法被联合使用。

总的来说，分离求解方法是一种逐变量、逐场求解的策略，首先考虑所有单元来求解单个变量的场，然后重复此过程直至所有变量的场都被解出。考虑到计算机内存的限制和求解效率，隐式格式的分离式求解器通常是更优的选择。

（3）流场数值计算的 SIMPLE 算法

在流场数值计算领域，压力修正法以其迭代本质而成为工程上最为广泛应用的方法。其中，压力耦合方程组的 SIMPLE 算法因其高效性和准确性而被各种商用软件普遍采用。SIMPLE 算法的核心在于通过"猜测"速度来估算流过每个单元面上的对流通量。具体步骤包括：首先，基于一个初始猜测的压力场求解动量方程，得到速度场；接着，根据连续性方程导出压力修正方程并求解，获得压力场的修正值；然后，利用此压力修正值更新速度场和压力场；最后，检查结果是否收敛。若未收敛，则将当前压力场作为新的初始场进行迭代计算。随着迭代的深入，压力场和速度场逐渐逼近真解，直至收敛。为解决压力-速度的失耦问题，SIMPLE 算法采用交错网格技术，将标量和速度分量分别存储和计算在不同位置的网格上，从而确保离散后的动量方程具有真实特性。

（4）求解策略的制定

在欧拉模型中，由于每一相都需求解一套质量、动量及湍流方程，因此迭代过程往往难以收敛。为提高收敛性，通常采取以下两种策略获取初始解：一是使用混合模型替代欧拉模型进行初始求解，然后将混合模型的解作为欧拉模型的起点进行多相流计算；二是在启动欧拉多相流模型时，先仅计算主相，待主相获得初始解后，再打开各相方程进行整体计算。

（5）松弛因子的设定

松弛因子是 Fluent 分离式求解器中用于加速收敛的重要参数，它控制着每步迭代内计算变量的更新程度。对于大多数问题，Fluent 默认的松弛因子已为最优值。然而，对于某些特殊非线性问题，如流化床气固两相间的强烈耦合，若迭代后残差持续增长，则需适当减小松弛因子。例如，可将空隙率方程、k 和 ε 的松弛因子分别调整至 0.2、0.3 和 0.3，以促进收敛。

（6）收敛结果的判断

主要有三种方法判断结果是否收敛[2]。

① 残差值数量级是否满足要求。迭代计算中能量和 P1 模型的残差值小于 10^{-6}，其他变量的残差值小于 10^{-3}。

② 系统质量和能量是否守恒。计算域进出口质量和能量的变化值误差在 0.5% 以内。

③ 监测变量是否满足要求。模拟关心的变量变化是否恒定。如气化炉出口截面上温度、组分浓度面权重平均值不再随迭代计算发生变化或波动值在 1% 以内。

3.4 CFD 模型建模过程

CFD 模型建模过程如图 3.4 所示——以煤气化过程为例[36]。

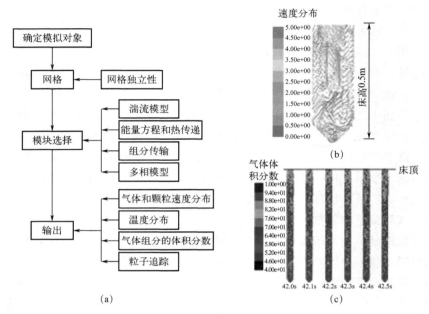

(a)

(b)

(c)

图 3.4 CFD 模型建模过程

（1）几何模型的建立

首先，明确模拟研究对象，利用 CAD 软件绘制其结构图纸，并确定模拟范围。针对流化床的圆柱体结构（轴对称几何体）及计算机资源限制，可简化计算区域为二维几何体。此简化不仅保留了流化床的流动特征，还大幅减少了计算时间。

（2）计算区域的划分

将流化床锥体区域和柱体区域分别划分为非结构化与结构化网格，考虑到颗粒流化时气固两相的流场变化集中体现在密相区，稀相区几乎没有固体颗粒，气相流场的变化也很小。因此为了节省计算资源，尽量减少网格数。采用非均匀网格在流化床的下部适当加密网格，随床层高度的增加网格越来越大。而且为了不影响收敛后的结果，在中心射流区部分加密了网格。使用前处理软件 Gambit 对计算区域划分网格，并设定进出口和壁面边界条件，然后将结果保存为 *.mesh 文件。

（3）Fluent 程序运行与设置

① 运行二维单精度 Fluent 程序，读入网格文件，并进行网格质量检查。

② 设定二维非稳态隐式分离求解器。

③ 选择 Eulerian 模型及标准 k-ε 模型，并采用标准壁面函数。

④ 设定两相物性参数，包括黏度、密度、颗粒粒径等。特别指定颗粒的体积黏度（lunetal 模型）和运动黏度（gidaspow 模型）计算公式以及曳力模型（gidaspow 模型）。此外，设定颗粒的碰撞恢复系数为 0.93，最大堆积空隙率为 0.63。

⑤ 采用 Species Transport 组分输送模型描述气化剂和产气的具体成分，如 CO、H_2 和 CO_2 等，以及各气体组分之间的化学反应。

⑥ 梳理煤气化的整体反应过程，分为原料自由水分蒸发、挥发分裂解、气体均相反应及气固非均相反应四个阶段。选择合适的速率模型（如常速率模型、单步速率模型等）和多表面反应模型来描述这些反应过程。

⑦ 初始化计算域内的固体体积分数、两相速度分布（静止）和计算压力。

⑧ 设定边界条件，包括入口、出口及壁面的速度、压力、湍流强度、颗粒温度等参数。

⑨ 选择 SIMPLE 算法并设置松弛因子。

⑩ 确定合理的时间步长，一般采用 1×10^{-4} s。时间步长越小，计算过程越稳定且精度越高，但计算时间也相应增加。因此，需通过试算结合具体情况确定最佳时间步长。

⑪ 输出 CFD 模拟结果，包括流体流动形态、气体和颗粒速度、固相体积分数、压力分布等参数。同时，分析气体组成（如 O_2、H_2、CO、CH_4 和 CO_2）及其分布、碳转化率、反应速率等数据，以评估煤气化过程的性能和操作条件（氧气浓度、蒸汽流量、温度和压力）的影响。

通过以上步骤，可以系统地完成煤气化过程的 CFD 模拟计算，为实际生产和优化提供有力的理论支持。

3.5　应用实例

下面结合具体的应用进行模拟介绍，主要分为三大类：第一类是含能材料领域，主要包括喷雾干燥制备含能材料，如六硝基六氮杂异伍兹烷（CL-20），环三亚甲基三硝胺（RDX）和环四亚甲基四硝胺（HMX）等；第二类是含碳资源的高效转化过程，主要包括煤、生物质和废轮胎等的气化过程；第三类是化工单元操作过程，主要包括吸收、精馏、萃取和多相分离等过程。目前针对 CFD 主要开展了含能材料领域的研究，考察了喷雾干燥制备含能材料中的流场特性，包括温度场、速度场和浓度场，着重分析了液滴的雾化行为。化工单元操作过程主要研究了传热过程，特别对比分析了旋转和静止时的传热行为。其他方面的研究在陆续开展中。

3.5.1 喷雾干燥制备 CL-20 过程

3.5.1.1 引言

喷雾干燥制备 CL-20 的实验操作成本较高，且有一定的危险性，通过 CFD 模型可以快速准确的预测不同设备结构参数下干燥塔内雾化流场特性和液滴粒径的变化规律，可以有效降低实验成本[18-21]。

3.5.1.2 模型的建立

首先需要对喷雾干燥制备 CL-20 的实验过程进行充分了解，在此基础上进行几何构建并划分网格，同时选择合适的计算模块，设置边界条件和模型参数，进而求解，得到计算结果，并分析是否达到预期目标。

(1) 喷雾干燥实验流程

喷雾干燥制备 CL-20 在 B-290 小型喷雾干燥仪中进行，其工艺流程如图 3.5 所示。首先，将 CL-20 与丙酮（质量比为 1：50）混合均匀，经蠕动泵引入喷嘴，随后雾化为液滴，并与干燥塔内的热氮气进行传质传热，液滴中丙酮蒸发得到 CL-20 颗粒，随气流进入产品收集器。CL-20 溶液的相关参数如表 3.6 所示。

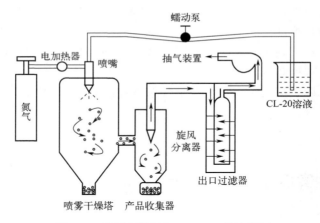

图 3.5 喷雾干燥制备 CL-20 工艺流程图

表 3.6 CL-20 溶液的相关参数

名称	密度/(kg/m³)	比热/[J/(kg/K)]	蒸发潜热/(J/kg)
参数值	807	2160	524000

(2) 喷雾干燥塔几何模型及网格划分

① 几何模型。

采用 Design Modeler（DM）软件对喷雾干燥塔几何建模，如图 3.6（a）所示，相关尺寸如表 3.7 所示。其中圆柱部分为干燥塔，其顶部为氮气入口，中心部位为气流式喷嘴。

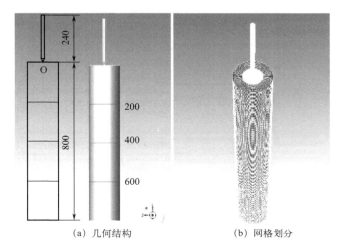

(a) 几何结构　　　　　　　(b) 网格划分

图 3.6　喷雾干燥塔几何模型和网格划分

表 3.7　几何模型尺寸

名称	参数值/mm				
喷嘴直径	0.5	0.7	0.9	1.4	2.0
喷嘴高度	—	—	240	—	—
干燥塔直径	140	160	180	200	220
干燥塔高度	—	—	800	—	—

② 网格划分。

采用 ICEM CFD 软件进行结构化网格划分，其网格模型如图 3.6 （b）所示，网格划分采用中心 O 形切分，并对喷嘴和氮气入口中心进行加密。

③ 网格无关解。

网格无关解对模型尤为重要：网格过大则无法保证计算精度，网格过小则计算时间过长，需要在计算精度和时间上进行平衡。以喷雾干燥塔为例，考察了 $0.01 \sim 0.03\text{mm}$ 的网格尺寸对 D_{32} 的影响，如图 3.7 所示。当网格尺寸减小至 0.015mm 以下时，D_{32} 变化趋于稳定。因而选用 0.015mm 的网格进行计算，此时网格数约为 120 万。

(3) 喷雾干燥塔 CFD 模块的选择

喷雾干燥塔 CFD 模型除了包含常用的连续性方程、动量方程、能量方程以及

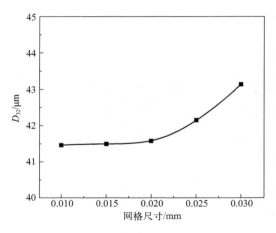

图 3.7 D_{32} 随网格尺寸的变化曲线

湍流模型外，还需要针对喷雾干燥的具体情况引入两个模块，液滴轨迹方程和雾化喷嘴模型。

① 液滴轨迹方程。

$$\frac{\mathrm{d}u_1}{\mathrm{d}t} = F_D(u_g - u_1) + \frac{g(\rho_1 - \rho_g)}{\rho_1} + F_1 \tag{3.1}$$

式中，u_g 为连续相速度，m/s；u_1 为离散相速度，m/s；F_D 为阻力系数；g 为重力加速度，m/s；ρ_1 为离散相密度，kg/m³；ρ_g 为连续相密度，kg/m³；F_1 为离散相受到的其他作用力，N。

$$F_D = \frac{18\mu C_D Re}{24 D_p^2 \rho_1} \tag{3.2}$$

式中，C_D 为曳力系数；Re 为雷诺数；D_p 为液滴粒径，m。

$$C_D = a_1 + \frac{a_2}{Re} + \frac{a_3}{Re} \tag{3.3}$$

式中，球形液滴的 a_1、a_2 和 a_3 均为常数[41]。

干燥塔内液滴在氮气阻力的影响下发生变形破碎，因而液滴破碎方程：

$$\frac{\mathrm{d}^2 y}{\mathrm{d}t^2} = \frac{C_F}{C_b} \frac{\rho_g u^2}{\rho_1 r^2} - \frac{C_K \sigma}{\rho_1 r^3} y - \frac{C_d \mu}{\rho_1 r^2} \frac{\mathrm{d}y}{\mathrm{d}t} \tag{3.4}$$

式中，r 为液滴半径，m；u 为气液速度差，m/s；σ 为表面张力，N/m；C_F、C_K、C_d 和 C_b 均为无因次常数，借鉴 Liu 等[42] 的研究成果，其值分别取 1/3、8、5 和 0.5。雾滴破碎碰撞，需激活 TAB 破碎模型和随机碰撞模型，模型常数 $y_0 = 0.05$，Breakup Parcels＝2。

② 雾化喷嘴模型。

喷嘴选用 DPM 模型中的 air-blast-atomizer，参数设置见表 3.8。

表 3.8 喷嘴模型参数

名称	参数值
雾化方向/(x, y, z)	$(0, -1, 0)$
进料速率/(mL/min)	1.5
温度/K	293
起始-终止方位角/(°)	$0\sim360$

（4）边界条件设置

氮气入口设为 mass-flow-inlet，压力为 0.6MPa，气体流量为 5950mL/min，参数设置如表 3.9 所示。塔壁面是绝热的，出口设为 outflow，进出口离散相设为 escape，塔壁面设为 no-slip。

表 3.9 热氮气入口参数

质量流量/(g/s)	温度/K	湍流强度/%	水力直径/mm
0.124	333	10	0.2

（5）求解方式

模型采用 PISO 算法，压力式求解器，时间步长为 5×10^{-5} s。当能量残差值低于 10^{-6}、其他变量的残差值低于 10^{-3} 以及流域内质量误差低于 1% 时，视为计算收敛。

（6）雾化性能评价标准

在喷雾干燥法制备 CL-20 的过程中，常选用 D_{32}、D_{10} 和 D_{90} 作为评价喷嘴雾化性能的标准。其中，D_{32} 表示液滴的索特平均直径，D_{10} 和 D_{90} 表示液滴累计频率分别为 10% 和 90% 时所对应的液滴粒径。

3.5.1.3 模型预测——喷嘴直径

采用 CFD 模型模拟喷雾干燥制备 CL-20 过程中喷嘴直径对雾化流场中液滴停留时间、温度、速度和丙酮蒸气含量的影响，并进一步分析了塔内液滴粒径分布，如液滴粒径分布云图和液滴尺寸数目分布（D_{32}、D_{10} 和 D_{90}）。

① 液滴停留时间分布。

0.06s 时，不同喷嘴直径下喷雾干燥塔内液滴停留时间分布如图 3.8 所示。从图 3.8（a）～（e）中可以看出，5 个喷嘴直径的雾化锥均已形成，且随着喷嘴直径由 0.5mm 增加至 2.0mm，雾化液滴的喷雾高度减小，说明同一时刻下，增大喷嘴直径，喷嘴的喷雾能力减弱。

不同喷嘴直径下 D_{32} 随液滴停留时间的变化规律，如图 3.9（a）所示。与喷嘴直径为 0.9mm 的规律类似，喷嘴直径为 0.5mm、0.7mm、1.4mm 和 2.0mm 时，液滴分布达到稳态的时间分别为 0.15s、0.20s、0.45s 和 0.50s，可见喷嘴直径越小，达到稳态的时间越短。

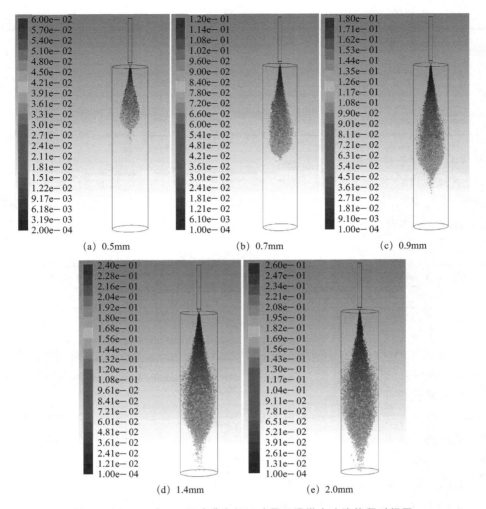

(a) 0.5mm   (b) 0.7mm   (c) 0.9mm

(d) 1.4mm   (e) 2.0mm

图 3.8　0.06s 时，不同喷嘴直径下喷雾干燥塔内液滴停留时间图

为了进一步说明液滴停留时间沿轴向的变化规律，对比分析了不同喷嘴直径下中心轴线上液滴的停留时间，如图 3.9（b）所示。从图 3.9（b）中可以看出，当喷嘴直径为 0.5mm 时，随着轴向距离由 0mm 增加至 750mm，液滴停留时间从 0s 增加至 0.1452s。这是因为雾化液滴在热气流的加速下，快速向下运动。当轴向距离为 20mm 时，随着喷嘴直径由 0.5mm 增加至 2.0mm，液滴在塔内的停留时间从 0.0013s 增加至 0.0042s，增加了 0.0029s。随着喷嘴直径的增加，同一轴向位置上液滴停留时间逐渐增加，且喷嘴直径对停留时间的影响在距喷嘴出口较远（700mm）时大于距喷嘴出口较近（20mm）时。喷嘴直径为 0.5mm 时，达到相同喷雾高度所需的时间最短，喷雾能力最好。这是由于喷嘴直径变大，雾化液滴速度减小，导致直径较大的喷嘴的喷雾能力变差。

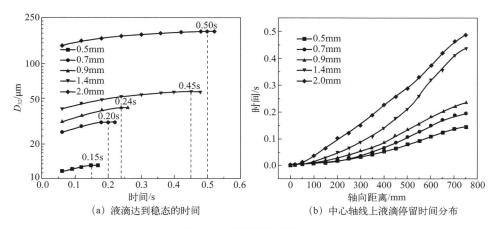

(a) 液滴达到稳态的时间　　　　　　(b) 中心轴线上液滴停留时间分布

图 3.9　喷嘴直径的影响

　　为了进一步说明液滴停留时间沿径向的变化，在距喷嘴出口 200mm、400mm 和 600mm 的截面上，对比分析了不同喷嘴直径下液滴停留时间沿径向的分布，如图 3.10 所示。从图 3.10（a）中可以看出，当喷嘴直径为 0.5mm 时，随着径向距离由 −45mm 增加至 45mm，距喷嘴出口 200mm 截面上的液滴停留时间从 0.0288s 先减小至 0.0162s，再增加至 0.0279s。截面上的液滴停留时间呈现中心小边缘大。这是由于干燥塔内雾化液滴由中心向边缘扩散，越靠近壁面，液滴运动距离越长，停留时间越长。随着喷嘴直径由 0.5mm 增加至 2.0mm，距喷嘴出口 200mm 截面上，液滴停留时间分别增加了 0.0122s 和 0.3198s。随着喷嘴直径的增加，同一截面上液滴停留时间梯度呈增大趋势。喷嘴直径为 0.5mm 的液滴停留时间起伏变化最小，2.0mm 时变化最小。这是由于增大喷嘴直径，雾化液滴的初始速度逐渐减小，而干燥塔直径是固定的，导致液滴运动相同距离所消耗的时间增加，从而使截面上液滴停留时间起伏变化增大。

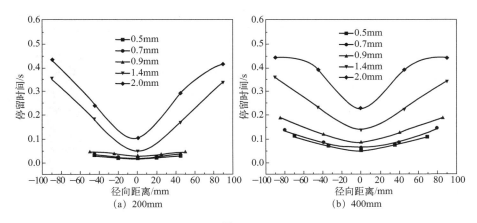

(a) 200mm　　　　　　　　　　(b) 400mm

图 3.10

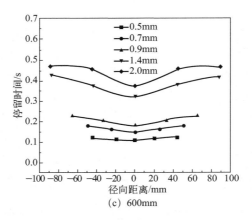

(c) 600mm

图 3.10　不同喷嘴直径下液滴停留时间沿径向分布

② 温度分布。

0.06s 时，不同喷嘴直径下喷雾干燥塔内温度分布，如图 3.11 所示。从图 3.11（a）～（e）中可以看出，随着喷嘴直径由 0.5mm 增加至 2.0mm，干燥塔内低温区域的高度大致从 400mm 缩短至 200mm 以内。随着喷嘴直径的增加，气液间热传递产生的低温区域缩短。这是由于干燥塔内温度变化的区域与液滴的分布区域密切相关，增大喷嘴直径，液滴的运动距离缩短，导致低温区域缩短。

不同喷嘴直径下中心轴线上温度分布如图 3.12 所示。从图 3.12 中可以看出，当喷嘴直径为 0.5mm 时，随着轴向距离由 0mm 增加至 750mm，温度从 296K 上升至 329K。喷嘴直径为 0.7mm、0.9mm 和 1.4mm 时，与喷嘴直径为 0.5mm 时的规律类似。这是由于热氮气在初始进入干燥塔时具有较高的温度，喷嘴附近液滴动能较大，传热较快，使干燥塔的温度沿轴向逐渐升高。当喷嘴直径增加至2.0mm 时，温度从 308K 先下降至 296K，再增加至 331K。造成这种现象的原因是

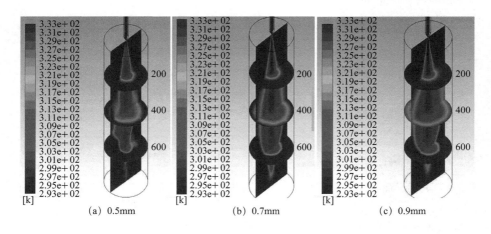

(a) 0.5mm　　　　　(b) 0.7mm　　　　　(c) 0.9mm

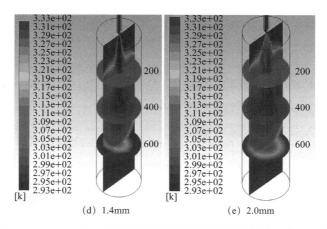

(d) 1.4mm   (e) 2.0mm

图 3.11　0.06s 时，不同喷嘴直径下喷雾干燥塔内温度分布云图

雾化液滴沿径向发展趋势过大，阻碍了热气流的运动，致使气液接触不充分，热传递速率变慢，导致喷嘴附近温度变高。随着气液间热交换时间的增加，丙酮不断蒸发，液滴温度沿轴向逐渐减小。之后随着热量的不断补充，温度沿轴向又逐渐升高。

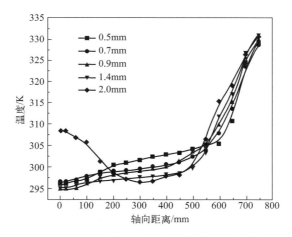

图 3.12　不同喷嘴直径下中心轴线上温度分布

在距喷嘴出口 200mm、400mm 和 600mm 的截面上，不同喷嘴直径下温度沿径向分布，如图 3.13 所示。从图 3.13（a）中可以看出，当喷嘴直径为 0.5mm 时，随着径向距离由 −90mm 增加至 90mm，距喷嘴出口 200mm 截面上的温度从 333K 先降低至 301K，再增加至 333K，温度差为 32K。截面上的温度呈现中心低边缘高。这是由于干燥塔内部分液滴回流，使得中心轴线上液滴聚集，液滴密度增加，丙酮蒸发耗热增加，从而导致中心温度较低。当喷嘴直径增加至 2.0mm 时，温度

从 299K 增加至 304K，温度差为 5K。同一截面上，喷嘴直径小的温度差大于喷嘴直径大的温度差，说明减小喷嘴直径，截面上温度梯度变大，气液间的传质传热得到提高。这是由于喷嘴直径小时，雾化产生的液滴径向速度大，有助于提高气液混合，强化传热，而喷嘴直径大时，液滴沿径向扩散变慢，减缓了气液间的传质传热，使得径向方向上的温度梯度变化逐渐平缓。距喷嘴出口 400mm 的截面，温度从 302K 下降至 298K；距喷嘴出口 600mm 的截面，温度从 304K 增加至 315K。这是由于随着雾化液滴沿径向扩散，气液接触充分，换热加快，因此在 400mm 截面，中心处温度随喷嘴直径的增加而降低。当液滴运动至 600mm 截面时，由于液滴动能下降，气液传热变慢，导致截面中心处温度随喷嘴直径增加而升高。

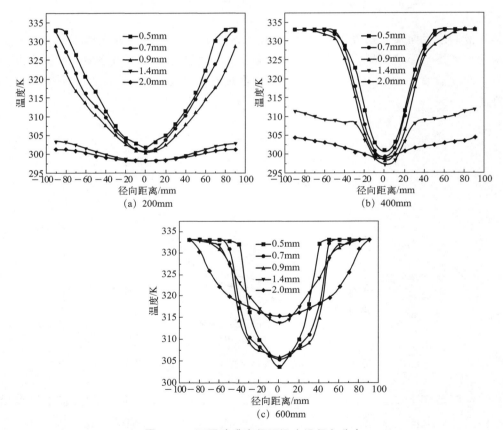

图 3.13　不同喷嘴直径下温度沿径向分布

③ 速度分布。

0.06s 时，不同喷嘴直径下喷雾干燥塔内速度分布如图 3.14 所示。从图 3.14（a）～（e）中可以看出，随着喷嘴直径由 0.5mm 增加至 2.0mm，干燥塔内中心高速区域沿轴向延伸高度大致由 400mm 缩短至 200mm 以内。在相同雾化时间下，随着喷嘴直径的增加，液滴向下运动的距离减小，速度变化区域缩短。

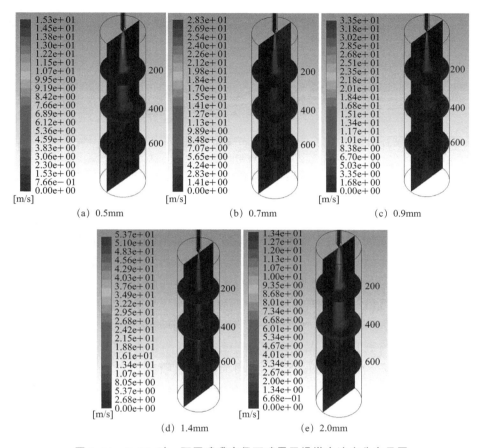

图 3.14　0.06s 时，不同喷嘴直径下喷雾干燥塔内速度分布云图

不同喷嘴直径下中心轴线上速度分布，如图 3.15 所示。从图 3.15 中可以看出，当喷嘴直径为 0.5mm 时，随着轴向距离由 0mm 增加至 750mm，中心轴线上速度从 53.94m/s 下降至 3.25m/s。这是由于随着液滴的不断加入，干燥塔内气液间持续发生碰撞，造成液滴动能的消耗，使中心轴线上速度减小。当轴向距离为 20mm 时，随着喷嘴直径由 0.5mm 增加至 2.0mm，速度从 53.66m/s 减小至 13.37m/s。随着喷嘴直径的增加，同一轴向位置上速度逐渐减小，喷嘴附近速度减幅大，干燥塔底部速度减幅小。喷嘴直径为 0.5mm 时，中心轴线上速度最大，雾化效果最好。这是由于增大喷嘴直径，喷嘴出口处的压力差减小，因而速度快速下降，随着液滴从塔顶运动到塔底，气流对液滴的扰动减弱，从而使塔底速度变化平缓。

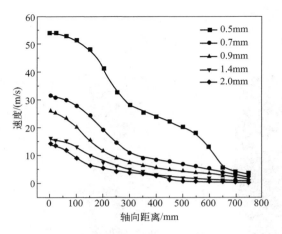

图 3.15　不同喷嘴直径下中心轴线上速度分布

在距喷嘴出口 200mm、400mm 和 600mm 的截面上，不同喷嘴直径下速度沿径向分布，如图 3.16 所示。当喷嘴直径为 0.5mm 时，随着径向距离由 −90mm 增加至 90mm，距喷嘴出口 200mm 截面上的速度从 0m/s 先增加至 41.30m/s，再减小至 0m/s。截面上的速度呈现中心大边缘小，说明塔壁面气液扰动平稳，塔内中心轴线上气液扰动剧烈。从图 3.16（a）～（c）中可以看出，随着喷嘴直径由 0.5mm 增加至 2.0mm，距喷嘴 200mm 的截面，中心处速度从 41.30m/s 减小至 5.35m/s。喷嘴直径增大，截面上速度梯度越小，速度变化越平缓。喷嘴直径为 0.5mm 的 3 个截面上的速度起伏均大于其他喷嘴，说明其雾化效果更好。这是由于喷嘴直径的增大，气相对液滴的扰动减弱，使得截面上速度起伏变化较小。

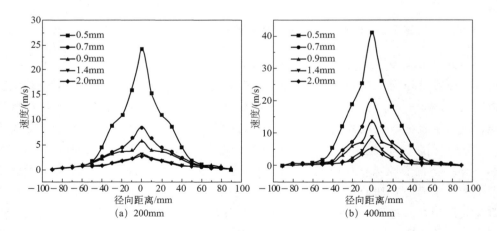

　————————　化工多相流多尺度数学模拟与应用

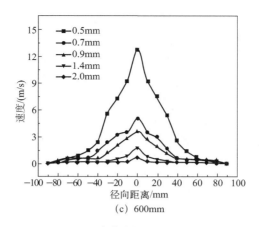

(c) 600mm

图 3.16 不同喷嘴直径下速度沿径向分布

④ 丙酮蒸气含量分布。

0.06s 时，不同喷嘴直径下喷雾干燥塔内丙酮蒸气含量分布如图 3.17 所示。从图 3.17（a）～（e）中可以看出，随着喷嘴直径由 0.5mm 增加至 2.0mm，干燥塔内丙酮蒸气的分布高度大致由 400mm 缩短至 200mm 以内，说明增大喷嘴直径，导致液滴喷雾高度降低，从而使丙酮蒸气的分布高度也缩短。

不同喷嘴直径下中心轴线上丙酮蒸气含量分布如图 3.18 所示。从图 3.18 中可以看出，当喷嘴直径为 0.5mm 时，随着轴向距离由 0mm 增加至 750mm，丙酮蒸气含量从 23.97％下降至 0.93％。当喷嘴直径增加至 2.0mm 时，丙酮蒸气含量从 2.04％先增加至 6.03％，再减小至 0.43％。直径为 0.5mm 的喷嘴，中心轴线上丙酮蒸气含量大于其他喷嘴。这是因为液滴在从喷嘴喷射至塔底的过程中，其受空气曳力的影响，速度减小，丙酮蒸发速率降低。随着喷嘴直径的增加，液滴速度下降，气液湍动减弱，传热速率变慢，液滴中丙酮蒸发减缓，从而使丙酮蒸气含量减小。

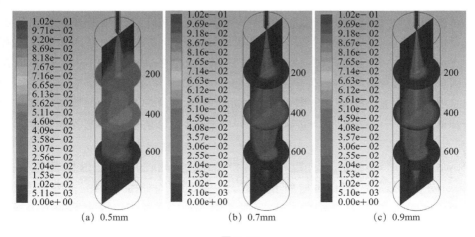

图 3.17

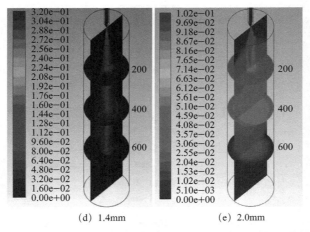

(d) 1.4mm   (e) 2.0mm

图 3.17 0.06s 时，不同喷嘴直径下喷雾干燥塔内丙酮蒸气含量分布云图

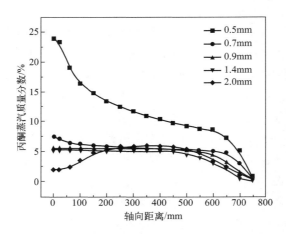

图 3.18 不同喷嘴直径下中心轴线上丙酮蒸气含量分布

在距喷嘴出口 200mm、400mm 和 600mm 的截面上，不同喷嘴直径下丙酮蒸气含量沿径向分布，如图 3.19 所示。从图 3.19（a）中可以看出，当喷嘴直径为 0.5mm 时，随着径向距离由 −90mm 增加至 90mm，距喷嘴出口 200mm 的截面上，丙酮蒸气含量从 1.14% 先增加至 13.50%，再减小至 1.14%。截面上的丙酮蒸气含量呈现中心大边缘小。这是由于液滴群主要集中在干燥塔轴线附近，蒸发主要发生在此区域，大量丙酮蒸气进入气相，从而使截面中心处丙酮蒸气含量高于塔壁面处。从图 3.19（a）～（c）中可以看出，随着喷嘴直径由 0.5mm 先增加至 1.4mm，再增加至 2.0mm，距喷嘴出口 200mm 截面中心处丙酮蒸气含量从 13.50% 先下降至 5.22%，再增加至 5.38%，靠近壁面处由 1.14% 上升至 5.02%。这是因为随着喷嘴直径的增大，气液相对速度下降，降低了液滴表面的传热量，使得截面中心丙酮蒸气含量下降。

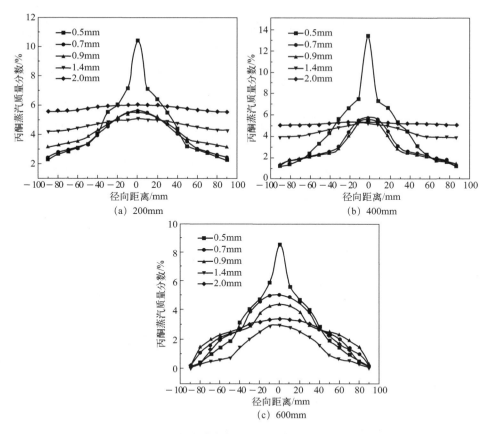

图 3.19 不同喷嘴直径下丙酮蒸气含量沿径向分布

⑤ 液滴粒径特性。

a. 液滴粒径分布云图。稳态时刻，不同喷嘴直径下喷雾干燥塔内液滴粒径分布如图 3.20 所示。从图 3.20 （a） ～ （e） 中可以看出，当喷嘴直径为 0.5mm 时，液滴粒径分布在 $0.07 \sim 74.31 \mu m$ 之间。随着喷嘴直径的增加，干燥塔内液滴粒径呈增大趋势。喷嘴直径为 0.5mm 时，液滴粒径分布区间最窄。这是由于增大喷嘴直径，气液两相间的速度差减小，氮气对料液的冲击作用减弱，从而减缓了气液两相间扰动。随着料液的不断喷出，干燥塔内雾化液滴数量上升，液滴间易发生碰撞，造成液滴相互聚合形成大液滴，导致液滴粒径变大，雾化质量变差。

b. 液滴尺寸数目分布。为了更加准确地评价喷嘴的雾化效果，采用概率密度分布和累计密度分布来反映喷雾过程中干燥塔内全部液滴粒径的分布情况。

不同喷嘴直径下喷雾干燥塔内液滴尺寸数目分布如图 3.21 所示。从图 3.21 （a） 中可以看出，不同喷嘴直径下概率密度分布曲线均呈正态分布规律。当喷嘴直径为 0.5mm 时，峰值的相对频率为 11.55%，对应的液滴粒径为 $3.09 \mu m$，液滴粒

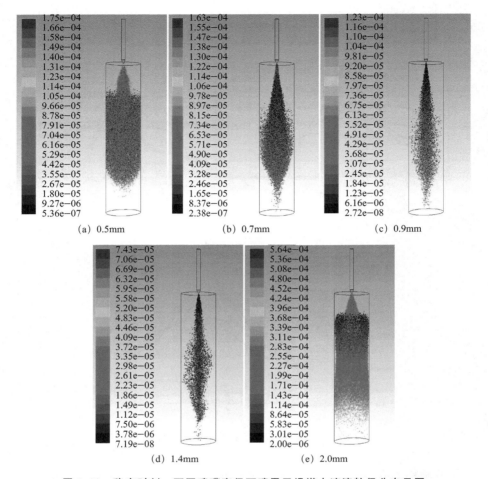

图 3.20 稳态时刻，不同喷嘴直径下喷雾干燥塔内液滴粒径分布云图

径集中分布在 $0.40\sim23.60\mu m$ 之间。随着喷嘴直径的增加，概率密度分布曲线向右移动，峰值的相对频率逐渐减小，对应的液滴粒径逐渐增大，且液滴集中分布的粒径范围变大。这是由于增大喷嘴直径，气液间的相对运动变慢，减弱了气流与料液间的挤压碰撞效果，导致液滴获得的能量下降，从而使料液雾化形成较大的液滴。从图 3.21（b）中可以看出，随着喷嘴直径由 0.5mm 增加至 2.0mm，累积密度分布曲线向右移动，说明液滴粒径朝增大的方向移动，雾化质量变差。由此可见，直径为 0.5mm 的喷嘴，液滴雾化效果优于其他喷嘴。这是由于喷嘴出口面积增大，气液间相对速度减小，使得气液间动能交换变弱。初次雾化液滴粒径过大，导致液滴破碎耗能增加，二次破碎困难，从而使液滴粒径增大。

为进一步深入探究喷雾干燥制备 CL-20 过程中干燥塔内液滴粒径的分布情况，采用 D_{32}、D_{10} 和 D_{90} 反映雾化液滴的均匀度。D_{32}、D_{10} 和 D_{90} 随喷嘴直径的变化

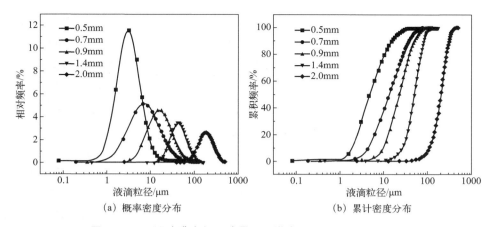

图 3.21 不同喷嘴直径下喷雾干燥塔内液滴尺寸数目分布图

(a) 概率密度分布   (b) 累计密度分布

曲线如图 3.22 所示。从图 3.22 中可以看出，D_{32}、D_{10} 和 D_{90} 的增长都经历了两个阶段，慢速增长和快速增长。当喷嘴直径由 0.5mm 增加至 1.4mm 时，D_{32} 从 13.01μm 增大至 57.24μm，D_{10} 从 1.80μm 增大至 26.43μm，D_{90} 从 15.32μm 增大至 81.71μm，此阶段为慢速增长段；当喷嘴直径由 1.4mm 增加至 2.0mm 时，D_{32} 从 57.24μm 增大至 189.35μm，D_{10} 从 26.43μm 增大至 111.33μm，D_{90} 从 81.71μm 增大至 311.09μm，此阶段为快速增长段。其中 D_{90} 增幅最大，D_{32} 次之，D_{10} 最小。这是因为随着喷嘴直径的增加，热气流速度下降，气体作用于液体表面的能量下降，致使料液雾化不均匀，液滴破碎困难，生成的大粒径液滴数量增加，由于大粒径液滴的影响大于小粒径液滴的作用，从而导致液滴直径增加。

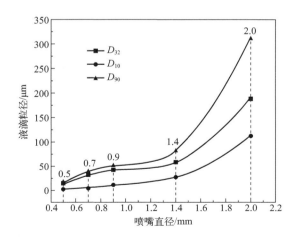

图 3.22 D_{32}、D_{10} 和 D_{90} 随喷嘴直径的变化曲线

c. 液滴粒径空间分布。在距喷嘴出口 200mm、400mm 和 600mm 的截面上，

不同喷嘴直径下 D_{32} 沿径向变化曲线如图 3.23 所示。从图 3.23（a）中可以看出，当喷嘴直径为 0.5mm 时，随着径向距离由－45mm 增加至 45mm，距喷嘴出口 200mm 截面上的 D_{32} 从 14.47μm 先下降至 9.18μm，再增加至 14.96μm。截面上的 D_{32} 呈现中心小边缘大的趋势，这是由于大液滴受自身重力影响大，在径向方向上的扩散速度大于小液滴，使得塔壁面处 D_{32} 增大，而小液滴则相反。随着喷嘴直径的增加，同一截面中心处 D_{32} 初始时缓慢增加，之后快速增加。喷嘴直径为 0.5mm 的 D_{32} 最小，液滴分布均匀。这是由于增大喷嘴直径，液滴表面的气动力下降，导致气动力低于液滴表面张力，液滴破碎困难，进而发生碰撞，聚合形成大液滴，使得液滴粒径分布范围增大且不均匀。从图 3.23（a）～（c）中可以看出，当喷嘴直径为 0.5mm 时，随着截面高度由 200mm 增加至 600mm，截面中心处 D_{32} 从 9.18μm 增加至 14.44μm。距喷嘴出口越远，气动力越小，液滴速度越慢。液滴破碎能量不足，进而发生聚合，从而导致 D_{32} 增大。D_{10} 和 D_{90} 呈现类似的规律。

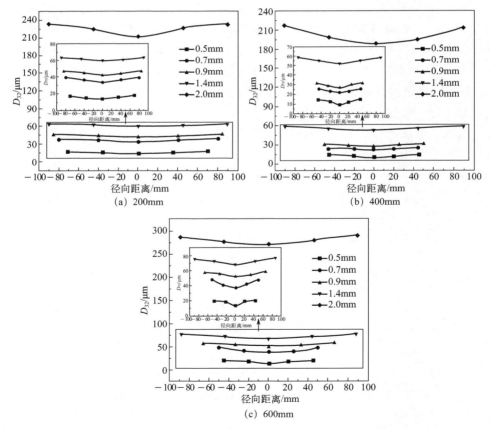

图 3.23　不同喷嘴直径下 D_{32} 沿径向变化曲线

3.5.1.4 模型预测——干燥塔直径

在模拟研究喷嘴直径的基础上，进一步研究了干燥塔直径对塔内液滴停留时间、速度、温度和丙酮蒸气含量的影响，并对塔内液滴粒径分布进行了分析。

为研究不同干燥塔直径下喷雾干燥制备 CL-20 过程中干燥塔内雾化流场分布情况，在喷嘴直径为 0.5mm 时，对比分析了雾化液滴运动至干燥塔出口的液滴停留时间、温度、速度和丙酮蒸气含量的分布规律。

① 液滴停留时间分布。

不同干燥塔直径下的液滴停留时间如图 3.24 所示。从图 3.24 (a) ～ (e) 中可以看出，从喷嘴出口至干燥塔出口，5 个干燥塔直径下的液滴停留时间均逐渐增大。雾化液滴在向四周扩散过程中，液滴均未与塔壁面发生明显接触，停留时间较长的液滴多分布在雾滴群中部和底部的边缘区域。当干燥塔直径由 140mm 先增加

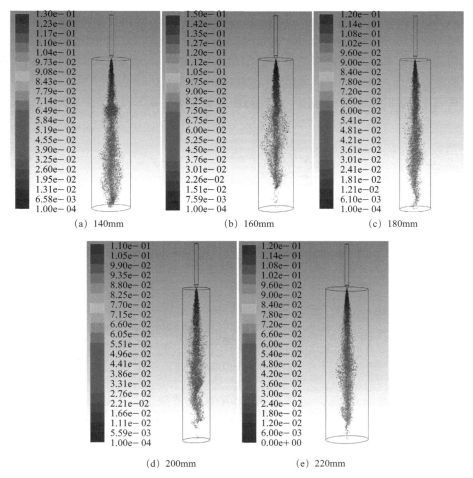

图 3.24 不同干燥塔直径下的液滴停留时间图

至 180mm，再增加至 220mm 时，液滴运动至干燥塔出口所需时间从 0.11s 先增加至 0.15s，再减小至 0.12s。当干燥塔直径为 140mm 时，液滴运动至干燥塔出口所需时间最短。这是由于当干燥塔直径由 140mm 增加至 180mm 时，雾滴群沿径向的扩散距离增加，液滴动能消耗增加，导致液滴速度衰减加快，从而使其停留时间增加。当干燥塔直径继续增加至 220mm 时，由于气体运动空间过大，雾滴群被热气流包裹，气体回流的影响减弱，使得液滴在塔内停留时间缩短。

不同干燥塔直径中心轴线上液滴停留时间分布如图 3.25 所示。从图 3.25 中可以看出，5 个干燥塔直径的中心轴线上液滴停留时间均随着轴向距离的增加而增加。当轴向距离为 20mm 时，随着干燥塔直径由 140mm 先增加至 180mm，再增加至 220mm，液滴在塔内的停留时间从 0.0007s 先增加至 0.0013s，再减小至 0.0009s。随着干燥塔直径的增加，液滴停留时间先增加后减小，干燥塔直径对液滴停留时间的影响在距喷嘴出口较远时大于较近时。在干燥塔直径为 140mm 时，达到相同喷雾高度所需的时间最短，喷雾能力最好。这是因为随着干燥塔直径由 140mm 增加至 180mm，液滴受空气阻力的影响使得受限空间内液滴扩散范围增加，导致液滴动能消耗增多，液滴停留时间增加；当干燥塔直径继续增大至 220mm 时，由于雾滴群距塔壁面较远，塔壁面处空气阻力的影响减小，液滴扩散范围缩小，降低了液滴动能消耗，使其在中心气流的助力下较快运动至干燥塔出口。

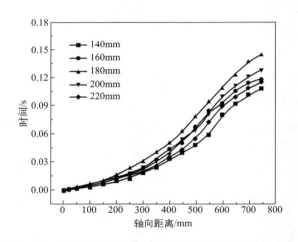

图 3.25　不同干燥塔直径中心轴线上液滴停留时间分布

在距喷嘴出口 200mm、400mm 和 600mm 的截面上，不同干燥塔直径下液滴停留时间沿径向分布如图 3.26 所示。从图 3.26（a）中可以看出，当干燥塔直径为 140mm 时，随着径向距离由 -35mm 增加至 35mm，距喷嘴出口 200mm 截面上的液滴停留时间从 0.0164s 先减小至 0.0092s，再增加至 0.0171s。在径向方向上液滴停留时间呈抛物线分布，即截面上液滴停留时间呈现中心小边缘大。这是由于中心气流速度大边缘速度小，中心液滴的动能大于雾化边缘液滴的动能，使得截面中心处液滴停留时间短，边缘时间长。随着干燥塔直径由 140mm 先增加至 180mm，再增加至 220mm，距喷嘴出口 200mm 截面上液滴沿径向的扩散半径从 35mm 先增加至 45mm，再减小至 38mm，由截面中心沿径向至塔壁面的液滴停留时间分别增加了 0.0076s、0.0122s 和 0.0083s。随着干燥塔直径的增加，同一截面上液滴沿径向的扩散半径呈现先增加后减小。在干燥塔直径为 140mm 时，液滴停留时间梯度变化稳定。这是因为当干燥塔直径为 140mm 时，向下运动的热气流与塔壁面交汇形成的回流气流与中心气流合并，提高了液滴动能，减少了液滴停留时间；当干燥塔直径增加至 180mm 时，回流气流在塔内产生的漩涡阻碍了液滴向下运动，液滴沿径向扩散距离增加，致使液滴在塔内的停留时间增加；当干燥塔直径继续增加至 220mm 时，由于干燥塔直径过大，来自塔壁面回流气流的速度很小，对液滴产生的阻碍较小，使得液滴在塔内的停留时间又减小。

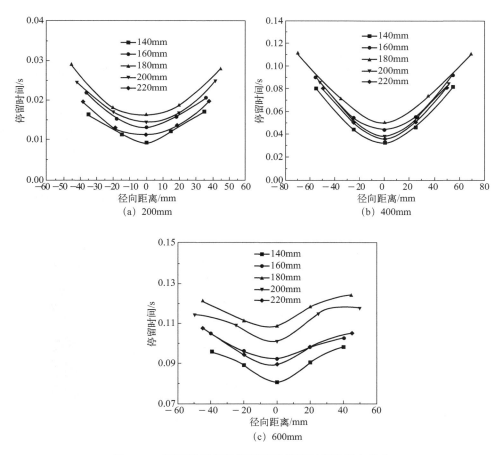

图 3.26 不同干燥塔直径下液滴停留时间沿径向分布

从图 3.26（a）～（c）中可以看出，当干燥塔直径为 140mm 时，随着截面高度由 200mm 先增加至 400mm，再增加至 600mm，液滴沿径向的扩散半径从 35mm 先增加至 55mm，再减小至 40mm。截面高度为 400mm 时，液滴扩散半径和停留时间起伏变化最大。这是因为在 200mm 的截面上，雾滴群在径向方向上发展不充分，致使液滴扩散范围较窄，且由于液滴运动距离短，使得停留时间的起伏变化较小；在 400mm 的截面上，雾化锥逐渐展开，雾滴群发展充分，液滴扩散区域增大，但由于雾滴群边缘液滴速度较小，导致液滴运动相同距离所需的时间增加，造成停留时间梯度变大；随着液滴继续向下扩散，雾滴群中心液滴动能大于壁面处液滴，中心处液滴更快到达 600mm 截面，导致雾滴群发展不充分，造成液滴扩散半径减小，从而使液滴在径向方向上运动距离缩短，致使停留时间梯度变小。从不同截面上液滴的扩散半径可以得出，5 个干燥塔直径的平均利用率分别为 61.90%、54.58%、59.26%、48.00% 和 38.94%，说明适当缩小干燥塔直径有利于提高其利用率。干燥塔直径为 140mm 时，利用率最高。

② 温度分布。

不同干燥塔直径下的温度分布如图 3.27 所示。从图 3.27（a）～（e）中可以看出，5 个干燥塔直径下的中心低温区域的温度由内到外逐渐增加。随着干燥塔直径由 140mm 增加至 180mm，低温区域逐渐扩大；当干燥塔直径继续增加至 220mm 时，低温区域逐渐缩小，特别是在 400mm 截面上可以明显观察到，低温区域随着干燥塔直径的增加先扩大后缩小。这是因为当干燥塔直径由 140mm 增加至 180mm 时，最先进入塔内的液滴停留在塔中部，伴随着气液换热时间的增加，热气流温度降低，致使低温区域扩大，但当干燥塔直径继续增大至 220mm 时，由于雾滴群外围被热气流包裹，限制了液滴的径向扩散范围，从而使低温区域缩小。

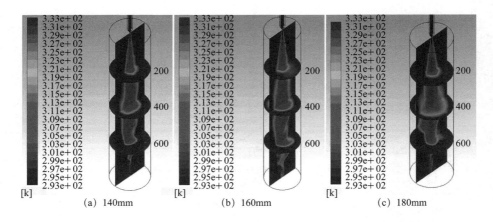

(a) 140mm   (b) 160mm   (c) 180mm

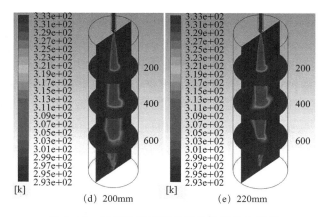

图 3.27　不同干燥塔直径下的温度分布云图

不同干燥塔直径中心轴线上温度分布如图 3.28 所示。从图 3.28 中可以看出，当干燥塔直径为 140mm 时，随着轴向距离由 0mm 增加至 600mm，温度从 294K 增加至 303K；当轴向距离由 600mm 增加至 750mm，温度从 303K 增加至 329K。随着轴向距离的增加，温度初始缓慢上升之后快速增加。这是由于轴向距离在 0~600mm 之间时，液滴处于恒速蒸发阶段，温度上升较慢；随着轴向距离的继续增加，液滴蒸发处于降速阶段，温度快速上升。当轴向距离为 20mm 时，随着干燥塔直径由 140mm 增加至 220mm，温度从 294K 增加至 299K。同一轴向位置上温度随着干燥塔直径的增加而缓慢上升。干燥塔直径对温度的影响在距喷嘴出口较近时略大于较远时。这是由于单位时间内进入塔内的气体流量固定，增大干燥塔直径，减小了单位空间内的热量，传递给液滴表面的热量减少，从而导致温度随着干燥塔直径的增加而升高。

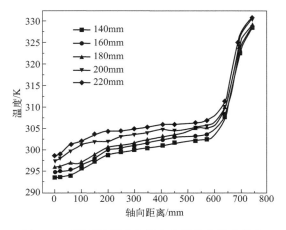

图 3.28　不同干燥塔直径中心轴线上温度分布

在距喷嘴出口 200mm、400mm 和 600mm 的截面上，不同干燥塔直径下温度沿径向分布如图 3.29 所示。从图 3.29（a）中可以看出，当干燥塔直径为 140mm 时，随着径向距离由－70mm 增加至 70mm，距喷嘴出口 200mm 截面上的温度从 333K 先减小至 299K，再增加至 333K。截面上的温度由内到外逐渐增大，这是由于雾化初期液滴分布集中，液滴吸收的热量主要来自中心区域，导致截面中心出现低温。随着干燥塔直径由 140mm 增加至 220mm，距喷嘴出口 200mm 截面上由截面中心沿径向至塔壁面的温度差分别为 34K 和 29K。增大干燥塔直径，温度梯度变化减小，且干燥塔直径为 140mm 时温度差最大。这是因为增大干燥塔直径，热气流的运动空间增加，使得塔内热量分散，大量热量用于加热液滴，仅有少量热量用于液滴中丙酮的蒸发，从而导致温度随着干燥塔直径的增加而升高，致使温度差下降。从图 3.29（a）～（c）中可以看出，当干燥塔直径为 140mm 时，距喷嘴出口 200mm、400mm 和 600mm 的截面上，由截面中心沿径向至塔壁面的温度差分别为 34K、33K 和 30K。在 200mm 和 400mm 截面上，温度梯度较大。这是因为距喷嘴出口越远，气液换热速率越小，致使液滴中丙酮蒸发减缓，导致气相温度升高，从而使截面上温度起伏变化减小。

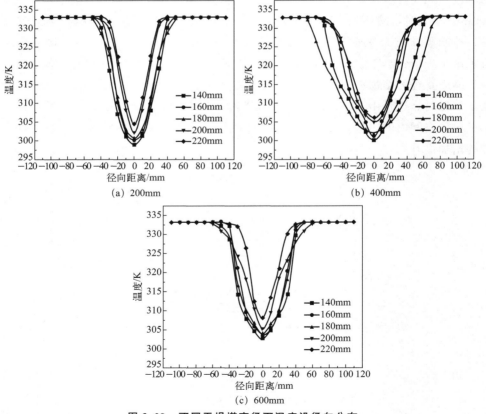

图 3.29　不同干燥塔直径下温度沿径向分布

③ 速度分布。

不同干燥塔直径下的速度分布如图 3.30 所示。从图 3.30（a）～（e）中可以看出，5 个干燥塔直径的高速区域主要集中在干燥塔中心，然后由中心至塔壁面速度呈减小趋势。这是因为液滴群集中分布在中心区域，处于中心的液滴受后续雾化液滴撞击提供的部分动能使得速度衰减变慢，所以速度变化明显。

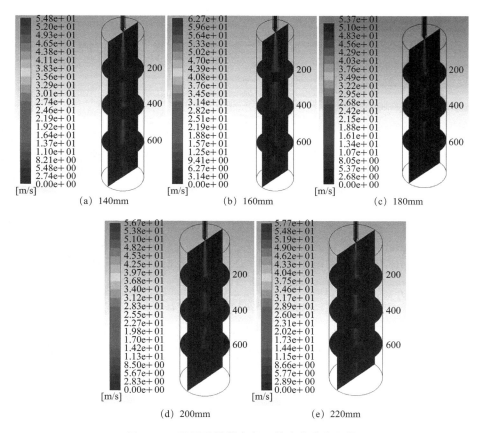

图 3.30　不同干燥塔直径下的速度分布云图

不同干燥塔直径中心轴线上速度分布如图 3.31 所示。从图 3.31 中可以看出，5 个干燥塔直径的中心轴线上速度随着轴向距离的增加而减小；当轴向距离为 20mm 时，随着干燥塔直径由 140mm 增加至 220mm，速度从 56.59m/s 微弱波动到 55.69m/s。当干燥塔直径为 140mm 时，中心轴线上速度最大。这是由于当干燥塔直径由 140mm 增加至 180mm 时，液滴分布较为分散，气体剪切力对其影响减弱，导致液滴速度下降；当干燥塔直径继续增加至 220mm 时，液滴分布集中，作用于液滴表面的气体推动力增大，液滴速度增加。

在距喷嘴出口 200mm、400mm 和 600mm 的截面上，不同干燥塔直径速度沿

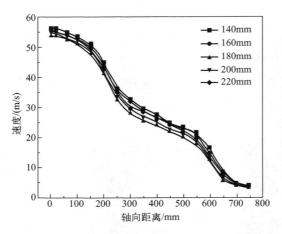

图 3.31　不同干燥塔直径中心轴线上速度分布

径向分布如图 3.32 所示。从图 3.32（a）中可以看出，随着干燥塔直径由 140mm 增加至 220mm，距喷嘴出口 200mm 截面中心处速度从 45.33m/s 波动至 44.50m/s，且速度由中心沿径向至塔壁面减小至 0m/s。随着干燥塔直径的增加，速度梯度呈现先减小后增大趋势。这是因为当干燥塔直径由 140mm 增加至 180mm 时，雾滴群外围的液滴与干燥塔内回流气流相遇形成了逆流，使得中心气流损耗了较多的动能，导致速度下降；当干燥塔直径继续增加至 220mm 时，由于回流气流距离雾滴群较远，中心气流的动能损耗减小，进而使速度增加。从图 3.32（a）～（c）中可以看出，当干燥塔直径为 140mm 时，距喷嘴出口 200mm、400mm 和 600mm 截面上，由截面中心沿径向至塔壁面的速度差分别为 45.33m/s、27.94m/s 和 16.83m/s，说明距离喷嘴出口越远，截面上速度梯度变化越平缓，气液间的速度差越小。

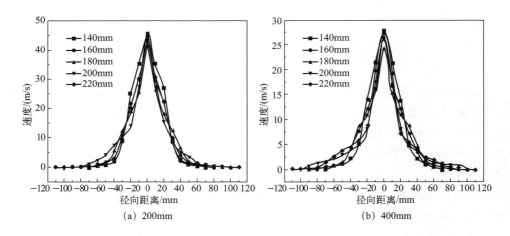

(a) 200mm　　　　　　　　　　(b) 400mm

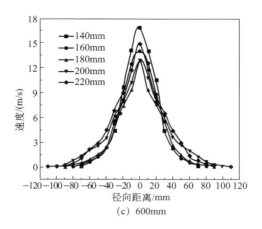

图 3.32   不同干燥塔直径下速度沿径向分布

④ 丙酮蒸气含量分布。

不同干燥塔直径下的丙酮蒸气含量分布如图 3.33 所示。从图 3.33（a）～（e）中可以看出，5 个干燥塔直径的最高丙酮蒸气含量均在喷嘴附近，从喷嘴到干燥塔出口逐渐下降。这是由于喷嘴附近气液温度差大，传热速率快，大量丙酮蒸发使得喷嘴附近丙酮蒸气含量变大。丙酮蒸气含量从截面中心沿径向至塔壁面不断降低，这是由于液滴群主要集中在中心区域，截面中心上丙酮蒸发量大于塔壁面处。

不同干燥塔直径中心轴线上丙酮蒸气含量分布如图 3.34 所示。从图 3.34 中可以看出，当干燥塔直径为 140mm 时，随着轴向距离由 0mm 增加至 750mm，丙酮蒸气含量从 27.67％下降至 2.18％。中心轴线上丙酮蒸气含量随着轴向距离的增加而减小。这是因为随着轴向距离的增加，气液热交换强度减弱，从而导致中心轴线上丙酮蒸发量降低。当轴向距离为 20mm 时，随着干燥塔直径由 140mm 先增加至 180mm，再增加至 220mm，丙酮蒸气含量从 27.25％先减小至 23.41％，再增加至

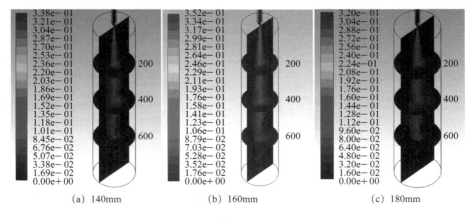

图 3.33

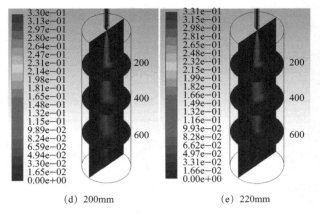

(d) 200mm   (e) 220mm

图 3.33　不同干燥塔直径下的丙酮蒸气含量分布云图

25.08%。随着干燥塔直径的增加，丙酮蒸气含量先减小后增加，且干燥塔直径对丙酮蒸气含量的影响在距喷嘴出口较近时大于较远时。干燥塔直径为 140mm 的中心轴线上丙酮蒸气含量最大。这是由于当干燥塔直径为 140mm 时，干燥塔内热气流分布集中，液滴在热气流的加热下丙酮快速蒸发；当干燥塔直径增加至 180mm时，热气流分布空间增大，致使气液温度梯度下降，从而导致丙酮蒸发速率减缓；当干燥塔直径继续增加至 220mm 时，气液温度梯度继续下降，但液滴分布密集，使得进入气相中的丙酮蒸气增加。

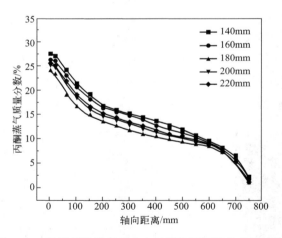

图 3.34　不同干燥塔直径中心轴线上丙酮蒸气含量分布

在距喷嘴出口 200mm、400mm 和 600mm 的截面上，不同干燥塔直径下丙酮蒸气含量沿径向分布如图 3.35 所示。从图 3.35 (a) 中可以看出，当干燥塔直径为140mm 时，随着径向距离由 −70mm 增加至 70mm，距喷嘴出口 200mm 截面上的丙酮蒸气含量从 0.11% 先增加至 16.81%，再减小至 0.14%。丙酮蒸气含量由内到外逐渐减小，说明截面中心液滴密集换热多，使得丙酮蒸发量大，塔壁面处液滴少，导致进入气相的丙酮蒸气少。随着干燥塔直径由 140mm 先增加至 180mm，再增加至 220mm，距喷嘴出口 200mm 截面上由截面中心沿径向至塔壁面的丙酮蒸气含量分别减少了 16.68%、12.36% 和 15.18%。干燥塔直径为 140mm 的丙酮蒸气含量起伏变化最大。这是由于当干燥塔直径由 140mm 增加至 180mm 时，截面中心传质强度减小，导致进入气相的丙酮蒸气减少；当干燥塔直径继续增加至 220mm 时，气液传质强度继续减小，但液滴较为聚集，随着传质传热的持续进行，液滴中丙酮不断蒸发，热气流与气相中的丙酮蒸气形成浓度差，致使丙酮蒸气不断进入气相，丙酮蒸气含量逐渐增加。从图 3.35（a）～（c）中可以看出，当干燥塔直径为 140mm 时，距喷嘴出口 200mm、400mm 和 600mm 的截面上，由截面中心沿径向至塔壁面的丙酮蒸气含量分别减少了 16.68%、12.13% 和 9.43%。随着截面高度的增加，截面上丙酮蒸气含量梯度变化逐渐下降，说明距离喷嘴出口越远，丙酮蒸发量越小。

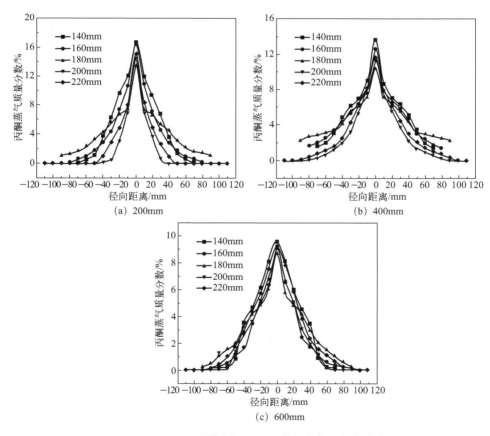

(a) 200mm (b) 400mm (c) 600mm

图 3.35　不同干燥塔直径下丙酮蒸气含量沿径向分布

⑤ 雾化液滴粒径特性。

a. 液滴粒径分布云图。不同干燥塔直径下的液滴粒径分布如图 3.36 所示。如图 3.36（a），当干燥塔直径为 140mm 时，液滴粒径分布在 0.04～66.83μm 之间。干燥塔直径为 140mm 的液滴粒径分布区间最小。随着干燥塔直径的增加，粒径分布变宽，这是因为干燥塔内中心气流速度大，气液间湍流强度大，液滴破碎均匀；当干燥塔直径增加至 180mm 时，雾化液滴沿径向分散，由于雾化边界存在气体阻力，引起气液间卷吸，导致部分液滴回流与液滴群发生碰撞，消耗了液滴的动能，导致小粒径液滴合并产生大粒径液滴；当干燥塔直径继续增加至 220mm 时，由于回流气流离雾滴群较远，使其对雾滴群的影响减小，减弱了液滴回流引起的小粒径液滴间的碰撞合并，但由于液滴群分布较为集中，雾化过程中易出现少量的大粒径液滴。

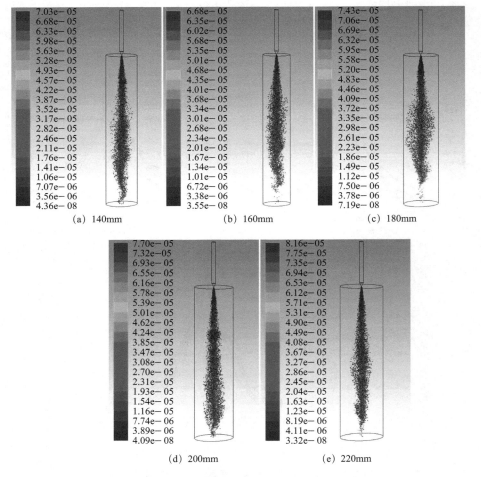

(a) 140mm (b) 160mm (c) 180mm

(d) 200mm (e) 220mm

图 3.36　不同干燥塔直径下的液滴粒径分布云图

b. 液滴尺寸数目分布。不同干燥塔直径下的液滴尺寸数目分布如图 3.37 所示。从图 3.37（a）中可以看出，不同干燥塔直径下概率密度分布曲线均呈现正态分布规律。当干燥塔直径为 140mm 时，峰值的相对频率为 17.12%，对应的液滴粒径为 2.05μm。随着干燥塔直径的增加，概率密度分布曲线先向右移动，之后向左移动，且峰值的相对频率先减小后增大，对应的液滴粒径先增加后减小。这是因为当干燥塔直径由 140mm 增加至 180mm 时，液滴脉动速度下降，使得液滴破碎速度减慢，导致塔内大粒径液滴数量增多，从而使分布曲线朝着液滴粒径增大的方向移动；当干燥塔直径继续增加至 220mm 时，由于液滴分布集中，使其在径向方向上的动能损失减小，提高了雾滴群的湍流度，使得液滴破碎分裂形成的小粒径液滴数量增多，从而使分布曲线又朝着液滴粒径减小的方向移动。从图 3.37（b）中可以看出，5 个干燥塔直径下的累计密度分布均逐渐上升，当干燥塔直径由 140mm 先增加至 180mm，再增加至 220mm 时，累积密度分布曲线先向右移动后向左移动，说明随着干燥塔直径由 140mm 增加至 180mm，大粒径液滴在数量上逐渐占优，继续增加至 220mm 时，小粒径液滴在数量上逐渐占优。

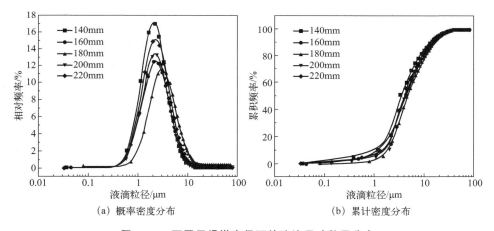

（a）概率密度分布 　　　　　（b）累计密度分布

图 3.37　不同干燥塔直径下的液滴尺寸数目分布

D_{32}、D_{10} 和 D_{90} 随干燥塔直径的变化曲线如图 3.38 所示。从图 3.38 中可以看出，当干燥塔直径由 140mm 增加至 180mm 时，D_{32} 从 12.39μm 增大至 13.01μm，D_{10} 从 1.10μm 增大至 1.80μm，D_{90} 从 13.49μm 增大至 15.32μm。随着干燥塔直径的增加，D_{32}、D_{10} 和 D_{90} 均呈现先增大后减小趋势。干燥塔直径为 140mm 时，D_{32}、D_{10} 和 D_{90} 均最小。这是因为随着干燥塔直径由 140mm 增加至 180mm，干燥塔内喷雾不均匀导致 D_{32} 增大，且由于液滴在塔内过于分散，致使液滴表面的剪切力不足，雾化不稳定，导致小粒径液滴减少致使 D_{10} 增大，大粒径液滴增多引起

D_{90} 增大；当干燥塔直径继续增加至 220mm 时，由于塔内中心速度衰减变慢，相对于干燥塔直径为 180mm 的雾化稳定，从而使液滴粒径减小。

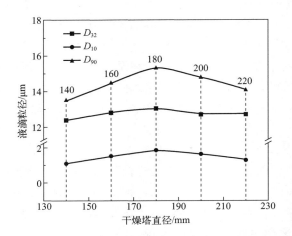

图 3.38　D_{32}、D_{10} 和 D_{90} 随干燥塔直径的变化曲线

c. 液滴粒径空间分布。在距喷嘴出口 200mm、400mm 和 600mm 的截面上，不同干燥塔直径下 D_{32} 沿径向变化曲线如图 3.39 所示。从图 3.39（a）中可以看出，当干燥塔直径为 140mm 时，随着径向距离由 -35mm 增加至 35mm，距喷嘴出口 200mm 截面上的 D_{32} 从 11.04μm 先下降至 7.58μm，再增加至 10.95μm。D_{32} 由截面中心沿径向至塔壁面均逐渐增加。这是由于截面中心处气液相对速度大，液滴破碎占主导，使得液滴分布均匀。随着干燥塔直径由 140mm 先增加至 180mm，再增加至 220mm，距喷嘴出口 200mm 截面中心处 D_{32} 从 7.58μm 先增加至 9.18μm，再下降至 8.12μm，且由截面中心沿径向至塔壁面的 D_{32} 分别增加了 3.42μm、5.54μm 和 4.65μm。截面中心处 D_{32} 随着干燥塔直径的增加呈现先增加后减小趋势。干燥塔直径为 140mm 时，D_{32} 增幅最小，说明 CL-20 溶液雾化更为稳定，液滴粒径跨度小。这是因为随着干燥塔直径的增加，液滴受气体旋流影响增大，使其在径向上损失了较多的动能，致使液滴破碎不均匀，从而导致 D_{32} 增加；当干燥塔直径增加至 220mm 时，气体旋流对液滴影响减弱，液滴破碎均匀，D_{32} 逐渐减小。从图 3.39（a）～（c）中可以看出，当干燥塔直径为 140mm 时，随着截面高度由 200mm 增加至 600mm，截面中心处 D_{32} 从 7.58μm 增加至 13.45μm。相较于 200mm 和 600mm 两个截面，400mm 的截面上，D_{32} 增幅最小，说明该截面液滴雾化稳定性更好。D_{10} 和 D_{90} 也呈现类似的规律。

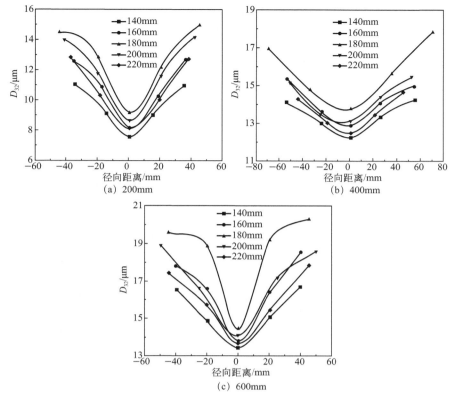

图 3.39　不同干燥塔直径下 D_{32} 沿径向变化曲线

3.5.2　薄膜反应器中的传热过程

3.5.2.1　引言

冰模板法具有较好的可扩展性和高通用性，可以在多孔结构材料的制备过程中实现精确的结构控制。对于传统的单向冷冻铸造工艺，冰晶倾向于在低温表面附近形核并沿着温度梯度方向生长，从而形成各向异性结构。因此目前也引入了多种策略来调节冷冻过程中的微结构形成。但对于大尺寸制备，伴随着冷冻过程中温度梯度的消失和热传递的减少，冰晶生长将逐渐减慢甚至停止，从而严重限制了多孔结构材料的制备效率和厚度。因此对于冷冻铸造过程中的形核位置少和生长效率低的问题仍然有待解决，而实验过程很难研究表面的热量传递过程。

3.5.2.2　模型的建立

采用欧拉-拉格朗日方法对转鼓和液膜之间的热量传递过程进行数值模拟，利用 solidification 和 mining 模块。网格由四面体组成，数量为 145000。选择 k-ε 模型作为湍流模型。转鼓和液膜的参数见表 3.10。为了加快收敛过程，采用压力求解器。为了更好地捕捉温度变化过程，时间步长设置为 0.01s。当能量残差收敛曲线小于 1×10^{-6}，其他残差曲线较低（$>1\times10^{-3}$）时认为计算收敛。

表 3.10　转鼓和液膜参数

项目	值
旋转轴方向/(x, y, z)	(1, 0, 0)
转鼓的旋转速度/(r/min)	50
初始转鼓温度/K	253.15
初始液膜温度/K	293.15
液膜厚度/mm	1~3

旋转冷冻干燥过程中的传热系数无法直接通过实验进行测量，通过 CFD 进行了模拟计算。根据实验装置进行构建 CFD 模型，可以更好和更及时地呈现薄膜反应器静止和旋转时表面的温度变化，结果如图 3.40 和图 3.41 所示[43]。薄膜转鼓反应器的表面传热系数高于静止状态下的传热系数，对应于更高的冷冻效率。在 6.5s 后，薄膜转鼓反应器的传热系数达到稳定值 56W/（m·K）。随着表面冰厚度和传热阻力的增加，静止的传热系数不断减小，这与表面温度的变化相一致。

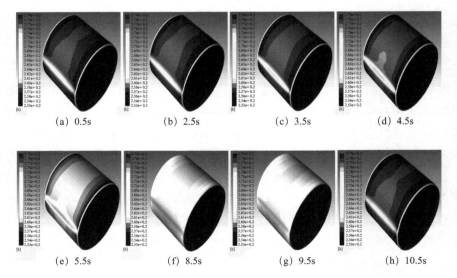

(a) 0.5s　　(b) 2.5s　　(c) 3.5s　　(d) 4.5s

(e) 5.5s　　(f) 8.5s　　(g) 9.5s　　(h) 10.5s

图 3.40　转鼓静止时表面温度随时间的变化

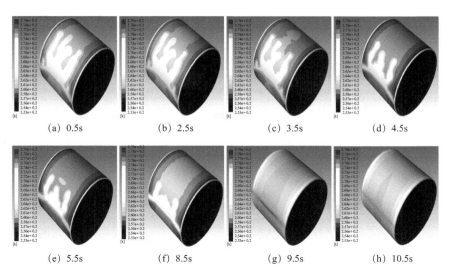

| (a) 0.5s | (b) 2.5s | (c) 3.5s | (d) 4.5s |
| (e) 5.5s | (f) 8.5s | (g) 9.5s | (h) 10.5s |

图 3.41 转鼓旋转时表面温度随时间的变化

3.6 展望

　　CFD 模型的巨大优势在于直接求解 N-S 方程，因此其在计算流体流动方法方面尤为擅长，在汽车和航空等领域应用成熟。对于反应器开发过程，如果没有反应参与或者简单反应，目前 CFD 依然是较为理想的模拟方法，可以对反应器内的温度、组成以及速度分布等进行详细模拟。对于放大过程的流体流动的影响预测更加准确。在设备结构优化方面优势明显，可以模拟不同分布板和内构件等的影响，相比实验，成本大幅度降低。在大型反应器（工业）计算，特别是包含反应时，受限于计算资源等，计算时间成本较高，有时需要几周甚至几个月，往往受限。一个较好的解决方式是通过 CFD 计算，将其抽象为一些经验关联式，之后与反应耦合，建立经验模型，进而快速宏观地模拟反应过程，进而进行大量操作条件和设备参数的影响分析。在典型的结果基础上，可以对计划采用的工况进行较为详细的 CFD 计算。

　　尽管目前针对粒径分布的影响已经开发了 CPFD 模型，但是对于粒径分布对反应和传热传质的影响目前尚未有研究。对于大型反应器的计算过程，特别是局部加密区和反应器稀疏区之间的计算需要不同的算法或者过渡，进而达到快速而高精度预测。

参考文献

[1] 吴月石 . 生物质气化反应器模拟研究与分析 [D]. 天津：天津大学，2010.
[2] 李涛 . Shell 气流床粉煤气化过程建模与优化分析 [D]. 厦门：厦门大

学，2018.

［3］ 林俊杰. 化学链燃烧过程中流动与反应的多尺度数值模拟 ［D］. 杭州：浙江大学，2022.

［4］ 孔大力. 结合二氧化碳吸收的流化床生物质气化过程数值模拟研究 ［D］. 杭州：浙江大学，2023.

［5］ 夏梓洪. 射流流化床煤催化气化炉的计算流体力学模拟 ［D］. 上海：华东理工大学，2016.

［6］ Ding J，Gidaspow D. A bubbling fluidization model using kinetic theory of granular flow ［J］. AIChE Journal，1990，36（4）：523-538.

［7］ Patil D J，van S A M，Kuipers J A M. Critical comparison of hydrodynamic models for gas-solid fluidized beds-Part Ⅰ：Bubbling gas-solid fluidized beds operated with a jet ［J］. Chemical Engineering Science，2005，60（1）：57-72.

［8］ Patil D J，van S A M，Kuipers J A M. Critical comparison of hydrodynamic models for gas-solid fluidized beds-part Ⅱ：Freely bubbling gas-solid fluidized beds ［J］. Chemical Engineering Science，2005，60（1）：73-84.

［9］ Cundall P A，Strack O D L. A discrete numerical model for granular assemblies ［J］. Geotechnique，1979，29（1）：47-65.

［10］ Tsuji Y，Kawaguchi T，Tanaka T、Discrete particle simulation of two-dimensional fluidized bed ［J］. Powder Technology，1993，77（1）：79-87.

［11］ Hoomans B P B，Kuipers J A M，Briels W J，et al. Discrete particle simulation of bubble and slug formation in a two-dimensional gas-fluidised bed：A hard-sphere approach ［J］. Chemical Engineering Science，1996，51（1）：99-118.

［12］ Xu B H，Yu A B. Numerical simulation of the gas-solid flow in a fluidized bed by combining discrete particle method with computational fluid dynamics ［J］. Chemical Engineering Science，1997，52（16）：2785-2809.

［13］ Yu A B，Xu B H、Particle-scale modelling of gas-solid flow in fluidisation ［J］. Journal of Chemical Technology and Biotechnology，2003，78（2/3）：111-121.

［14］ Wang S，Lu H，Hao Z H，et al. Numerical modeling of a bubbling fluidized bed coal gasifier by kinetic theory of rough spheres ［J］. Fuel，2014，130：197-202.

［15］ Liu X H，Wang S，Du Y X，et al. CFD study of the thermochemical characteristics of mesoscale bubbles in a BFB gasifier ［J］. Advanced Powder Technology，2021，32：2605-2620.

［16］ Esmaili E，Mahinpey N，Mostafavi E. An extensive simulation of coal gasification in bubbling fluidized bed：integration of hydrodynamics into reaction modeling [J]. The Canadian Journal of Chemical Engineering, 2014, 92: 1714-1724.

[17] Wang X F, Jin B S, Zhong W Q. Three-dimensional simulation of fluidized bed coal gasification [J]. Chemical Engineering and Processing, 2009, 48: 695-705.

[18] Yu L, Lu J, Zhang X P, et al. Numerical simulation of the bubbling fluidized bed coal gasification by the kinetic theory of granular flow (KTGF) [J]. Fuel, 2007, 86: 722-734.

[19] Cornejo P, Farías O. Mathematical modeling of coal gasification in a fluidized bed reactor using a Eulerian granular description [J]. International Journal of Chemical Reactor Engineering, 2011, 9: 1-30.

[20] L. M. Armstrong, S. Gu, K. H. Luo. Parametric study of gasification processes in a BFB coal gasifier [J]. Industrial & Engineering Chemistry Research, 2011, 50: 5959-5974.

[21] L. M. Armstrong, S. Gu, K. H. Luo. Effects of limestone calcination on the gasification processes in a BFB coal gasifier [J]. Chemical Engineering Journal, 2011, 168: 848-860.

[22] K. Gao, J. H. Wu, Y. Wang, et al. Bubble dynamics and its effect on the performance of a jet fluidised bed gasifier simulated using CFD [J]. Fuel, 2006, 85: 1221-1231.

[23] Z. Y. Deng, R. Xiao, B. S. Jin, et al. Computational fluid dynamics modeling of coal gasification in a pressurized spout-fluid bed [J]. Energy & Fuels, 2008, 22: 1560-1569.

[24] Z. H. Xia, C. X. Chen, J. C. Bi, et al. Modeling and simulation of catalytic coal gasification in a pressurized jetting fluidized bed with embedded high-speed air jets [J]. Chemical Engineering Science, 2016, 152: 624-635.

[25] H. Askaripour. CFD modeling of gasification process in tapered fluidized bed gasifier [J]. Energy, 2020, 191: 116515.

[26] S. Parvathaneni, S. Karmakar, V. V. Buwa. Effect of local hydrodynamics on the performance of a fluidized-bed gasifier [J]. Ind. Eng. Chem. Res. , 2023, 62: 11814-11830.

[27] J. Xie, W. Q. Zhong, B. S. Jin, et al. Eulerian-Lagrangian method for three-dimensional simulation of fluidized bed coal gasification [J]. Advanced Powder Technology, 2013, 24: 382-392.

[28] C. S. Hu, K. Luo, S. Wang, et al. Influences of operating parameters on the

fluidized bed coal gasification process：A coarse-grained CFD-DEM study [J]. Chemical Engineering Science，2019，195：693-706.

[29] A. K. Sahu，V. Raghavan，B. V. S. S. S. Prasad. Numerical simulation of gassolid flows in fluidized bed gasification reactor [J]. Advanced Powder Technology，2019，30：3050-3066.

[30] 王帅. 流化床内稠密气固两相反应流的欧拉-拉格朗日数值模拟研究 [D]. 杭州：浙江大学，2019.

[31] 贾倩. 基于 CFD 的生物质木屑高效气化模拟研究 [D]. 武汉：华中科技大学，2021.

[32] 王路超. 基于 CFD-DEM 耦合方法的固定床煤气化数值模拟研究 [M]. 北京：北京交通大学，2022.

[33] 胡陈枢. 流化床内流动、混合与反应的多尺度模拟研究 [D]. 杭州：浙江大学，2019.

[34] 张建军. 两段式干煤粉加压气化过程的数值模拟 [D]. 北京：华北电力大学，2018.

[35] 张锐. 生物质与煤流化床共气化的数值模拟研究 [D]. 吉林：东北电力大学，2013.

[36] 武小芳. 灰熔聚流化床气化炉内气固混合特性的研究 [D]. 太原：太原理工大学，2010.

[37] 张彦奇，李伟伟，柴凡，等. 喷嘴直径对喷雾干燥制备 CL-20 雾化特性的影响 [J]. 火工品，2023（2）：66-71.

[38] 张彦奇，李伟伟，史晓澜，等. 喷雾干燥制备 CL-20 过程中喷嘴直径对液滴雾化行为影响的 CFD 模拟 [J]. 中北大学学报（自然科学版），2022，43 （6）：541-547.

[39] 史晓澜，李伟伟，柴凡，等. 喷雾干燥制备 CL-20 的雾化液滴粒径分布 [J]. 火工品，2022（4）：49-54.

[40] 史晓澜，李伟伟，柴凡，等. 喷雾干燥法制备 CL-20 过程的液滴雾化行为的模拟研究 [J]. 火工品，2021（5）：37-41.

[41] Morsia S A，Alexandera A J. An investigation of particle trajectories in two-phase flow systems [J]. Journal of Fluid Mechanics，1972，55（2）：193-208.

[42] Liu A B，Mather D，Reitz R D. Modeling the effects of drop drag and breakup on fuel sprays [J]. SAE Transactions，1993，102：83-95.

[43] Li L，Zhou Y Q，Gao Y，et al. Large-scale assembly of isotropic nanofiber aerogels based on columnar-equiaxed crystal transition [J]. Nature Communications，2023，（14）：5410.

第 4 章

经验模型

4.1　概述

经验模型在化工领域是一种传统且广泛应用的模型，其历史源远流长，堪称化工过程模拟的先驱。为了简化实际操作流程，研究者们倾向于利用经验关联式来描绘因变量与自变量之间的函数关系，而这些关联式往往难以从理论直接推导或在实际应用中遇到困难。基于无因次分析，研究者们通过最小二乘法拟合独立变量，构建出目标函数与各影响因素之间的关联式。

经验模型特别适用于那些变量较少、关系较为简单的过程，如线性和幂指数关系等。其显著优势在于计算效率高、资源消耗低、物理模型直观。然而，其精度相对较低，且高度依赖经验。

在研究的初期阶段，经验模型因其简便性而被广泛采用，通过这些关联式，研究者能够有效地分析各因素之间的相互作用，从而优化整个工艺流程。经验模型中的参数通常具有明确的物理含义，这使得研究者能够准确把握影响过程的关键因素，尤其是在实验结果与模型预测不符时，能够提供重要的参考。

早期的经验模型大多为一维模型，面对复杂的反应器模拟，研究者们通常将反应器划分为不同的区域，并利用经验关联式将这些区域的过程相互耦合。然而，随着计算机技术的进步，尤其是计算流体力学（CFD）模型和机器学习模型的兴起，经验模型的研究逐渐退居次要地位。尽管如此，在研究的初步阶段，或者在用 CFD 模型模拟大型装置时遇到资源和时间的大量消耗时，经验模型以其清晰的物理模型优势仍然显示出其应用价值，能够揭示关键的信息。

4.2　经验模型分类

在化工领域的模拟实践中，经验模型呈现出多样性和特异性，尚未形成一套统一的框架或分类体系。这种多样性源于不同化工过程独特的操作条件和物质特性。常见的做法是，研究者借鉴文献中的经验关联式，或自行构建新的关联式来模拟特定过程，并利用 Matlab、C++和 Fortran 等编程语言来实现模型的计算。

经验模型在化工中的应用多种多样，其中包括但不限于以下几个典型例子。

① 精馏过程。模型通常涉及计算最小回流比和理论塔板数，这些参数对于精馏塔的设计至关重要。

② 吸附现象。吸附等温模型和动力学模型，如 Langmuir 和 Freundlich 模型，用于描述吸附质在吸附剂表面的行为。

③ 传质与传热。传质和传热系数的关联式，例如 Dittus-Boelter 方程，用于估算流体在管道中的对流传热系数。

④ 化学反应动力学模型。如幂律速率方程和阿伦尼乌斯方程，用于预测化学反应的速率和产物分布。

在应用这些模型时，一种普遍的做法是在文献中关联式基础上引入修正系数，以适应特定的工艺条件。例如，在煤催化气化反应动力学的模拟中，研究者会采用体积模型、缩核模型和随机孔模型，并通过引入催化剂的有效因子来对动力学模型进行修正。同样，在化工过程强化的研究中，研究者通过引入强化因子来量化各种强化技术对提升过程性能的影响。这些方法虽然依赖于实验数据和经验，但在化工设计和操作中的实用性和灵活性使其成为工程师和研究者不可或缺的工具。

下面以煤气化过程中开发的经验模型为例进行介绍。

4.2.1 热力学平衡模型

热力学平衡模型亦称零维模型，假定气化炉内物料混合均匀，所有反应均达到平衡状态。该模型依据热力学定律，通过平衡常数法或 Gibbs 自由能最小化技术，求解质量和能量守恒方程，从而获得反应平衡时的气体成分、热值、气体产率及平衡温度等参数。此模型基于反应热力学原理，忽略了气化反应器内的流动、传热、传质特性以及气化反应过程[1-4]。仅需掌握研究对象的初始和最终状态以及变化条件，即可进行计算，因此操作简便，不依赖于具体的反应动力学参数和反应器结构、特性及气体流动状况。将气化炉视为一个"黑箱"，便于研究气化原料及操作参数对气化的影响，具有较好的通用性。虽然计算速度快，但精度较低，无法反映气化炉内具体组分分布及反应器结构、形状和尺寸对气化过程的影响，也不适用于考虑有限停留时间的情况，仅适用于初步预测。

热力学平衡模型专注于平衡状态的研究，而不涉及达到平衡的速度。该模型在碳转化率高、反应接近平衡的气流床和下吸式固定床反应器工况预测方面表现较好，但对于未达到化学平衡的流化床和上吸式固定床工况预测效果较差。尽管化学反应完全达到平衡的情况较少，但研究平衡过程仍具有重要意义，可为气化工艺设计和评价提供重要参考，并为气化过程参数的优化和控制研究奠定基础。通过平衡条件，可以确定反应的极限，快速预测系统的热力学限制；同时，从平衡角度出发，可以预测气化工况变化时，气化组分和其他指标的变化趋势，寻找最佳工况，实现参数优化。

热力学平衡模型可以分为化学计量和非化学计量两种类型[5]。

(1) 平衡常数法（化学计量法）

平衡常数法，也称为 K 值法，是一种传统的化学平衡计算方法。它基于以下步骤。

① 寻找独立反应。在复杂的反应体系中，并非所有反应都是独立的。一些反应可以通过其他反应推导出来。因此，需要识别出一组独立反应，这些反应能够代表整个反应体系。

② 确定独立组分数和独立反应数。在给定的温度 T 和压力 p 下，首先需要确定体系中的独立组分数 N 和独立反应数 S。如果体系中存在 N 种元素，那么需要求解 N+S 个非线性方程来确定各组分的量。

③ 建立和求解方程。确定了独立反应后，可以将这些反应的平衡常数方程联立起来，求解出反应的进度，从而得到各组分的平衡浓度。

化学计量法的输入参数包括[5]：

① 工艺参数。包括反应体系的压力和温度。

② 初始组成。反应混合物的初始组成。

③ 独立反应的数量和种类。需要确定在给定温度下所选反应的平衡常数，通常通过计算反应的 Gibbs 自由能得到。

平衡常数法的关键在于，需要准确知道气化过程中发生的所有化学反应及其计量数。通过计算每个反应的热力学平衡状态，可以得到气化反应的最终产物。这种方法在处理理想气体和简单反应体系时相对有效，但在处理复杂体系时可能会遇到计算上的困难。对于非理想气体和多组分、多相平衡体系，计算量极大。此外，该方法需要了解反应的具体过程，这在实际应用中可能是一个挑战，尤其是当反应机理不明确时。

（2）Gibbs 自由能最小化法（非化学计量法）

Gibbs 自由能最小化法是一种在工程计算中广泛应用的热力学方法，它能够绕过复杂的化学反应机理，并提供热力学高度一致性的结果。基于热力学原理，在等温等压条件下，反应体系的 Gibbs 自由能不会增加。对于不可逆过程，反应会朝着 Gibbs 自由能减小的方向进行。对于可逆过程，反应平衡时 Gibbs 自由能达到最小，结合质量守恒和能量守恒的约束，可以确定平衡时的组分。这种方法不涉及具体的化学反应方程式，不受入口物质种类的限制，因此避开了反应机理的复杂性，是一种普遍适用的算法，特别适用于处理生物质和煤气化等复杂反应体系。这种方法的优点和不足如下。

① 优点。只需知道气化反应的进口原料组分和独立反应的数量和平衡常数，就能预测反应出口处的气体产量以及操作参数变化对其影响，应用范围更广泛，使用起来也更方便，是一种简化模型。

② 不足。将气化炉内的反应过程视为理想化的 Gibbs 自由能最小化反应器，忽略了气固流动、反应动力学和传质传热等实际过程的影响。因此，只能提供理想情况下的热平衡结果，而不能准确预测气化炉内的实际参数，如停留时间、碳转化率以及温度场和流场等。确定 Gibbs 自由能最小值的计算通常较为复杂，时间较长，

导致仿真收敛速度较慢。

非化学计量模型的输入参数包括以下几种[5]。

① 工艺参数。包括压力和温度。

② 初始组成。反应混合物的初始组成。

③ 产品组分。定义所有可能的产品组分。

④ 化学势。定义每个组分的化学势。

热力学平衡模型一般基于以下几点假设[6,7]。

i. 零维模型假设。该假设将反应器视为一个没有空间维度的点，不考虑反应过程中的流动和换热现象。这种简化使得模型无法描述实际反应器内的流体动力学特性。

ii. 绝热体假设。假设反应器为绝热体，即不考虑反应过程中的热量交换和热损失。这可能导致模型无法准确反映实际气化过程中可能发生的热量交换。

iii. 均匀混合和温度分布。假设反应物混合均匀，温度分布均匀，忽略了由于气化炉设计差异造成的局部温差。这可能导致模型无法准确预测实际气化炉中的温度梯度。

iv. 足够长的反应时间。假设反应时间足够长，使得气化反应能够达到平衡状态。这在实际操作中可能不总是成立的，特别是在快速气化过程中。

v. 模型只考虑反应物和生成物的平衡状态，忽略了中间产物和反应过程。这可能导致无法准确描述反应路径和中间步骤。

vi. 忽略焦油生成。通常情况下，气化过程中会产生焦油，但热力学平衡模型往往忽略这一点，这可能影响对气化产物组成的预测。

由于上述假设，热力学平衡模型的结果可能与实际气化过程存在较大偏差。为了提高模型的准确性，研究者通常会采取以下措施。

① 限制条件修正。通过设置一定的限制条件来修正模型，以便更准确地模拟气化过程。

② 改变热力学平衡模型。调整模型结构或参数，以更好地适应特定的气化过程。

③ 准温度平衡法。采用这种方法可以建立更符合实际的热力学平衡模型。

热力学平衡模型的主要不足在于不考虑流体动力学和反应动力学，无法体现不同气化炉结构之间的差异和无法预测不同煤种或原料的反应动力学特性对气化结果的影响。

尽管如此，热力学平衡模型在以下方面仍然具有重要作用：对于有运行经验和实验数据的气化炉，可以准确估计碳转化率、热量损失和燃料热值等参数。能够快速准确地模拟操作条件和原料变化对气化结果的影响。因此，热力学平衡模型仍然是气化炉模拟中最重要的工具之一，广泛应用于气化工艺的设计和优化。

4.2.2 反应动力学模型

反应动力学模型也称为反应器模型，是一种更为复杂和精细的数学模型，考虑了气化过程中的多个关键因素[1]，具体如下。

① 流动特性。模型考虑了气体和固体的流动行为以及在反应器内的分布情况。

② 传质和传热。模型包含了质量和热量的传递过程，这些过程对气化效率有显著影响。

③ 化学反应和动力学特性。模型基于化学反应机理，使用动力学实验数据来确定反应参数，从而更本质地研究气化过程。

④ 炉型结构参数。模型考虑了气化炉的几何结构和操作参数，以便更准确地模拟实际气化过程。

反应动力学模型的优势在于能够提供炉内任意位置的详细参数，计算结果通常与实验数据吻合较好，可以准确预测气化过程，并直观显示气化炉内各组分的分布情况。然而，反应动力学模型也存在一些局限性。

① 计算量大。由于模型的复杂性，其计算量远大于热力学平衡模型。

② 通用性差。模型通常限于特定的反应物和反应过程，通用性不如热力学平衡模型。

③ 求解复杂。模型的求解过程通常非常复杂，需要高级的数学技巧和计算能力。

随着计算机技术的发展，反应动力学模型在气化过程的模拟计算中应用越来越广泛。以下是一些常见的反应动力学模型类型。

（1）小室模型（串联零维模型）

小室模型是一种将气化炉沿轴向划分为多个小室（或称为块）的数学模型。每个小室假设为一个全混流反应器，独立求解质量守恒和能量守恒等方程和动力学反应速率，最终得出生成物成分与停留时间的关系。小室模型的局限性在于假设炉内物料充分混合[1]。

（2）一维模型

一维模型是在气化炉物料流动方向上建立守恒微分方程。将气化炉在一维方向划分为若干控制网格，假设气固流动为稳态的一维流动，径向速度为零，并且物料沿径向均匀分布。气化炉可视为平推流反应器，考虑非均相反应动力学，气固相耦合传热传质以及简化的流体动力学对气化炉内反应过程的影响[1]。模型能够准确预测不同停留时间上的煤热解、挥发分燃烧、焦燃烧与气化、气相热平衡反应等不同阶段的反应温度和反应速率等具体参数，准确得到合成气组成以及碳转化率和出口温度随时间变化的规律。该模型的局限性在于仅能够反映相关参数在物料流动方向上的分布。模型建立的具体步骤如下。

① 模型假设。假设温度、气体的组分、转化率和流动状态等所有的状态参数

在反应器径向均匀分布，只在反应器的轴向发生变化。

② 网格划分。在轴向划分一维平推流反应器的网格。网格的尺寸随着反应速率的改变而改变，在快速反应区，比如脱挥发阶段，网格尺寸更小，更密集。气化反应区，反应速率慢，网格尺寸变大，更稀疏。

③ 反应动力学模型选择。选择 Langmuir-Hinshelwood 速率方程计算加压条件下的气化炉内的非均相反应速率。由于均相燃烧反应在氧气存在的条件下迅速完成，假设其达到平衡。可逆均相反应始终处于平衡状态。

（3）多维模型

通常指的是二维和三维模型，这类模型结合了流体力学、传热学和传质学原理，通过适当的数值计算方法离散化动量、质量和能量守恒方程，以求解最终结果[1]。多维模型考虑了湍流的影响，并对气化炉在空间上进行了更精细的划分，将气化化学反应动力学子模型、传热传质子模型和气固两相流体动力学子模型相互耦合，因此能够深入揭示气化过程中物料运动、温度、气体组分等重要参数在空间上和时间上的分布情况。尽管多维模型具有较高的精确度，但由于考虑因素众多，需要耦合多个子模型来封闭方程，本构关系复杂，数值计算收敛困难，且计算耗时较长，实际应用面临一定难度。尽管存在求解方程多、计算量大的问题，但随着计算流体力学的发展，反应动力学模型已成为模型发展的必然趋势。

综上所述，不同的反应动力学模型各有优缺点，建立气化过程反应动力学模型通常需要一定的热力学实验数据作为支撑，以建立更接近实际的数学模型，从而获得理想结果。零维模型和一维模型因其简单方便，已广泛应用于工业，能够较为准确地预测气化炉出口参数，如合成气成分等。但由于对炉内流动过程过于简化，可能导致不合理的炉内温度分布。热力学平衡模型虽能求得出口处的气体平衡状态参数，却难以描述气化炉内的反应过程。而基于商业 CFD 软件的三维模型虽考虑了化学反应动力学、流体力学和传热学等因素，但由于软件的封闭性，其非均相气固反应动力学子模型通常只能使用 Arrhenius 方程计算反应速率，难以考虑 CO 和 H_2 对煤焦气化反应的抑制作用，且在混合气氛条件下煤焦气化反应速率只能作为单独气氛分压条件下反应速率的简单加和，这导致对气化炉非均相反应过程的求解并不完善。

4.2.3　其他模型

（1）单颗粒模型

单颗粒煤气化模型在热力学平衡模型的基础上，重点考虑了非均相反应动力学对煤焦气化过程中颗粒表面气体浓度、颗粒反应温度及碳转化率的影响。该模型假设均相反应相对非均相反应速度快，能够迅速达到热平衡状态。通过模型预设的总反应时间和反应步长，可以计算出特定反应时间点的气化反应速率、碳转化率以及生成气产率。然而，该模型忽略了气固相耦合流动和传热对反应的影响，因此无法获得与气化炉结构相关的温度场和流场参数。

（2）降阶模型（reduced order model，ROM）

降阶模型通常通过气化炉反应器网络模型（reactor network model，RNM）来实现，是相对于 CFD 模型的一种简化模型[4,8]。降阶模型使用不同流动类型的化学反应器（如柱塞流反应器和全混流反应器）来分别模拟气化炉内具有不同流动特征的物理区域，然后根据各区域的物质流动关系建立反应器网络，从而模拟炉内的整体流动特征。这种模型能够捕捉炉内主要的流动过程，为预测合理的炉内温度分布提供了可能。

气化炉反应器网络模型的建立一般遵循以下步骤。

① 通过对气化炉的 CFD 模拟得到其内部的流场结构。

② 分析流场结构，将气化炉划分为一些典型的流动区域，并确定各个区域的体积大小以及区域之间的流量分配。

③ 根据不同流动区域的特性，采用相应的理想反应器（全混流或平推流）来代替实际流动区域。

④ 建立气化炉反应器网络模型后，降阶模型分别对各个反应器建立控制方程组并求解。当所有反应器和整个反应器网络的计算收敛后，即可得到气化炉降阶模型的模拟结果。

气化炉反应器网络模型建立过程中，炉内反应区域的划分以及反应器连接结构的设计对模型的预测表现有直接影响。反应器网络模型在适当简化气化炉内部流场的同时，考虑了炉内颗粒的停留时间分布与化学反应动力学，相较于一维模型，能更完整地反映气化炉内复杂的流场形式，整体表现更加全面。气化炉降阶模型包含了气化炉三维数值模拟中除了流体力学守恒方程之外的几乎所有子模型，因而能够提供较为丰富的模拟结果。此外，由于该模型对流场区域进行了划分，模拟过程简化，相对于 CFD 模型计算量减小，求解速度较快，可以用来模拟气化炉的动态特征或作为独立的模型应用到气化系统的模拟中。

（3）混合模型

机理模型因其广泛的解释性、场景适用性和预测准确性而受到重视，但其开发过程复杂且耗时，需要详尽的过程相关参数。相比之下，数据驱动模型在推导上更为简单快捷，但其完全依赖数据的特性可能导致模型局限于特定数据集的最优拟合，缺乏普遍适用性。为了结合两者的优势，学者们提出了混合模型，这种模型结合了机理模型的稳定性和可解释性以及数据驱动模型的处理简便性和在噪声环境下的准确性[2,3]。

混合模型的结构选择取决于具体的应用场景。当机理子模型发展较为成熟时，采用并联式结构，数据驱动子模型可以作为函数逼近器，对机理子模型的输出进行适当的修正，从而提高预测性能。相反，当机理子模型对过程反应的描述不够准确时，串联式结构更为合适，此时数据驱动子模型可以直接优化机理子模型，以提高整体模型的预测能力。

混合模型的这种设计理念，既保留了机理模型在理论上的严谨性，又利用了数据驱动模型在处理实际数据时的灵活性，为复杂系统的建模和预测提供了一种有效的解决方案。

4.3 经验模型建模的关键

经验模型在化工过程中的应用涉及一系列关键技术和问题，主要包括以下方面。

（1）模型假设的合理性

经验模型的建立往往基于一系列假设，这些假设应尽可能简明且接近实际情况，尤其是在求解复杂微分方程时。在耦合不同的经验关联式时，必须注意原始假设的适用性和局限性。例如，煤气化过程中的缩核模型，假设颗粒大小随反应进行而变化，这一假设在催化反应中的合理性需要仔细考量。研究者通常通过模拟结果来反推假设的合理性，而较少从假设本身出发进行深入分析。

（2）数据资料的有效性

高质量的实验数据是构建可靠经验模型的基础。数据处理技术，如异常值检测、数据平滑和转换，对于保证模型的准确性至关重要。通过无因次化减少变量数量，可以更有效地识别和提取过程的关键参数，使模型更加通用和简洁。随着新数据的获取和技术进步，经验模型需要定期更新或修正以保持其可靠性。

（3）参数物理意义的明确性

模型参数应具有清晰的物理意义，这有助于理解过程机理和模型解释能力。如果参数失去物理意义，模型的适用范围可能会受到限制。随着新理论的发展，引入新参数是必要的，同时需要平衡数据驱动和理论驱动的需求。

（4）处理方法的正确性

选择合适的数学形式来描述变量之间的关系是至关重要的，如线性、多项式和幂律等。使用最小二乘法或其他回归分析方法来拟合实验数据，建立经验关联式，是模型构建的关键步骤。

（5）模型验证的多样性

通过额外的实验数据或现场测试来验证模型的准确性，对模型进行校准以适应特定的操作条件或系统特性。多样化的验证方法可以增强模型的可信度和适用性。

（6）模型适用的局限性

经验模型通常在特定的操作范围内有效，超出这个范围可能导致预测不准确。在新的操作条件下，模型的适用性需要谨慎评估。通过引入新参数，开发更通用的模型是提高模型泛化能力的关键。经验模型可能简化了复杂的化学和物理过程，忽略了一些重要现象，因此在处理高度非线性和动态系统时可能不够精确。

理解和应对这些关键技术与问题对于在化工过程的模拟、优化和控制并成功开发和运用经验模型至关重要。

4.4 经验模型建模过程

经验模型建模的步骤因反应器不同而差异较大。以气流床多喷嘴对置式气化炉为例，介绍经验模型建模步骤[4]。

（1）模型假设

① 在各个理想反应器中，颗粒流动特性采用平均停留时间进行表征。颗粒的平均停留时间是通过计算持料量与颗粒流量的比值来确定的。

② 忽略水煤浆液滴的雾化过程，颗粒的粒径分布将直接采用磨煤机出口的粒径分布数据。

③ 忽略了颗粒间的辐射换热以及溶解颗粒在气化炉壁面的沉积现象。

（2）确定物性参数

物性参数的准确与否直接关系到模拟计算的可靠性。物质的物理性质和热力学性质的计算至关重要，通常采用多项式拟合方法来计算热容，同时利用 Merrick 方程进行煤的热容和焓的计算。

（3）流场分区

基于气化炉的 CFD 模型计算结果，可以得到气化炉内的流场特性。据此，将气化炉流场划分为以下七个区域：射流区、撞击区、上撞击折射流区、下撞击折射流区、上回流区、下回流区以及出口区。这样的分区有助于更准确地描述气化炉内的流动状况。

（4）构建反应网络模型

根据气化炉反应器网络分区（图 4.1），对每个区域进行详细的计算，以确定其体积、体积流量、颗粒持料量、颗粒流量以及气相和颗粒相的停留时间。每个区域假设为平推流或者全混流。

（5）验证气化炉反应器网络划分

在利用 Markov 链随机模型对反应器网络中的气体停留时间分布进行模拟时，

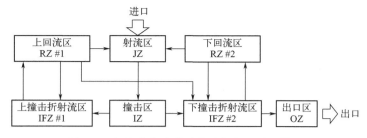

图 4.1　气流床多喷嘴对置式气化炉分区模型

旨在验证所提出的反应网络配置方案的合理性。这一步骤确保了模型能够准确反映气化炉内的流动和反应特性。

（6）设置子模型

为了有效模拟水煤浆的气化过程，引入了多个子模型，包括液滴蒸发模型、煤的脱挥发分模型、均相与非均相反应动力学模型、相间传热模型以及壁面模型。这些子模型共同作用，考虑了平推流和全混釜反应器中气相和颗粒相的质量和能量守恒方程，从而更全面地捕捉气化过程中的关键现象。

（7）求解模型

在平推流反应器的计算中，将射流区划分为 10 个计算网格，而撞击折射流区则细分为 20 个计算网格。为了简化计算并减少计算量，在每个网格中求解控制方程时，首先计算均相反应和能量方程，随后再进行非均相反应和能量方程的计算。在求解非均相反应时，首先判断颗粒的热解过程是否完成，若未完成，则先计算热解过程，然后再进行颗粒的燃烧和气化计算。完成整个计算过程后，即认为当前网格的计算结束，并继续进行下一网格的计算。

在全混釜反应器的计算中，气化炉的撞击区、回流区以及出口区都被视为全混流反应器。在求解过程中，首先对反应器出口的气相组成和温度赋予初值，然后求解全混流反应器的控制方程，以得到出口的温度和气体组成。求解结果与设定的初值进行比较，若容差小于预设值，则认为计算已收敛；否则，需修正初值并重新计算，通过带松弛因子的简单迭代法进行迭代，直至达到收敛。收敛的容差设定为两次迭代间的流股质量差异小于 10^{-4}，温度差异小于 1K。表 4.1 列出了常用的鼓泡流化床煤气化的经验模型。

表 4.1　鼓泡流化床煤气化的经验模型

参考文献	ID /cm	H /cm	T /K	P /MPa	煤样	进煤量 /(kg/h)	H_2O /(kg/h)	空气或者 O_2 /(kg/h)	模型特点
Li 等[9,25-26]	20	600	962.3~ 972.1, 973	2.5~ 3.5	不连沟次烟煤	15，100	35~ 76.6，100	O_2：4.1~ 6.4，30，5%~20% （质量分数）K_2CO_3	分布板区，鼓泡区和自由区，催化剂的影响

参考文献	ID/cm	H/cm	T/K	P/MPa	煤样	进煤量/(kg/h)	H_2O/(kg/h)	空气或者O_2/(kg/h)	模型特点
Haggerty 等[10]	30.5	38.1	1143	0.1	褐煤	15~29	6.26	—	平推流，全混流和气泡聚并
Ciesielczyk 等[11]	15,20	31,65	1270	0.5~4	煤加氢气化残渣	15~29	3~2.4	O_2：0.45~1.05	非等温模型和气泡生长
Bi 等[12-13]	7.8	35	1173	0.1~0.4	Taiheiyo 煤焦	0.236	0.079	0.0489	分布板区、鼓泡区和自由区，无催化剂
Luo 等[14]	7.81	16.9	1123	0.1~0.4	五种类型的煤	151	43.2	38.2	分布板区、鼓泡区和自由区，焦的反应活性，CO/CO_2比例
Hamel 等[15]	60~275	370,1450	1073~1273	0.1~2.5	Srhenish 褐煤	9.8~25769	5.4~18.9	16.8~106	细胞模型，无固体的气泡相和乳化相
Ma 等[16]	15.2	100	1017~1281	0.55~0.765	烟煤、次烟煤、褐煤	1	1~2	O_2：0.1~0.3	稀相、乳化气体和固体、自由区
Chejne 等[17]	7.5	100	1085~1139	0.1	Titiribi Venice 煤	6.6,8.0	4.0,4.6	14.8~28.4	气泡、乳化相、颗粒粒径改变
Chejne 等[18]	7.5	140	1153~1223	398~790	烟煤和无烟煤	1.7~4.0	0.81~5.92	3.78~8.25	气泡，乳化相，压力影响
Yan 等[19,20]	390	800	1000~1300	0.11	Theodore, Taiheio 煤	(9.5~9.7)×10^7	(1.37~1.64)×10^7	O_2：(1.3~1.39)×10^7 N_2：(1.04~1.159)×10^5	射流，气泡，乳化相，净流

参考文献	ID /cm	H /cm	T /K	P /MPa	煤样	进煤量 /(kg/h)	H₂O /(kg/h)	空气或者 O₂ /(kg/h)	模型特点
Yan 等[21]	7.5~ 390	20~ 230	1073~ 1323	0.1~ 2.89	Spanish 烟煤，Taiheiyo 次烟煤，Pittsburgh No. 8 烟煤，褐煤	1.35~ 45000	0.19~ 1.0	1	有无考虑均相燃烧
Ross 等[22]	10, 45	10, 210	1223	0.1~ 0.5	Yallourn 煤焦，徐州烟煤	0.3, 315	0.6, 100	1.9~ 604	非等温模型，气泡，乳化相和颗粒相
Souza-Santos 等[23,24]	29.2	158.5	1100	0.804~ 2.17	烟煤和次烟煤	292~ 322	177~ 222	O₂：74~83.5	鼓泡区和自由区

缩写：ID——气化炉内径；H——气化炉高度；T——温度；P——压力。

4.5 应用实例

下面结合具体应用进行模拟的介绍，主要分为三大类：第一类是含能材料，主要包括喷雾干燥制备含能材料，如六硝基六氮杂异伍兹烷（CL-20）、环三亚甲基三硝胺（RDX）和环四亚甲基四硝胺（HMX）等；第二类是含碳资源的高效转化，主要包括煤、生物质和废轮胎等的气化过程；第三类是化工单元操作，主要包括吸收、精馏、萃取和多相分离等过程。目前针对经验模型主要开展了喷雾干燥制备 HMX/F$_{2602}$ 中颗粒平均粒径的预测。含碳资源的高效转化过程——煤的催化气化和煤的催化加氢气化，分析了煤催化气化过程中操作条件的影响以及反应之间的相互作用，煤催化加氢气化过程中添加水蒸气和二氧化碳等对反应的影响以及贡献率。化工单元操作以吸附为例，研究吸附等温模型和吸附动力学模型等。其他方面的研究正在陆续开展中。

4.5.1 喷雾干燥制备 HMX/F$_{2602}$

4.5.1.1 引言

HMX 及其化合物感度高，在运输过程中易发生意外爆炸，存在极大的隐患。

因此，研究人员提出了许多降感方法[27,28]，如机械研磨、添加黏合剂和重结晶等。喷雾干燥是一个较为理想的选择，由于其制备颗粒尺寸小、雾化和包覆以及干燥一步完成、可以连续大规模生产的优点，已成功应用于食品生产[29,30]和药物制备[31]等领域。实验表明，喷雾干燥是制备尺寸小和形貌良好的纳米含能材料的有效方法之一[32-38]。实验制备和改性 HMX 过程通常耗时和费力，而且危险性高。模拟可以有效地解决这些问题，因此建立了预测喷雾干燥制备 HMX/F$_{2602}$ 平均粒径的经验模型以促进其发展。模型考虑了质量平衡和热量平衡、液滴尺寸、颗粒粒径以及液滴收缩的关联式。通过模型研究了温度、进料流量和进料浓度对 HMX/F$_{2602}$ 平均粒径的影响，并与实验数据进行了对比分析。通过喷雾干燥制备的 HMX/F$_{2602}$ 模型可深入了解其制备过程，优化操作条件，促进其工业化，并为其他含能材料（CL-20 和 RDX）的制备过程提供指导。

4.5.1.2 实验和模型

（1）喷雾干燥制备 HMX/F$_{2602}$ 的实验过程

模型基于 Ji 等[36]关于喷雾干燥制备 HMX/F$_{2602}$ 的实验过程（图 4.2）。含 HMX/F$_{2602}$ 的溶液首先从储槽中泵出，在双流体雾化喷嘴的作用下雾化成小液滴，在热氮气作用下进一步干燥，形成尺寸较小和形貌良好的 HMX/F$_{2602}$ 颗粒，随后在顶部的旋风分离器作用下收集颗粒。模拟设备参数和操作条件见表 4.2。喷雾干燥塔的直径、高度和喷嘴直径分别为 180mm、1100mm 和 0.7mm。在温度 70～90℃、进料流量 1.5～7.5mL/min、进料浓度 2%～20%（质量分数）的条件下，实验制备的 HMX/F$_{2602}$ 颗粒粒径在 0.72～19.7μm 之间变化。颗粒粒径采用 Sauter 平均直径计算，利用 Brookhaven 90PLUS 激光衍射粒度分析仪测量三次后取平均值。

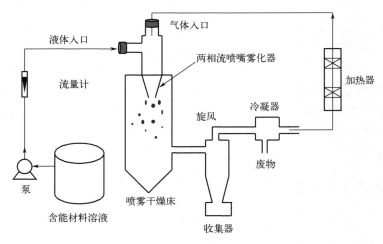

图 4.2　喷雾干燥制备 HMX/F$_{2602}$ 的实验流程图

表 4.2 喷雾干燥制备 HMX/F$_{2602}$ 的设备参数和操作条件

设备参数	值	操作条件	值
直径/mm	180	温度/℃	70~90
高度/mm	1100	进料流量/(mL/min)	1.5~7.5
喷嘴直径/mm	0.7	进料浓度（质量分数）/%	2~20
		颗粒粒径/μm	0.72~19.7

(2) 模型的建立

① 基本方程。

质量平衡：

$$F_d X_i + F_f (1 - C_f) = F_d X_o + F_f C_o \tag{4.1}$$

式中，F_d 为干燥气体流量（kg/s）；X_i 为入口处干燥气体的丙酮含量（0kg/kg 干燥气体）；F_f 为进料流速（kg/s）；C_f 是进料的固体浓度（%，质量分数）；X_o 为出口处干燥气体的丙酮含量（kg/kg 干燥气体）；C_o 是出口处进料的丙酮含量（%，质量分数）。

热量平衡：

$$F_d C_{pg} T_i = F_f (1 - C_f) \Delta H_v + F_f (1 - C_f) C_{pf} (T_b - T_f) + F_d C_{pg} T_o + KA \Delta T_E \tag{4.2}$$

式中，C_{pg} 是气体的比热 [kJ/（kg·K）]；T_i 是入口干燥气体的温度（K）；ΔH_v 是进料中丙酮的汽化焓（30.3kJ/mol）；C_{pf} 是固体的比热 [kJ/（kg·K）]；T_b 为产物温度（K）；T_f 为进料温度（K）；T_o 为出口处干燥气体的温度（K）；K 为喷雾干燥塔与环境之间的传热系数 [W/（m^2·K）]；A 是喷雾器的表面积（m^2）；ΔT_E 是喷雾干燥塔和环境之间温度的对数平均值（K）。

输出参数（X_O 和 T_O）可以用上述输入参数（F_d、X_i、F_f 和 C_f）来计算。

② 粒径估算。

在喷雾干燥过程中，形成颗粒有两个阶段。在初始阶段，含颗粒的溶液被雾化成小液滴，这对颗粒的形成非常重要。然后，液滴被干燥并收缩形成颗粒。

a. 液滴尺寸。雾化液滴尺寸的关联式根据 Wang[39] 的方程进行了修改，如式（4.3）所示：

$$\frac{D_d}{L} = \left(1 + \frac{F_f}{F_d}\right)^c \left[A \left(\frac{\sigma_L}{\rho_A U^2 L}\right)^a + B \left(\frac{\mu_L^2}{\sigma_L \rho_L L}\right)^b\right] \tag{4.3}$$

式中，D_d 是雾化平均液滴尺寸（m）；L 为特征尺寸（m）；c 为模型参数，0.92；A 为模型参数，0.093；σ_L 为液体表面张力（0.01885 1/m）；ρ_A 为气体密度（1.254kg/m^3）；U 是液体和气体之间的相对速度（m/s）；a 为模型参数，0.44；B 为模型参数，1.88；μ_L 为液体黏度（0.231Pa·s）；ρ_L 为液体密度（0.788kg/

m^3）；b 是模型参数，0.78。

b. 液滴收缩。在干燥过程中，液滴不断与热氮气接触而收缩。最终液滴尺寸根据式（4.4）计算[40]：

$$D_d \frac{dD_d}{dt} = \frac{2k_g(T_i - T_{wb})}{\rho_d \Delta H_V} \qquad (4.4)$$

式中，t 是时间；k_g 为传热系数［W/（m^2·K）］；ρ_d 是液滴密度（kg/m^3）。

c. 粒径。液滴尺寸和粒径之间的关系如式（4.5）所示[41]：

$$D_p = D_d \sqrt[3]{\frac{C_f \rho_f}{C_s \rho_s}} \qquad (4.5)$$

式中，D_p 是颗粒的平均粒径（m）；C_s 是液滴的固体浓度（%，质量分数）；ρ_f 为进料密度（kg/m^3）；ρ_s 是颗粒密度（kg/m^3）。

（3）模型验证

图 4.3 显示了温度 70～90℃、进料流速 1.5～7.5mL/min 和进料浓度 2%～20%（质量分数）下实验结果[36] 与模拟值之间的对比。可以看出，模拟数据非常接近对角线，误差为 ±10%，表明上述模型可以很好地预测喷雾干燥制备的 HMX/F$_{2602}$ 的平均粒径。因此，基于模型进一步预测了温度、进料流量和进料浓度对 HMX/F$_{2602}$ 平均粒径的影响。

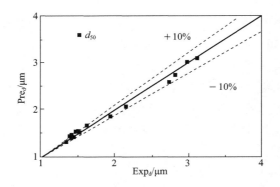

图 4.3　喷雾干燥制备 HMX/F$_{2602}$ 的颗粒粒径的实验值和模拟值的对比[36]

4.5.1.3　模型预测——操作条件

（1）温度

在进料流量为 1.5mL/min、进料浓度为 2%时（质量分数），考察温度对 HMX/F$_{2602}$ 平均粒径的影响（图 4.4）。当温度从 70℃升高到 80℃时，预测的平均粒径从 1.53μm 减小到 1.41μm。然而，当温度从 80℃进一步升高到 90℃时，预测的平均粒径从 1.41μm 增加到 1.46μm。在低温下，液滴蒸发速率缓慢，停留时间长。颗粒表面存在少量液体，有利于液滴收缩，形成小液滴和颗粒。然而，随着温度的进一步升高，液体表面张力降低，液滴蒸发速率增加，形成的颗粒的壳结构进一步防止了液滴的收缩。此外，随着液滴上施加力的增大，液滴难以进一步收缩，内部发生膨胀，使得外壳发生破裂，最终导致粒径增大。

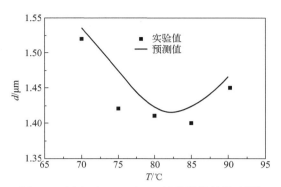

图 4.4　温度对 HMX/F_{2602} 平均粒径的影响[36]

（2）进料流量

图 4.5 显示了在固定温度 82℃和进料浓度 2%（质量分数）的条件下，进料流量对 HMX/F_{2602} 平均粒径的影响。当进料流速从 1.5mL/min 增加到 4.5mL/min 时，预测的平均粒径从 1.55μm 缓慢增加到 1.68μm。然而，当进料流速从 4.5mL/min 进一步增加到 7.5mL/min 时，预测的平均粒径迅速从 1.68μm 增加到 2.08μm。如式（4.3）所示，随着进料流量的增加，需要雾化的液体量增加，液滴之间的碰撞和合并频率升高。因此，液体会聚并在一起，形成大液滴，进而蒸发量减少，最终形成大颗粒。当进料流速较小时，液体不易聚并，容易形成粒径较小的颗粒。然而，如果进料流量过小，能耗会急剧增加。因此，合适的进料流量应该平衡这些因素的影响。

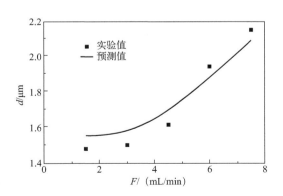

图 4.5　进料流量对 HMX/F_{2602} 平均粒径的影响

（3）进料浓度

在固定温度82℃和进料流量1.5mL/min下，进料浓度对HMX/F$_{2602}$平均粒径的影响如图4.6所示。随着进料浓度从2%增加到3%（质量分数，余同），预测的平均粒径从1.32μm迅速增加到2.6μm。然而，随着进料浓度从3%进一步增加到20%，预测的平均粒径从2.6μm缓慢增加到3.08μm。在低进料浓度下，由于液滴内含的颗粒数量很少，容易形成小颗粒。然而，随着进料浓度的增加，液体黏度和表面张力增加，液体分散性和雾化效率降低，因而形成大颗粒。此外，高的进料浓度可以降低干燥气体和液体的流量，从而降低能耗。因此，合适的进料浓度应平衡粒径大小和能耗。

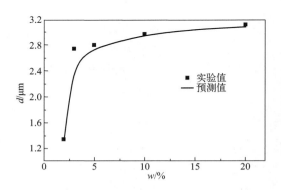

图4.6　进料浓度对HMX/F$_{2602}$平均粒径的影响

4.5.1.4　结论

建立喷雾干燥器制备HMX/F$_{2602}$的颗粒粒径经验模型，温度为82℃、进料流量为1.5mL/min、进料浓度为2%的最佳操作条件下，预测的HMX/F$_{2602}$平均粒径为1.32μm。随着温度的升高，预测的平均粒径先减小后增大。随着进料流量的增加，预测的平均粒径持续增加。随着进料浓度的增加，预测的平均粒径先增大后变化微弱。平均粒径的模拟值与实验值一致。该模型可以深入了解喷雾干燥制备HMX/F$_{2602}$的过程，并为其他含能材料（如CL-20和RDX等）的制备过程提供指导。

4.5.2　煤催化气化制天然气

4.5.2.1　引言

煤的催化气化是一种有效的煤制天然气方式[42]。由于复杂的射流流动和高压下的颗粒和气泡运动，因此到目前为止还没有建立起合适的流化床设计过程。然而射流流化床煤催化气化过程对工业气化炉的应用却越来越迫切。目前，依然存在一些放大效应和不确定性问题，如缺乏传质与传热之间的关联性、不同催化反应的贡献率以及合适的操作条件等，以达到高碳转化率和甲烷收率的目的。

4.5.2.2 实验和模型

(1) 实验过程

煤的催化气化反应在 $0.5t/d$、内径 $0.2m$、高 $6m$ 的工艺开发装置中进行，如图 4.7（a）所示。首先，将负载催化剂的煤送入气化炉，与气化剂反应生成富甲烷气体。水蒸气和氧气分别从锥形分布板和中心管引入。为了提高甲烷产量，有时在气化炉中引入合成气（H_2/CO）。飞灰和底灰分别采用两级旋风分离器和中心管分离。此外，排灰速率可由氮气流量控制。

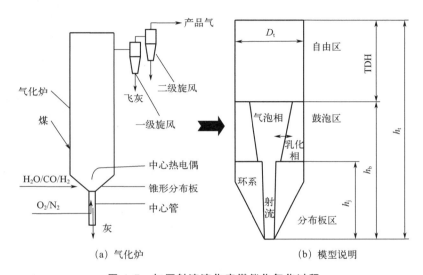

(a) 气化炉　　　　(b) 模型说明

图 4.7　加压射流流化床煤催化气化过程

表 4.3 为不连沟（BLG）次烟煤的工业分析和元素分析，其密度为 $800kg/m^3$，平均粒径为 $0.3mm$。以碳酸钾为催化剂，通过浸渍法加入煤中。负载催化剂的煤在 398K 烘箱中干燥 24h。

表 4.3　BLG 煤的工业分析和元素分析（质量分数，%）

工业分析			元素分析（daf）				$S_{t,d}$
M_{ad}	A_d	V_{daf}	C	H	N	O^a	
2.71	14.84	33.99	82.85	4.38	1.22	>10.58	0.82

(2) 模型建立

① 模型假设。由于煤催化气化过程复杂，为简化计算过程，作如下假设：

该模型是一维稳态模型。根据不同的流型和颗粒浓度，将流化床划分为分布板区、气泡区和自由区三个区，如图 4.7（b）所示。在分布区和鼓泡区均假定平推流，在自由区假定全混流。分布板区和鼓泡区之间的分界线是射流高度。鼓泡区与自由区界面是气泡生长和破裂的表面。分布板区进一步细分为射流区和环系区，如图 4.7（b）所示。忽略固体与壁面之间的相互作用。假设床层孔隙率在径向均匀分布，但随着床高的变化而变化。在射流和环系之间有一个净流量。根据两相理论，气泡区由气泡相和乳化相组成。乳化相是一种连续相，包含所有颗粒和少量气体，假设在初始流化条件下，多余的气体假定以无固体的气泡形式通过床层。床层空隙率取最小流化速度下的值。在自由区，假定固体很好地分散在气体中。在床层截面处固体密度分布均匀，忽略飞溅区和气流向下运动的影响。脱挥发在进料点瞬间发生。忽略氢气、一氧化碳和甲烷的气相燃烧反应。整体气化速率受本征化学反应速率和颗粒内扩散的限制，忽略了由于低温和气速大造成的气相传质阻力。床内的颗粒呈球形，大小均匀，在燃烧和气化过程中粒径不变。

② 模型描述。加压射流流化床煤催化气化模型基于 Bi 等[13] 的非催化气化低压和高温模型。为了获得更高的甲烷产率，通常在高压和催化剂条件下进行气化。因此，加压下的流体力学行为与常压下的行为明显不同。模型主要进行了两方面的修正：一方面是压力对流体力学行为的影响，另一方面是压力和催化剂对化学反应的影响。该模型分为流体力学模型和反应模型。

a. 流体力学模型。根据流体流动的方式不同，将气化炉分为三个部分：分布板区、气泡区和自由区。与常压相比，3.5MPa 下气体密度增加了约 35 倍。气固密度比增大，气固阻力和流化颗粒的性质与常压下明显不同。加压下流体力学模型的修正主要集中在最小流化速度、射流高度和床层膨胀比上。不同区域的详细流体力学行为如下。

分布板区。分布板区流体力学参数主要包括射流高度（h_j）、射流直径（d_j）、环系速度（$u_{a,j}$）、最小流化速度（u_{mf}）、气体交换速率（u_{ex}）、环系与射流的固体交换（W_s）、环系的速度分布（u_{aj}，h_j）、射流与环系的径向速度（u_r）。在该区域，修正的流体力学参数主要是最小流化速度和射流高度，其表达式见表 4.4。

气泡区。气泡区流体力学参数主要包括床层膨胀比（H_f/H_{mf}）、气泡直径（D_b）、气泡速度（u_b）、气泡区与乳化液气体交换系数（K_{be}）、床层空隙率（ε_b），其表达式见表 4.4。主要修正了压力对床层膨胀比的影响。

自由区。自由区的流体动力学参数主要包括传质分离高度（TDH）、颗粒浓度（ε_{pf}）和固体带出速率（G_s），其表达式见表 4.4。

表 4.4　不同区域流体力学参数

气化炉	流体力学参数	方程	参考文献
分布板区	射流高度（h_j）	$$\frac{h_j}{d_0} = 9.77\left[\left(\frac{1}{R_{cf}}\right)\left(\frac{\rho_g}{\rho_p - \rho_g}\right)\left(\frac{u_0^2}{gd_0}\right)\right]^{0.38}$$	[44]
	射流直径（d_j）	$$\frac{d_j}{d_{or}} = 1.56\left(\frac{f_i F_{rj}}{\sqrt{k}\tan\phi_r}\right)^{0.3}\left(\frac{d_{or}}{D_t}\right)$$ $$f_i \approx 0.02,\ F_{rj} = \frac{\rho_g u_{or}^2}{(1-\varepsilon_{mf})\rho_p d_p g},\ k = \frac{1-\sin\varphi_r}{1+\sin\varphi_r}$$	[13]
	环系气体速度（$u_{a,j}$）	$$\frac{u_{a,j}-u_d}{u_{mf}-u_d} = \left(\sin\frac{\pi h}{2h_j}\right)^{0.5}$$	[13]
	最小流化速度（u_{mf}）	$$\frac{d_p u_{mf}\rho_g}{\mu} = \left[C_1^2 + C_2\frac{d_p^3\rho_g(\rho_p-\rho_g)g}{\mu^2}\right] - C_1$$	[45]
	气体交换速率（u_{ex}）	$$u_{ex} = k_{ja}\frac{S_a}{\pi d_j}\frac{du_{a,j}}{dh}$$	[13]
	固体交换量（W_s）	$$W_{s,hj} = 12.5W_{g0}$$ $$\int_0^h \frac{W_s}{W_{s,hj}}dh = \frac{h}{h_j}\left(2-\frac{h}{h_j}\right)$$	[13]
鼓泡区	床层膨胀比（H_f/H_{mf}）	$$\frac{H_f}{H_{mf}} = 1 + \frac{21.365(u-u_{mf}^*)^{0.738}d_p^{1.006}\rho_p^{0.376}}{(u_{mf}^*)^{0.937}(M_f P_r)^{0.126}}$$	[46]
	气泡直径（D_b）	$$D_b = D_{bm} - (D_{bm}-D_{b0})\exp\left(-\frac{0.3h}{D_t}\right)$$ $$D_{bm} = 0.65[A_t(u-u_{mf})]^{0.4}$$ $$D_{b0} = 2\left(\frac{3}{128}d_o^2 u\right)^{0.5}$$	[46]
	气泡速度（u_b）	$$u_b = u - u_{mf} + 0.711(gD_b)^{0.5}$$	[46]
	气体交换系数（K_{be}）	$$K_{be} = 4.5\left(\frac{u_{mf}}{D_b}\right)$$	[13]
	床层空隙率（ε_b）	$$\varepsilon_b = \left(1-\frac{1}{\frac{H_f}{H_{mf}}}\right) + \frac{H_f}{H_{mf}}\varepsilon_{mf}$$	[13]
自由区	传质分离高度（TDH）	$$\text{TDH} = 4.47(D_b)^{0.5}$$	[13]
	颗粒浓度（ε_{pf}）	$$\varepsilon_{pf} = \varepsilon_{pf0}\exp(-mh)$$ $$m = \frac{1.65 + 3.1d_p \times 10^3 - 0.3}{u}$$	[13]
	固体带出量（G_S）	$$G_S = \int K^*(d_p)p_e(d_p)d(d_p)$$ $$\frac{K^*(d_p)}{\rho_g u_f} = 10^{-4} + 130\exp\left[-10.4\left(\frac{u_t}{u_f}\right)^{0.5}\left(\frac{u_{mf}}{u_f-u_{mf}}\right)^{0.25}\right]$$	[13]

b. 反应模型。催化气化过程中涉及的主要反应有催化热解、催化燃烧、催化水蒸气气化、催化水煤气变换和催化一氧化碳甲烷化反应。

与催化水蒸气气化相比，催化二氧化碳气化反应和催化加氢气化的反应速率要慢得多，因而在模型中忽略这些反应的影响[47]。为了使模型得到更广泛的应用，模型考察了催化剂负载（c_k）对燃烧反应、水蒸气气化反应和甲烷化反应的影响。所有的动力学模型都是根据实验结果进行修正的，更详细的信息可以参考文献[47]。化学反应的动力学模型具体速率表达式见表 4.5。

表 4.5　化学反应的动力学模型

化学反应	反应	速率表达式	方程	参考文献
脱挥发分	煤—H_2+CO+CO_2+H_2O+CH_4+焦	$X_{H_2} = 0.157 - 0.868X_{mv} + 1.388X_{mv}^2$ $X_{CO} = 0.428 - 2.653X_{mv} + 4.845X_{mv}^2$ $X_{CO_2} = 0.135 - 0.900X_{mv} + 1.906X_{mv}^2$ $X_{H_2O} = 0.409 - 2.389X_{mv} + 4.554X_{mv}^2$ $X_{CH_4} = 0.201 - 0.469X_{mv} + 0.241X_{mv}^2$	RP	[26]
燃烧	C+（2−β）/2O_2=βCO+（1−β）CO_2	$\dfrac{dW_c}{dt} = -60 \times r_c \dfrac{6W_c}{\rho_p d_p}$ $r_c = (0.5789c_k + 1.3158) \times 1.16 \times 10^5 \exp(-168000/RT_p)[O_2]^{0.5}$	RA	[48]
水蒸气气化	C+αH_2O=（2−α）CO+（α−1）CO_2+αH_2	$\dfrac{dX}{dt} = K(1-X)\sqrt{1-\psi In(1-X)} = (k_0 + c_k k_{01})$ $\dfrac{k_1 P_{H_2O}}{1 + k_2 P_{H_2O} + k_3 P_{H_2} + k_4 P_{CO}}(1-X)$ $\sqrt{1-\psi In(1-X)}$ $k_0 = 0.58375$ 1/min $k_{01} = 0.063$ 1/（min·wt%） $k_1 = 279.17 \exp(-89803/RT)$ $k_2 = 287.89 \exp(-46487/RT)$ $k_3 = 0.205 \exp(7008/RT)$ $k_4 = 2.5 \times 10^6 \exp(-104399/RT)$	RB	[47]
水煤气变换	CO+H_2O=CO_2+H_2	$K_{eq} = \dfrac{P_{CO_2} P_{H_2}}{P_{CO} P_{H_2O}} = 0.0265 \exp\left(\dfrac{3956}{T}\right)$	RC	[49]
甲烷化	CO+3H_2=CH_4+H_2O	$r_{CH_4} = A(k_{10} + k_{11}c_k) \exp\left(-\dfrac{E}{RT}\right) P_{H_2}^a P_{CO}^b$ $k_{10} = 4.81$/min $k_{11} = 0.168$ 1/（min·wt%） $a = 1.027$ $b = 0.387$ $E = 81.25$kJ/（mol·K） $A = 5.29 \times 10^{-2}$	RD	[47]

由于氧气是通过喷嘴或中心管通入反应器，故假设在射流区发生了催化燃烧。催化水煤气变换反应（RC）和催化甲烷化反应（RD）发生在密相区（环系、乳化相和自由区），主要由于大部分催化剂颗粒存在于这些区域。在所有区域均考虑催化水蒸气气化反应（RB）。不同区域的反应分布见表 4.6。

表 4.6　不同区域的反应分布

区域	分布板区		鼓泡区		自由区
	射流	环系	气泡相	乳化相	
反应	RA, RB	RB, RC, RD	RB	RB, RC, RD	RB, RC, RD

传热等流体动力学方程参考 Bi 等[13] 的研究。射流和环系中固体和气体的质量转换可以参考 Luo 等[14] 的工作。在 Visual Fortran 6.5 中求解了质量、动量、能量守恒和催化反应方程。计算过程如图 4.8 所示。0.5t/d 和 5t/d PDU 下的详细计算条件见表 4.7。

表 4.7　0.5t/d 和 5t/d PDU 的计算条件

规模	D /mm	H /m	F_{coal} /(kg/h)	Q_{O_2} /(Nm³/h)	Q_{H_2O} /(Nm³/h)	Q_{N_2} /(Nm³/h)	Q_{H_2} /(kg/h)	Q_{CO} /(kg/h)	c_k /%	P_R /MPa	D_p /mm
0.5t/d	0.2	6	15	5.3	35	48.6	16.4	1.3	10	2.5	0.3
5t/d	0.3	20	100	30	100	—	—	—	10	3.5	0.2

4.5.2.3　模拟预测

(1) 模型参数

为了更好地模拟煤催化气化过程，首先确定了两个重要的模型参数（燃烧产物分布系数 β 和水蒸气气化产物分布系数 α）。然后，详细分析了流体力学参数、颗粒温度和气体温度以及气体成分。具体分析了控制参数（粒径、床层高度、催化剂负载量、水蒸气流量和氧气流量）对催化反应（燃烧、水蒸气气化、水煤气变换反应和甲烷化反应）的影响。

通过充分了解 β 和 α 对气化炉性能的影响，建立一个详细的模型来揭示煤气化反应规律是非常有用的。在不同的氧气浓度下，碳与氧反应生成一氧化碳（$\beta=1$）或二氧化碳（$\beta=0$），通过水蒸气气化产物分布系数（α）来评估碳或一氧化碳消耗蒸汽的程度，在 1073～1273K 温度下，其值在 1.0～1.5 之间变化。因此，详细分析了 β 和 α 对流体力学、颗粒和气体温度、气体成分、碳转化率和甲烷产率的影响。

① 流体力学参数。

β 和 α 对流体力学参数的影响见表 4.8。当 β 从 0 增加到 1 时，$D_{b\,max}$、$u_{b\,max}$、

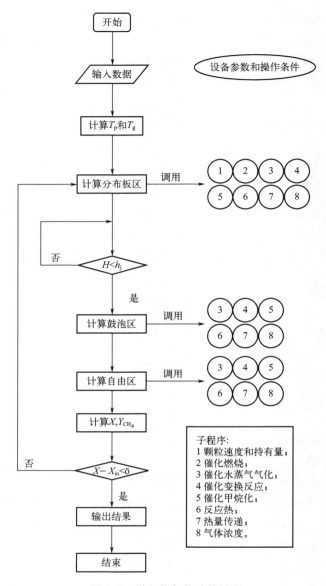

图 4.8   煤催化气化计算过程

H_f/H_{mf}、TDH 和 G_s 略有增加，这是因为 RA 是一个体积膨胀的反应。然而，由于喷嘴处的氮气和氧气流量恒定，L_{max} 和 d_j 几乎保持不变。α 从 1 增加到 1.9 时，由于反应体积膨胀比相同，L_{max}、d_j、D_{bmax}、u_{bmax}、H_f/H_{mf}、TDH 和 G_s 变化较小。在高压低温下，与主要的流化气体相比，气体体积膨胀对流体力学参数的影响较小。

表 4.8 β 和 α 对流体力学参数的影响

参数	值	流体力学参数							
		$u_{mf}/$ (m/s)	d_j /m	L_{max} /m	D_{bmax} /m	u_{bmax} / (m/s)	H_f/H_{mf}	TDH /m	$G_s/$ [kg/ (m^2·h)]
β	0	0.029	0.020	0.226	0.114	0.800	1.184	1.509	0.110
	0.5	0.029	0.020	0.226	0.115	0.801	1.185	1.516	0.112
	1	0.029	0.020	0.226	0.116	0.806	1.189	1.522	0.115
α	1	0.029	0.020	0.226	0.115	0.801	1.185	1.516	0.112
	1.5	0.029	0.020	0.226	0.115	0.801	1.185	1.516	0.112
	1.9	0.029	0.020	0.226	0.115	0.801	1.185	1.516	0.112

② 气体和颗粒温度。

图 4.9 (a) 显示了 β 对不同床层高度下颗粒温度和气体温度的影响。当 β 从 1 减小到 0 时，颗粒温度从 1030K 明显升高到 1150K，气体温度基本保持不变。以 $\beta=0$ 为例，颗粒温度在气化炉较低床层时显著升高，并达到最大值。之后，颗粒温度急剧下降，在床层高度较高时基本保持不变。温度增加的原因可能是高的氧气浓度和较快的催化燃烧反应速率[48]；温度降低的原因可能是冷却气体和颗粒从环系到射流之间的质量交换速度快，对流换热大，气化反应吸热。

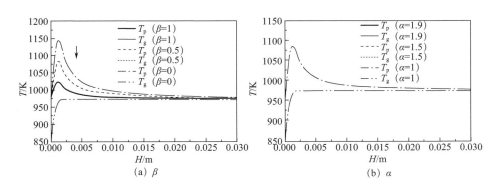

图 4.9 模型参数对气体和颗粒温度的影响

2.5MPa 时气相和固相、气体和气泡的对流换热系数分别约为常压下的 19 倍和 5 倍[17]，辐射传热在 973K 时可能不明显[19]。催化氧化和还原反应的分界点是颗粒达到最高温度，这有助于控制流化床，避免发生团聚和结块，特别是对于碱金属盐催化的煤气化过程。虽然计算出的颗粒温度约为 1060K，远低于煤灰熔点温度（BLG 煤在氧气气氛下为 1773K），但催化燃烧速率约为非催化燃烧速率的 5 倍[48]。因此，在喷嘴中引入氧气需要格外小心。如图 4.9 (a) 所示，气体温度跟随颗粒温度达到最大值，之后几乎不随高度变化而变化，这可能是由于气体预热温度高（973K），射流与环系热质交换快。图 4.9（b）描述了不同床层高度下 α 对颗粒温度和气体温度的影响。随着 α 的增加，颗粒温度和气体温度的变化较小，这是因为射流与环系之间的热传递有限，反应温度低，气化速率小，气固接触时间短。

③ 气体成分。

β 对气体组成（H_2、CO、CO_2 和 CH_4）的影响如图 4.10（a）所示。随着 β 的增加，二氧化碳和一氧化碳变化显著，氢气变化不大，甲烷变化较小，这是因为在高 β 时，热量产生少、蒸汽气化效率和转化率低。甲烷浓度与蒸汽转化率密切相关。此外，在催化剂的作用下，水煤气变换反应很快达到平衡[50]。在高蒸汽流量条件下，水煤气变换反应迅速消耗一氧化碳，生成少量甲烷。

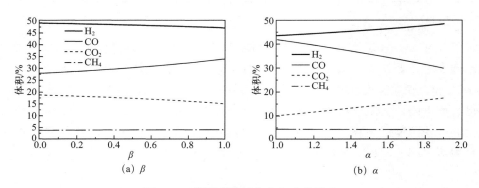

图 4.10 模型参数对气体组成的影响

α 对气体组成（H_2、CO、CO_2 和 CH_4）的影响如图 4.10（b）所示。Wang 等[51]对氧传递机制和中间物杂化机制进行了修改，对气体组成的变化解释如下：

$$\alpha H_2O + \alpha K_2O - C = \alpha H_2 + \alpha K_2O_2 - C \qquad (4.6)$$

$$K_2O_2 - C + C = K_2O - C + C(O) \qquad (4.7)$$

$$(\alpha-1)K_2O_2 - C + (\alpha-1)C(O) = (\alpha-1)K_2O - C + (\alpha-1)CO_2 \qquad (4.8)$$

$$C(O) = CO \qquad (4.9)$$

总反应：

$$C + \alpha H_2O = (2-\alpha)CO + (\alpha-1)CO_2 + \alpha H_2$$

气化产物（一氧化碳或二氧化碳）由式（4.8）和式（4.9）控制。根据实验结果，$H_2/(2CO_2 + CO)$ 的值约为 0.7。由式（4.9）可知，C（O）逐渐消失。当 α 从 1 增加到 1.9 时，水煤气变换反应的蒸汽消耗变大，气化活性位点 C（O）与 $K_2O_2 - C$ 反应生成 CO_2 的比例大于解吸成 CO。然后，一氧化碳下降，二氧化碳和氢气增加，甲烷变化不大。α 值低时，一氧化碳和二氧化碳增加缓慢；α 值高时迅速增加。

为了找到合适的 β 和 α，将计算的气体成分与 0.5t/d PDU 的实验值进行比较。

当 β 和 α 分别为 0.5 和 1.9 时，计算得到的气体组成与实验结果一致，如图 4.11 所示。对床层温度的计算值和测量值进行了比较（这里没有显示），误差在 10K 以内。结果表明，所建立的模型能较好地描述煤的催化气化过程。在此基础上，进一步详细分析了床层流体力学特性和气化炉的气体组成分布。

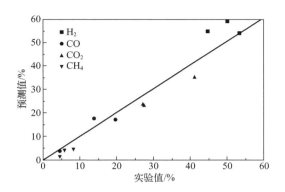

图 4.11　实验值与预测值比较

（2）加压射流流化床气化特性

① 流体力学特性。

模拟可以揭示高压和高温下流体力学的特性，这些很难通过实验来进行研究。图 4.12 为气化炉不同区域中一些重要的流体力学行为。

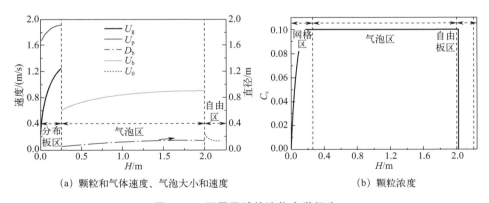

(a) 颗粒和气体速度、气泡大小和速度　　　(b) 颗粒浓度

图 4.12　不同区域的流体力学行为

a. 分布板区流体力学特性。图 4.12（a）描述了分布板区颗粒和气体速度（U_p 和 U_g）沿床层高度的变化规律。随着床层高度的增加，气体速度逐渐增大，由于剧烈燃烧和部分气化反应产生的气体增多，在喷嘴出口处颗粒速度明显增大，然后缓慢增大。射流流化床的一个优点是中心射流的存在极大地促进了返混。结果表明，气体与颗粒的混合程度得到了明显提高。图 4.12（b）为分布板区沿高度方向

的颗粒浓度。由于催化反应消耗与环系交换产生的质量达到平衡，颗粒浓度在气化炉底部迅速上升，然后在顶部保持不变。

b. 气泡区流体动力学行为。由于在催化甲烷化反应中，富含催化剂的颗粒和气泡气体之间的相互作用对煤的催化气化更为重要。因此，气泡的大小和速度值得关注。在高压下，气泡尺寸变小，流动更加平缓，传质传热能力增强。为了了解高压下气泡的行为，图 4.12（a）给出了气泡区气泡尺寸和速度沿高度的变化规律。在 2.5MPa 下，计算得到的最大气泡尺寸（0.11m）约为反应器直径（0.2m）的一半，表明床层可能不会发生节涌。气泡尺寸与床层直径之比与 Chejne 等[18] 的研究结果有很大不同。在 2.5MPa 下，最大气泡尺寸（约 0.07m）接近反应器直径（0.075m）。床层膨胀比（约 2）高于预测值（1.3）。原因可能是气泡速度与最小流体速度之比（$u_b/u_{mf}=90$）远大于本文的值（$u_b/u_{mf}=60$），同时床层直径较小。计算得到的床层空隙率为 0.61，与鼓泡流化床的 0.65 一致。气体的停留时间也可以由床层膨胀率决定，通过调节表观气速以获得更多的甲烷。固体停留时间也需要注意，因为根据固定床实验，由于气化温度较低（973K），需要大约 2~3h 才能达到 90% 以上的碳转化率。

c. 自由区流体力学特性。自由区表观气速和颗粒浓度随床层高度的增加而迅速下降，分别如图 4.12（a）和图 4.12（b）所示。自由区颗粒浓度较低，随高度的增加迅速下降。随着床层压力的增大，TDH 和颗粒带出速率增大。在 0.3m 直径的床层中，0.2mm 砂在表层流速 0.2m/s 时的带出速率约为 0.5kg/（$m^2 \cdot h$），与模型预测的 0.46 一致。计算得到的 TDH（1.67m）与实验结果（1.7m）接近。如果气体携带催化剂的颗粒越多，不仅碳转化率和催化剂效率降低，而且旋风分离器的负荷和催化剂回收率也会增加。

② 气体组成。

在添加和不添加合成气的情况下，不同区域的氢气、一氧化碳、二氧化碳和甲烷浓度沿高度分布情况如图 4.13 所示。

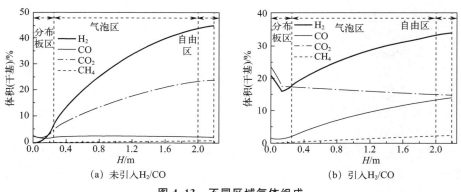

图 4.13　不同区域气体组成

a. 分布板区气体组成（射流高度 0.25m 以下）。当氧气耗尽时，二氧化碳和一氧化碳达到最大值（约 2.5%），然后在水蒸气气化和水煤气变换反应的相互作用中，氢气从 0 迅速增加到 5%，如图 4.13（a）所示。然后，由于环系之间的气体交换，一氧化碳和二氧化碳减少。由于高水蒸气流量下气化反应加快，二氧化碳增加。甲烷量很少的原因是气固接触时间短。

b. 气泡区气体组成（0.25~2m）。随着气体和颗粒停留时间的延长，水蒸气气化和水煤气变换反应占主导地位，二氧化碳和氢气分别从 4.4% 和 6.4% 增长到 23.5% 和 44.5%，如图 4.13（a）所示。由于水蒸气气化、水煤气变换反应、甲烷化反应和气泡与乳化液之间的气体交换达到平衡，一氧化碳含量几乎不变（2.1%）。由于一氧化碳含量低，甲烷含量从 0.014% 缓慢增加到 0.71%。

c. 自由区气体组成（大于 2m）。自由区不同高度的气体组成如图 4.13（a）所示。当床层高度大于 2m 时，由于低的颗粒浓度、温度和蒸汽量，气体组成基本保持不变。

为了提高甲烷产率，从分布板向环系区引入合成气。图 4.13（b）呈现了不同高度下的气体组成。氢气和一氧化碳在射流中立即出现，但由于射流与环系气体交换速度快，被蒸汽稀释和水蒸气气化速率低，氢气和一氧化碳在射流中迅速减少；二氧化碳增长缓慢。当射流中颗粒浓度足够高时，气化反应发生，氢气和一氧化碳增加。环系中氢气、一氧化碳和二氧化碳的变化趋势与射流中相似，这里没有展示。甲烷产率略高于未引入合成气时的产率。根据 Nahas 的研究[50]，甲烷含量几乎是水蒸气转化率的线性函数。为获得高甲烷产率，当水蒸气转化率低于 20% 时，所需的（$H_2 + CO/CH_4$）循环比急剧增加。而 PDU 中计算的蒸汽转化率约为 10%~20%。

（3）控制参数对气化炉性能

模型进一步分析了不同控制参数（粒径、床层高度、蒸汽流量、氧气流量和催化剂负载量）对 5t/d PDU 的流体力学和反应性能的影响，见表 4.9。

表 4.9 控制参数对气化炉性能的影响

项目	t_s	t_g	H_f	u_0/u_{mf}	D_b	u_b	u_t	H_j	u_j	TDH	$T_{p_{max}}$	$X/\%$	Y_{CH_4}
D_p		*	*	***	*	*	**			*	*	*	*
BH	***	***			*							**	***
Q_{H_2O}		*		**	*	*				*		*	**
Q_{O_2}								*	*		*	*	
c_k												**	**

注：D_p—颗粒粒径；BH—床层高度；Q_{H_2O}—蒸汽流量；Q_{O_2}—氧气流量；c_k—催化剂负载量；t_s—固体停留时间；t_g—气体停留时间；H_f—床层膨胀高度；u_0/u_{mf}—流化数；D_b—气泡直径；u_b—气泡速度；u_t—颗粒终端速度；H_j—射流高度；u_j—射流速度；TDH—传质分离高度；$T_{p_{max}}$—颗粒最大温度；X—碳转化率；Y_{CH_4}—甲烷产率；***—最重要的因素；**—第二重要的因素；*—第三重要的因素。

a. 流体力学行为。流体力学行为主要包括颗粒停留时间（t_s）、气体停留时间（t_g）、床层膨胀比（H_f/H_{mf}）、流化数（u_0/u_{mf}）、气泡尺寸（D_b）和速度（u_b）、颗粒终端速度（u_t）、射流高度（H_j）和射流速度（u_j）以及 TDH，见表 4.9。由于催化气化反应温度低，需要较长的反应时间才能获得较高的碳转化率。根据加压固定床实验结果，在 973K 和 3.5MPa 下，2～3h 的碳转化率可以达到 90%。随着床层高度的增加，气泡增大，在相同气速下，颗粒与气体的接触变差，结渣的风险增大。影响 t_g 的因素依次为床层高度、粒径和蒸汽流量。对于煤催化气化，t_g 应大于 42s 才能生成甲烷。

由于气速高，颗粒粒径对 H_f/H_m 影响较大。由于催化剂燃烧速率高，u_0/u_{mf} 应足够大，以移除多余的反应热。D_b 和 u_b 应控制在合理的范围内，以保持颗粒与气体有足够的接触时间。此外，气泡尺寸随床层高度的增加而增大，直至达到最大尺寸。因此，床层高度应控制在合理的范围内，以避免发生节涌。影响 u_t 最重要的因素是粒径。随着颗粒粒径的减小，在相同速度下，会有更多的颗粒从气化炉中带出，由于小颗粒中含有更多的催化剂，导致碳转化率和催化效率下降。通过射流管引入的气体流量是控制 H_j 和 u_j 的关键参数。

b. 反应条件。反应条件主要包括颗粒温度（T_g）、碳转化率（X）和甲烷产率（Y_{CH_4}）（表 4.9）。颗粒粒径（D_p）和氧气流量（Q_{O_2}）是影响颗粒温度（T_p）的关键操作参数，T_p 与催化燃烧反应速率和表面积有关。最重要的参数是床层高度（BH）和催化剂负载量（c_k）。随着床层高度的增加，反应时间增加，碳转化率增加。随着催化剂负载量的增加，燃烧速率和水蒸气气化速率增加。但随着催化剂的加入，灰熔点降低，结渣的风险也随之增加。提高水蒸气流量可以促进碳的转化，但甲烷产量过高限制了碳转化率的值。综上所述，增加床层高度可能是一种低风险的增加碳转化率的方法。Y_{CH_4} 的关键控制参数为床层高度（BH）、催化剂负载量（c_k）和水蒸气流量（Q_{H_2O}），这些参数与气体停留时间、气体浓度、活性位点形成以及蒸汽转化率有很大关系[50]。

为了获得较高的甲烷产率，详细分析了不同控制参数（粒度、床层高度、水蒸气流量、氧气流量和催化剂负载量）对化学反应（燃烧、水蒸气气化、水煤气变换反应和甲烷化）的影响，讨论了水蒸气气化制氢（H_2G）、水煤气变换反应制氢（H_2S）和甲烷耗氢（H_2M）。对燃烧产生的一氧化碳（CO_C）、水蒸气气化产生的一氧化碳（CO_G）、水煤气变换反应（CO_S）和甲烷化消耗的一氧化碳（CO_M）也进行了研究。

颗粒粒径的影响。图 4.14（a）表明，当粒径从 0.3mm 减小到 0.1mm 时，H_{2G} 从 1.11kmol/h 增加到 3.31kmol/h，H_2S 从 0.99kmol/h 增加到 2.38kmol/h，H_{2M} 从 0.78kmol/h 增加到 2.81kmol/h。H_{2G} 和 H_2S 的差异随着粒径的减小而增大。产生这种现象的原因是：随着粒径的减小，最小流化速度明显减小。根据两相流理论，过量的气体流动（$u_0 - u_{mf}$）会形成更多的气泡，并且传质、传热、床层膨胀、气体停留时间和颗粒比表面积增大，导致大的产气量、低的颗粒温度、高的碳转化率和甲烷产率。以颗粒粒径 0.3mm 为基准，当粒径从 0.2mm 减小到 0.1mm 时，CO_C 几乎没有变化，CO_G 从 198% 增大到 200%，CO_S 从 135% 增大到 138%，CO_M 从 156% 增大到 259%，如图 4.14（b）所示。结果表明，粒径对甲烷化反应的影响最大，其次是水蒸气气化反应，最后是水煤气变换反应。随着粒径从 0.2mm 减小到 0.1mm，水蒸气气化反应与水煤气变换反应的差异减小。基于之前的反应动力学模型，当粒径小于 0.215mm 时，颗粒内扩散可以消除。颗粒大小对水蒸气气化的影响逐渐减小。在催化剂的作用下，水煤气变换反应达到平衡。

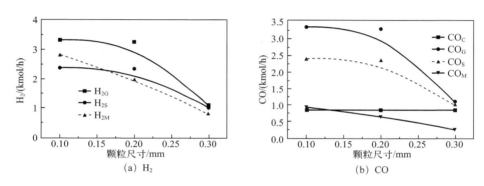

图 4.14　不同反应中颗粒大小对气体组成的影响

H_{2G}—水蒸气气化产生的氢；H_{2S}—水煤气变换反应产生的氢；H_{2M}—甲烷化消耗的氢气；

CO_C—燃烧产生的一氧化碳；CO_G—水蒸气气化产生的一氧化碳；

CO_S—水煤气变换反应消耗的一氧化碳；CO_M—甲烷化消耗的一氧化碳

床高的影响。由图 4.15（a）可知，当床层高度从 2m 增加到 10m 时，H_{2G} 从 3.29kmol/h 变化到 5.93kmol/h，H_{2S} 从 2.35kmol/h 变化到 4.10kmol/h，H_{2M} 从 2.00kmol/h 增大到 7.46kmol/h。这是由于颗粒和气体在较高床层时停留时间较长。

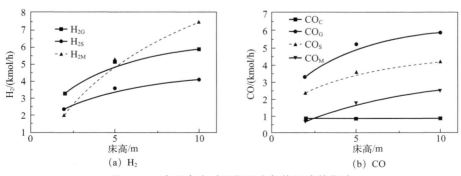

图 4.15　床层高度对不同反应气体组成的影响

如图 4.15（b）所示，随着床层高度从 5m 增加到 10m，在床层高度为 2m 时，CO_C 几乎没有变化，CO_G 从 57% 变化到 80%，CO_S 从 52% 变化到 74%，CO_M 从 164% 增大到 273%。结果表明，床层高度对甲烷化反应的影响最大，其次是水蒸气气化反应，最后是水煤气变换反应。随着停留时间的延长，反应物增加，由于水蒸气气化和甲烷化反应受反应动力学控制，当床层高度从 5～10m 变化时，水蒸气气化与水煤气变换反应的差异减小。原因是气泡在床层高度为 4m 时达到最大尺寸。此外返混也受到限制，从而降低了传质和换热速率。如果不能及时移除催化燃烧产生的热量，可能会引发结渣，从而影响气化炉的顺利运行。

蒸汽流量的影响。图 4.16（a）表明，当水蒸气流量从 50kg/h 增加到 150kg/h 时，H_{2G} 从 1.62kmol/h 增加到 5.00kmol/h 变化，H_{2S} 从 1.30kmol/h 增加到 3.43kmol/h 变化，H_{2M} 从 1.32kmol/h 增加到 2.50kmol/h。水蒸气流量的增加促进了水蒸气气化反应速率。水煤气变换反应处于平衡状态。因此，H_{2G} 大于 H_{2S}。如图 4.16（b）所示，以水蒸气流量为 50kg/h 为基础，当水蒸气流量从 100kg/h 增加到 150kg/h 时，CO_C 几乎没有变化，CO_G 从 102% 增加到 207%，CO_S 从 79% 增加到 162%，CO_M 从 50% 增加到 87%。结果表明，水蒸气流量对水蒸气气化反应的影响最大，其次是水煤气变换反应，最后是甲烷化反应。当蒸汽流量从 100kg/h 增加到 150kg/h 时，水蒸气气化反应、水煤气变换反应和甲烷化反应的差异加大。此时，水煤气变换反应消耗的一氧化碳比甲烷化反应多，应引起重视。因此，为了获得较高的甲烷产率，应保持较低的水蒸气流量。表观气速随水蒸气流量的增大而增大，大部分热量经水蒸气气化吸收后，再送入更高的床层，颗粒最高温度降低约 200K。

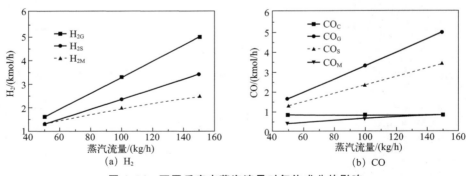

图 4.16　不同反应中蒸汽流量对气体成分的影响

氧气流量的影响。如图 4.17（a）所示，当氧气流量从 20kg/h 增加到 40kg/h 时，H_{2G} 从 3.03kmol/h 缓慢增加到 3.52kmol/h，H_{2S} 从 2.18kmol/h 逐渐变化到 2.49kmol/h，H_{2M} 从 1.87kmol/h 增大到 2.10kmol/h。这是因为在高温下形成了更多的活性位点。

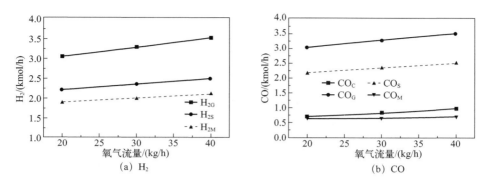

图 4.17　不同反应中氧气流量对气体组成的影响

如图 4.17（b）所示，在氧气流量为 20kg/h 的基础上，随着氧气流量从 30kg/h 增加到 40kg/h，CO_C 从 19％增加到 38％，CO_G 从 8％增加到 16％，CO_S 从 7％增加到 13％，CO_M 从 6％增加到 12％。结果表明，氧气流量对燃烧的影响最大，对水蒸气气化反应、水煤气变换反应和甲烷化反应的影响较大。随着氧气流量的进一步增加，燃烧反应加剧，颗粒最高温度从 1260K 迅速升高到 1366K，而负载催化剂的煤的灰熔点较低，可能对催化气化操作造成危险。因此，氧气流量应尽可能保持在较低的水平，仅满足气化所需的热量和热损失即可。

催化剂负载量的影响。图 4.18（a）表明，当催化剂负载量从 0 变化到 15％（质量分数）时，H_{2G} 从 1.95kmol/h 增加到 3.65kmol/h，H_{2S} 从 1.49kmol/h 增加到 2.58kmol/h，H_{2M} 从 1.00kmol/h 增加到 2.37kmol/h。催化剂越多，活性位点越多，水蒸气气化和甲烷化反应速率越快。

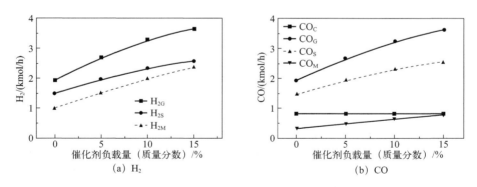

图 4.18　催化剂负载量对不同反应气体组成的影响

如图 4.18（b）所示，随着催化剂负载量从 5％增加到 15％，CO_G 从 38％增加到 87％，CO_S 从 31％增加到 73％，CO_M 从 50％增加到 136％。结果表明，催化剂负载量对甲烷化反应的影响最大，其次是水蒸气气化反应，最后是水煤气变换反应。当催化剂负载量从 10％增加到 15％时，对水蒸气气化和水煤气变换反应的影响较小，因为更多的催化剂会堵塞煤孔，使分散性降低。

甲烷控制参数比较。煤催化气化的主要目的是得到更多的甲烷。一氧化碳和氢气转化成的甲烷越多越好。如上所述，CO_M 的控制参数顺序为 273％（床高 10m）、259％（粒度 0.1mm）、136％（催化剂负载量 15％）、87％（蒸汽流量 150kg/h）、12％（氧气流量 40kg/h）。H_{2M} 的控制参数顺序为 7.46（床高 10m）、2.81（粒度 0.1mm）、2.50（蒸汽流量 150kg/h）、2.37（催化剂负载量 15％）和 2.10（氧气流量 40kg/h）。在此基础上，研究了床层高度和催化剂负载量对提高甲烷产率的影响。在最佳条件下，碳转化率可达 90％以上，甲烷产量可达 0.5kg/（m^3 · C）以上。

4.5.2.4 结论

建立一维稳态多区模型描述加压射流流化床中煤催化气化性能，着重考察了两个重要的模型参数，燃烧产物分布系数（β）和蒸汽气化产物分布系数（α）。β 和 α 对流体动力学的影响并不明显，如气体和颗粒速度、气泡速度和大小。颗粒温度随着 β 的减小而增加，几乎不随 α 的变化而变化。随着 β 从 0 增加到 1，二氧化碳和氢气略有下降。然而，甲烷和一氧化碳显著上升。α 在 1 至 1.9 之间变化时，一氧化碳含量明显降低。经过实验和模拟床温和气体成分的对比，β 为 0.5 和 α 为 1.9 可以很好地描述煤催化气化性能。气体速度随高度逐渐增加，颗粒速度最初在喷嘴出口附近显著上升，然后在分布板区随高度缓慢增长。最大气泡尺寸（0.1m）约为反应器直径的一半（0.2m），这表明节涌可能不会发生。由于颗粒浓度低和停留时间短，分布板区气体成分缓慢增加。从分布板引入合成气氢气和一氧化碳后，由于射流和环系之间的气体交换速度快，以及变换反应、甲烷化和催化水蒸气气化之间的平衡，氢气和一氧化碳呈现先下降后上升趋势。

控制参数（粒径、床层高度、蒸汽流量、氧气流速和催化剂负载量）对催化反应的影响（燃烧、水蒸汽气化、水煤气变换反应和甲烷化）进行了详细分析。床高对甲烷化反应影响最大，对水蒸汽气化和水煤气变换反应影响相当。蒸汽流量对水蒸汽气化有很大影响，然后是水煤气变换反应，最后是甲烷化反应。氧气流量对燃烧的影响最大，对水蒸汽气化、水煤气变换反应和甲烷化反应影响相当。催化剂负载量对甲烷化反应的影响最大，最后是水煤气变换反应。粒径应保持在合理范围，确保与气体接触良好，快速移除催化燃烧热和足够的催化剂接触表面。通过床高调节颗粒和气体的停留时间，可以获得高的碳转化率和甲烷收率。蒸汽流量对甲烷产量有明显影响。基于 CO_M 和 H_{2M} 得到高甲烷收率的最重要因素是床层高度和催化剂负载量。上述定量预测的流体力学行为和化学反应将为煤催化气化炉的设计和开发提供理论指导，如颗粒温度用于预测结渣、气泡尺寸用于流动特性的判断、TDH 和颗粒带出率用于气化炉设计中的旋风分离器的设计、H_{2M} 和 CO_M 用于调节操作参数。

4.5.3 煤催化加氢气化制天然气

4.5.3.1 引言

由于高的甲烷含量和热效率，煤催化加氢气化是另外一种重要的煤制甲烷技术。目前，限制煤催化加氢气化技术的主要问题是纯氢成本高，而采用粗煤气是一种有效的解决方式。而粗煤气中的水蒸气和二氧化碳会对气化过程产生影响，进而影响甲烷生成和碳转化率。而实验过程缺乏系统性研究，模拟可以辅助选择合适的粗煤气来替代纯氢。

4.5.3.2 实验和模型

（1）模拟对象

鼓泡流化床煤催化加氢气化的实验过程描述如图 4.19（a）所示。首先将煤样破碎成粒径为 $75\sim200\mu m$ 的颗粒，采用浸渍法将醋酸钴和醋酸钙以 3：2 的比例加入煤中。富含催化剂的煤与均匀分布的气化剂（纯氢或氢气与二氧化碳混合气体）反应产生富含甲烷的气体。产品气中的焦油和水分别用乙二醇和冰水通过一级冷却器和二级冷却器分离。关于鼓泡流化床中催化煤加氢气化的更详细的实验过程参考 Feng 等[52] 的工作。模拟实验条件和煤质分析结果分别如表 4.10 和表 4.11 所示。

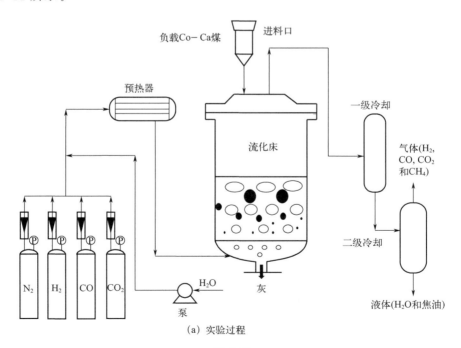

（a）实验过程

图 4.19

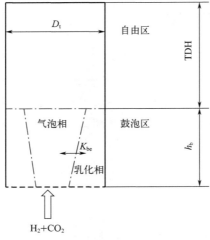

(b) 模型描述

图 4.19 煤催化加氢气化过程

表 4.10 鼓泡流化床煤催化加氢气化的实验条件[52]

项目	数值
内径（ID）/mm	36
高度（H）/mm	1000
温度/K	1123
压力/MPa	3
气化剂	氢气、二氧化碳、水蒸气
颗粒粒径（D_p）/μm	75～200
催化剂/%	3Co-2Ca
加煤量（F）/g	50
氢气流率/（L/min）	12
H_2O/CO_2 分率/%	10～30
反应时间/min	5～280

表 4.11 府谷煤的元素分析和工业分析[52]

工业分析（质量分数）/%			元素分析（质量分数）/%				
FC	A	VM	C	H	N	O*	S
58.55	10.11	31.34	78.77	4.65	0.81	15.44	0.33

注：* 差减得到。

（2）经验模型

煤催化加氢气化模型基于流化床煤催化气化模型[9]，模型的主要修正为与甲烷相关的化学反应，特别是对 $C-H_2$ 反应。该模型分为两部分：流体流动模型和化学反应模型。

① 模型假设。

为了简化模拟过程，做出如下假设：该模型为一维稳态。根据气体和颗粒运动以及两相流理论，气化炉分为两部分：一部分为气泡区，另一部分为自由区，如图 4.19（b）所示，二者的边界线是床层膨胀高度。气泡区被细分为气泡区和乳化区。在气泡区和自由区分别假设为平推流和全混流。在催化加氢气化过程中，煤颗粒呈球形，粒径均一且保持不变。反应速率由化学反应和传质控制。加氢热解瞬间完成。

② 流体力学模型。

流化床中重要的流体动力学行为主要有最小流化速度（u_{mf}）、床层膨胀比（H_f/H_{mf}）、气泡直径（D_b）和气泡速度（u_b），具体表达式见表 4.12。

表 4.12　主要流体力学表达式

项目	表达式	参考文献
最小流化速度	$\dfrac{d_p u_{mf} \rho_g}{\mu} = \left[C_1^2 + C_2 \dfrac{d_p^3 \rho_g (\rho_p - \rho_g) g}{\mu^2} \right] - C_1$	[44]
床层膨胀比	$\dfrac{H_f}{H_{mf}} = 1 + \dfrac{21.365(u_0 - u_{mf}^*)^{0.738} d_p^{1.006} \rho_s^{0.376}}{(u_{mf}^*)^{0.937}(M_f P_r)^{0.126}}$	[45]
气泡直径	$D_b = D_{bm} - (D_{bm} - D_{b0}) \exp\left(-\dfrac{0.3h}{D_t}\right)$	[46]
气泡速度	$u_b = u_0 - u_{mf} + 0.711(g D_b)^{0.5}$	[46]

③ 化学反应模型。

煤催化加氢气化中的主要化学反应如下：碳加氢气化、二氧化碳气化、水蒸气气化、逆水煤气变换反应、一氧化碳甲烷化和二氧化碳甲烷化，其反应动力学模型详见表 4.13。其他关于颗粒和气体传质和传热的详细信息参考 Li 等[9] 的工作。

表 4.13　化学反应动力学模型

化学反应	反应方程	速率表达式	参考文献
R1 碳加氢气化	$C + 2H_2 = CH_4$	$\dfrac{dC_{CH_4}}{dt} = 0.000855 \exp\left(\dfrac{-39.43}{T_p}\right) P_{H_2}^{0.508}(1-X)$	[53]
R2 二氧化碳气化	$C + CO_2 = 2CO$	$\dfrac{dX}{dt} = 6.05 \times 10^6 \exp\left(\dfrac{-25182}{T_p}\right) P_{CO_2}^{0.264}(1-X)^{2/3}$	[53]

化学反应	反应方程	速率表达式	参考文献
R3 水蒸气气化	$C+\alpha H_2O=(2-\alpha)$ $CO+(\alpha-1)CO_2+\alpha H_2$	$\dfrac{dX}{dt}=2.39\times10^2\exp(-12900/RT_p)P_{H_2O}/$ $(1+3.16\times10^{-2}\exp(30100/RT_p)P_{H_2O}+$ $5.3\times10^{-3}\exp(59800/RT_p)P_{H_2}+82.5\times$ $10^{-6}\exp(96100/RT_p)P_{CO}$ $\rho_s F_C/M_B\alpha(1-X)$	[54]
R4 逆水煤气 变换反应	$CO_2+H_2=CO+H_2O$	$K_{eq}=\dfrac{P_{CO_2}P_{H_2}}{P_{CO}P_{H_2O}}=0.0265\exp\left(\dfrac{3956}{T}\right)$	[53]
R5 一氧化碳 甲烷化	$CO+3H_2=CH_4+H_2O$	$\dfrac{dC_{CH_4}}{dt}=\dfrac{4.444C_{CO}C_{H_2}}{(1+1.606C_{CO})^2}$	[13]
R6 二氧化碳 甲烷化	$CO_2+4H_2=$ CH_4+2H_2O	$\dfrac{dC_{CH_4}}{dt}=6K_6C_{CO_2}C_{H_2}$	[55]

4.5.3.3 模型预测——二氧化碳的影响

（1）模型验证

首先将建立的模型模拟值与单独使用 H_2 或 H_2/CO_2 气化剂的气体组成实验数据进行了比较。如图 4.20（a）所示，模拟的 CH_4、CO、CO_2 产率和碳转化率与实验值吻合良好。

图 4.20（b）清楚地表明，随着 CO_2 的引入，模拟的 CO 产率从 2.9% 大幅增加到 27.6%，由于一些 CO_2 转化为 CO，H_2 分压降低，CH_4 从 76.8% 减少到 53.9%。如图 4.20（c）所示，引入 CO_2 后，反应 120min 后，模拟碳转化率从 91.5% 迅速降低到 73.1%，但在反应 200min 后，没有太大差异。这可能是因为在初始阶段，添加 CO_2 大大抑制了 $C-H_2$ 反应，随着反应时间的延长，CO_2 可能与碳反应生成 CO，使碳转化率增加。

（2）模型预测

为了清楚地呈现添加 CO_2 后的效果，对流体力学行为、温度、碳转化率和气体成分沿床层高度的变化进行了详细的分析。

① 流体力学行为。

流体力学行为主要集中在预测气泡速度和尺寸上。随着 CO_2 的引入，气泡尺寸可能会发生变化，进而影响煤与 Co-Ca 催化剂与气化剂 H_2 以及 H_2/CO_2 混合物之间的相互作用。添加 CO_2 对气泡尺寸和速度的影响如图 4.21 所示。如图 4.21（a）所示，添加 30% 的二氧化碳，在床层高度为 60cm 时，气泡尺寸迅速增加到 7.7mm，然后微弱变化。随着 CO_2 的添加比例从 0% 增加到 30%，最大气泡尺寸

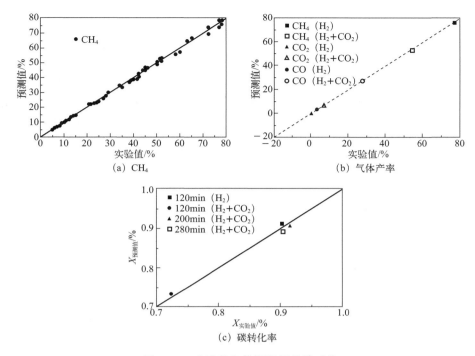

(a) CH₄

(b) 气体产率

(c) 碳转化率

图 4.20　实验值和模型预测值的对比

注：图 4.20 （a）中的实验值来自 Yan 等[53]，图 4.20 （b）和（c）来自 Feng 等[52]

从 6.4mm 变为 7.7mm，约为床径的 $1/6 \sim 1/5$。这意味着节涌可能不会发生。Xia 等[57] 采用 CFD 模拟煤催化加氢气化中的气泡行为，发现最大气泡尺寸约为 6.2mm，与本研究的 6.4mm 没有太大区别。如图 4.21 （b）所示，由于气泡尺寸变化不大，气泡速度相应变化也较小。随着 CO_2 的加入，流体力学行为与纯 H_2 气氛下没有太大差异。

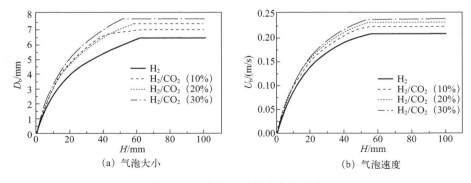

(a) 气泡大小

(b) 气泡速度

图 4.21　气泡行为沿床高的变化

② 温度。

碳与氢的反应生成甲烷是放热反应，这可能会导致煤颗粒温度升高，进而超过灰熔点，从而导致气化炉结渣。因此，颗粒和气体温度的预测对于流化床的运行非常重要。图 4.22 （a）和（b）分别显示了添加 CO_2 后对沿床层高度的颗粒和气体温度的影响。如图 4.22 （a）所示，随着 CO_2 添加比例从 0 增加到 30%，颗粒最高温度从 1350K 降低到 1312K，这有利于流化床操作。这是因为 C-H_2（R1）释放的热量被 C—CO_2（R2）和 CO_2＋H_2（R4）吸收。加入 30% 的 CO_2 后，颗粒温度首先在床层高度为 20mm 时迅速升至 1312K，然后缓慢降至 1123K，接近床层温度。初始温度升高是由于 C-H_2 反应释放热量，然后随着流化床中的传热而降低。如图 4.22 （b）所示，随着 CO_2 添加比例从 0 增加到 30%，达到 1123K 床温的高度从 35mm 增加到 60mm。由于流化床中的快速传热，气体温度增加非常平缓。

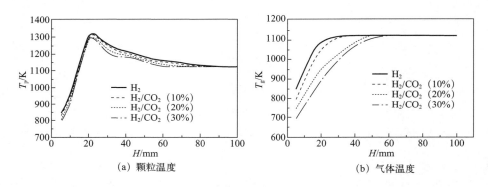

(a) 颗粒温度　　　　　　　　　　(b) 气体温度

图 4.22　温度沿床高的变化

③ 碳转化率。

碳转化率是煤催化加氢气化的另一个重要指标。二氧化碳对碳转化率的影响如图 4.23 （a）所示。随着 CO_2 添加比例从 0 增加到 10%，碳转化率从 0.92 降低到 0.74。随着 CO_2 添加比例的进一步增加，碳转化率增加到 0.89。这是因为在低浓度 CO_2 下，C-CO_2 的反应速率低，氢气分压也较低，C-H_2 反应速率降低，最终导致碳转化率降低。随着 CO_2 浓度的增加，C-CO_2 的反应速率增加，从而使碳转化率增加。

CO_2 对甲烷产率的影响如图 4.23 （b）所示。随着 CO_2 添加比例从 0 增加到 10%，甲烷产率从 77.3% 降低到 54%。随着 CO_2 添加比例的进一步增加，甲烷产率增加到 65%。这是因为在低浓度 CO_2 下，氢气分压大幅降低，导致 C-H_2 反应速率降低，使得 CH_4 产率降低。虽然 CO_2 可以与 H_2 反应生成 CH_4，但这种作用并不明显。随着 CO_2 浓度的进一步增加，CO_2＋4H_2 的反应速率增加，弥补了 C-H_2 产生 CH_4 的减少，使得最终的 CH_4 产率增加。

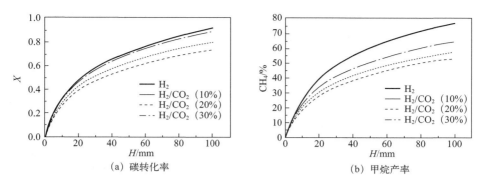

(a) 碳转化率 　　　　　　　　　(b) 甲烷产率

图 4.23　碳转化率和甲烷组成沿床高的变化

④ 气体产率分布。

单独使用 H_2 和 H_2/CO_2 作为气化剂时，H_2、CO、CO_2 和 CH_4 的气体产率随床层高度而变化，分别如图 4.24（a）和（b）所示。如图 4.24（a）所示，随着床层高度增加到 25cm，模拟的甲烷产率迅速降到 45.5%，然后在床层高度为 100cm 时缓慢增加到 77.3%。氢气产率持续下降到 18.7%，主要是由于甲烷反应的消耗。检测到的二氧化碳和一氧化碳很少，主要是由加氢热解产生的。如图 4.24（b）所示，引入 10% 的二氧化碳后，甲烷的增加速度变慢，在相同的床层高度 25cm 下，模拟的甲烷仅为 31.7%。随着床层高度从 0 增加到 100cm，模拟的 CO_2 从 10% 缓慢下降到 7.2%，CO 从 0 增加至 27.9%，H_2 从 90% 下降至 15.1%。随着 CO_2 的加入，氢气分压降低，使得生成甲烷的主要反应（C-H_2）速率降低，导致甲烷缓慢增加，尽管 CO 或 CO_2 可能与氢气发生反应生成甲烷。但由于 CO_2 与 H_2 发生逆水煤气变换反应生成 CO，H_2 成分迅速降低。CO_2 的生产和消耗之间达到平衡，最终导致 CO_2 成分变化较小。

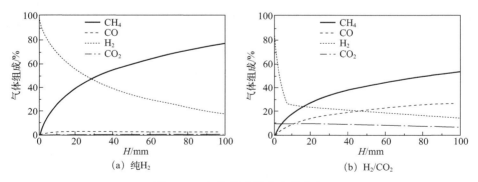

(a) 纯H_2 　　　　　　　　　(b) H_2/CO_2

图 4.24　气体组成沿床高的分布

⑤ 反应分析。

a. 生成甲烷的反应。生成甲烷的反应主要有三个：C＋2H_2＝CH_4（R1）、CO_2＋

$4H_2 = CH_4 + 2H_2O$（R4）和 $CO + 3H_2 = CH_4 + H_2O$（R5）。当单独使用 H_2 作为气化剂时，$C-H_2$ 反应是产生甲烷的唯一途径。然而，随着二氧化碳的加入，甲烷的产生方式可能会发生变化，另外两种方式（R4 和 R5）也可能产生甲烷。为了确定甲烷生成方式，分析了添加 CO_2 后对三个反应的影响以及反应的贡献率，如图4.25所示。图 4.25（a）显示了 $C-H_2$（R1）产生的甲烷。随着二氧化碳浓度从 10% 增加到 30%，甲烷产率从 77.3% 降低到 40.3%，但仍然是甲烷生成的主要方式，这是由于氢气的分压降低。图 4.25（b）显示了 R4 产生的甲烷。随着二氧化碳浓度从 10% 增加到 30%，甲烷产率从 1.0% 增加到 19.6%。这意味着 R4 可能变得越来越重要。通过引入二氧化碳，R4 产生一些甲烷。

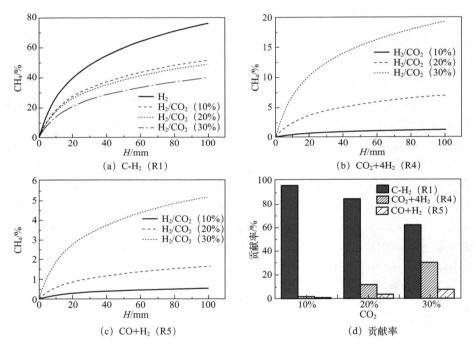

图 4.25　二氧化碳对贡献甲烷反应的影响

图 4.25（c）显示了 R5 产生的甲烷。随着二氧化碳浓度从 10% 增加到 30%，甲烷产率从 0.5% 增加到 5.2%。这意味着 R4 产生的甲烷很少。图 4.25（d）显示了三个反应对甲烷的贡献率。随着二氧化碳浓度从 10% 增加到 30%，R1 的贡献率从 97% 降低到 62%，R4 和 R5 的贡献率分别从 2% 增加到 30% 和从 1% 增加到 8%。引入 CO_2 后，氢气分压降低，$C-H_2$（R1）的反应速率降低，但 $CO_2 + 4H_2$（R4）和 $CO + H_2$（R5）的反应速率增加。因此，R1 产生的甲烷减少，R4 和 R5 产生的甲烷增加。甲烷的生成方式从 R1 变为 R1 和 R4，但 CH_4 的主要来源仍然来自 $C-H_2$ 反应。

b. 贡献碳转化率的反应。贡献碳转化率的反应有三个：$C+2H_2=CH_4$（R1），$C+CO_2=2CO$（R2）和 $C+\alpha H_2O=(2-\alpha)CO+(\alpha-1)CO_2+\alpha H_2$（R3）。当单独使用 H_2 作为气化剂时，仅有 $C-H_2$（R1）反应对碳转化率有贡献。然而，随着二氧化碳的加入，二氧化碳和产生的水蒸气可能会与碳发生反应，使碳的转化率发生变化。为了确定与氢气、一氧化碳和水蒸气反应的碳的含量，分析了添加 CO_2 对三个反应的影响和反应的贡献率，如图 4.26 所示。图 4.26（a）显示 R1 反应贡献碳转化率。随着二氧化碳浓度从 0 增加到 10%，由于氢气分压的降低，碳转化率迅速从 92.2% 下降到 54.9%。随着二氧化碳浓度进一步增加到 30%，碳转化率的变化较小。

图 4.26（b）显示了 R2 反应贡献的碳转化率。随着二氧化碳浓度从 10% 增加到 30%，碳转化率从 18% 增加到 29%。这意味着碳比二氧化碳更容易与氢气反应。图 4.26（c）显示了 R3 反应贡献的碳转化率。随着二氧化碳浓度从 10% 增加到 30%，碳转化率从 0.7% 增加到 8%。这是因为生成的 H_2O 浓度低。图 4.26（d）显示了三个反应对碳转化率的贡献率。随着二氧化碳浓度从 10% 增加到 30%，R1 的贡献率从 74% 降低到 58%，R2 和 R3 的贡献率分别从 25% 增加到 33% 和从 1% 增加到 9%。随着二氧化碳的引入，可能与氢气和碳发生竞争。根据模拟，碳可能首先与氢气反应，然后与二氧化碳反应。碳转化率从单一的 R1 来源变为 R1 和 R2，但碳转化率仍然主要来自 $C-H_2$ 反应。

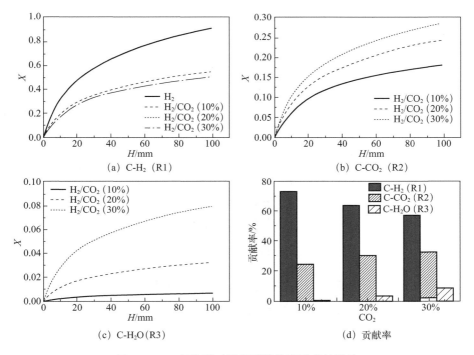

图 4.26 二氧化碳对贡献碳转化率反应的影响

c. 与 CO_2 有关的反应。消耗二氧化碳的反应有三种：$C+CO_2=2CO$（R2），$CO_2+4H_2=CH_4+2H_2O$（R4）以及 $CO_2+H_2=CO+H_2O$（R6）。产生 CO_2 反应有一个：$C+\alpha H_2O=（2-\alpha）CO+（\alpha-1）CO_2+\alpha H_2$（R3）。为了确定二氧化碳变化路径，分析了添加二氧化碳对四个反应的影响和反应的贡献率，如图 4.27 所示。图 4.27（a）、（b）和（c）分别显示了 R2、R4 和 R6 消耗二氧化碳的过程。随着二氧化碳浓度从 10% 增加到 30%，R2、R4 和 R6 消耗的二氧化碳分别从 2.95% 增加到 11.5% 和从 1.29% 增加到 2.67% 以及从 5.4% 增加到 15.1%。这意味着二氧化碳主要被 R6 和 R2 消耗。图 4.27（d）显示了 R3 产生的二氧化碳。随着二氧化碳浓度从 10% 增加到 30%，产生的二氧化碳从 2.8% 增加到 10.9%。图 4.27（e）显

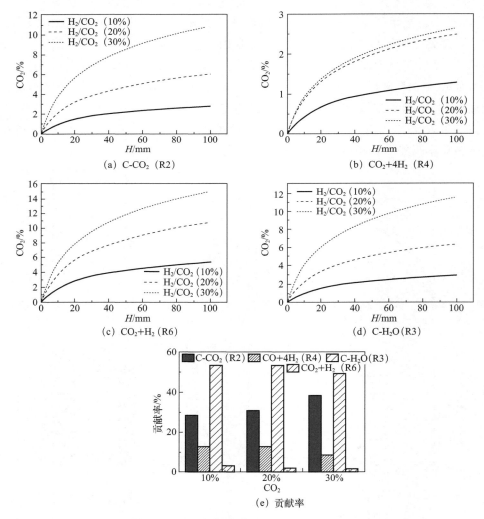

图 4.27　二氧化碳浓度对涉及二氧化碳反应的影响

示了与 CO_2 相关的四个反应的贡献率。随着二氧化碳浓度从 10% 增加到 30%，R2 的贡献率从 29% 增加到 39%，R4、R6 和 R3 的贡献率分别从 13% 降低到 9%、54% 降低到 50% 和 3.25% 降低到 1.5%。随着 CO_2 浓度的增加，R2（C-CO_2）、R6（CO_2+4H_2）、R4（CO_2+H_2）和 R3（C-H_2O）的反应速率增加。消耗速率足以抵消引入二氧化碳量的增加速率，最终导致二氧化碳浓度恒定。根据模拟，消耗的二氧化碳顺序为 R6、R2 和 R4。R2 和 R6 的比例超过 90%。

4.5.3.4 模型预测——水蒸气的影响

（1）模型验证

首先要确定模型是否可用于模拟煤催化加氢气化添加水蒸气的过程。实验和模拟的碳转化率和气体产率（CH_4、CO 和 CO_2）如图 4.28 所示。结果表明，模拟数据与实验数据相一致，误差为 ±10%。

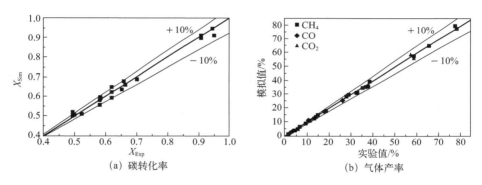

图 4.28 实验值和模型预测值的对比

（2）操作条件的影响

为了考察添加水蒸气的影响，进行了不同操作条件的评价，如温度、压力和水蒸气添加量。

① 温度。

从热力学和动力学角度分析，提高反应温度对 C-H_2O 反应是有利的，这可能会产生更多的 H_2。但从热力学角度来看，对 C-H_2 反应不利，因为该反应是放热反应。此外，还需要注意如果温度过高，特别是超过结渣温度，床层可能会失去流化状态。因此，添加一些 H_2O 可能会使流化床运行更加平稳。

如图 4.29（a）所示，随着温度从 1023K 升高到 1223K，碳转化率从 50.1% 迅速增加到 98.8%。在 1173K 的温度下，碳转化率增加缓慢。这是因为低温下 Co-Ca 催化剂的反应活性低。C-H_2O 反应和 C-H_2 反应仍处于动力学控制区。随着温度的升高，活性高的碳含量增加，从而提高了碳转化率。C-H_2O 反应的活化能远高于 C-H_2 反应，这使得碳更容易与水蒸气结合。然而，在 1173K 的温度下，容易气化的碳已经转化，剩下的难气化的碳使碳转化率增加得较少。

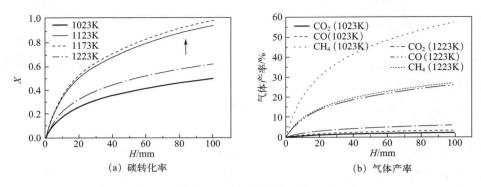

图 4.29　温度对碳转化率和气体产率的影响

1023K 和 1223K 下模拟的 CO_2、CO 和 CH_4 气体产率如图 4.29（b）所示。随着温度从 1023K 升高到 1223K，CO_2 从 2.28％增加到 5.92％，CO 从 3.3％增加到 26.2％，CH_4 从 27.4％增加到 57.9％。CO_2（2.6 倍）和 CO（7.9 倍）的增加率远高于 CH_4（2.1 倍）。这意味着随着温度的升高，$C-H_2O$ 变得越来越重要，产生越来越多的 CO 和 CO_2。虽然温度的升高有利于碳转化率和甲烷收率，但是不宜过高，因为高温下需要更多的能量，使得气化反应设备成本增加。更重要的是，模拟的颗粒最大温度（1337K）非常接近灰熔点（1360K），这对气化炉的运行构成了威胁。在平衡碳转化率、甲烷收率和稳定操作后，合适的温度为 1173K。

② 压力。

从动力学的角度分析，增加压力对 $C-H_2$ 反应和 $C-H_2O$ 反应是有利的。但从热力学角度分析，由于 $C-H_2$ 反应是体积减小的反应，升高压力对其有利，但对 $C-H_2O$ 反应则相反。如图 4.30（a）所示，随着压力从 2MPa 增加到 3MPa，模拟的碳转化率迅速从 72.5％增加到 94.6％。然后，随着压力从 3MPa 进一步增加到 4MPa，碳转化率从 94.6％微弱变化到 95.7％。在低压下，气化剂（H_2 和 H_2O）的浓度增加，使碳转化率增加。但当压力很高，且有足够的气化剂时，碳转化率的增加较少。

图 4.30（b）显示了 2MPa 和 4MPa 下模拟的 CO_2、CO 和 CH_4 的产率。随着压力从 2MPa 增加到 4MPa，CO_2 从 3.57％增加到 4.8％，CO 从 9.6％增加到 12.9％，CH_4 从 42.6％增加到 66.1％。CO_2（1.34 倍）和 CO（1.35 倍）的增加率小于 CH_4（1.55 倍）。这意味着压力对 $C-H_2$ 反应的影响比 $C-H_2O$ 更大。增加压力出现些有利的因素，如碳转化率和甲烷产量的增加。但也要注意缺点，比如设备费用的增加。根据模拟，合适的压力为 3MPa。

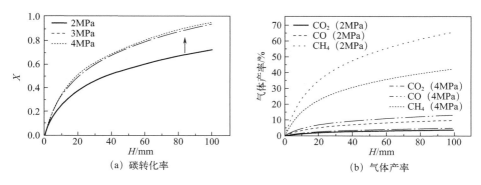

图 4.30　压力对碳转化率和气体产率的影响

③ 水蒸气添加量。

添加水蒸气的基本思想是使水蒸气与难反应的碳气化产生 H_2，然后进一步与碳反应生成 CH_4。先前关于煤催化气化的研究表明，随着添加水蒸气量的不同，气体成分经历了富甲烷气体、合成气和富氢气体。因此，应注意合适的水蒸气添加量。如图 4.31（a）所示，随着水蒸气添加量从 5% 增加到 30%，模拟碳转化率从 61.5% 连续增加到 69.7%，远低于纯 H_2 时的 90.8%。主要由于 H_2 分压的降低，导致与 C-H_2 反应相关的碳转化率降低。对于煤催化气化，C-H_2O 的反应速率通常远高于 C-H_2。但由于 Co-Ca 的催化作用，变化趋势不尽相同。水蒸气流量的增加可能会促进 C-H_2O 反应的发生，但是存在大量的 H_2，对水蒸气气化反应有很大的抑制作用，使得碳转化率缓慢增加。

图 4.31（b）显示了 5% 和 30% 水蒸气添加量下模拟的 CO_2、CO 和 CH_4 的产率变化。随着水蒸气添加量从 5% 增加到 30%，CO_2 从 2.59% 增加到 10.19%，CO 从 3.3% 增加到 13.5%，CH_4 从 37.6% 减少到 28.8%。这证明了 C-H_2O 反应变得越来越重要。因此，产生了更多的 CO 和 CO_2，但是 CH_4 减少。根据模拟，水蒸气合适的添加量为 30%。

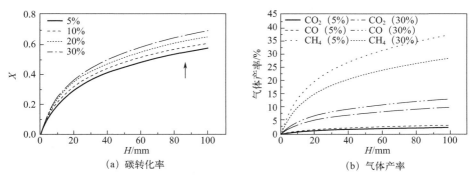

图 4.31　水蒸气对碳转化率和气体产率的影响

④ 反应之间的相互作用。

通过引入 H_2O，碳可以与蒸汽反应产生 H_2、CO 和 CO_2（R3），如图 4.32 所示。CO（R5）和 CO_2（R4）随后可能与 H_2 反应生成 CH_4。也可能发生其他反应，如 R6 和 R2。需要注意两个方面：一是与碳转化率相关的 C-H_2O 反应和 C-H_2 反应的竞争作用，二是与甲烷生成相关的 C-H_2 反应、CO-H_2 反应和 CO_2-H_2 反应的竞争作用。

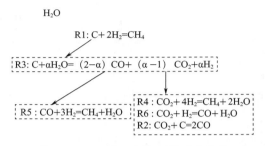

图 4.32 H_2O/H_2 气氛下的反应路径

a. C-H_2O 反应和 C-H_2 反应的竞争作用。纯氢的高成本在很大程度上限制了煤催化加氢气化的发展。若向反应器中加入 H_2O，一些低活性炭可能会与水蒸气反应产生氢气，然后增加碳转化率。此外，C-H_2 反应产生的热量可以被 C-H_2O 反应吸收，从而提高了热效率。为了显示 C-H_2O 反应和 C-H_2 反应的竞争作用，图 4.33 显示了不同水蒸气添加量下碳转化率和反应的贡献率。

图 4.33（a）显示了 C-H_2（R1）反应贡献的碳转化率。当加入 5% 的水蒸气时，碳转化率迅速降至 40.2%（约为纯 H_2 的 44%）。随后，随着水蒸气添加量从 5% 增加到 30%，碳转化率从 40.2% 缓慢下降到 22.8%。图 4.33（b）显示了 C-H_2O（R3）反应贡献的碳转化率。碳转化率从 18.2% 几乎线性增加到 47.2%。为了进一步揭示 C-H_2O 反应和 C-H_2 反应的竞争作用，分析了贡献率。C-H_2（R1）反应的贡献率从 100% 下降到 32.7%，C-H_2O（R3）反应的贡献率从 0 上升到 67.3%。在水蒸气添加量为 20% 时，C-H_2O（R3）反应的贡献率超过了 C-H_2（R1）反应。根据模拟结果，在 20% 的较低水蒸气添加量下，主要反应是 C-H_2 反应。但在较高水蒸气添加量时，主要反应为 C-H_2O 反应。

b. C-H_2、CO-H_2 和 CO_2-H_2 的竞争作用。添加水蒸气，碳转化率至少降低了 20%（以 30% 的添加水蒸气量为基础）。需要另外考虑的是，产生的 CO 和 CO_2 与 H_2 反应产生了多少甲烷。为了准确了解甲烷的生成方式，对 C-H_2、CO-H_2 和 CO_2-H_2 反应的竞争作用进行了研究。三种反应产生的甲烷及其贡献率如图 4.34 所示。

C-H_2（R1）反应产生的甲烷产率的影响如图 4.34（a）所示。当加入 5% 的水蒸气时，甲烷从 77.7% 迅速下降到 32.2%，然后在 30% 的水蒸气添加量下缓慢下

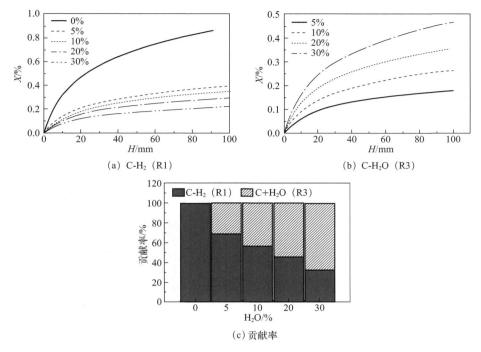

(a) C-H₂ (R1)　　　　　　　(b) C-H₂O (R3)

(c) 贡献率

图 4.33　水蒸气对贡献碳转化率反应的影响

降到 14%。图 4.34（b）显示了由 CO_2+4H_2（R4）反应产生的甲烷。随着水蒸气添加量从 5% 增加到 10%，产生的甲烷从 2% 迅速增加到 4.7%。但在水蒸气添加量为 30% 时，其缓慢增加到 6.3%。$CO+H_2$（R5）反应产生的甲烷如图 4.34（c）所示。类似于 CO_2+4H_2（R4）反应，但产生甲烷的含量略高。

图 4.34（d）显示了 C-H₂（R1）、CO_2+4H_2（R4）和 $CO+H_2$（R5）对甲烷的贡献率。随着水蒸气添加量从 0 变为 30%，C-H₂（R1）反应的贡献率从 100% 降低到 48.8%，CO_2+4H_2（R4）反应的贡献率从 0 增加到 22.1%，$CO+H_2$（R5）反应的贡献率从 0 增加至 29.1%。在水蒸气添加量为 30% 时，CO 和 CO_2 产生的甲烷超过了碳与氢气反应产生的甲烷。这意味着添加水蒸气对甲烷有积极作用。甲烷的生成方式从 R1 变为 R4 和 R5，但甲烷仍主要来自 R1。为了进一步确定水蒸气的添加量，应考虑氢气成本、降低的碳转化率和甲烷产量来建立经济模型。

4.5.3.5　结论

建立了一个一维模型来模拟煤催化加氢气化过程中添加二氧化碳和水蒸气对碳转化率和甲烷收率的影响。模拟的 CH_4、CO、CO_2 产率和碳转化率与实验值吻合良好。随着 CO_2 比例从 0% 增加到 30%，最大气泡尺寸从 6.4mm 变为 7.7mm，约为床径的 1/6-1/5。最高颗粒温度从 1350K 降低到 1312K。碳转化率首先从 0.92 降低到 0.74，然后增加到 0.89。甲烷收率从 77.3% 下降到 54%，然后增加到 65%。随

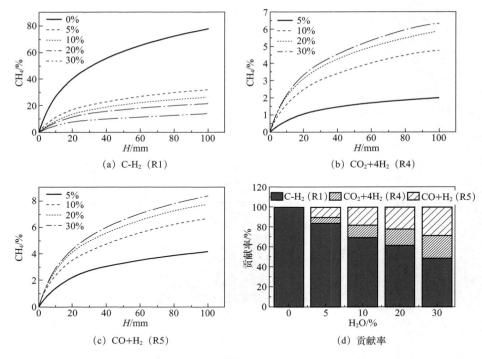

图 4.34　水蒸气含量对贡献甲烷反应的影响

着 CO_2 的引入，甲烷的生成方式从 C-H_2（R1）转变为 C-H_2（R2）和 CO＋H_2（R5），但 CH_4 的主要来源仍然来自 C-H_2 反应。碳转化率从 C-H_2（R1）变为 C-H_2（R2）和 C-CO_2（R1），但碳转化率的主要来源仍然是 C-H_2 反应。消耗的 CO_2 的顺序是 CO_2＋H_2（R6）、C-CO_2（R2）和 CO_2＋4H_2（R4）。R2 和 R6 的比例超过 90％。

对于添加水蒸气的影响，详细预测了温度、压力和蒸汽添加量对碳转化率和气体收率的影响。随着温度从 1023K 升高到 1223K，碳转化率从 50.1％ 迅速增加到 98.8％，CH_4 从 27.4％ 增加到 57.9％。这表明较高的温度有利于碳转化率和甲烷的产生。随着压力从 2MPa 增加到 4MPa，模拟的碳转化率迅速从 72.5％ 增加到 95.7％，CH_4 从 42.6％ 增加到 66.1％。较高的压力促进了碳向甲烷的转化，这可能是由于反应物浓度的增加。随着蒸汽添加量从 5％ 增加到 30％，模拟碳转化率从 61.5％ 逐渐增加到 69.7％。然而，CH_4 从 37.6％ 下降到 28.8％。这表明，虽然添加蒸汽可以提高碳转化率，但使得产物转化为甲烷的量少，产生更多的 CO 和 CO_2。根据模型的预测，确定了煤催化加氢气化过程的最佳操作条件为温度 1173K、压力 3MPa、蒸汽添加量 30％。在蒸汽量为 20％ 时，C-H_2O（R3）反应对碳转化的贡献超过了 C-H_2（R1）反应。此外，在蒸汽添加量为 30％ 时，涉及 CO 和 CO_2 的反应产生的甲烷超过了直接碳反应产生的甲烷，表明主要的甲烷生产途径发生了转变。模型对于设计和优化煤催化加氢气化过程以实现所需的产品产量和效率至关重要。必须谨慎考虑碳转化率、甲烷产率和蒸汽添加量之间的平衡，以确保该过程的可行性和盈利能力。

4.5.4 旋转填料床吸附苯酚

4.5.4.1 引言

苯酚是废水中典型的难降解污染物之一，特别是在煤化工行业所排放的废水中，不仅造成了严重的水污染，而且还威胁着人类的健康。因此，如何去除废水中的苯酚是一项非常重要的环保工作。在现有技术中，吸附技术一直被认为是处理低浓度和大容量污染物的一种经济有效的方法。然而，为了满足更严格的废水排放标准，迫切需要新的技术来克服传统填料床中压降大、分离效率低和吸附容量小的缺点。在吸附过程中，一种很有前途的替代方法是通过引入外力来提高传质速率。旋转填料床（RPB）能产生约为地球重力数百倍的离心力，从而大大提高传质效果，因此是一项理想的苯酚脱除技术。

4.5.4.2 实验和模型

(1) 材料和设备

使用苯酚（分析级，天津化工厂）和超纯水配制模拟苯酚废水，苯酚浓度在 $1000 \sim 1800 \text{mg/L}$ 之间。

吸附剂是常用的活性炭，其表面积为 $689 \text{m}^2/\text{g}$，由 N_2 在 77.3K 下的吸附等温线测得。活性炭的孔隙结构由 Quadrasorb SI 比表面积分析仪测得。其他详细参数如下：平均颗粒直径为 3mm，总孔容积为 $0.582 \text{cm}^3/\text{g}$，微孔容积为 $0.144 \text{cm}^3/\text{g}$，平均孔径为 3.38nm。首先对活性炭进行煮沸预处理，然后用超纯水洗去灰分和其他杂质，之后在 373K 的烘箱中干燥 24h，最后保存在干燥器中备用。活性炭的扫描电镜图如图 4.35 所示。从图 4.35 中可以看出，活性炭的表面和内部存在许多大小不一的圆柱形孔隙。

TM3000   A D8.5×120 500μm TM3000   A D8.4×300 300μm

图 4.35　旋转填料床使用的活性炭的 SEM 图

（2）旋转填料床中的吸附过程

苯酚在活性炭表面的吸附过程在旋转填料床中（RPB）进行。RPB由固定外壳、旋转填料（活性炭）、液体分布器、液体入口和出口组成，如图4.36所示。RPB的内径、外径和轴向长度分别为30mm、65mm和40mm。RPB吸附过程的独特之处在于用100g活性炭取代了常用的金属丝网填料。体积为3.5L的含苯酚液体首先经液体分布器分布均匀后，在离心力的作用下在旋转填料中形成微小的液滴或极薄的液膜，之后被活性炭吸附。更重要的是，吸附速率可通过超重力因子（β）及时调整，其变化范围为0～79.44，其表达式如式（4.10）所示。

$$\beta = \frac{\int_{r_1}^{r_2} \dfrac{\omega^2 r}{g} \cdot 2\pi r \,\mathrm{d}r}{\int_{r_1}^{r_2} 2\pi r \,\mathrm{d}r} = \frac{2\omega^2 (r_1^2 + r_1 r_2 + r_2^2)}{3(r_1 + r_2)g} \tag{4.10}$$

式中，r_1和r_2分别为转子的内外半径（m）；ω是角速度（rad/s）。

此外，液体喷淋密度（L）从1.04m³/（m²·h）降至1.88m³/（m²·h），表达式如式（4.11）：

$$L = \frac{F}{2\pi(r_1 + r_2)h} \tag{4.11}$$

式中，L是液体平均喷淋密度［m³/（m²·h）］；F是液体流量（m³/h）；h是旋转填料床的填料高度，m。

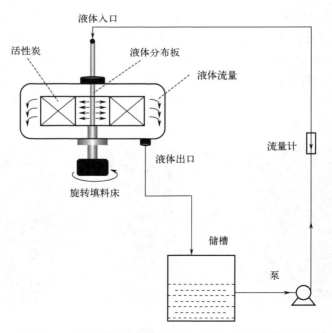

图4.36　旋转填料床吸附苯酚的主要实验设备结构图

（3）分析

采用 HPLC（Ultimate 3000，Diana 公司）250mm×4.6mmC18（5μm）色谱柱，以甲醇和水（60∶40，体积比）为流动相，流速为 1.0mL/min，每 10min 测定一次 RPB 入口和出口处的苯酚浓度。此外，进样量为 20L。吸附量 q 根据进样口苯酚浓度的差值乘以不同吸附时间缓冲罐的容积除以活性炭的用量计算。

（4）吸附等温线模型

吸附等温线模型揭示了 RPB 的吸附性能，如单层或多层吸附、吸附热、移动或静止吸附等。常用的吸附等温线模型有 Langmuir、Freundlich、Elovich、Temkin、Fowler-Guggenheim 和 Kiselev，其中的表达式见表 4.14。

表 4.14　不同吸附等温线模型的表达式

模型	表达式
Langmuir	$q_e = \dfrac{q_m b C_e}{1 + b C_e}$
Freundlich	$q_e = K_F C_e^{1/n}$
Elovich	$\dfrac{q_e}{q_m} = K_E C_e \exp\left(-\dfrac{q_e}{q_m}\right)$
Temkin	$\theta = \dfrac{RT}{\Delta Q}\ln K_T C_e$
Fowler-Guggenheim	$K_{FG} C_e = \dfrac{\theta}{1-\theta}\exp\left(\dfrac{2\theta W}{RT}\right)$
Kiselev	$K_K C_e = \dfrac{\theta}{(1-\theta)(1 + k_{k1}\theta)}$

注：$\theta = q_e/q_{em}$，q_m 是根据 Langmuir 或 Freundlich 模型确定的值进而计算得出的。

使用最多的是 Langmuir 模型，假设其是单层吸附，这意味着每个位点只能被一个吸附剂分子占据[58]。Freundlich 模型假定多层吸附，并采用指数形式[59]。Elovich 模型是一种多层吸附模型，但假设吸附位点随着吸附过程的变化呈指数增长[60]。Temkin 模型假定吸附热会随着吸附剂覆盖范围浓度的降低而降低[61]。Fowler-Guggenheim 模型考虑了水平方向的吸附作用，并引入 W 来反映吸附分子之间的相互作用[62]。Kiselev 模型中的吸附被认为是单分子层[63]。

为了评价上述六个模型的性能，使用了相关系数（R^2）和平均误差百分比（APE），计算公式如下：

$$\text{APE} = \frac{1}{N}\sum_{i=1}^{N}\frac{q_m^{\exp} - q_m^{\text{pre}}}{q_m^{\exp}} \times 100 \qquad (4.12)$$

式中，$q_m^{\exp}$ 是平衡时单位活性炭吸附的苯酚实验值，mg/g；q_m^{pre} 是平衡时单位活性炭吸附的苯酚模拟值，mg/g。

（5）颗粒内扩散模型

基于 Costa 等[64-66] 的研究，通过考虑流体相和吸附剂颗粒中苯酚的质量守恒、颗粒和固定床吸附的初始条件和边界条件、Langmuir 型吸附平衡等温线和膜传质系数等，利用颗粒内扩散模型很好地模拟了苯酚在聚合物吸附剂上的吸附过程。然而，由于 RPB 流体力学非常复杂，尤其是在超重力条件下包含各种形状的吸附剂颗粒。因此，到目前为止，对 RPB 吸附过程建立一个全面的数学模型仍然非常困难。因此，一种简单的 RPB 颗粒内扩散模型如式（4.13）所示：

$$\frac{\partial q}{\partial t} + \varepsilon_p \frac{\partial c_p}{\partial t} = D\left(\frac{\partial^2 c_p}{\partial r^2} + \frac{2\partial c_p}{r\partial r}\right) \tag{4.13}$$

式中，q 是单位质量活性炭吸附的苯酚量，mg/g；t 是时间，s；ε_p 是内部孔隙率；c_p 是孔隙中的苯酚浓度，mol/L；D 是有效孔扩散，cm^2/s；r 是径向坐标，cm。假设扩散系数恒定，得出以下方程式（4.14）：

$$q = q_e\left[\frac{4}{\pi^{1/2}}\left(\frac{D_t}{r^2}\right)^{1/2} - \frac{D_t}{r^2} - \frac{1}{3\pi^{1/2}}\left(\frac{D_t}{r^2}\right)^{3/2}\cdots\right] \tag{4.14}$$

为了简化式（4.14），只考虑了第一项。这通常包括了 RPB 吸附过程中最重要的特征，采用的形式如下：

$$q = \frac{4q_e D_{1,app}^{0.5}}{\pi^{0.5} r}t^{0.5} = k_r t^{0.5} \tag{4.15}$$

式中，$D_{1,app}$ 是表观扩散系数，cm^2/s；k_r 为颗粒内扩散系数，$mg/(g \cdot min^{0.5})$。

4.5.4.3 模型预测——操作条件

（1）超重力因子

图 4.37 显示了在不同超重力因子下吸附量（q_m）的变化，固定液体喷淋密度为 $1.46m^3/(m^2 \cdot h)$，初始苯酚浓度为 1000mg/L。以超重力因子 44.68 为例，可以清楚地看到，随着时间从 0 增加到 60min，吸附量从 0mg/g 增加到 26.96mg/g。这是因为在初始阶段，存在大量的吸附空位。从 60min 到 120min，随着时间的延长，吸附量缓慢增加到 32.27mg/g，这可能是由于吸附过程中吸附位点减少所致。在 120min 的恒定停留时间内，吸附量先是随着超重力因子的增加而增加，然后在超重力因子为 44.68 时达到最大值（32.27mg/g），之后又略有下降，为 30.61mg/g。原因可能如下：随着超重力因子的增加，含有苯酚的液体在活性炭表面和孔隙中被转化成细小的单元；同时，形成了较大的液体有效接触区域，这意味着苯酚可以持续与活性炭发生高频率的相互作用。上述因素都有利于活性炭吸附苯酚。然而，当超重力因子超过 44.68 时，吸附量减少了，这是由于持液量减少，从而不利于苯酚的吸附。另一个原因可能是在高速旋转时，液体会冲走吸附剂表面吸附的苯酚。前者与后者作用相互抵消，从而导致了上述现象。此外，还通过与传统填料塔吸附性能进行比较，评估了 RPB 从废水中回收苯酚的吸附性能（超重力因子模拟

为 0）。从图 4.37 可以推断出，RPB 中的吸附量（32.27mg/g）大约是传统吸附床的 1.4 倍（22.44mg/g），这表明 RPB 是一种吸附苯酚的良好装置。

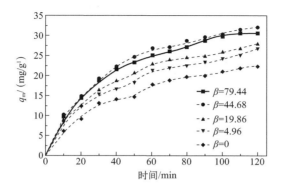

图 4.37　不同超重力因子对吸附量的影响

（液体喷淋密度为 $1.46\text{m}^3/(\text{m}^2 \cdot \text{h})$，初始苯酚浓度为 1000mg/L）

（2）液体喷淋密度

图 4.38 显示了在 RPB 中超重力因子为 44.68 和初始苯酚浓度为 1000mg/L 的恒定条件下，不同液体喷淋密度（L）下吸附量（q_m）的变化情况。在 120min 的恒定停留时间内，随着液体喷淋密度从 $1.04\text{m}^3/(\text{m}^2 \cdot \text{h})$ 增加到 $1.46\text{m}^3/(\text{m}^2 \cdot \text{h})$，吸附量从 29.71mg/g 缓慢增加到 32.27mg/g，并且随着液体喷淋密度从 $1.46\text{m}^3/(\text{m}^2 \cdot \text{h})$ 进一步增加到 $1.88\text{m}^3/(\text{m}^2 \cdot \text{h})$，吸附量几乎保持不变。这可能是由于随着液体喷淋密度的增加，液体持液量增加，液固有效接触面积增加以及剧烈的湍流，从而有利于吸附过程。然而，液体单元的尺寸也随之增大，这不利于苯酚从液体向活性炭表面甚至孔隙的传质。根据图 4.38 的实验结果，当液体喷雾密度超过 $1.46\text{m}^3/(\text{m}^2 \cdot \text{h})$ 时，后者比前者更占优势。

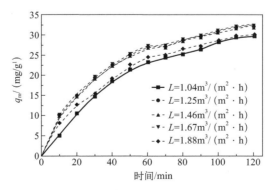

图 4.38　不同液体喷淋密度对吸附量的影响

（超重力因子 44.68，初始苯酚浓度为 1000mg/L）

(3) 初始苯酚浓度

图 4.39 显示了不同初始苯酚浓度（C_0）下吸附量（q_m）的变化情况，超重力因子为 44.68 和液体喷淋密度为 1.46m³/(m²·h)。在停留时间为 120min 时，随着初始苯酚浓度从 1000mg/L 增加到 1800mg/L，吸附量从 32.27mg/g 持续增加到 51.35mg/g。但是，如果将吸附量转化为脱除率，则随着初始苯酚浓度的增加而降低。众所周知，苯酚浓度的增加会提高传质推动力。然而，在苯酚浓度较大时，需要更多的活性炭才能达到相同的脱除率。此外，苯酚浓度越高，扩散阻力越大。上述因素导致了这一现象。

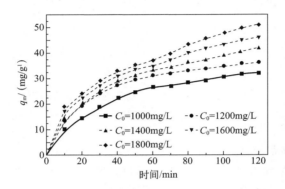

图 4.39　不同初始苯酚浓度对吸附量的影响

[超重力因子 44.68，液体喷淋密度为 1.46m³/(m²/h)]

(4) 吸附等温线模型

根据 Giles 等[67] 的分类方法，苯酚在 RPB 中的吸附等温线实验结果呈 L 形，如图 4.40 所示。从图 4.40 中可以看出，RPB 中苯酚在活性炭上的实验最大吸附量约为 51.3mg/g。采用了多种数学模型来模拟 RPB 的实验吸附等温线，包括 Langmuir、Freundlich、Elovich、Temkin 和 Fowler-Guggenheim 模型等。模型参数使用 Origin 8.5 软件确定，见表 4.15。

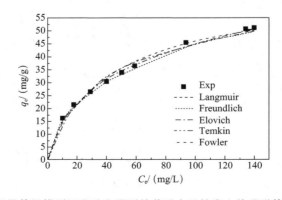

图 4.40　不同等温模型下实验和预测的苯酚在活性炭上的吸附等温线的比较

等温模型类型	值	等温模型类型	值
Langmuir		Freundlich	
b/ (l/mg)	0.025	n	2.28
q_m/ (mg/g)	64.72	K_F/ ($mg^{1-(1/n)}$ $l^{1/n}$/g)	6.05
R^2	0.9891	q_m/ (mg/g)	124.05
APE/%	8.380	R^2	0.9970
		APE/%	0.241
Elovich		Temkin	
K_E/ (l/mg)	0.111	K_T/ (l/mg)	0.264
q_m/ (mg/g)	25.10	ΔQ/ (kJ/mol)	22.22
R^2	0.9860	R^2	0.9811
APE/%	6.421	R^2	1.49
Fowler-Guggenheim		Kiselev	
K_{FG}/ (l/mg)	0.021	K_K/ (l/mg)	−0.039
W/ (kJ/mol)	4.38	k_{k1}/ (l/mg)	−0.491
R^2	0.9669	R^2	0.9731
APE/%	7.103	APE/%	0.597

　　根据表 4.15 中的相关系数（R^2），六种模型的相关系数依次为 Freundlich（$R^2=0.9970$）、Langmuir（$R^2=0.9891$）、Elovich（$R^2=0.9860$）、Temkin（$R^2=0.9811$）、Kiselev（$R^2=0.9731$）和 Fowler-Guggenheim（$R^2=0.9669$），这表明 Freundlich 模型可以很好地描述苯酚在 RPB 中活性炭上的吸附，其 R^2 最高，为 0.9970。为了进一步检验已建立的吸附等温线模型的有效性，表 4.15 还列出了各模型的平均百分比误差（APE）。六个模型的顺序依次为：Freundlich（APE=0.241）、Kiselev（APE=0.597）、Temkin（APE=1.49）、Elovich（APE=6.421）、Fowler-Guggenheim（APE=7.103）和 Langmuir（APE=8.380），这再次证明了苯酚在 RPB 活性炭上的吸附遵循 Freundlich 模型，APE 最小，为 0.241。如表 4.15 所示，在 Langmuir（$q_m=64.72\mathrm{mg/g}$）、Elovich（$q_m=25.10\mathrm{mg/g}$）和 Freundlich（$q_m=124.05\mathrm{mg/g}$）三种模型中，Freundlich 模型测定的最大吸附容量（q_m）值最高。然而，Elovich 模型预测的最大吸附容量（$q_m=25.1\mathrm{mg/g}$）低于实验吸附量（$q_m=51.3\mathrm{mg/g}$），这是不可接受的。这可能是因为在 RPB 中，吸附位点随吸附过程呈指数增长的假设并不合适。

此外，还可以从表 4.15 中获得其他重要的信息，包括苯酚在 RPB 中的吸附是否有利、吸附剂（活性炭）是否合适、吸附能、吸附剂分子间的相互作用能、苯酚与活性炭的相互作用方式等。为了确定吸附等温线的类型，首先计算了无因次平衡常数 R_L [$R_L = 1/(1+bC_0)$，b 为 Langmuir 常数，C_0 为初始苯酚浓度][68]，其值为 0.038，在 0~1 范围内，表明 PRB 中的吸附是有利的。Freundlich 模型中的指数 n 为 2.28（$2 < n < 10$），说明活性炭在 RPB 中对苯酚有良好的吸附作用。Temkin 模型中的吸附能 ΔQ（22.22kJ/mol），表明吸附过程是放热的。根据 Fowler-Guggenheim 模型中的相互作用能（$W = 4.38$kJ/mol），可以推断苯酚分子的相互作用随着吸附过程的进行而增加。Kiselev 模型计算得出的 k（-0.491L/mg）为负值，表明吸附苯酚之间复合形式的假设不成立。

(5) 吸附动力学

利用颗粒内扩散模型研究 RPB 中活性炭对苯酚吸附过程，并进行了动力学研究。表 4.16 列出了模型在不同操作条件下的性能。从表 4.16 中可以看出，颗粒内扩散模型可以很好地描述苯酚在活性炭上的吸附动力学，当超重力因子（β）从 0 增加到 79.44，液体喷淋密度（L）从 1.05m^3/(m$^2 \cdot$ h) 增加到 1.89m^3/(m$^2 \cdot$ h)，初始苯酚浓度（C_0）从 1000mg/L 增加到 1800mg/L，R^2 都在 0.990 以上。这表明颗粒内扩散是活性炭吸附苯酚的主要因素。

如表 4.16 所示，在固定液体喷淋密度为 1.46m^3/(m$^2 \cdot$ h)、初始苯酚浓度为 1000mg/L 时，随着超重力因子从 0 增加到 44.68，颗粒内扩散模型的速率常数 k_r 首先从 2.152mg/(g $\cdot$ min$^{0.5}$) 增至 3.189mg/(g $\cdot$ min$^{0.5}$)，之后微弱降低到 3.061mg/(g $\cdot$ min$^{0.5}$)。这也表明超重力增加了苯酚的吸附速率。研究还发现，随着初始苯酚浓度从 1000mg/L 增加到 1800mg/L，k_r 从 3.189mg/(g $\cdot$ min$^{0.5}$) 增加到 4.881mg/(g $\cdot$ min$^{0.5}$)。Lin 等[69] 在碱性染料吸附中也发现了类似现象。

为了更深入地研究 RPB，扩散时间常数 D/R_{p^2}（10^{-5}s^{-1}）是根据 El-Sharkawy 等[70] 的研究计算得出的，见表 4.16。当超重力因子较小时，扩散时间常数从 2.46×10^{-5}s^{-1} 增加到 3.62×10^{-5}s^{-1}；但当超重力因子超过 44.68 时，扩散时间常数略有下降，为 3.47×10^{-5}s^{-1}。此外，在超重力因子为 44.68 时，扩散时间常数（3.62×10^{-5}s^{-1}）约是无超重力下（超重力因子为 0）的 1.32 倍（2.46×10^{-5}s^{-1}）。而当液体喷淋密度从 1.04m^3/(m$^2 \cdot$ h) 变为 1.88m^3/(m$^2 \cdot$ h) 时，扩散时间常数变化较小。当苯酚浓度从 1000mg/L 增加到 1800mg/L 时，扩散时间常数略有增加，从 3.63×10^{-5}s^{-1} 增加到 6.33×10^{-5}s^{-1}。

表 4.16　不同操作条件下苯酚在活性炭上吸附的

操作条件			颗粒内扩散模型		D/R_{P}^2
β	L / $[\mathrm{m}^3/(\mathrm{m}^2 \cdot \mathrm{h})]$	C_0 / (mg/L)	k_{r} / $[\mathrm{mg}/(\mathrm{g} \cdot \mathrm{min}^{0.5})]$	R^2	$(10^{-5}\mathrm{s}^{-1})$
79.44	1.46	1000	3.061	0.995	3.47
44.68	1.46	1000	3.189	0.995	3.62
19.86	1.46	1000	2.734	0.995	2.99
4.96	1.46	1000	2.530	0.996	2.81
0	1.46	1000	2.152	0.997	2.46
44.68	1.05	1000	2.811	0.995	3.63
44.68	1.26	1000	2.930	0.997	3.53
44.68	1.46	1000	3.189	0.995	3.64
44.68	1.68	1000	2.530	0.996	3.67
44.68	1.89	1000	2.152	0.997	3.66
44.68	1.46	1000	3.189	0.995	3.63
44.68	1.46	1200	3.733	0.990	3.93
44.68	1.46	1400	4.086	0.995	4.81
44.68	1.46	1600	4.498	0.996	5.47
44.68	1.46	1800	4.881	0.997	6.33

4.5.4.4　结论

通过实验和模型评估了苯酚在 RPB 活性炭上的吸附性能。苯酚的吸附量首先随着初始苯酚浓度的增加而增加，并随着超重力因子的增加而增加，随后略有减少，并随着液体喷淋密度的增加而增加，然后保持不变。在超重力因子为 44.68、液体喷淋密度为 $1.46\mathrm{m}^3/$（$\mathrm{m}^2 \cdot \mathrm{h}$）、初始苯酚浓度为 1800mg/L 的条件下，使用 100g 活性炭 2h 内的吸附量为 51.3mg/L。RPB 的吸附量远高于传统填料床的吸附量。Freundlich 模型可以很好地描述吸附等温模型。活性炭对苯酚的吸附是有利的。吸附反应是放热的。在吸附过程中，苯酚分子之间也存在相互作用。颗粒内扩散模型可以很好地描述苯酚在活性炭上的吸附动力学。上述结果表明，旋转填料床中活性炭具有从废水中回收苯酚的巨大潜力。

4.6 展望

经验模型是一种较为普遍而且容易上手的模拟方法，目前经验关联式应用很普遍，未来可以再发展一些新的理论，从基本的方程出发建立物理意义明确的关联式。特别是对某一工作大量的总结，可以凝练出较为广泛意义的关联式，这对于工厂实际操作尤为重要。对于涉及多个反应的过程，进一步的研究应侧重于揭示不同化学反应之间的相互作用以及化学反应与流体力学之间的相互作用。为了更好地指导工业操作，应提供操作图，其中包括各种操作条件对气体成分、温度和压力的影响。更重要的是，应确定关键因素，以协助操作，特别是在任何中断后恢复正常条件时。

参考文献

[1] 徐进. 固定床熔渣煤气化炉气化过程数值模拟研究 [D]. 沈阳：东北大学，2016.

[2] 王恺洲. 基于机理与数据驱动的水煤浆气化炉混合模型研究 [D]. 上海：华东理工大学，2023.

[3] 杨志伟. 气流床气化炉动态仿真模型研究 [D]. 北京：清华大学，2014.

[4] 李超. 气流床气化炉内颗粒流动模拟及分区模型研究 [D]. 上海：华东理工大学，2013.

[5] 张龙. 煤炭地下气化过程模拟与分析 [D]. 北京：中国石油大学，2021.

[6] 齐天. 生物质流化床催化气化过程动力学研究及 CGM 数值模拟 [D]. 天津：天津大学，2018.

[7] 吴远谋. 生物质气流床气化的动力学模拟研究 [D]. 杭州：浙江大学，2012.

[8] 李涛. Shell 气流床粉煤气化过程建模与优化分析 [D]. 厦门：厦门大学，2018.

[9] W. W. Li，Y. C. Song. A comprehensive simulation of catalytic coal gasification in a pressurized jetting fluidized bed [J]. Fuel，317（2022）：123437.

[10] J. F. Haggerty，A. H. Pulsifer. Modelling coal char gasification in a fluidized bed [J]. Fuel，51（1972）：304-307.

[11] E. Ciesielczyk，A. Gawdzik. Non-isothermal fluidized-bed reactor model for char gasification，taking into account bubble growth [J]. Fuel，73（1994）：105-112.

[12] J. C. Bi，T. Kojima. Prediction of temperature and composition in a jetting fluidized bed coal gasifier [J]. Chemical Engineering Science，51（1996）：2746-2750.

［13］ J. C. Bi，C. H. Luo，K. I. Aoki，et al. A numerical simulation of a jetting fluidized bed coal gasifier ［J］. Fuel，76（1997）：285-301.

［14］ C. H. Luo，K. Aoki，S. Y. Uemiya，et al. Numerical modeling of a jetting fluidized bed gasifier and the comparison with the experimental data ［J］. Fuel Processing Technology，55（1998）：193-218.

［15］ S. Hamel，W. Krumm. Mathematical modelling and simulation of bubbling fluidised bed gasifiers ［J］. Powder Technology，120（2001）：105-112.

［16］ R. P. Ma，R. M. Felder，J. K. Ferrell. Modeling a pilot-scale fluidized bed coal gasification reactor ［J］. Fuel Processing Technology，19（1988）：265-290.

［17］ F. Chejne，J. P. Hernandez. Modelling and simulation of coal gasification process in fluidised bed ［J］. Fuel，81（2002）：1687-1702.

［18］ F. Chejne，E. Lopera，C. A. Londoño. Modelling and simulation of a coal gasification process in pressurized fluidized bed ［J］. Fuel，90（2011）：399-411.

［19］ H. M. Yan，C. Heidenreich，D. K. Zhang. Mathematical modelling of a bubbling fluidised-bed coal gasifier and the significance of 'net flow' ［J］. Fuel，77（1998）：1067-1079.

［20］ H. M. Yan，C. Heidenreich，D. K. Zhang. Modelling of bubbling fluidised bed coal gasifiers ［J］. Fuel，78（1999）：1027-1047.

［21］ H. M. Yan，D. K. Zhang. Modelling of fluidised-bed coal gasifiers：elimination of the combustion product distribution coefficient by considering homogeneous combustion ［J］. Chemical Engineering and Processing，30（2000）：229-237.

［22］ D. P. Ross，H. M. Yan，Z. P. Zhong，et al. A non-isothermal model of a bubbling fluidised-bed coal gasifier ［J］. Fuel，84（2005）：1469-1481.

［23］ M. L. D. Souza-Santos. Comprehensive modelling and simulation of fluidized bed boilers and gasifiers ［J］. Fuel，68（1989）：1507-1521.

［24］ M. L. D. Souza-Santos. A new version of CSFB，comprehensive simulator for fluidised bed equipment ［J］. Fuel，86（2007）：1684-1709.

［25］ W. W. Li，K. Z. Li，X. Qu，et al. Simulation of catalytic coal gasification in a pressurized jetting fluidized bed：Effects of operating conditions ［J］. Fuel Processing Technology，2014，126（10）：504-512.

［26］ 李伟伟，李克忠，康守国，等 . 加压射流流化床煤催化气化制天然气的模拟研究 ［J］. 化学反应工程与工艺，2014，30（1）：79-90.

［27］ 屈晨曦，葛忠学，张敏，等 . 六硝基六氮杂异伍兹烷降感技术研究进展 ［J］. 化学试剂，2019，41（2）：134-138.

［28］ 宋承立，黄忠，李金山，等 . CL-20 降感技术研究进展 ［C］//全国危险物质

与安全应急技术研讨会论文集（上），2011：176-180.

[29] Bhandari M W W B. Spray drying for food powder production [M]. Handbook of Food Powders，2013：29-56.

[30] Lisboa H M，Duarte M E，Mata E M C. Modeling of food drying processes in industrialspray dryers [J]. Food and Bioproducts Processing，2018，107：49-60.

[31] Oakley D D E. Spray dryer modeling in theory and practice [J]. Drying Technology，2004，22：1371-1402.

[32] Qiu H W，Stepanov V，Cou T M，et al. Single-step production and formulation of HMX nanocrystals [J]. Powder Technology，2012，226：235-238.

[33] Shi X F，Wang J Y，Li X D，et al. Preparation and properties of 1，3，5，7-tetranitro-1，3，5，7-tetrazocane-based nanocomposites [J]. Defence Science Journal，2015，65：131-134.

[34] Shi X F，Wang J Y，Li X D，et al. Preparation and properties of HMX/Nitrocellulose nanocomposites [J]. Journal of Propulsion and Power，2015，31：757-761.

[35] Shi X F，Wang C L，Wang J Y，et al. Process optimization and characterization of an HMX/Viton nanocomposite [J]. Central European Journal of Energetic Materials，2015，12：487-495.

[36] Ji W，Li X D，Wang J Y. Preparation and characterization of the solid spherical HMX/F_{2602} by the suspension spray-drying method [J]. Journal of Energetic Materials，2016，34：357-367.

[37] 李小东，王江，冀威，等. 喷雾干燥法制备球形 HMX 的正交实验 [J]. 含能材料，2016，24（5）：439-443.

[38] 王江. 基于喷雾干燥技术的炸药微粉制备与表征 [D]. 太原：中北大学，2015.

[39] Wang X F. Atomization of an air-blast nozzle at high ambient pressures [J]. Journal of Propulsion Technology，1994，4：47-53.

[40] Schiffter H，Lee G. Single-droplet evaporation kinetics andparticle formation in an acoustic levitator：Part 1：evaporationof water microdroplets assessed using boundary-layer andacoustic levitation theories [J]. J. Pharm. Sci，2007，96：2274-2283.

[41] Vehring R. Pharmaceutical particle engineering via spraydrying [J]. Pharm. Res.，2008，25：999-1022.

[42] Hirsch R L，Gallagher J E，Lessard R R，et al. Catalytic coal gasification：An emerging technology [J]. Science，1982，215（4529）：121-127.

[43] Yates J G. Effects of temperature and pressure on gas-solid fluidization [J]. Chem. Eng. Sci. , 1996, 51 (2): 167-205.

[44] Chitester D C, Kornosky R M, Fan L S, et al. Characteristics of fluidization at high pressure [J]. Chem. Eng. Sci. , 1984, 39 (2): 253-261.

[45] Cai P, Schiavetti M, De Michele G, et al. Quantitative estimation of bubble size in PFBC [J]. Powder Technol, 1994, 80 (2): 99-109.

[46] Mori S, Wen C Y. Estimation of bubble diameter in gaseous fluidized beds [J]. AIChE J. , 1975, 21 (1): 109-115.

[47] Li W W, Li K Z, Kang S G, et al. Heterogeneous reaction kinetics of catalytic coal gasification [J]. J. Fuel Chem Technol, 2014, 42: 290-295.

[48] Wagner R, Mühlen H J. Effect of a catalyst on combustion of char and anthracite [J]. Fuel, 1989, 68 (2): 251-254.

[49] Kayembe N, Pulsifer A. Kinetics and catalysis of the reaction of coal char and steam [J]. Fuel, 1976, 55 (3): 211-216.

[50] Nahas N C. Exxon catalytic coal gasification process Fundamentals to flowsheets [J]. Fuel, 1983, 62 (2): 239-241.

[51] Wang J, Jiang M, Yao Y, et al. Steam gasification of coal char catalyzed by K_2CO_3 for enhanced production of hydrogen without formation of methane [J]. Fuel, 2009, 88 (9): 1572-1580.

[52] Feng J, Yan S, Zhang R, et al. Characteristics of Co-Ca catalyzed coal hydrogasification in a mixture of H_2 and CO_2 atmosphere [J]. Fuel, 324 (2022): 124486.

[53] 严帅. 加压流化床煤催化加氢气化的基础研究 [D]. 太原: 中国科学院山西煤炭化学研究所, 2019.

[54] Z. Y. Liu, Y. T. Fang, S. P. Deng, et al. Simulation of pressurized ash agglomerating fluidized bed gasifier using Aspen plus [J]. Energy Fuels, 26 (2012): 1237-1245.

[55] Pradeep K A, James R K, William H M. Methanation over transition-metal catalysts. 4. Co/Al_2O_3 rate behavior and kinetic modeling [J]. Journal of Molecular Catalysis A: Chemical, 122 (1997): 1-11.

[56] Joanna T, Roman D J. Model of activation of the cobalt foil as a catalyst for CO_2 methanation [J]. Journal of Molecular Catalysis A: Chemical, 122 (1997): 1-11.

[57] Xia Z H, Yan S, Chen C X, et al. Three-dimensional simulation of coal catalytic hydrogasification in a pressurized bubbling fluidized bed [J]. Energy

Conversion and Management，250（2021）：114874.

［58］ I. Langmuir. The adsorption of gases on plane surfaces of glass，mica and platinum ［J］. J. Am. Chem. Soc. ，40（1918）：1361-1403.

［59］ H. Freundlich. Over the adsorption in solution ［J］. Z. Phys. Chem. ，57（1906）：385-470.

［60］ S. Y. Elovich，O. G. Larinov. Theory of adsorption from solutions of non electrolytes on solid（Ⅰ）equation adsorption from solutions and the analysis of its simplest form，（Ⅱ）verification of the equation of adsorption isotherm from solutions ［J］. Izv. Akad. Nauk. SSSR，Otd. Khim. Nauk，2（1962）：209-216.

［61］ M. I. Temkin. Adsorption equilibrium and the kinetics of processes on nonhomogeneous surfaces and in the interaction between adsorbed molecules ［J］. Zh. Fiz. Chim. ，15（1941）：296-332.

［62］ R. H. Fowler，E. A. Guggenheim. Statistical Thermodynamics ［M］. London：Cambridge University Press，1939.

［63］ A. V. Kiselev. Vapor adsorption in the formation of adsorbate molecule complexes on the surface ［J］. Kolloid Zhur，20（1958）：338-348.

［64］ C. Costa，A. Rodrigues. Design of cyclic fixed-bed adsorption processes. Part I：phenol adsorption on polymeric adsorbents ［J］. AlChE J. ，31（1985）：1645-1654.

［65］ C. Costa，A. Rodrigues. Design of cyclic fixed-bed adsorption processes. Part II：regeneration and cyclic operation ［J］. AlChE J. ，31（1985）：1655-1665.

［66］ C. Costa，A. Rodrigues. Intraparticle diffusion of phenol in macroreticular adsorbents：modelling and experimental study of batch and CSTR adsorbers ［J］. Chem. Eng. Sci. ，40（1985）：983-993.

［67］ C. H. Giles，T. H. MacEwan，S. N. Nakhwa，et al. Studies in adsorption Part XI. A system of classification of solution adsorption isotherms，and its use in diagnosis of adsorption mechanisms and in measurements of specific surface areas of solids ［J］. J. Chem. Soc. ，10（1960）：3973-3993.

［68］ K. R. Hall，L. C. Eagleton，A. Acrivos，et al. Pore and solid diffusion kinetics in fixed-bed adsorption under constant pattern conditions ［J］. Ind. Eng. Chem. Fundam. ，5（1966）：212-223.

［69］ C. C. Lin，H. S. Li. Dye adsorption by activated carbon in centrifugal field ［J］. Biosep. Eng. ，16（2000）：25-28.

［70］ I. I. El-Sharkawy，K. Uddin，T. Miyazaki，et al. Adsorption of ethanol onto phenol resin based adsorbents for developing next generation cooling systems ［J］. Int. J. Heat. Mass. Tran. ，81（2015）：171-178.

第 5 章

Aspen Plus模型

5.1 概述

Aspen Plus 是一款广泛应用于化工领域的流程模拟软件，它集成了联立方程法和序贯模块法，提供了多样化的流程单元模型、热力学估算模型以及丰富的物性数据库。该软件采用先进的严格计算方法，能够构建物质流、热流和功流的模型，可对单元操作和整个流程进行物料平衡、能量平衡、化学平衡、相态平衡、反应动力学以及过程经济性的模拟与分析。

Aspen Plus 的前身是 1976 年至 1981 年间，由美国能源部主导，联合 55 家公司和麻省理工学院（MIT）共同开发的项目——Advanced System for Process Engineering，简称 Aspen。1982 年，Aspen Tech 公司成立，并将此软件命名为 Aspen Plus，正式推向市场。经过四十余年的持续优化、提升和扩展，Aspen Plus 经历了多次升级和完善，通过数百万案例的验证和工程实践，其可靠性、真实性和准确性得到了全球用户的广泛认可。至今，Aspen Plus 已推出十多个版本，成为全球公认的工艺装置设计、稳态模拟和优化的大型通用流程模拟软件[1-11]。

Aspen Plus 在科研开发、工程设计和生产制造等多个环节扮演重要角色[7]。在科研开发阶段，它通过减少实验次数，加快了新产品的研发速度，促进了产品更快地推向市场。在工程设计方面，该软件能够高效地评估和筛选不同的工艺流程方案，确保物料和能量的精确计算。在生产制造过程中，Aspen Plus 能够模拟和诊断生产装置的非正常工况，通过优化操作参数来实现节能降耗。同时，它还能对生产流程的各个部分进行能力标定，识别流程中的"瓶颈"问题，并提供相应的解决方案。Aspen Plus 的功能全面，其应用范围涵盖了广泛的工业领域，包括但不限于气体加工、石油化工、油气处理、合成燃料、电力、金属矿物加工、造纸、食品工业、生物工程、煤化工、医药制造、冶金、环境保护、节能技术、聚合物生产和特种化学品制造等行业，充分体现了 Aspen Plus 作为一款流程模拟软件的强大功能和广泛适用性。

Aspen Plus 软件以其卓越的特性在化工流程模拟领域占据领先地位，其主要特征如下[2-6]。

① 全面的物性系统。Aspen Plus 为化工流程模拟计算提供了精确和可靠的物性数据支持，其物性系统包括：a. 纯组分数据库，含有近 6000 种化合物的物性参数，为模拟提供了广泛的化学物理基础；b. 电解质水溶液数据库，涵盖了约 900 种离子和分子溶质，用于估算电解质物性；c. 固体数据库，包含约 3314 种固体的模型参数；d. Henry 常数库，提供水溶液中 61 种化合物的 Henry 常数参数；e. 二元交互作用参数库：包含超过 40000 个二元交互作用参数，涉及 5000 种双元混合物，支持多种状态方程，如 Ridlich-Kwong Soave、Peng Robinson、Lee Kesler Plocker、BWR Lee Starling 和 Hayden O'Connell 等；f. PURE10 数据库，基于美国化工学会开发的 DIPPR 物性数据库，包含 1727 种纯化物的物性数据；g. 无机物数据库，提供 2450 种组分（主要是无机化合物）的热化学参数；h. 燃烧数据库，包含燃烧产物中常见的 59 种组分和自由基参数；i. 水溶液数据库，包括 900 种离子，专用于电解质；j. 气液平衡和液液平衡数据，与 DECHEMA 数据库接口相连，提供超过 25 万套数据，用于精确模拟相平衡。

在 Aspen Plus 模拟过程中，软件提供了多种物性参数，这些参数对于准确模拟化工过程至关重要。以下是一些常用的参数：逸度系数、焓、密度、熵、自由能、分子容积、平衡比、黏度、导热系数、扩散系数和表面张力等。这些参数涵盖了热力学和传递性质，是化工过程模拟和优化不可或缺的部分。

利用 Aspen Plus 进行模拟时，软件能够自动从内置数据库中提取基础物性数据，用于传递和热力学性质的计算。软件内置的 43 个物性选择集为处理不同操作条件和混合物类型的化工流程模拟提供了灵活性。如数据回归系统（DRS）：该系统利用实验数据来求解物性参数，不局限于内置的数据，还可以回归实际应用中的任何数据，以计算所需的模型参数。物性常数估算系统（PCES）：该系统能够基于分子结构和易于测量的性质来估算缺失的物性参数，甚至可以估算未知化合物的物性数据，这对于新化合物的研究和开发尤为重要。

Aspen Plus 还提供了多种计算传递和热力学性质的关联式模型，这些模型可以根据不同的温度、压力和物料系统自动选择。例如，对于活度系数的计算，Aspen Plus 提供了以下几种关联式模型：Scatchard-Hildbrand 公式、Van Laar 公式、Wilson 公式、NRTL 公式和 UNIQVAC 公式。这些关联式模型的选择和应用，使得 Aspen Plus 能够针对特定的工艺条件提供精确的模拟结果，从而帮助工程师和科学家优化工艺流程，提高生产效率和产品质量。

② 全面的单元操作模型库。这个库包含了 50 余个不同的单元操作模块，这些模块能够模拟化工过程中的各种操作。以下是一些包含的单元操作模块：换热器、闪蒸罐、精馏塔、反应器、泵、混合器/分流器、破碎机、旋风分离器、筛分机、控制器、压力变送器、文丘里洗涤器、静电沉淀器、过滤洗涤器、倾析器和用户模型等。这些模块能够处理从气液平衡系统到固体系统的各种化工过程，并且允许用户将复杂的系统拆分为基本的单元操作模块进行模拟。Aspen Plus 还提供了以下四种扩展方法，以便用户根据特定需求定制模块：a. Fortran 用户单元模块或计算模块，用户可以使用 Compaq 公司的 Fortran 编程语言来编写自定义的模块；b. Excel 用户单元模块或计算模块，用户可以利用 Microsoft 公司的 Excel 工具来创建定制的模块；c. Aspen Custom Modeler，Aspen Tech 公司提供的这个工具允许用户定制自己的模块，以便更好地适应特定的生产工艺；d. COM 组件模块，Aspen Plus 支持使用 Visual Basic、C＋＋或 J＋＋开发的 COM 组件模块，进一步扩展软件的

功能。

此外，Aspen Plus 还支持 CAPE-OPEN 接口，这是一个开放的软件接口标准，允许不同流程模拟软件之间的相互操作。同时，Aspen Plus 还支持与 Matlab 进行计算集成，这为用户提供了更多的灵活性和功能扩展的可能性。这些扩展和定制功能使得 Aspen Plus 不仅是一个强大的模拟工具，而且是一个高度可配置和可扩展的平台，能够满足各种复杂和特定的化工模拟需求。

③ 同时集成了序贯模块法和联立方程法，这两种方法的结合大大提升了软件在模拟复杂化工工艺过程中的效率和收敛速度。首先采用序贯模块法得到流程计算的初值，这对于后续的精确计算至关重要。然后通过联立方程法计算模拟结果，这大大提高了复杂工艺过程的收敛速度，并使得之前难以收敛的流程计算变得可能，从而节省了工程师的时间。对于含有循环物流的设计规定，Aspen Plus 提供的断裂物流能够快速收敛。

④ 提供了一套功能强大的模型分析工具。a. 收敛分析（convergence）：自动分析和优化撕裂物流、流程收敛方法和计算顺序，即使是大型、复杂的流程也能有效处理。b. 计算模式（calculator models）：包含在线 FORTRAN 和 Excel 模型界面，允许用户使用 Fortran 语言自定义计算顺序和收敛方法。c. 灵敏度分析（sensitivity）：通过表格和图形展示工艺参数如何随设备规定和操作条件的变化而变化，帮助用户理解和分析关键流程变量之间的关系。d. 设计规定能力（design specification）：自动计算操作条件或设备参数，以达到预定的性能目标，从而实现工艺模型与实际装置数据的吻合。e. 数据拟合（data fit）：确保工艺模型与实际装置的精确匹配，得到实用的性能曲线。f. 优化功能（optimization）：确定最佳操作条件，以最大化特定目标，如收率、能耗、物流纯度和工艺经济条件，用户可以定义优化目标函数，并施加约束条件。g. 案例研究（case study）：允许用户进行多个计算，比较不同输入条件下的结果，从而对不同的设计方案进行分析和比较。

⑤ 构成 Aspen One 工程套件的重要组件之一。它为该系列中的其他软件产品，包括 Polymers Plus、Aspen Dynamics、Petro Frac、Aspen HX-NET 和 Aspen Zyqad 等，提供了一个统一的物性基础。通过与 Aspen Plus Offline 和 Aspen RT-Opt 结合，Aspen Plus 能够根据模型的不同复杂程度，灵活支持各种规模的工作流程。无论是简单的单一设备流程，还是由多名工程师共同开发和维护的大型全厂流程，都能得到有效支持。其分级模块和模板功能极大地简化了模型的开发和维护过程。此外，流程分段功能使得处理大型流程变得更加便捷，允许用户将整个流程划分为多个独立的流程段，每个流程段都可以单独进行数据输入、物性方法定义、显示和打印等操作。

⑥ 灵活且便捷的用户操作环境。该软件的 Windows 用户界面是利用 Microsoft 的 OLE Automation（ActiveX）技术构建的，这种技术使其与其他 Windows 应用

程序（如 Word 和 Excel 等）共享数据变得简单易行。通过这种自动化技术，用户可以使用 Visual Basic（VB）等工具，通过自动化客户端访问模拟数据和方法。

此外，Aspen Plus 还配备了 Model Manager 专家指导系统，该系统可以辅助用户进行流程模拟，并以交互方式分析计算结果，从而调整流程或修改输入参数。Aspen Plus 提供了标准的 Windows 窗口，全面支持 Windows 的交互操作。同时，该软件还具备强大的绘图和表格生成功能，进一步增强了用户体验。

⑦ 功能丰富。它能够提供快速且可靠的流程模拟及多种收敛方法，包括直接迭代法、拟牛顿法和 Broyden 法等。通过应用优化功能，用户可以寻找工厂操作条件的最佳值，以实现效率最大化。该软件不仅具备经济评价功能，还能在进行工艺计算的同时估算基建费用，并进行技术经济性评价。此外，Aspen Plus 还提供了主要设备的设计和估算功能，其中包含 Data-fit 工具，可以对工厂数据进行圆整处理。

Aspen Plus 的功能还包括但不限于：a. 流程模拟，模拟复杂的化学工艺流程；b. 能量分析，通过 Aspen Energy Analyzer 进行能源效率分析；c. 经济分析，利用 Aspen Capital Cost 进行资本成本估算；d. 换热器模拟和设计，通过 Aspen EDR（exchanger design and rating）进行换热器的设计和评级；e. 动态模拟，使用 Aspen Dynamics 进行动态过程模拟。

值得一提的是，AspenTech 公司已经收购了 Hysys，因此 Hysys 的所有功能现在在 Aspen Plus 中也都已经实现，进一步扩展了其功能范围和应用领域。

5.2 Aspen Plus 模型分类

在 Aspen Plus 的模拟实践中，针对化学反应过程的求解，物料平衡-化学平衡-能量平衡法和热力学平衡模型法扮演着重要角色[7]。

5.2.1 物料平衡-化学平衡-能量平衡法

尽管煤的分子结构错综复杂，煤气化反应的平衡状态计算却可以基于煤的元素组成和气化剂的成分来完成。这一计算过程需要满足三个关键平衡：物料平衡、化学平衡和能量平衡。假设煤由碳、氢、氧、氮和硫等元素以及灰分和水分构成，需要计算生成气体中一氧化碳、二氧化碳、水蒸气、甲烷、氢气、硫化氢、羰基硫和氮气的含量以及煤气的总量和所需的氧气量。为了达到这一目的，必须构建一个包含十个方程的方程组，这些方程来源于五种元素的物料平衡、归一化条件、能量平衡以及三个独立的化学反应。采用牛顿-拉夫森法（Newton-Raphson method）对这些方程进行求解。

5.2.2　热力学平衡模型法

依据热力学的基本原理，在特定的压力和温度条件下，确定化学反应体系的平衡状态，常用的方法主要有以下两种：a. 平衡常数法。这种方法依据化学反应体系的相律来确定独立组分数（S）和独立反应数（K）。在一个包含 a 个元素的体系中，平衡常数法涉及对由 $K+a$ 个方程构成的非线性方程组进行求解，以确定各组分的平衡浓度。b. 吉布斯自由能最小化法。此方法不需要深入了解复杂化学反应的详细机理。它基于热力学"平衡"的基本概念，通过应用数学中的最优化算法，对包含约束条件的目标函数进行求解，以找到体系在平衡状态下的自由能最小值。

当实际反应过程与理论上的平衡状态存在偏差时，为了更准确地模拟这一过程，通常会采用用户自定义的反应动力学。这种方法允许用户根据特定的反应速率方程和实验数据，来描述反应物转化为生成物的动态过程。

5.3　Aspen Plus 模型建模的关键

在 Aspen Plus 模型建模中存在两个关键问题：物性参数的选择和模块的选择。以下是关于物性参数选择和模块选择的详细说明。

5.3.1　物性参数的选择

准确选择物性参数对于获得可靠的模拟结果至关重要。Aspen Plus 的一个显著优势是其庞大的物性数据库，该数据库包含了多种物质信息，并且集成了多种热力学方程，如 RKS（Redlich-Kwong-Soave）方程、RKS-BM（Redlich-Kwong-Soave-Beattie-McCaulley）方程和 PR-BM（Peng-Robinson-Beattie-McCaulley）方程等。这些方程使得对于常见物质的模拟变得相对简单。

然而，当涉及非常规物质时，选择合适的物性参数就需要更加谨慎。以下是一些关键点：①了解过程，为了准确模拟非常规物质，需要对涉及的化学过程有深入的理解，特别是热力学计算公式的适用性；②选择合适的物性方法，由于不同的工艺流程可能适合不同的计算方法，因此需要根据反应条件和工艺流程来选择最合适的物性方法；③考虑计算方法的适用性，在选择物性参数时，需要考虑所采用的热力学模型是否适合特定的工艺条件；④实际接近性，选择的物性参数应使模拟结果尽可能接近实际情况。

表 5.1 列出在煤加工过程中常用的物性方法，如针对煤气化和煤液化等不同工艺的特定物性方法。这些方法的选择基于它们在特定条件下的准确性和可靠性。

表 5.1 常用物性方法的选择[8]

应用	推荐物性方法
粉碎和研磨	SOLIDS
分离和清洗过滤	SOLIDS
燃烧	PR-BM，RKS-BM
合成气	PR-BM，RKS-BM
煤气化	PR-BM，RKS-BM
煤液化	PR-BM，RKS-BM，BWR-LS

Aspen Plus 拥有一个强大的物性数据库，但在处理煤、焦炭、焦油和灰分等具有复杂组成的非常规物质时，该软件并不直接涉及这些物质的相平衡和化学反应平衡计算。为了模拟这些物质的反应过程，通常采取以下策略：①分解非常规组分，将煤、焦炭、焦油等非常规组分分解为更简单的常规组分，以便在 Aspen Plus 中进行计算。这种做法通常忽略了灰分对化学反应的影响。②计算非常规组分的焓和密度，在输入过程中，需要计算非常规组分的焓和密度，Aspen Plus 内置了多种用于这些计算的模型。对于非常规组分的焓，通常使用 HCOALGEN 模型进行计算；对于非常规组分的密度，通常采用 DCOALIGT 模型进行计算。

在煤炭加工处理过程中，常用的物性方法包括 PR-BM（Peng-Robinson-Beattie-McCaulley）物性方法和 RKS-BM（Redlich-Kwong-Soave-Beattie-McCaulley）物性方法。这两种方法在基本原理上相似，但适用范围不同。PR-BM 物性方法运用了融合 Boston-Mathias α 函数的 Peng Robinson 立方状态方程，以计算各类热力学属性。该方法特别适用于非极性或轻微极性的混合物，例如烃类。它能够在全温度和压力范围内，包括接近混合物临界点的条件下，进行有效计算。PR-BM 方法在预测非极性体系的饱和蒸汽体积方面表现优异，并在临界点附近显著提升了计算性能，尤其是在计算 Z 因子和液体密度方面。该方法还能够准确预测在石油和天然气加工过程中遇到的非极性体系的气液平衡，其精确度与 Soave 方程相仿。在使用 Peng-Robinson 和 SRK 立方状态方程模型时，用户可以选择使用标准的 α 函数或更新的 Boston-Mathias α 函数。对于临界温度以上的情况，建议采用 Boston-Mathias α 函数以提高计算的准确性。RKS-BM 物性方法适用于烃类以及 CO_2、H_2S 和 H_2 等轻气体混合物体系的热力学性质计算，在所有温度和压力范围内都能提供合理的计算结果，尤其适用于高温和高压条件下的气体加工和炼油等工艺过程。如煤气化工艺，由于煤气化工艺通常涉及高温和高压条件下的 CO、H_2 和 CO_2 等轻气体混合物体系，因此采用 RKS-BM 物性方法进行模拟是比较合适的选择。

5.3.2　模块的选择

在 Aspen Plus 软件中，化工流程中的实际设备通过单元操作模块来表示，这些模块的分类如下[11]：混合器（mixers）：用于模拟不同流体的混合过程；分流器（splitters）：用于模拟流体的分流或分配过程；分离器（separators）：用于模拟流体中组分的分离过程；换热器（heat exchangers）：用于模拟热量交换过程；蒸馏塔（columns）：用于模拟蒸馏或吸收等分离过程；反应器（reactors）：用于模拟化学反应过程；压力变送器（pressure changers）：用于模拟压力变化过程，如压缩机或泵；手动操作器（manipulators）：用于手动调整流程参数；固体处理装置（solid treatment equipment）：用于模拟固体材料的处理过程；用户模型（user model）：用于自定义模型，以模拟特定过程。Aspen Plus 能够很好地模拟常规的单元操作，选择合适的单元操作模块（如精馏、吸收、萃取和结晶等）对于整个模拟流程的准确性至关重要。

对于反应器的模拟，Aspen Plus 提供了多种模块，包括化学计量反应器（stoichiometric reactor）、产率反应器（yield reactor）、吉布斯自由能反应器（gibbs reactor）、化学平衡反应器（equilibrium reactor）、平推流反应器（plug-flow reactor）和全混釜反应器（continuous stirred tank reactor），见表 5.2。

在煤气化反应的建模中，不同的反应器模型和输入变量有不同的应用范围（表5.3）。如煤的干燥过程通常通过设定 RYield 模块中水的产率来实现；煤的热解过程在不同的气化反应器中存在差异，因此模拟方法也不同。在固定床热解过程中，可以使用 Merrick 模型来确定产物组成。在流化床和气流床反应器中，热解反应迅速，可以认为短时间内达到平衡，因此可以使用 RGibbs 反应器来模拟热解产物的组成；燃烧过程、气化过程和气相重整过程，通常发生在较高的反应温度区域，在模拟中也可以采用 RGibbs 模块来实现。通过在 Aspen Plus 中建立针对反应器中煤的反应过程的计算模型，可以实现对反应器出口气体组成和温度的模拟，从而为工程设计和操作提供重要信息。

Aspen Plus 在模拟化学反应时，对于那些接近平衡的反应能够提供较为准确的模拟结果。然而，当反应过程受到动力学限制，尤其是传质效应的影响时，软件的默认模型可能无法达到理想的模拟效果。在这种情况下，需要采取以下措施：a. 引入自定义函数，为了更准确地模拟流动和化学反应动力学的影响，可以引入用户自定义的函数来表征这些过程。这些函数通常基于实验数据或详细的反应机理。b. 处理反应器内的返混，Aspen Plus 在模拟反应器时，通常假设为理想的平推流（plug-flow reactor，PFR）或全混釜（continuous stirred tank reactor，CSTR）模型。这些理想化模型可能与实际反应器内的流动状况存在较大差异。为了更接近实际情况，研究者可能会使用多个平推流或全混釜单元串联来模拟反应器，这种做法通常基于停留时间分布（residence time distribution，RTD）数据。

表 5.2   化学反应器模型[1,4,7,9,10]

分类	反应器	功能
基于物料 平衡的反应器	RStoic	用于已知化学计量数和反应程度、未知反应动力学的化学反应器；通过用户规定化学计量系数和反应的摩尔转化率来计算反应产物的组分分布情况
	RYield	用于已知反应产物的分布比例、反应动力学未知的化学反应器；通过规定计算产品收率或在用户提供的 Fortran 子程序中计算产品收率
基于化学平衡的 反应器	REquil	两相化学平衡反应器要给出化学计量关系。用于已知反应计量数且反应达到平衡的反应器
	RGibbs	使用吉布斯自由能最小化原理来计算化学平衡和相平衡；不要求输入化学反应方程式
基于动力 学反的应器	RCSTR	以动力学为基础，用户可以通过内置的反应器模型或规定的 For-tran 子程序来提供反应动力学；假设反应物在反应器中完全混合
	RPlug	以动力学为基础，用户可以通过内置的反应器模型或规定的 For-tran 子程序来提供反应动力学；假设反应物在反应器中径向方向完全混合，而在轴向没有混合
	RBatch	反应动力学已知时的间歇和半间歇反应器。动力学模块，严格模拟已知反应动力学的间歇或半间歇反应器

表 5.3   气化炉建模反应器模型[7,9]

反应器模块	输入变量	应用范围
RStoic	压力 P、温度 T、平衡常数 K、反应方程式	计算特定反应的反应产物和反应热值
RYield	压力 P、温度 T、产率函数 $f(x)$	对已知反应产物的分布比例、未知反应动力学模型的化学反应器进行计算。根据用户设定的化学反应当量来计算各种反应产物的流量
RGibbs	压力 P、温度 T 或压力 P、热量 Q	计算单相化学平衡或对并行的多组分进行相平衡和化学平衡计算，按反应平衡时系统的自由能最小来进行反应计算；对于多流体项的情况，可在没有化学反应式的情况下确定平衡

尽管采取了上述措施，Aspen Plus 在模拟反应器内部情况时仍存在一定的局限性，主要包括：a. 反应器内部流动和混合的复杂性，实际反应器内的流动和混合状况可能非常复杂，难以用简单的模型完全准确地描述；b. 动力学和传质效应的细节，在反应器内部，动力学和传质效应的细节可能对反应结果有显著影响，而这些细节在模拟过程中可能难以完全捕捉。

尽管存在以上不足，Aspen Plus 在以下方面仍具有显著优势：a. 模拟整个工艺流程，Aspen Plus 能够对整个化工工艺流程进行全面的模拟，包括各个单元操作之间的相互作用；b. 评估单元操作匹配性，软件能够评估不同单元操作之间的匹配性和协同效应；c. 物料流和能量流计算，Aspen Plus 能够精确计算物料流和能量流，为工艺优化和成本分析提供重要信息。

此外，针对流程中涉及的物料的混合、分离、输送以及传热等单元操作过程都有相应的模型，其中常用的单元操作模型见表 5.4。

表 5.4　常用的单元操作模型[9,10]

模型说明	功能	适用对象	模型说明
Mixer	物流混合器	把多股物流混合成一股	混合三通、流股混合操作、增加热流或增加功流的操作
FSplit	物流分流器	把物流分成多个流股	分流器、排气阀
Flash2	两股出料闪蒸	用严格汽液平衡或汽液液平衡，把进料分成两股物流	闪蒸器、蒸发器、分液罐、单级分离器
Flash3	三股出料闪蒸	用严格汽液液平衡，把进料分成三股物流	分相器、有两个液相出口的单级分离器
Sep	组分分离器	根据规定的组分流量或分数，把入口物流分成多股出口物流	组分分离操作，当详细的分离过程不知道或不重要时
Sep2	两股出料组分分离器	根据规定的组分流量、分数或纯度，把入口物流分成两股出口物流	组分分离操作，当详细的分离过程不知道或不重要时

5.4　Aspen Plus 模型建模过程

Aspen Plus 提供了一个直观的图形化界面，使得用户能够通过专家系统轻松地完成进料物流信息、设备参数及操作设计规定的输入。以下是 Aspen Plus 软件进行模拟计算时的基本流程和步骤[9]。

① 建立模型。在开始建模之前，需要熟悉所要模拟的工艺流程，确定模拟的流程、工艺参数和模拟目的。在 Aspen Plus 的界面下方，用户可以找到模型库、物流图和热流图以及功流图，根据流程需求选择合适的模型，并通过物流、功流和热流将它们连接起来。

② 设定模拟的全局信息。这包括定义流程模拟的名称、规定度量单位、运行类型、输入模式、物流类型、流量基准和环境压力等。

③ 规定组分。规定组分的正确性会直接影响到模拟结果的准确性，需要将模拟流程中涉及的所有相关组分输入，包括它们的类型（常规或非常规）、名称和分子式。对于常规组分，可以使用 RK-Soave 和 PR-BM 等方程计算其热力学性质。这些方程适用于非极性或弱极性的组分混合物，如烃类及 CO_2、H_2S 和 H_2 等轻气体，尤其适用于高温和高压条件。

④ 选择物性方法。根据经验和相关材料推荐，选择合适的物性方法。所有单元操作模型都需要进行性质计算以生成结果，正确的性质计算方法对模拟结果的精确度至关重要。

⑤ 规定物流。对输入的物流进行性质规定，包括温度、压力、总流量和组分组成、粒度分布等。

⑥ 设定单元模块参数。根据不同的模块需求，输入相应的参数，如温度、压力、反应相组成、产物及产率以及组分的特性数据（煤的工业分析和元素分析数据）等。

⑦ 运行模拟过程。点击运行按钮开始模拟。如果有错误，需要检查并修正；如果没有错误，可以查看模拟结果。

⑧ 模型分析。模拟完成后，可能需要使用模型分析工具对建立的流程模型进行分析，包括灵敏度分析、优化、数据拟合和工况研究等。

下面以煤催化气化为例，介绍 Aspen Plus 模型的典型建模步骤，如图 5.1 所示。

在开始构建煤催化气化的工艺流程时，首先需要在工艺流程窗口（process flowsheet window）里中创建流程图（flowsheet）。在此过程中，可以从模型库（model library）中挑选出适当的单元操作模型，这些模型包括但不限于煤干燥模块（coal dry）、旋风分离模块（cyclone）、煤冷却模块（coal cool）、制焦模块（make-char）、热解模块（decompose）、焦混合模块（char mix）、气化模块（rplug）和气体分离模块（cat sep）。通过流股将这些模块连接起来，主要涉及煤、焦、水蒸气、氮气、催化剂以及产品气等物料的传输，确保物质流、热量流或功流在单元操作模型间的正确流通。其次，在数据浏览器中设置模拟所需的参数，包括对煤、灰分和

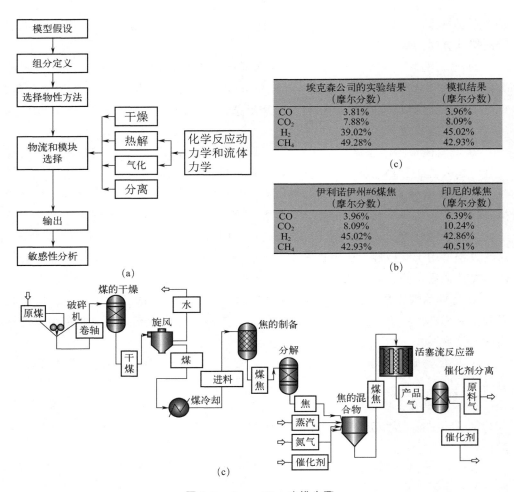

图 5.1　Aspen Plus 建模步骤

气体等组分的定义，并引入基于煤的分析数据，如工业分析、元素分析和硫分析。同时，选择适当的物性方法，如 RKS 方程、RKS-BM 方程或 PR-BM 方程。模拟完成后，将得到气体成分、产气量、热值、碳转化率、冷煤气效率和床温等关键数据。最后，将探讨 H_2O/煤和 O_2/煤比例对 H_2/CO 比率及气化性能的影响。针对复杂的气化炉，如加压灰熔聚流化床气化炉，需将其细分为喷射区、鼓泡区和自由区，并利用用户自定义模型来模拟内部流体力学过程，包括夹带、颗粒带出率、粒度分布和固体循环等现象。表 5.5 概述了用于鼓泡流化床煤气化的 Aspen Plus 模型。

表 5.5　鼓泡流化床煤气化的 Aspen Plus 模型

参考 文献	ID /cm	H /cm	T /K	P /MPa	进料	加煤量 /(kg/h)	H_2O /(kg/h)	空气或者 O_2 /(kg/h 或 m³/h)	物理模型 和模块
Liu 等[12]	80～ 120	548.75	1073～ 1023	1～ 2.2	晋城 无烟煤	2470～ 3500	2840～ 5100	N_2：340～ 787 O_2： 1270～2150	PR-BM， FSPLIT， YIELD，CSTR， SEP， CYCLONE
Yan 等[13]	30	160	1073～ 1023	1～ 2.2	澳大利亚 烟煤	4～6	5	5.43～ 54.2	Fortran 模型， Fortran 和 特殊设计模块
Jang 等[14]	2.438	76.2	977.4	3.5	伊利诺 伊州♯6 和 印尼煤， 催化剂负载 量 16.4%， 20%	—	3～100	—	RPLUG， SEP，CYCLONE， YIELD，MIX
Sánchez 等[15]	—	—	923～ 1073	3	煤	31.8	27.2	70.4	Peng-Robinson， RYIELD， RGIBBS， CSTR，PFR

5.5　应用实例

　　下面结合具体的应用进行模拟的介绍，主要分为三大类：第一类是含能材料领域，主要包括喷雾干燥制备含能材料，如六硝基六氮杂异伍兹烷（CL-20），环三亚甲基三硝胺（RDX）和环四亚甲基四硝胺（HMX）等；第二类是含碳资源的高效转化过程，主要包括煤、生物质和废轮胎等的气化过程；第三类是化工单元操作过程，主要包括吸收、精馏、萃取和多相分离等过程。Aspen Plus 在含能材料领域，以操作条件和设备条件为主线，对其进行敏感性分析。含碳资源的高效转化过程以废轮胎气化为例，分析了化学反应平衡或者受限于动力学对气化性能、气体组成和热值的影响。化工单元操作以精馏和汽提为例，将旋转填料床特有的性质引入到 Aspen Plus 中，对比了小试和中试汽提氨的效率。其他方面的研究在陆续开展中。

5.5.1 喷雾干燥制备含能材料

5.5.1.1 引言

含能材料是武器系统的动力源和威力源,是实现远程精确打击和高效毁伤的重要物质基础[16]。环三亚甲基三硝胺(cyclotrimethylenetrinitramine,俗称 RDX)、环四亚甲基四硝胺(octogen,俗称 HMX)以及六硝基六氮杂异伍兹烷(hexani-trohexaazaisowurtzitane,俗称 CL-20)是硝胺类炸药中使用频率最高和应用范围最广的炸药,性能稳定,能量密度高,但是感度较高,在高温、高压和氧化性环境内会发生爆炸,安全隐患大。因此,降低这些含能材料的感度十分重要,而晶体的形貌和粒径至关重要。国内外学者采用多种研究方法对硝胺类炸药进行降感处理,如采用重结晶法、微乳液法、机械研磨法以及喷雾干燥法等,或者使用黏结剂混合或包覆含能材料,或者加入其他钝感炸药以降低其感度。而喷雾干燥法是颇为有效的一种降感方法,其兼具物理法和化学法的诸多优点,例如产品品质较高、生产工艺流程简单且易操作、应用领域广泛和适于工业化生产等。

但是喷雾干燥制备含能材料(RDX、HMX 和 CL-20)的实验过程中存在一定的危险性,而 Aspen Plus 模拟可以有效地优化操作过程,减小实验次数,极大地降低了实验的危险性,并且可以为后续工艺的放大提供条件。

5.5.1.2 实验与模型

(1)模拟对象

首先将含能材料(RDX、HMX 和 CL-20)原料溶于相应的溶剂(丙酮和乙酸乙酯等)中,制备得到相应的前驱体溶液;其次通过蠕动泵将溶液通过喷嘴送入喷雾干燥塔内,与经过电加热器的氮气充分接触并混合,完成传热和传质;然后溶剂迅速蒸发,含能材料颗粒跟随热氮气进入旋风分离器中,由于离心沉降作用,含能材料颗粒落入产品收集器中,废气通过鼓风机排出。喷雾干燥制备含能材料的实验流程如图 5.2 所示。

(2)模型的建立

喷雾干燥制备含能材料 Aspen Plus 模型的建立过程包括数据来源、参数设置、模型假设、物性方法以及流程搭建等。

① 数据来源。

将喷雾干燥法实验室制备含能材料(RDX、HMX 和 CL-20)的 121 组关于颗粒粒径的数据[17-19] 用于模型的计算。影响含能材料的重要因素有操作条件(溶剂、液体流量、入口温度、气体流量和质量分数等)和设备结构参数(喷雾角度、喷嘴数量、喷嘴直径、干燥塔塔高和塔径)。查阅相关文献可得,在实验过程中,RDX通常选择丙酮、乙酸甲酯、2-丁酮和乙腈作为溶剂[18],HMX 则选择丙酮、乙酸、

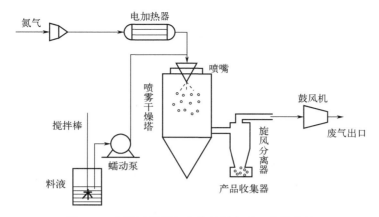

图 5.2　喷雾干燥制备含能材料实验工艺流程图

二甲基亚砜和 N，N-二甲基甲酰胺作为溶剂[18]，CL-20 选择丙酮、乙酸乙酯、乙醇和异丙醇作为溶剂[20]。

② 参数设置。

模拟进料物流参数设置如下：含能材料前驱液流量范围为 $1\sim8\text{mL}/\text{min}$，氮气流量范围为 $280\sim660\text{L}/\text{h}$，入口温度范围为 $293\sim473\text{K}$。设备结构参数设置如下：喷雾角度为 $30°\sim60°$，喷嘴数量为 $1\sim5$ 个，喷嘴直径为 $0.2\sim2\text{mm}$，干燥塔塔高为 $600\sim800\text{mm}$，干燥塔塔径为 $100\sim180\text{mm}$。

③ 模型假设。

喷雾干燥制备含能材料（RDX、HMX 和 CL-20）过程较为复杂，为了简化计算，模型做如下假设：整个系统为稳态过程；不考虑物流在模块间传输的能量和质量损失。

④ 物性方法的选择。

物性方法和热力学模型的选择尤为重要。假设气相为理想气体，液相为理想液体，整个体系只包含含能材料（RDX、HMX 和 CL-20）、溶剂和氮气。忽略物质间的相互作用，选择 IDEAL 物性方法作为全局物性和热力学模型进行计算。Aspen Plus 物性系统的主要数据库是 Pure22。以 RDX、丙酮和氮气三种组分输入时为例。在组分设置界面，分别输入组分 ID 为 RDX，类型定义为常规，组分库名称为 TRI-METHYLENETRINITRAMINE；输入组分 ID 为 C_3H_6O，类型定义为常规，组分库名称为 PROPYLENE-OXIDE；输入组分 ID 为 N_2，类型定义为常规，组分库名称为 NITROGEN，其他含能材料添加组分类似。由于含能材料（RDX、HMX 和 CL-20）的特殊性，物性库中缺乏必要的物性数据，需要手动添加至 Aspen 中。所采用的 RDX、HMX 和 CL-20 的物性参数见表 5.6。

表 5.6　含能材料（RDX、HMX 和 CL-20）物性参数

含能材料	密度/ (g/m³)	熔点/℃	沸点/℃	闪点/℃	折射率	爆燃点 /℃	爆速 /(m/s)	爆热 /(kJ/kg)
RDX	1.8	205	747	405.6	1.668	230	8800	6025
HMX	1.91	281	—	—	—	327	9100	5673
CL-20	2.04	—	1392.7	796.1	1.954	—	9700	—

⑤ 工艺流程的搭建。

含能材料（RDX、HMX 和 CL-20）的喷雾干燥实验过程主要分为料液雾化、雾滴蒸发干燥和产物收集三个步骤。因此，在模型建立中，把喷雾干燥制备含能材料（RDX、HMX 和 CL-20）分为原料制备、干燥和分离三个单元模块。根据各个实验流程建立了喷雾干燥制备含能材料的 Aspen Plus 模拟工艺流程，如图 5.3 所示。

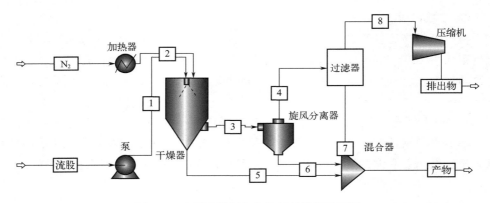

图 5.3　喷雾干燥制备含能材料模拟流程图

含能材料原料（FEED 流股）通入泵模块中进行加压，此时气体（N₂ 流股）经过加热器模块进行加热，二者分别经流股 1 和流股 2 进入喷雾干燥塔 DRYER 模块中，混合后进行喷雾干燥，干燥后的产物一部分直接经由喷雾干燥塔塔底流股 5 排出，另一部分夹带在废气中的含能材料产物在旋风分离器 CYCLONE 模块和袋滤器 FILTER 模块中被进一步分离，废气经流股 8 用鼓风机 COMPR 模块抽出，最终流股 5、流股 6 和流股 7 经过混合器 MIXER 模块汇集后，输出最终产品（PRODUCT）。

a. 原料制备模块。含能材料（RDX、HMX 和 CL-20）原料液和经过加热后的氮气混合后，通入喷雾干燥塔内，然后混合料液通过干燥塔喷嘴雾化形成大量的小液滴群。分别对 PUMP 模块和 HEATER 模块进行初始参数的设定，在 PUMP 选择泵模块，同时在 HEATER 模块选择加热，分别在 FEED 流股设置液体流量，由

N_2 流股设置气体流量和入口温度。以 RDX 和丙酮为例,进气流股参数设置界面温度为 333K,压力为 1.01325bar,体积流率为 357L/h,质量分率占比氮气为 1,丙酮与 RDX 均为 0;进料流股参数设置界面温度为 333K,压力为 1.01325bar,体积流率为 1.5mL/min,质量分率占比氮气为 0,丙酮为 0.98,RDX 为 0.02。其余操作条件类似。

b. 喷雾干燥模块。混合物料在干燥塔 DRYER 模块中混合后进行喷雾干燥,通过 DRYER 模块内部的 Fortron 语句对含能材料料液进行喷雾干燥模拟计算。干燥过程仅仅是进料溶剂的蒸发,属于物理变化,所以通过喷雾干燥塔进行干燥。对 DRYER 模块进行参数设定,选择喷雾干燥器和连续干燥模式,同时干燥塔设备结构参数也可以按照模拟需求通过此模块对喷雾角度、喷嘴数量、干燥塔塔高和塔径进行设置。以 RDX 和丙酮为例,使用干燥氮气作为进口压力,设定干燥塔塔高为 700mm,干燥塔塔径为 140mm;选择雾化器类型为空锥喷嘴,雾化器数为 2,喷嘴孔径为 0.5mm,完整喷雾角度为 45°,其余操作条件类似。

c. 产品收集模块。含能材料经过喷雾干燥后由旋风分离器 CYCLONE 和过滤器 FILTER 进一步分离产品和废气,设定旋风分离器除尘模式,并选择修正后的 Leith-Licht 效率计算公式,最后收集产品,废气由鼓风机模块 COMPR 抽走。

(3) 模型的评价

为了验证模型的可行性,通常采用相关系数 R^2 和均方误差 E^2(MSE)对模型进行评价,R^2 越大,越接近 1;E^2 越小,越接近 0,则模型的预测性能越好。

5.5.1.3 模型验证

以喷雾干燥制备含能材料(RDX、HMX 和 CL-20)过程中颗粒平均粒径和跨度为考察对象,研究不同操作条件(溶剂、液体流量、入口温度、气体流量和质量分数)对其影响,进而优化条件,同时根据实验数据建立基于操作条件的含能材料(RDX、HMX 和 CL-20)经验关联式,将公式预测值与 Aspen Plus 模拟值进行对比,探讨两者的优越性。

将 Aspen Plus 模拟的平均粒径 D_p 和跨度 Span 与实验值进行对比,结果如图 5.4 所示。模型相关系数"R^2"均大于 0.95,"E^2"均小于 0.01,且绝大部分数据的误差值在 10% 范围内,说明建立的 Aspen Plus 模型能够预测喷雾干燥法制备含能材料(RDX、HMX 和 CL-20)颗粒的平均粒径和跨度。

5.5.1.4 模型预测——工艺参数

① 液体流量。

在 RDX 和溶剂质量比选择 1:50、温度 293K、喷雾气体流量为 357L/h 的条件下,考察不同溶剂(丙酮、乙酸甲酯、2-丁酮和乙腈)和不同液体流量(1.5mL/min、3mL/min、4.5mL/min、6mL/min 和 7.5mL/min)对 RDX 颗粒平

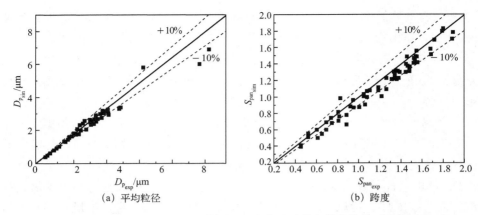

(a) 平均粒径   (b) 跨度

图 5.4　含能材料平均粒径和跨度的实验值与模拟值的对比

均粒径大小和跨度的影响，结果如图 5.5（a）和（b）所示。随着液体流量从 1.5mL/min 增加到 7.5mL/min，由图 5.5（a）可知，以乙腈作为溶剂时，RDX 的平均粒径从 $1.1215\mu m$ 增加到 $2.5794\mu m$，由图 5.5（b）可知，此时粒径跨度从 0.8982 增加到 1.9868，粒径的均一性变大。比较其余三种溶剂，乙腈作为溶剂时干燥后的 RDX 颗粒粒径最小，丙酮为溶剂时模拟 RDX 粒径最大，这与王江等[21] 研究的实验结果相符合。

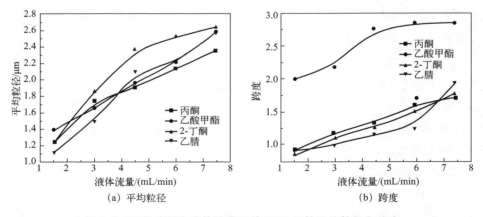

(a) 平均粒径   (b) 跨度

图 5.5　不同溶剂和液体流量下的 RDX 颗粒平均粒径和跨度

由图 5.5 可看出，乙腈作为溶剂时曲线斜率较大，颗粒粒径从 $1.1215\mu m$ 增加到 $2.5794\mu m$，跨度从 0.8983 增加到 1.9368，跨度变化较大，粒径大小不均匀。这可能是由于 RDX 在乙腈中的溶解度较高，在干燥过程中溶液浓度迅速达到过饱和状态，晶核的生成速度比生长速度快，从而形成较多的 RDX 小颗粒，颗粒易聚集成颗粒群，因而跨度较大。而以丙酮为溶剂，喷雾干燥制备的 RDX 颗粒，曲线的斜率较小，粒径尺寸整体波动较小，在 $1.2305\mu m$ 到 $2.3551\mu m$ 范围内变化，跨度也在 0.9123 到 1.7396 范围内。这可能是由于丙酮的表面张力较小，在相同情况下液体表面薄层内分子间的相互作用较小，同时沸点较低，使料液在干燥升温时状态相对比较稳定，因而制备的颗粒粒径较大。综合考虑选择乙腈作为制备 RDX 颗粒的适宜溶剂。

在 HMX 和溶剂质量比为 1：50、温度 293K、喷雾气体流量为 470L/h 的条件下，考察不同溶剂（丙酮、乙酸、二甲基亚砜和 N,N-二甲基甲酰胺）和不同液体流量（1.5mL/min、3mL/min、4.5mL/min、6mL/min 和 7.5mL/min）对 HMX 颗粒平均粒径的影响，结果如图 5.6（a）和（b）所示。随着液体流量从 1.5mL/min 增加到 7.5mL/min，由图 5.6（a）可知，以丙酮作为溶剂时，HMX 的平均粒径从 $1.7243\mu m$ 增加到 $2.9673\mu m$。比较其余三种溶剂，丙酮作为溶剂干燥后的 HMX 颗粒粒径最小为 $1.7243\mu m$，在二甲基亚砜作为溶剂时粒径最大，为 $4.0111\mu m$。由图 5.6（b）可知，以丙酮作溶剂时，HMX 跨度变化值最小，从 0.9322 到 1.3111，而以二甲基亚砜作溶剂时，HMX 跨度最大，从 1.1742 到 1.5644，粒径大小分布最不均匀。

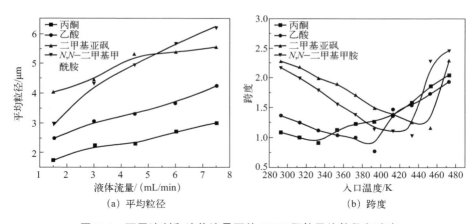

图 5.6　不同溶剂和液体流量下的 HMX 颗粒平均粒径和跨度

图 5.6（a）中四条曲线波动均较为平缓。这是因为在喷雾干燥制备 HMX 颗粒时，当丙酮作为溶剂时，沸点为 56.8 ℃，其值较低，易于蒸发，雾化料液可以快速干燥，均匀干燥后出现细小颗粒。而二甲基亚砜沸点远远高于丙酮，达到 189 ℃，温度较高，难以蒸发。此外，HMX 在二甲基亚砜中的溶解度（57g/100g）远高于丙酮（溶解度为 4.27g/100g），晶体成核速度快，易聚集成较大颗粒，从图 5.6（b）中也可看出二甲基亚砜的跨度最大，粒径均一性较差。综上所述，选择丙酮作为制备 HMX 的适宜溶剂。

在 CL-20 和溶剂质量比为 1：50、温度 293K、喷雾气体流量为 357L/h 的条件下，考察不同溶剂（丙酮、乙酸乙酯、乙醇和异丙醇）和不同液体流量（1.5mL/min、3mL/min、4.5mL/min、6mL/min 和 7.5mL/min）对 CL-20 颗粒平均粒径的影响，结果如图 5.7（a）和（b）所示。从图中可以看出，随着液体流量从 1.5mL/min 增加到 7.5mL/min，以丙酮为溶剂时，CL-20 的平均粒径从 1.9564μm 增加到 3.447μm，跨度从 0.8778 增加到 1.2736。比较其余三种溶剂，丙酮作为溶剂干燥后的 CL-20 颗粒粒径最小，为 1.9564μm，跨度为 0.8778，而在乙酸乙酯作为溶剂时粒径最大为 2.6495μm，跨度为 1.4420，粒径均一性相比丙酮作为溶剂时差。乙酸乙酯、乙醇和异丙醇三者沸点相接近，丙醇沸点较低。虽然丙酮、乙醇和异丙醇在 CL-20 中溶解度都较大，但丙酮在四种溶剂中黏度最小，相同操作条件下，料液的分子间吸引力最小，异丙醇的黏度最大，其斜率最高。所以在喷雾干燥过程中，当溶剂为丙酮时，料液分子流动更加均匀且快速，在液体流量和温度恒定时，液滴被干燥得更加均匀，干燥后的平均颗粒粒径随之减小，且丙酮的毒性较小，实验风险较小，因此选择丙酮作为 CL-20 的适宜溶剂。

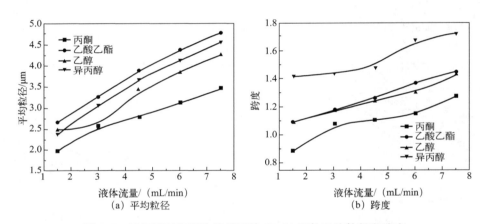

图 5.7　不同溶剂和液体流量下的 CL-20 颗粒平均粒径和跨度

结果表明，无论溶剂类型如何，三种含能材料的平均粒径都是在液体流量为 1.5mL/min 时达到最小，而且粒径随着液体流量的增加而增加。这主要是由于通入热氮气的气体流量与入口温度恒定时，液体流量越小，意味着单位时间内喷嘴雾化的料液越少，而随着液体流量的增加，单位质量的料液与热氮气接触面积变小，料液受热不充分，受到的摩擦力与冲击力变小，雾化液滴会凝结成大液滴，干燥过程不够充分，使干燥效果变差，从而造成颗粒平均粒径增大。同时，当液体流量较低时，在喷雾干燥塔内，喷嘴喷入料液和溶剂蒸发速度会在某个瞬间达到平衡，不易聚集成大的液滴，因而能得到的粒径较小的颗粒[20]。但当液体流量过低时，在整个干燥过程中，系统消耗的能量较大，经济成本会成倍增加。因此控制合适的液体流量十分必要。故模拟喷雾干燥含能材料工艺流程较佳的进料速度为

1.5mL/min。

同时从图 5.5 (a)、图 5.6 (a) 和图 5.7 (a) 中可以看出，RDX、HMX 和 CL-20 的平均粒径值随着液体流量 (1.5～7.5mL/min) 变化率的绝对值依次为 4.3209、0.7485 和 0.7008，说明液体流量对 RDX 平均粒径的影响最大，而对 HMX 和 CL-20 的影响相当。从图 5.5 (b)、图 5.6 (b) 和图 5.7 (b) 中可以看出，RDX、HMX 和 CL-20 跨度随着液体流量的变化率 (1.5～7.5mL/min) 的绝对值依次为 1.1561、0.4064 和 0.4509，说明液体流量对 RDX 跨度的影响最大，而对 HMX 和 CL-20 的影响相当。

综上所述，在选择喷雾干燥法制备含能材料颗粒的溶剂时，首先要考虑颗粒粒径大小和均一性，同时溶剂的溶解度、沸点和黏度等性质也会对颗粒粒径和跨度产生一定的影响，最后还要从环保和经济角度考虑溶剂的毒性和易获得性。

② 入口温度。

在 RDX 和溶剂质量比为 1∶50、液体流量为 1.5mL/min、喷雾气体流量为 357L/h 的条件下，模拟不同进料温度 (293K、313K、333K、353K 和 373K) 对 RDX 颗粒平均粒径和跨度的影响，结果如图 5.8 (a) 和 (b) 所示。从图 5.8 (a) 中可以看出，随着入口温度由 293K 逐渐增加到 373K，以乙腈为溶剂时，RDX 颗粒平均粒径由 $1.1215\mu m$ 先减小到 $0.3583\mu m$，之后又增加到 $1.3178\mu m$。当入口温度为 353K（即接近乙腈的沸点 354.75K）时，RDX 颗粒平均粒径最小。从图 5.8 (b) 中可以看出，RDX 颗粒粒径跨度由 1.0806 降低到 0.8982，再增加到 1.168，粒径均一性先减小后增大。以乙酸甲酯、丁酮和乙腈为溶剂时适宜入口温度为 353K，都是在溶剂沸点附近达到极小值，与实验结果一致[22]。

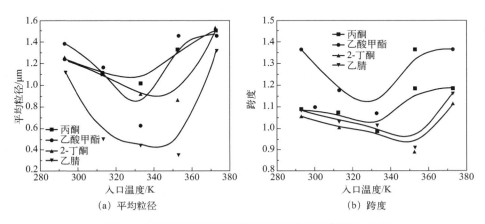

图 5.8 不同溶剂和温度下的 RDX 颗粒平均粒径和跨度

在 HMX 和溶剂质量比为 1∶50、液体流量为 1.5mL/min、喷雾气体流量为 470L/h 的条件下，模拟不同入口温度和溶剂对干燥后 HMX 颗粒平均粒径和跨度的影响，结果如图 5.9（a）和（b）所示。从图 5.9（a）中可以看出，随着入口温度由 293K 增加到 373K，以丙酮为溶剂时，HMX 颗粒平均粒径由 1.7243μm 先减小到 1.6926μm，之后又增加到 1.9626μm。当入口温度为 333K（即接近丙酮的沸点 329.12K）时，HMX 颗粒平均粒径最小。从图 5.9（b）中可以看出，HMX 颗粒粒径跨度由 1.0883 降低到 0.9065，再增加到 2.0396，与粒径大小变化规律相一致。以乙酸、二甲基亚砜和 N,N-二甲基甲酰胺为溶剂时适宜入口温度分别为 393K、453K 和 433K，呈现类似规律。

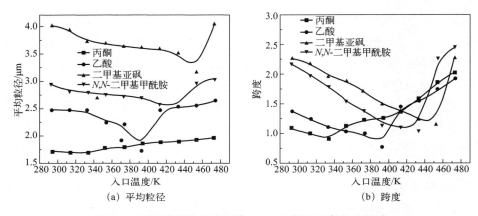

（a）平均粒径　　　　　　　　　　（b）跨度

图 5.9　不同溶剂和温度下的 HMX 颗粒平均粒径和跨度

　　在 CL-20 和溶剂质量比为 1:50、液体流量为 1.5mL/min、气体流量为 357L/h 的条件下，模拟不同入口温度和溶剂对 CL-20 颗粒平均粒径和跨度的影响，结果如图 5.10（a）和（b）所示。从图 5.10（a）和（b）中可以看出，随着入口温度由 293K 增加到 373K，以丙酮为溶剂时，CL-20 颗粒平均粒径由 1.9564μm 先减小到 1.6137μm，之后又增加到 2.4361μm，跨度变化规律相似，从 0.9703 降低到 0.8878，之后又增加到 1.2314。当入口温度为 333K（即接近丙酮的沸点 329.12K）时，CL-20 颗粒平均粒径最小，此时跨度为 0.8878，以乙酸乙酯、乙醇和异丙醇为溶剂时适宜入口温度为 353K，均在其沸点附近达到极小值，呈现相似规律。

　　从图 5.8（a）、图 5.9（a）和图 5.10（a）中可以看出，随着温度的升高，三种含能材料的平均颗粒粒径都呈现先减小后增大的趋势，图 5.8（b）、图 5.9（b）和图 5.10（b）中也呈现出相似规律，均在温度接近所选溶剂的沸点时达到最小值。当温度低于溶剂沸点时，随着温度的上升，含能材料的颗粒粒径呈现出减小趋势。这是由于温度的升高使得料液的表面张力逐渐降低，雾化液滴尺寸变小，干燥颗粒粒径也随之变小，但此时溶剂蒸发速度缓慢，粒径变化不明显。当温度接近溶剂沸点附近时，雾化液滴蒸发速度加快，小液滴表面的溶剂迅速蒸发。而加热温度超过溶剂的沸点后，分子的热运动会加剧，随着雾化液滴的蒸发速度加快，其表面的溶

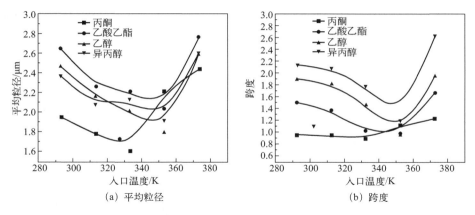

图 5.10　不同溶剂和温度下的 CL-20 颗粒平均粒径和跨度

剂迅速挥发，挥发溶剂在含能材料颗粒上逐渐积累，进而形成了外壳层。后续壳层内的溶剂蒸发现象愈发剧烈，最终导致含能材料微球破裂，颗粒直径逐渐增大[23]。并且从图中数据计算可得，RDX 所用的四种溶剂曲线斜率较高，均大于 HMX 和 CL-20 的曲线斜率，可得到 RDX 对温度的敏感性较高。同时，当温度大于溶剂沸点时，三种含能材料的温度曲线斜率比温度小于溶剂沸点时更大，粒径变化更为明显，曲线更陡峭，形成的干燥颗粒粒径值更大。这是因为当温度过高时，雾化液滴表面会瞬间干燥形成微球，干燥速度过快，干燥颗粒平均粒径变得更大。

从图 5.8（a）、图 5.9（a）和图 5.10（a）中可以看出，RDX、HMX 和 CL-20 的平均粒径随着入口温度（293～473K）变化率的绝对值依次为 2.6779、0.1595 和 0.5096，说明入口温度对 RDX 平均粒径的影响最大。从图 5.8（b）、图 5.9（b）和图 5.10（b）中可以看出，RDX、HMX 和 CL-20 跨度随着入口温度（293～473K）改变的变化率的绝对值依次为 0.3003、1.1880 和 0.4028，说明入口温度对 HMX 跨度的影响最大。

综上所述，溶剂附着在含能材料表面时，若入口温度过高或过低，均可能导致干燥不均匀，使颗粒表面产生裂纹，进而影响含能材料的撞击感度，从而对最终产品的安全性构成潜在威胁。因此，为确保生产安全，应根据所选溶剂的沸点来合理设置入口温度。

③ 气体流量。

在 RDX 和溶剂质量比为 1∶50、液体流量为 1.5mL/min、以丙酮、乙酸甲酯、丁酮和乙腈作为溶剂、入口温度分别为 333K、333K、353K 和 353K 的条件下，模拟通入不同气体流量对 RDX 干燥颗粒平均粒径和跨度的影响，结果如图 5.11（a）和（b）所示。由图 5.11（a）可以看出，随着气体流量由 280L/h 增加到 430L/h，以丙酮为溶剂时，RDX 颗粒平均粒径由 1.6963μm 减小到最小值 1.0094μm，之后又增加到 1.7243μm。由图 5.11（b）可以看出，以丙酮为溶剂时，在相同条件下，RDX 跨度由 1.0441 减小到最小值 0.8982，之后又增加到 1.6371。四种溶剂均在气体流量为 357L/h 时，颗粒平均粒径和跨度达到最小值，颗粒均一性良好。

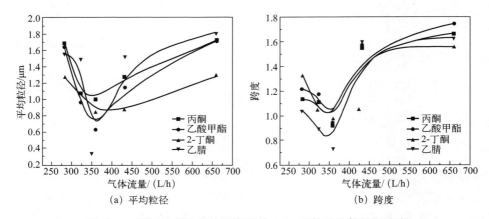

图 5.11　不同溶剂和气体流量下的 RDX 颗粒平均粒径和跨度

在 HMX 和溶剂质量比为 1：50、液体流量为 1.5mL/min、不同溶剂（丙酮、乙酸、二甲基亚砜和 N,N-二甲基甲酰胺）、入口温度分别为 333K、393K、453K 和 433K 的条件下，模拟通入不同气体流量对 HMX 颗粒平均粒径的影响，结果如图 5.12（a）和（b）所示。由图 5.12（a）可以看出，在热氮气气体流量为 280～660L/h 的范围内，四种溶剂都是在气体流量为 470L/h 时，HMX 颗粒平均粒径达到最小。由图 5.12（b）可以看出，跨度的规律与之一致。以丙酮为溶剂时，HMX 颗粒平均粒径由 1.814μm 先减小到最小值 1.6926μm，之后又增加到 1.94μm，此时 HMX 跨度由 1.2125 减小到最小值 0.9322，之后又增加到 1.3034。

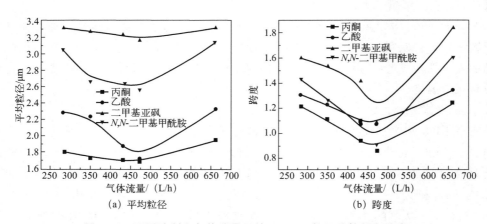

图 5.12　不同溶剂和气体流量下的 HMX 颗粒平均粒径和跨度

在 CL-20 和溶剂质量比为 1：50、液体流量为 1.5mL/min、以丙酮、乙酸乙酯、乙醇和异丙醇作为溶剂、入口温度分别为 333K、353K、353K 和 353K 的条件下，模拟通入不同气体流量对 CL-20 颗粒平均粒径的影响，结果如图 5.13（a）和（b）所示。由图 5.13（a）和（b）可以看出，溶剂在气体流量为 357L/h 时，CL-20 平均粒径和跨度均达到最小，粒径均一性最高。以丙酮为溶剂，CL-20 颗粒平均粒径由 1.981μm 先减小到 1.6137μm，之后又增加到 2.155μm，跨度由 1.2533 先减小到 0.8778，之后又增加到 1.8853。

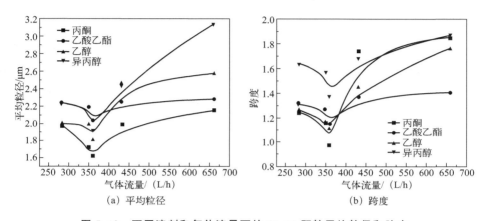

图 5.13 不同溶剂和气体流量下的 CL-20 颗粒平均粒径和跨度

从图 5.11（a）、图 5.12（a）和图 5.13（a）可以看出，随着气体流量的增加，含能材料（RDX、HMX 和 CL-20）在溶剂中的平均粒径均是先减小后增大。RDX 和 CL-20 在气体流量为 357L/h 时达到最小平均粒径，分别为 0.3583μm 和 1.6137μm，HMX 则在 470L/h 时粒径最小，达到 1.6926μm。出现此现象的主要原因是：在喷雾干燥过程中，在热氮气流量相对较低的情况下，单位时间内通过喷嘴的气体量有所不足，传热传质过程缓慢，干燥过程时间短且需要大量的热量，因此此时雾化效果较差，干燥后形成的颗粒粒径较大；随着气体流量的继续增大，高速气体冲击料液，会在料液表面产生高摩擦力，导致料液分解成雾化液滴，单位质量的料液与热氮气接触面积变大，雾化液滴直径变小，制备的含能材料颗粒的平均粒径也随之变小；后期随着气体流量的继续增大，单位体积内的气流密度增大，气体速度增加，喷嘴喷出的液滴在喷雾干燥塔内停留时间过短，液滴干燥不充分，使得干燥效果变差，导致含能材料颗粒的平均粒径增大。因而选择气体的流量要适中。

从图 5.11（a）、图 5.12（a）和图 5.13（a）中可以看出，RDX、HMX 和 CL-20 的平均粒径值随气体流量（280～660L/h）的变化率的绝对值依次为 4.0862、0.1462 和 0.3354，说明气体流量对 RDX 平均粒径的影响最大。从图 5.11（b）、

图 5.12（b）和图 5.13（b）中可以看出，RDX、HMX 和 CL-20 跨度随着气体流量（280～660L/h）改变的变化率的绝对值依次为 0.8226、0.3188 和 1.1136，说明气体流量对 CL-20 跨度的影响最大。

④ 质量分数。

溶质质量分数的不同会对制备含能材料的表面形貌产生巨大的影响，同时也会带来含能材料溶液密度和电导率等参数的变化，对含能材料的粒径也有影响。从经济角度出发，优化溶质质量显得尤为重要，此举旨在降低蒸发溶剂所需的热氮气消耗。同时，当溶质质量保持不变时，提高溶液浓度意味着其体积的减小，进而减少泵的输送需求，实现能耗的降低。然而，过高的溶质质量可能导致溶质分散性减弱，喷雾效果受到影响，最终可能导致干燥效果不佳，产品粒径出现增大的现象。因此，在追求经济效益的同时，也需充分考虑技术层面的要求，以实现最佳的生产效果[24]。

因此，考察不同质量分数（1%、2%、5%、10% 和 20%）对含能材料（RDX、HMX 和 CL-20）颗粒平均粒径的影响。乙腈作为溶剂时，在液体流量为 1.5mL/min、入口温度为 353K、喷雾气体流量为 357L/h 的条件下，考察 RDX 平均粒径大小和跨度变化；丙酮作为溶剂时，在液体流量为 1.5mL/min、入口温度为 333K、喷雾气体流量为 470L/h 的条件下，考察 HMX 平均粒径大小和跨度变化；丙酮作为溶剂时，在液体流量为 1.5mL/min、入口温度为 333K、喷雾气体流量为 357L/h 的条件下，考察 CL-20 平均粒径大小和跨度的变化。结果如图 5.14（a）和（b）所示。

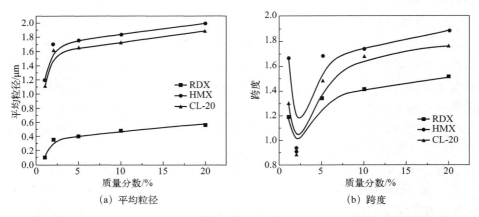

（a）平均粒径　　　　　　　（b）跨度

图 5.14　不同质量分数下三种含能材料颗粒平均粒径和跨度

从图 5.14（a）和（b）可以看出，三种含能材料的平均粒径和跨度均随质量分数的增大而增大。当质量分数从 1% 逐渐上升到 20%，RDX 平均颗粒粒径从 0.1055μm 逐渐增加到 0.5766μm，跨度从 1.1896 减小到 0.8982，再增加到

1.2063；HMX 平均颗粒粒径从 1.2037μm 逐渐增加到 2.0009μm，跨度从 1.6587 减小到 0.9322，再增加到 1.8836；CL-20 平均颗粒粒径从 1.1062μm 逐渐增加到 1.896μm；跨度从 1.3004 减小到 0.8778，再增加到 1.7579。三条曲线的斜率都较大，说明质量分数对平均颗粒粒径和跨度的影响较大。主要原因是，初始质量分数降低，溶质在溶剂中的分散性会相应增强，喷嘴处雾化效果良好。若质量分数被过度稀释，其质量将变轻，进而导致部分干燥颗粒在气体旋流的作用下重新被带回到塔内，这不仅影响干燥效率，还可能出现粘壁问题。综上，故适宜质量分数为 2%。

从图 5.14 (a) 可以看出，RDX、HMX 和 CL-20 的平均粒径随质量分数 (1%～20%) 的变化敏感度存在显著差异，变化率的绝对值依次为 0.6093、0.1821 和 0.1749，说明质量分数对 RDX 平均粒径的影响最大。从图 5.14 (b) 中可以看出，RDX、HMX 和 CL-20 跨度随着质量分数 (1%～20%) 改变的变化率的绝对值依次为 0.6769、1.0207 和 1.0026，说明质量分数对 HMX 跨度的影响最大。

⑤ 影响因素的重要性分析。

将影响含能材料 (RDX、HMX 和 CL-20) 平均粒径大小和跨度的工艺参数的变化率绝对值进行汇总，见表 5.7。

表 5.7   影响含能材料 (**RDX、HMX 和 CL-20**) 平均粒径和跨度的工艺参数的变化率

影响因素	RDX		HMX		CL-20	
	平均粒径	跨度	平均粒径	跨度	平均粒径	跨度
液体流量	4.3209	1.1561	0.7485	0.4064	0.7008	0.4509
入口温度	2.6779	0.3003	0.1595	1.1880	0.5096	0.4028
气体流量	4.0862	0.8226	0.1462	0.3188	0.3354	1.1136
质量分数	0.6093	0.6769	0.1821	1.0207	0.1749	1.0026

从表 5.7 可以看出，对 RDX 而言，工艺参数对其平均粒径的影响从大到小依次是：液体流量＞气体流量＞入口温度＞质量分数，对其跨度的影响从大到小依次是：液体流量＞气体流量＞质量分数＞入口温度。对 HMX 而言，工艺参数对其平均粒径的影响从大到小依次是：液体流量＞入口温度＞气体流量＞质量分数，对其跨度的影响从大到小依次是：液体流量＞气体流量＞入口温度＞质量分数。对 CL-20 而言，工艺参数对其平均粒径的影响从大到小依次是：液体流量＞入口温度＞气体流量＞质量分数，对其跨度的影响从大到小依次是：气体流量＞质量分数＞液体流量＞入口温度。可以看出，RDX 和 HMX 均是平均粒径和跨度受液体流量影响最大，CL-20 平均粒径受液体流量变化影响最大，跨度则是受气体流量影响最大。

综上所述，在制备含能材料 (RDX、HMX 和 CL-20) 颗粒时，需要着重考虑

液体流量和气体流量对平均粒径和跨度的影响。

⑥ 含能材料干燥颗粒经验关联式。

借鉴雾化液滴相关经验公式，构建了不同操作条件（溶剂黏度 μ、液体流量 L、入口温度 T、气体流量 G 和质量分数 ω）下喷雾干燥制备含能材料（RDX、HMX 和 CL-20）过程的颗粒粒径的平均值（D_p）和跨度（Span）的经验关联式，如式（5.1）和（5.2）所示：

$$D_p = f(\mu,\ \omega,\ G,\ L,\ T) \tag{5.1}$$

$$\mathrm{Span} = f(\mu,\ \omega,\ G,\ L,\ T) \tag{5.2}$$

式中，D_p 为平均粒径，μm；Span 为跨度；μ 为溶剂的黏度，mPa·s；ω 为质量分数，%；G 为气体体积流量，L/h；L 为液体体积流量，L/h；T 为温度，K。

采用 L-M 法对公式（5.1）和（5.2）求解，得到具体表达式如式（5.3）和式（5.4）所示：

$$D_p = 7.638 \times 10^6 \times L^{0.185} \times G^{-0.422} \times T^{-2178} \times \mu^{-0.686} \times \omega^{-0.274} - 1.424 \tag{5.3}$$

$$\mathrm{Span} = 75.101 \times L^{0.009} \times G^{-0.235} \times T^{-0.294} \times \mu^{0.134} \times \omega^{0.193} - 2.216 \tag{5.4}$$

式（5.3）的相关系数 R^2 为 0.870，E^2 为 0.1185，式（5.4）的相关系数 R^2 为 0.905，E^2 为 0.0834，表明式（5.3）和式（5.4）可以模拟喷雾干燥制备含能材料过程中操作条件的影响。

式（5.3）中各个平均粒径大小的影响因素的系数绝对值从大到小依次是：入口温度（2.178）＞溶剂黏度（0.686）＞气体流量（0.422）＞质量分数（0.274）＞液体流量（0.185），可以看出影响含能材料平均粒径大小变化最大的因素是入口温度；式（5.4）中各个跨度影响因素的系数绝对值从大到小依次是：入口温度（0.294）＞气体流量（0.235）＞溶剂黏度（0.193）＞质量分数（0.134）＞液体流量（0.069），可以看出在经验关联式中，影响含能材料平均粒径大小和跨度变化最大的因素是入口温度，因为温度影响含能材料液滴的蒸发。最小的影响因素都是液体流量，这是由于液体流量的变化会导致单位时间内进入干燥室的物料量发生变化，由此影响雾化液滴群的直径，随后影响干燥后物料的直径。

将式（5.3）与式（5.4）经验关联式的预测值与 Aspen Plus 的模拟值和实验值进行比较，结果如图 5.15 所示。

如图 5.15 所示，Aspen Plus 模拟所得到的平均粒径数据呈现出与对角线更为接近的趋势，其误差控制在 10% 以内。相较之下，式（5.3）的预测值则呈现出较大的分散性，误差维持在 30% 以内。进一步分析图 5.15，Aspen Plus 模拟在跨度值上的误差也保持在 10% 以内，而式（5.4）的预测值则显示出更高的误差，达到 35% 以内。这些结果均表明，Aspen Plus 模拟在预测精度和稳定性方面均优于所建立的经验关联式。

Aspen Plus 中，式（5.3）和式（5.4）预测值与实验值的误差如图 5.16 所示。

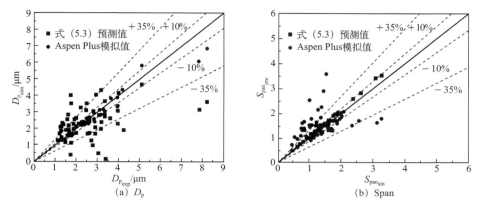

图5.15 Aspen Plus预测值与实验值的对比

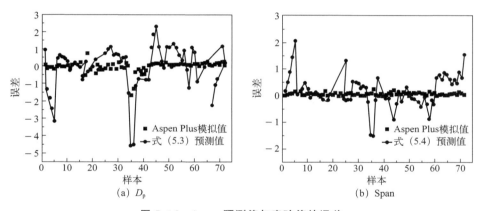

图5.16 Aspen预测值与实验值的误差

由图5.16（a）可以看出，Aspen Plus模拟平均粒径的误差在-2～1之间，最大值为1.56，而式（5.3）预测的平均粒径值的误差分布在-3～5之间，最大达到-4.56；从图5.16（b）可以看出，Aspen Plus模拟跨度的误差在-0.2～0.2之间，而式（5.4）预测的跨度值的误差在-0.4～0.8之间，最大达到0.752。可以明显看出，Aspen Plus的模拟结果更加精确，说明了Aspen Plus在模拟制备含能材料（RDX、HMX和CL-20）方面的优势。

⑦ 灵敏度分析。

以最优操作参数为基点，分别在其±5%的范围内研究不同含能材料对操作参数的灵敏度。模拟出RDX最优操作条件为：液体流量1.5mL/min，入口温度353K，气体流量357L/h和质量分数2%；HMX的最优操作条件为：液体流量1.5mL/min，入口温度333K，气体流量470L/h和质量分数2%；CL-20的最优操作条件为：液体流量1.5mL/min，入口温度333K，气体流量357L/h和质量分数2%。设定不同含能材料（RDX、HMX和CL-20）的各个操作参数（液体流量、温度、气体流量和质量分数）的范围见表 5.8，不同含能材料（RDX、HMX 和 CL-20）操作参数的灵敏度分别如图 5.17~图 5.19 所示。

表 5.8　不同含能材料（RDX、HMX 和 CL-20）灵敏度分析的操作参数范围

操作参数	RDX		HMX		CL-20	
	−5%	+5%	−5%	+5%	−5%	+5%
液体流量/（mL/min）	1.425	1.575	1.425	1.575	1.425	1.575
入口温度/K	335.35	370.65	316.35	349.65	316.35	349.65
气体流量/（L/h）	339.15	374.85	446.5	493.5	339.15	374.85
质量分数/%	1.9	2.1	1.9	2.1	1.9	2.1

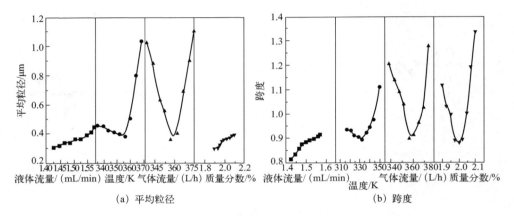

（a）平均粒径　　　　　　　　（b）跨度

图 5.17　不同操作参数下 RDX 平均粒径和跨度变化的灵敏度

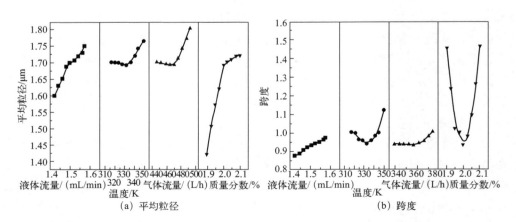

（a）平均粒径　　　　　　　　（b）跨度

图 5.18　不同操作参数下 HMX 平均粒径和跨度变化的灵敏度

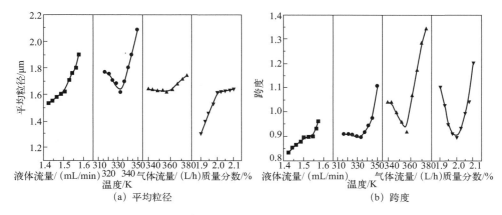

图 5.19　不同操作参数下 CL-20 平均粒径和跨度变化的灵敏度

由图 5.17 可得，RDX 平均粒径和跨度分别对气体流量和质量分数的灵敏度较高，更为敏感；由图 5.18 可得，HMX 平均粒径和跨度对质量分数的灵敏度较高，更为敏感；由图 5.19 可得，CL-20 平均粒径和跨度分别对液体流量和气体流量的灵敏度较高，更为敏感。

5.5.1.5　模型预测——设备结构参数

采用 Aspen Plus 模型对三种含能材料喷雾干燥工艺流程的设备结构参数进一步优化，主要包含喷雾角度、喷嘴个数和直径、喷雾干燥塔直径和塔高。模拟的具体条件为：物料为 RDX 时，溶剂为乙腈，入口温度为 353K，液体流量为 1.5mL/min，气体流量为 357L/h；物料为 HMX 时，溶剂为丙酮，入口温度为 333K，液体流量为 1.5mL/min，气体流量为 470L/h；物料为 CL-20 时，溶剂为丙酮，入口温度为 333K，液体流量为 1.5mL/min，气体流量为 357L/h。

① 喷雾角度。

喷雾干燥塔的喷嘴为双流体喷嘴，利用热氮气的高速冲击将料液加速并雾化为细小的液滴，喷雾角度会对雾化效果产生显著影响[25]。在含能材料（RDX、HMX 和 CL-20）喷嘴数量为 2、喷嘴直径为 0.5mm、喷雾干燥塔塔高和塔径为 700mm 和 140mm 的条件下，考察不同喷雾角度（30°~60°）对含能材料（RDX、HMX 和 CL-20）颗粒平均粒径大小和跨度的影响，结果如图 5.20（a）和（b）所示。

从图 5.20（a）中可以看出，随着喷雾角度从 30°增加到 45°时，RDX 的平均颗粒粒径从 $0.3583\mu m$ 微弱减小到 $0.3021\mu m$，HMX 的平均颗粒粒径从 $1.6926\mu m$ 降低到 $1.2308\mu m$，CL-20 的平均颗粒粒径从 $1.6137\mu m$ 降低到 $1.1634\mu m$，此时三种含能材料的颗粒粒径都达到最小值。喷雾角度继续从 45°增加到 60°时，RDX 平均粒径逐渐增大到 $0.3599\mu m$，HMX 平均粒径逐渐增大到 $1.7011\mu m$，CL-20 平均粒径逐渐增大到 $1.6999\mu m$。从图 5.20（b）中可以看出，随着喷雾角度从 30°增加到

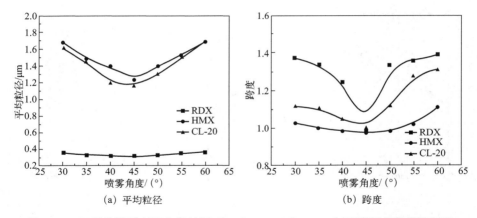

图 5.20　不同喷雾角度下含能材料（RDX、HMX 和 CL-20）颗粒平均粒径和跨度

45°时，RDX 平均粒径的跨度从 1.3759 减小到 0.9897，HMX 平均粒径的跨度从 1.0259 降低到 0.9757，CL-20 平均粒径的跨度从 1.1177 降低到 1.0019，此时三种含能材料平均粒径的跨度都达到最小值。喷雾角度继续从 45°增加到 60°时，RDX 平均粒径的跨度逐渐增大到 1.3920，HMX 平均粒径的跨度逐渐增大到 1.1130，CL-20 平均粒径的跨度逐渐增大到 1.3144。

综上所述，从图 5.20（a）和（b）中可以得出，RDX、HMX 和 CL-20 的平均粒径值随着喷雾角度（30°~60°）的变化率的绝对值依次为 0.1613、0.2779 和 0.3325，说明喷雾角度对 CL-20 平均粒径的影响最大，其次是 RDX，最后是 HMX；而 RDX、HMX 和 CL-20 跨度随着喷雾角度（30°~60°）改变的变化率的绝对值依次为 0.2924、0.1338 和 0.2796，说明喷雾角度对 RDX 跨度的影响最大，其次是 CL-20，最后是 RDX，因而 RDX 干燥颗粒粒径的分布更均一。

这是因为当热氮气和料液进入喷嘴时，随着喷雾角度变大，雾化液滴的覆盖范围变大，在相同喷嘴孔径下，单位面积内的液滴数量变少，此时也增大了料液经喷嘴喷出后与热氮气的接触面积，液滴在水平截面上分布越均匀，分散的液滴使得干燥更充分，单位面积内提升了雾化液滴干燥的效果，从而含能材料干燥后平均颗粒粒径也会变小。但是达到临界值后，随着喷雾角度的扩大，此时料液与热氮气无法进行紧密接触，使干燥效果变差，从而雾化液滴变大，平均颗粒粒径也随之变大，同时颗粒在喷雾过程中还未完全被干燥，即与干燥塔的内壁面接触，很快下落，在干燥塔内停留的时间也过短，从而造成粘壁现象，颗粒堆积造成颗粒粒径过大。因此可知，在操作条件确定的情况下，根据模拟结果可得适宜喷雾角度为 45°。

② 喷嘴数量。

喷嘴作为喷雾干燥设备的核心部件，在蒸发流量过高时，可以考虑多喷嘴进行喷雾干燥[26]。本节在含能材料（RDX、HMX 和 CL-20）喷雾角度为 45°、喷嘴直径为 0.5mm、喷雾干燥塔塔高和塔径分别为 700mm 和 140mm 的条件下，考察不同喷嘴数量（1～5个）对含能材料（RDX、HMX和CL-20）干燥颗粒平均粒径大小和跨度的影响，结果如图5.21（a）和（b）所示。

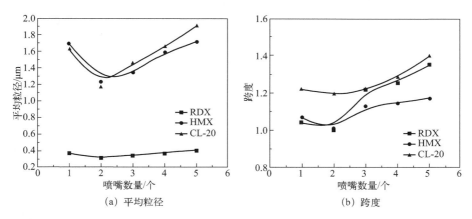

(a) 平均粒径　　　　　　　　(b) 跨度

图 5.21　不同喷嘴数量下含能材料（RDX、HMX和CL-20）颗粒平均粒径和跨度

从图5.21（a）中可以看出，随着喷嘴数量从1个增加到2个时，RDX的平均颗粒粒径从 $0.3583\mu m$ 微弱减小到 $0.3021\mu m$，HMX的平均颗粒粒径从 $1.6926\mu m$ 降低到 $1.2308\mu m$，CL-20的平均颗粒粒径从 $1.6137\mu m$ 降低到 $1.1634\mu m$，此时三种含能材料的颗粒粒径都达到最小值；随着喷嘴数量继续从2个增加到5个时，RDX平均粒径逐渐增大到 $0.4047\mu m$，HMX平均粒径逐渐增大到 $1.7041\mu m$，CL-20平均粒径逐渐增大到 $1.9002\mu m$。从图5.21（b）中可以看出，随着喷嘴数量从1个增加到2个时，RDX平均粒径的跨度从1.0410减小到0.9897，HMX平均粒径的跨度从1.0630降低到0.9757，CL-20平均粒径的跨度从1.2181降低到1.0019，此时三种含能材料平均粒径的跨度都达到最小值；随着喷嘴数量继续从2个增加到5个时，RDX平均粒径的跨度逐渐增大到1.3516，HMX平均粒径的跨度逐渐增大到1.1696，CL-20平均粒径的跨度逐渐增大到1.3979。

从图5.21（a）和（b）中可以计算得出，RDX、HMX和CL-20的平均粒径随着喷嘴数量（1～5个）的变化率的绝对值依次为0.2864、0.2796和0.4566，说明喷嘴数量的变化对CL-20平均粒径的影响最大，而对HMX的影响最小；RDX、HMX和CL-20跨度随着喷嘴数量（1～5个）的变化率的绝对值依次为0.3476、0.1824和0.3251，说明喷嘴数量对RDX跨度的影响最大，CL-20次之，对HMX的影响相对较小，因而干燥颗粒粒径的分布更均一。

这是由于在干燥塔内，大量的料液雾化需要较多热量，此时使用单喷嘴进行喷雾干燥可能出现雾化效果不佳或雾滴过大的现象[17]，因为在短暂的干燥时间内，料液无法获得所有液体蒸发需要的热量，料液离开最高温的加热源后所剩余的热量不足以使料液蒸发，就会导致产品呈湿润状或溶液状，从而使雾化液滴粒径增大，干燥颗粒粒径随之增大。增加喷嘴的个数可以在相同时间内使得到雾化的料液增加，极大地增大了雾化半径，使料液与热氮气接触更加充分，迅速吸热形成细小颗粒；但喷嘴数量过多时，喷嘴喷头交会处面积过大会导致雾滴变大或雾滴变得密集，甚至产生线状流，此时产品状况会更差。综上所述，根据模拟结果可以优化喷嘴数量为 2 个。

③ 喷嘴直径。

喷嘴直径对喷雾干燥效果的影响也颇为重要。在含能材料（RDX、HMX 和 CL-20）喷雾角度为 45°、喷嘴数量为 2 个、喷雾干燥塔塔高和塔径分别为 700mm 和 140mm 的条件下，考察不同喷嘴直径（0.2～2mm）对含能材料（RDX、HMX 和 CL-20）颗粒平均粒径大小和跨度的影响，结果如图 5.22（a）和（b）所示。

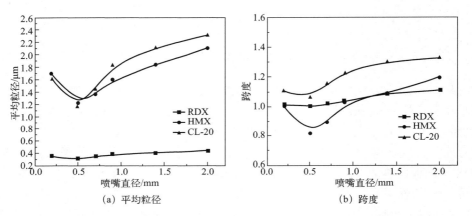

(a) 平均粒径　　　　　　　　(b) 跨度

图 5.22　不同喷嘴直径下含能材料（RDX、HMX 和 CL-20）颗粒平均粒径和跨度

从图 5.22（a）中可以看出，随着喷嘴直径从 0.2mm 增加到 0.5mm，RDX 的平均颗粒粒径从 $0.3583\mu m$ 微弱减小到 $0.3021\mu m$，HMX 的平均颗粒粒径从 $1.6926\mu m$ 降低到 $1.2308\mu m$，CL-20 的平均颗粒粒径从 $1.6137\mu m$ 降低到 $1.1634\mu m$，此时三种含能材料的颗粒粒径都达到最小值。喷嘴直径继续从 0.2mm 增加到 2mm 时，RDX 平均粒径逐渐增大到 $0.4501\mu m$，HMX 平均粒径逐渐增大到 $2.0945\mu m$，CL-20 平均粒径逐渐增大到 $2.3094\mu m$。从图 5.22（b）中可以看出，随着喷嘴直径从 0.2mm 增加到 0.5mm，RDX 平均粒径的跨度从 1.0159 减小到 0.9897，HMX 平均粒径的跨度从 1.0046 降低到 0.9757，CL-20 平均粒径的跨度从 1.1058 降低到 1.0019，此时三种含能材料平均粒径的跨度都达到最小值。喷嘴直径继续从 0.25mm 增加到 2mm 时，RDX 平均粒径的跨度逐渐增大到 1.3920，HMX 平均粒径的跨度逐渐增大到 1.1941，CL-20 平均粒径的跨度逐渐增大到 1.3258。

从图 5.22（a）和（b）中可以计算得出，RDX、HMX 和 CL-20 的平均粒径值随着喷嘴直径（0.2～2mm）的变化率的绝对值依次为0.4131、0.5101和0.7102，说明喷嘴直径对CL-20平均粒径的影响最大，而对RDX和HMX的影响相当；而RDX、HMX和CL-20跨度随着喷嘴直径（0.2～2mm）的变化率的绝对值依次为0.396、0.2174和0.2929，说明喷嘴直径对RDX跨度的影响最大，其次是CL-20和HMX，后两者干燥颗粒粒径的分布更均一。

这是因为当喷嘴直径过小时，初始雾化液滴群的入口拥挤，液滴群变大，雾化效果变差，干燥效果随之变差，当喷嘴直径增加至0.5mm时，液滴群正常雾化，此时花费最短时间达到相同喷雾高度，雾化效果最好，因而干燥后颗粒平均粒径最小。随着喷嘴直径继续增加到2mm时，雾化时间增长，雾滴与干燥塔塔壁碰撞面积会增大，在初始雾化液滴动能一定的情况下，喷嘴直径的增加使得雾化液滴群的速度减小，液滴运动至塔底的时间增长，液滴更容易受到气体旋流影响而停留在干燥塔内，雾化液滴的粘壁现象会更加严重，导致直径较大的喷嘴的雾化能力变差，因而干燥后含能材料的平均颗粒粒径也会随之变大。因此，根据模拟数据可知在喷嘴直径为0.5mm时，雾化效果最好。

④ 喷雾干燥塔塔高。

喷雾干燥塔是提供气液两相间传热传质的场所，其几何尺寸对内部的流场和干燥时间有着较大的影响[27]，为了完成料液的干燥，雾化液滴在干燥塔内必须有足够的停留时间以实现料液与干燥介质之间的传质与传热，因此，干燥塔需要一定的直径和高度，以此来获得最优的干燥颗粒粒径。

在干燥塔的设计中，干燥塔的高度应该保证液滴在干燥塔内的停留时间大于液滴干燥所需的时间，所以在喷雾角度45°、喷嘴数量为2个、喷嘴直径为0.5mm、干燥塔塔径为140mm的条件下，模拟干燥塔的塔高（600mm、650mm、700mm、750mm和800mm）对含能材料（RDX、HMX和CL-20）颗粒平均粒径大小和跨度的影响，结果如图5.23（a）和（b）所示。

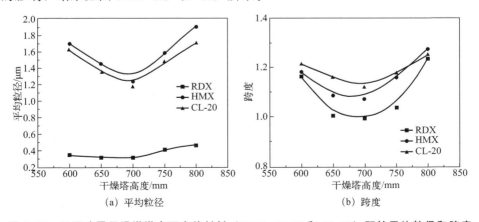

图5.23　不同喷雾干燥塔塔高下含能材料（RDX、HMX和CL-20）颗粒平均粒径和跨度

从图 5.23（a）可以看出，随着干燥塔高度从 600mm 增加到 700mm 时，RDX 的平均颗粒粒径从 $0.3583\mu m$ 微弱减小到 $0.3021\mu m$，HMX 的平均颗粒粒径从 $1.6926\mu m$ 降低到 $1.2308\mu m$，CL-20 的平均颗粒粒径从 $1.6137\mu m$ 降低到 $1.1634\mu m$，此时三种含能材料的颗粒粒径都达到最小值；当干燥塔高度继续从 700mm 增加到 800mm 时，RDX 平均粒径逐渐增大到 $0.4783\mu m$，HMX 平均粒径逐渐增大到 $1.8992\mu m$，CL-20 平均粒径逐渐增大到 $1.7037\mu m$。从图 5.23（b）中可以看出，随着干燥塔高度从 600mm 增加到 700mm，RDX 平均粒径的跨度从 1.1638 减小到 0.9897，HMX 平均粒径的跨度从 1.1811 降低到 0.9757，CL-20 平均粒径的跨度从 1.2134 降低到 1.0019，此时三种含能材料平均粒径的跨度都达到最小值；当干燥塔高度继续从 700mm 增加到 800mm 时，RDX 平均粒径的跨度逐渐增大到 1.2356，HMX 平均粒径的跨度逐渐增大到 1.2745，CL-20 平均粒径的跨度逐渐增大到 1.2506。

从图 5.23（a）和（b）中可以得出，RDX、HMX 和 CL-20 的平均粒径值随着干燥塔的高度（600～800mm）的变化率的绝对值依次为 0.4918、0.3949 和 0.3348，说明干燥塔的塔高对 RDX 平均粒径的影响最大，HMX 次之，最后为 CL-20；而 RDX、HMX 和 CL-20 跨度随着干燥塔的高度（600～800mm）的变化率的绝对值依次为 0.2113、0.2530 和 0.2050，说明干燥塔的塔高对 HMX 跨度的影响最大，其次是 RDX，最后是 CL-20。

随着干燥塔高度的增加，雾化液滴群在干燥塔内停留的时间随之变长。当干燥塔高度较小时，由于干燥塔内轴向距离较小，液滴的轴向分速度较大，导致液滴在干燥塔内停留时间较短，随着干燥塔高度的增加，从 600mm 增加到 700mm，雾化液滴群在轴向方向上扩散的时间增长，在塔内停留时间变长，使料液与热氮气结合的时间变长，有利于干燥的进行，雾化液滴群在轴向方向上分布逐渐均匀，易于扩散，料液与热氮气顺利结合，利于干燥的进行。当干燥塔塔高继续增加至 800mm，过高的干燥塔使气相速度降低，气液两相间的速度差减小，液滴对气流的跟随性变差，液滴在干燥塔内的行程变短[27]，从而导致虽然干燥塔高度增加，但液滴在干燥塔内的停留时间的延长较少，雾化液滴群中心液滴更快到达塔底，使雾化液滴发展不充分，不利于整体干燥，干燥塔内部的利用率会降低，使干燥效果变差。通过分析可知在一定范围内，增加干燥塔高度可以延长液滴在干燥塔内的停留时间，但过高的干燥塔则会使干燥效率有所降低，因而优化干燥塔高度为 700mm。

⑤ 干燥塔直径。

干燥塔直径对塔内液滴分布和气相流场都有着较大的影响，在喷雾角度为 45°、喷嘴数量为 2 个、喷嘴直径为 0.5mm、干燥塔塔高为 700mm 的条件下，分别模拟干燥塔的直径为 100mm、120mm、140mm、160mm 和 180mm 时干燥塔对含能材料的粒径大小和跨度的影响。结果如图 5.24（a）和（b）所示。

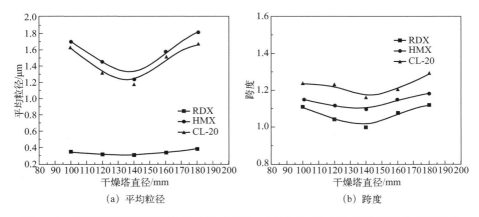

图 5.24　不同喷雾塔塔径下含能材料（RDX、HMX 和 CL-20）颗粒平均粒径和跨度

从图 5.24（a）可以看出，随着干燥塔直径从 100mm 增加到 140mm，RDX 的平均颗粒粒径从 0.3583μm 微弱减小到 0.3021μm，HMX 的平均颗粒粒径从 1.6926μm 降低到 1.2308μm，CL-20 的平均颗粒粒径从 1.6137μm 降低到 1.1634μm，此时三种含能材料的颗粒粒径都达到最小值；当干燥塔直径继续从 140mm 增加到 180mm 时，RDX 平均粒径逐渐增大到 0.3895μm，HMX 平均粒径逐渐增大到 1.8034μm，CL-20 平均粒径逐渐增大到 1.6531μm。从图 5.24（b）中可以看出，随着干燥塔直径从 100mm 增加到 140mm，RDX 平均粒径的跨度从 1.1052 减小到 0.9897，HMX 平均粒径的跨度从 1.1482 降低到 0.9757，CL-20 平均粒径的跨度从 1.2351 降低到 1.0019，此时三种含能材料平均粒径的跨度都达到最小值；当干燥塔直径继续从 140mm 增加到 180mm 时，RDX 平均粒径的跨度逐渐增大到 1.1168，HMX 平均粒径的跨度逐渐增大到 1.1815，CL-20 平均粒径的跨度逐渐增大到 1.2892。

从图 5.24（a）和（b）中可以计算得出，RDX、HMX 和 CL-20 的平均粒径值随着干燥塔直径（100～180mm）的变化率的绝对值依次为 0.2439、0.3383 和 0.3035，说明干燥塔直径对 HMX 平均粒径的影响最大，其次是 CL-20 和 RDX；而 RDX、HMX 和 CL-20 跨度随着干燥塔直径（100～180mm）改变的变化率的绝对值依次为 0.1150、0.1932 和 0.2293，说明干燥塔直径对 CL-20 跨度的影响最大，其次是 HMX 和 RDX，后两者干燥颗粒粒径的分布更均一。

这是因为干燥塔直径影响了液滴的扩散程度。干燥塔直径过小时，此时流动空间狭小，不利于雾化液滴的扩散，同时也容易使液滴碰到塔壁，使物料附着在塔壁上，不利于物料的干燥以及设备的维护；而当干燥塔直径从 100mm 增加至 120mm，雾化液滴群沿径向的扩散距离增加，液滴群的分布相对均匀，此时雾化液滴群与热氮气结合更加充分，干燥效果变好；当干燥塔直径继续增加至 220mm 时，整个塔内气体运动空间过大，造成塔内气相速度降低[28]，雾化液滴群被热气流包裹，虽然液滴的停留时间变长，但是干燥效率变低，干燥效果变差。模拟最优干燥塔直径为140mm。

⑥ 影响因素的重要性分析。

将影响含能材料（RDX、HMX 和 CL-20）平均粒径大小和跨度的设备参数的变化率绝对值进行汇总，见表5.9。

表5.9　影响含能材料（RDX、HMX 和 CL-20）平均粒径和跨度的设备参数的变化率绝对值

影响因素	RDX		HMX		CL-20	
	平均粒径	跨度	平均粒径	跨度	平均粒径	跨度
喷雾角度	0.1613	0.2924	0.2779	0.1338	0.3325	0.2796
喷嘴数量	0.2864	0.3476	0.2796	0.1824	0.4566	0.3251
喷嘴直径	0.4131	0.396	0.5101	0.2174	0.7102	0.2929
干燥塔塔高	0.4918	0.2113	0.3949	0.2530	0.3348	0.2050
干燥塔塔径	0.2439	0.1150	0.3383	0.1932	0.3035	0.2293

从表5.9可以看出，对 RDX 而言，设备结构参数对其平均粒径的影响从大到小依次是：干燥塔塔高＞喷嘴直径＞喷嘴数量＞干燥塔塔径＞喷雾角度，对其跨度的影响从大到小依次是：喷嘴直径＞喷嘴数量＞喷雾角度＞干燥塔塔高＞干燥塔塔径；对 HMX 而言，设备结构参数对其平均粒径的影响从大到小依次是：喷嘴直径＞干燥塔塔高＞干燥塔塔径＞喷嘴数量＞喷雾角度，对其跨度的影响从大到小依次是：干燥塔塔高＞喷嘴直径＞干燥塔塔径＞喷嘴数量＞喷雾角度；对 CL-20 而言，设备结构参数对其平均粒径的影响从大到小依次是：喷嘴直径＞喷嘴数量＞干燥塔塔高＞干燥塔塔径＞喷雾角度，对其跨度的影响从大到小依次是：喷嘴数量＞喷嘴直径＞喷雾角度＞干燥塔塔径＞干燥塔塔高。可以看出，RDX 平均粒径受干燥塔塔高影响最大，跨度受喷嘴直径影响最大；HMX 平均粒径受喷嘴直径影响最大，跨度受干燥塔塔高影响最大；CL-20 平均粒径受喷嘴直径影响最大，跨度受喷嘴数量影响最大。

综上所述，喷雾干燥法制备含能材料（RDX、HMX 和 CL-20）颗粒时，需要着重考虑喷嘴直径和干燥塔塔高对平均粒径和跨度的影响。

⑦ 灵敏性分析。

模拟的 RDX、HMX 和 CL-20 最优设备结构参数均为：喷雾角度为45°，喷嘴数量为2，喷嘴直径为0.5mm，干燥塔直径为140mm，塔高为700mm。设定含能材料（RDX、HMX 和 CL-20）设备结构参数（喷雾角度、喷嘴直径、塔高和塔径）范围如表5.10所示，其对设备结构参数的灵敏度分别如图5.25～图5.27所示。

表 5.10   不同含能材料（RDX、HMX 和 CL-20）灵敏度分析的设备结构参数范围

设备结构参数	RDX		HMX		CL-20	
	−5%	+5%	−5%	+5%	−5%	+5%
喷雾角度/ (°)	42.75	47.25	42.75	47.25	42.75	47.25
喷嘴直径/mm	0.475	0.525	0.475	0.525	0.475	0.525
干燥塔塔高/mm	665	735	665	735	665	735
干燥塔塔径/mm	133	147	133	147	133	147

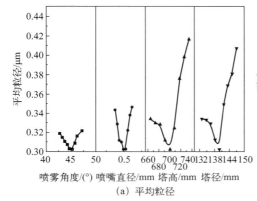
(a) 平均粒径

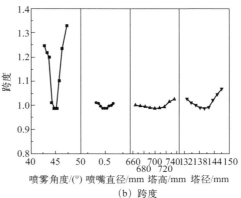
(b) 跨度

图 5.25   不同设备下 RDX 平均粒径和跨度变化的灵敏度

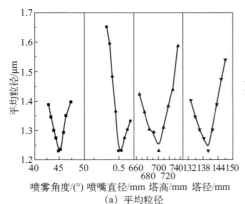
(a) 平均粒径

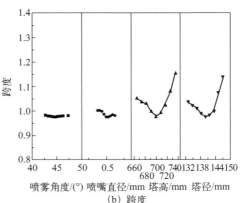
(b) 跨度

图 5.26   不同设备参数下 HMX 平均粒径和跨度变化的灵敏度

从图 5.25 可得，RDX 平均粒径和跨度分别对干燥塔塔高和喷雾角度的灵敏度较高，更为敏感；从图 5.26 可得，HMX 平均粒径和跨度分别对喷嘴直径和干燥塔塔高的灵敏度较高，更为敏感；从图 5.27 可得，CL-20 平均粒径和跨度分别对喷嘴直径和干燥塔塔径的灵敏度较高，更为敏感。

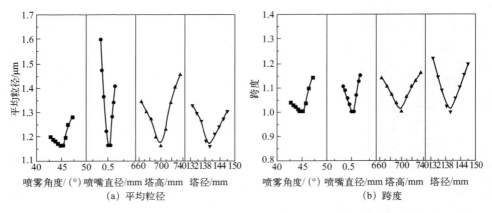

图 5.27 不同设备参数下 CL-20 平均粒径和跨度变化的灵敏度

5.5.1.6 结论

基于 Aspen Plus 模拟软件对喷雾干燥制备含能材料（RDX、HMX 和 CL-20）进行流程模拟，模拟值与实验值之间有较好的一致性。探究操作条件（溶剂、液体流量、入口温度、气体流量和质量分数）和设备结构参数（喷雾角度、喷嘴数量、喷嘴直径、干燥塔塔高和塔径）对含能材料（RDX、HMX 和 CL-20）平均粒径和跨度的影响，获得了最优工艺参数和设备结构参数，主要包含以下内容：

① 模拟得到 RDX 的最优操作条件为：乙腈溶剂，液体流量 1.5mL/min，入口温度 353K，气体流量 357L/h 和质量分数 2%，此时颗粒平均粒径最小为 0.3583μm，跨度最小为 0.8982；HMX 的最优操作条件为：丙酮溶剂，液体流量 1.5mL/min，入口温度 333K，气体流量 470L/h 和质量分数 2%，此时颗粒平均粒径最小为 1.6926μm，跨度最小为 0.9322；CL-20 的最优操作条件为：丙酮溶剂，液体流量 1.5mL/min，入口温度 333K，气体流量 357L/h 和质量分数 2%，此时颗粒平均粒径最小为 1.6137μm，跨度最小为 0.8778。同时建立了基于不同操作条件的含能材料（RDX、HMX 和 CL-20）平均粒径和跨度的经验关联式，为了突出 Aspen Plus 模拟的优越性，其预测结果进一步与经验关联式进行对比。Aspen Plus 预测的误差在 10% 之内，远小于经验关联式的误差 35%。

② 模拟三种含能材料得到的最优设备结构参数一致为：喷雾角度为 45°，喷嘴数量为 2，喷嘴直径为 0.5mm，喷雾干燥塔直径为 140mm，喷雾塔高度为 700mm，此时 RDX 颗粒平均粒径最小为 0.3021μm，跨度最小为 0.9897；HMX 颗粒平均粒径最小为 1.2308μm，跨度最小为 0.9757；CL-20 颗粒平均粒径最小为 1.1634μm，跨度最小为 1.0019。

5.5.2 流化床废轮胎气化

5.5.2.1 引言

随着我国汽车工业的快速发展，产生废旧轮胎的数量急剧增加，导致了严重的环境问题。与此同时，能源需求也在不断攀升，迫切需要废弃物转化为能源的技术[29]。鼓泡流化床气化似乎是一种很有前途的方法，可以将废轮胎转化为合成气，用于产热、发电和合成化学品[30]。尽管研究者采用 Aspen Plus 对废轮胎气化过程进行了模拟研究，但是都假设了气化中的反应达到平衡，这与工业应用过程的实际情况相差甚远。此外，化学反应之间的相互作用尚不清楚，严重阻碍了工业发展。为此，建立了2 个 Aspen Plus 模型，模拟了不同种类气化剂（空气、水蒸气、二氧化碳及其混合物）对鼓泡流化床中废轮胎气化性能的影响。这些模型考虑了化学反应达到热力学平衡（CRTM）或者受动力学控制（CRK）。针对不同类型的气化剂，对气体的组成及其热值进行了专门的模拟，详细分析了燃烧反应、水蒸气气化反应、水煤气变换反应和二氧化碳气化反应的贡献。建立的鼓泡流化床废轮胎气化的 Aspen Plus 模型为这些过程提供了更深入的理解，从而能够对气化性能进行预估，并确定优化的操作条件。

5.5.2.2 实验与模型

（1）废轮胎在鼓泡流化床中的气化过程

废轮胎与气化剂（空气、水蒸气、二氧化碳或混合物）反应产生气体（H_2、CO、CO_2 和 CH_4）、焦油和灰。废轮胎在鼓泡流化床中气化的详细实验过程可参见 Karatas 等[31,32] 的研究。表 5.11 列出了模拟采用的 Karatas 等的实验数据。表 5.12 列出了废轮胎的工业分析和元素分析结果。

表 5.11　鼓泡流化床废轮胎气化的实验条件

项目	Karatas 等[31-32]
内径（ID）/mm	82
高度（H）/m	2.29
温度/K	973
压力/MPa	0.1
气化剂	空气、水蒸气、二氧化碳
废轮胎颗粒粒径（D_p）/mm	0.6~1.0
床料颗粒粒径（D_b）/μm	140~800
当量比（ER）/（Nm^3/Nm^3）	0.15~0.45
温度（T）/K	983~1028
进料量（F）/（kg/h）	0.825

项目	Karatas 等[31-32]
CO₂/空气（C/A）/（kg/h/kg/h）	0.1～0.25
水蒸气/空气（S/A）/（kg/h/kg/h）	0.20～0.27
水蒸气/燃料（S/F）/（kg/h/kg/h）	0.27～0.52
H_2/%	4～53
CO/%	2.4～9.8
CO_2/%	2.4～19
CH_4/%	4～29
气体低热值（LHV）/（MJ/Nm³）	2.6～15.8

表 5.12　废轮胎的工业分析和元素分析[31,32]

工业分析（质量分数，%）			元素分析（质量分数，%）				
FC	A	VM	C	H	N	O	S
29.11	6.68	64.21	80.1	7.97	0.15	2.62	2.49

（2）Aspen Plus 模型

由于废轮胎在鼓泡流化床气化炉中气化过程的复杂性，做了如下假设：整个废轮胎气化过程是在稳态、等温和常压下进行的。脱挥发分产物主要包括 H_2、CO、CO_2、CH_4 和 H_2O。忽略合成气组成中焦油、其他重质烃类化合物、含 S 和 N 物质。假设焦炭只含碳且不含灰分，脱挥发分作用瞬间发生，忽略从气化炉到周围环境的热量损失。

物性方法在 Aspen Plus 模型中起着至关重要的作用。表 5.13 列出了废轮胎气化过程中各种成分的物性方法。

表 5.13　不同组分的物性方法

组分	物性方法
废轮胎	焓值：HCOALGEN
	密度：DCOALIGT
H_2，CO，CO_2，CH_4 和 H_2O	IDEAL

将鼓泡流化床中废轮胎气化过程的 Aspen 流程划分为 7 个单元，如图 5.28 所示。由于废旧轮胎不是 Aspen Plus 中的常规组分，因此不能直接对其进行模拟。因此，首先利用 RYIELD 反应器，基于元素分析和工业分析，将废轮胎分解为碳（半焦）、氢、氧、氮、硫、灰分和水分。然后，混合物在 SEPARATION 单元中进

一步分离为挥发分和固体成分。假设化学反应达到吉布斯平衡。在 RGIBB 反应器中,挥发分转化为 H_2、CO、CO_2 和 CH_4。将固体(半焦)、气化剂(空气、H_2O 和 CO_2)和来自 RGIBB 反应器的产品气在 MIXER 中混合。比较了两种模型:一种是假定化学反应达到热力学平衡(CRTM),在 RGIBB 反应器中进一步气化焦炭,如图 5.28(a)所示;另一种是在 CSTR 和 PLUG 反应器中进一步气化,假设化学反应由动力学控制(CRK),如图 5.28(b)所示。在 CYCLONE 中,进一步分离灰分和气体。

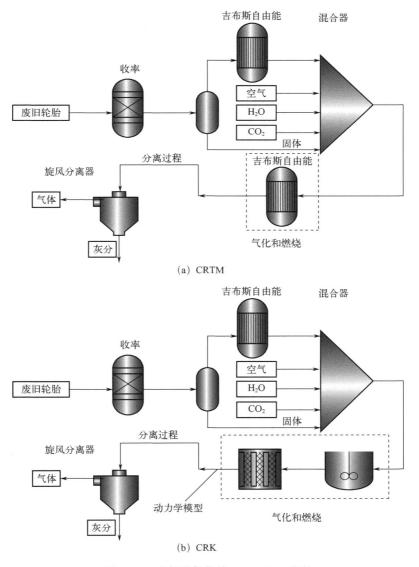

图 5.28　废轮胎气化的 Aspen Plus 流程

随着不同气化剂（空气、蒸汽和二氧化碳）的引入，可能会出现许多类似于煤气化的反应。碳与氧反应动力学模型（R1）取自 Conesa 等[33] 在热天平反应器中温度为 $100\sim650℃$、氧分压为 $10\%\sim20\%$ 的轮胎焦的研究。碳与水蒸气的反应动力学模型（R2）取自 Song 等[34] 在热天平反应器中对气化温度为 $550\sim850℃$、水蒸气分压为 $25\sim101.3kPa$ 的轮胎焦的工作。在热天平反应器中，采用 Murillo 等[35] 的工作，在气化温度为 $850\sim1000℃$、二氧化碳分压为 $20\%\sim40\%$ 的条件下，建立了碳与二氧化碳的反应动力学模型（R4）。对于废轮胎的其他反应几乎没有研究。因此，以煤或生物质为研究对象，如水煤气变换反应（R3）、加氢气化反应（R5）、水蒸气重整反应（R6）、氢气燃烧（R7）、一氧化碳燃烧（R8）和甲烷燃烧（R9）。这些反应动力学模型在 Liu 等[36] 和 Eikeland 等[37] 的流化床气化 Aspen Plus 模拟模型中得到了验证。废轮胎气化过程中各种化学反应的动力学模型见表 5.14。经过详细分析，加氢气化反应（R5）和水蒸气重整反应（R6）由于对整个过程的贡献较低，可以忽略。

表 5.14　化学反应动力学模型

化学反应	反应方程式	速率表达式	参考文献
R1 碳燃烧反应	$C+(2-\beta)/2O_2=$ $\beta CO+(1-\beta)CO_2$	$\dfrac{dx}{dt}=1.837\times10^9$ $\exp\left(\dfrac{252}{RT}\right)0.305^{0.677}P_{O_2}^{0.866}$	[33]
R2 水蒸气气化	$C+\alpha H_2O=(2-\alpha)CO+$ $(\alpha-1)CO_2+\alpha H_2$	$\dfrac{dX}{dt}=0.2699\exp$ $(-39090/RT)(P_{H_2O})^{0.87}(1-X)$	[34]
R3 水煤气变换反应	$CO+H_2O=$ CO_2+H_2	$\dfrac{dC_{CO}}{dt}=2.78\times10^3\exp\left(\dfrac{-1510}{T_g}\right)C_{CO}C_{H_2O}$	[36]
R4 二氧化碳气化	$C+CO_2=2CO$	$\dfrac{dX}{dt}=\dfrac{15.33\times2.67\times10^7e^{-197700/8.314T}}{(1-0.49)\left(\dfrac{1.69}{12}\times10^6\right)}\times$ $C(1-X)\sqrt{1-6.26\ln(1-x)}$	[35]
R5 加氢气化	$C+2H_2=CH_4$	$\dfrac{dC_{CH_4}}{dt}=1.62\exp\left(\dfrac{-18042}{T_p}\right)\left(\dfrac{P_{H_2}}{10^5}\right)$	[36]
R6 蒸汽重整反应	$CH_4+H_2O=CO+3H_2$	$r=3.1005\times\exp(-15000/T)C_{CH_4}C_{H_2O}$	[37]
R7 氢气燃烧	$H_2+1/2O_2=H_2O$	$\dfrac{dx}{dt}=2.19\times10^{12}\exp\left(\dfrac{-13127}{T}\right)C_{H_2}C_{O_2}$	[36]
R8 二氧化碳燃烧	$CO+1/2O_2=CO_2$	$\dfrac{dx}{dt}=3.09\times10^{15}\exp\left(\dfrac{-11999}{T}\right)C_{CO}C_{O_2}$	[36]
R9 甲烷燃烧	$CH_4+2O_2=CO_2+2H_2O$	$\dfrac{dx}{dt}=2.26\times10^{14}\exp\left(\dfrac{-111908}{T}\right)C_{CH_4}C_{O_2}$	[36]

为了提供更详细的化学反应信息，计算了反应贡献率。该比值定义为某一反应占总反应的比例，揭示了占主导地位的反应及其相对重要性。例如，在空气气化中，有 4 个反应（R1、R7、R8 和 R9）。贡献率 R1 由 R1 的反应速率除以 R1、R7、R8 和 R9 的反应速率之和确定。

5.5.2.3　模型验证

为了证明所建立的两个化学反应 Aspen Plus 模型的有效性（CRTM 和 CRK），将预测结果与 Karatas 等[31,32] 的实验结果进行比较。如图 5.29 所示，H_2、CO、CO_2、CH_4 和 LHV 的实验数据可以通过 Aspen Plus 模型得到很好的模拟。与 CRTM 模型相比，CRK 模型的数据似乎更接近对角线，这表明 CRK 模型更适合。值得注意的是，CO 和 CO_2 的两个模型之间的差异很大，这可能是由于产生这些气体的反应远离平衡。

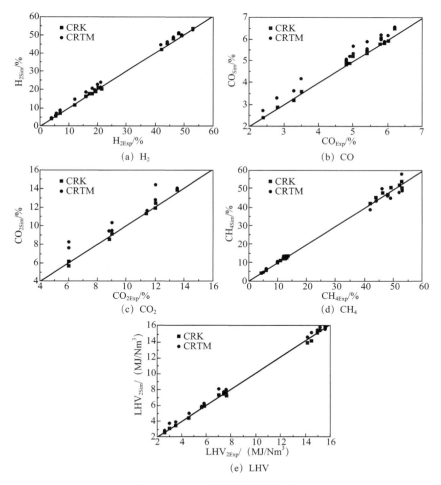

图 5.29　实验值和模拟值的对比

5.5.2.4　模型预测——气化方案

为了更详细地了解 CRK 和 CRTM 模型在鼓泡流化床废轮胎气化中的预测性能，综合分析了不同气化剂对 H_2、CO、CO_2、CH_4 和 LHV 的影响。分析各种反应的贡献率，以确定最重要的反应。

（1）空气气化

采用 ER 对空气气化性能进行评价。ER 不仅代表了气化炉内的 O_2 浓度，还反映了自热操作的气化温度。在不同的 ER 值下，反应可以是完全燃烧、部分燃烧或完全气化生成 CO。在模拟过程中，ER 从 0.15 变化到 0.44，间隔为 0.01。CRK、CRTM 和实验预测的 H_2、CO、CO_2、CH_4 和 LHV 在不同 ER 值下的气化性能如图 5.30 所示。从图 5.30 中可以看出，两个模型具有相似的趋势，CRK 的性能明显优于 CRTM。以 CRK 为例，ER 从 0.15 增加到 0.44，H_2 从 20.88％降低到 3.95％ [图 5.30（a）]，CO 从 3.5％增加到 6.5％ [图 5.30（b）]，CO_2 从 6.1％增加到 12.4％ [图 5.30（c）]，CH_4 从 11.8％降低到 4.25％ [图 5.30（d）]，LHV 从 7.3MJ/Nm^3 降低到 2.5MJ/Nm^3 [图 5.30（e）]。随着 ER 的增加，引入了更多的氧气，促进了氧化反应的进行，使得 H_2 和 CH_4 量减少，而 CO 和 CO_2 量增加。LHV 的降低可能是由于 H_2 和 CH_4 的减少以及氮气的稀释作用。实验结果与 CRTM 预测 H_2 数据之间的差异变小，尤其是在高 ER 值时。这可能归因于在高 ER 值下引入更多的氧气，产生的高温促使化学反应可能达到平衡，使得反应可能受扩散控制，CO、CO_2、CH_4 和 LHV 也有类似的变化趋势。

为了提供更详细的气化炉内化学反应信息，对不同反应的贡献率进行了分析，如图 5.30（f）所示。对于空气气化，考虑 4 种燃烧反应：氢气燃烧（R7）、一氧化碳燃烧（R8）、甲烷燃烧（R9）和碳燃烧（R1）。如图 5.30（f）所示，随着 ER 的增加，R7 的贡献率从 0.46 显著下降到 0.15，R8 的贡献率从 0.22 迅速上升到 0.60，R9 的贡献率从 0.22 迅速下降到 0.006，R1 的贡献率从 0.08 上升到 0.23。这些结果表明，在低 ER 值时，氢气燃烧是主要反应，而在高 ER 值时，一氧化碳燃烧成为主要反应。为获得高品质合成气，ER 应尽量保持较低，以避免有效气体燃烧。对于废轮胎气化，适宜的 ER 值应在 0.1 左右。

（2）二氧化碳和空气混合气化

随着全球气候变暖的加剧，二氧化碳的利用变得越来越重要。因此，提出使用二氧化碳与空气作为气化剂。模拟过程中，二氧化碳与空气的比值（C/A）从 0.09 变化到 0.25，间隔为 0.01。图 5.31 为不同 C/A 下，CRK、CRTM 和实验的 H_2、CO、CO_2、CH_4 和 LHV 的气化性能。两种模型均能较好地模拟不同气体组分在不同 C/A 下的变化趋势。CRK 的模拟结果明显优于 CRTM。以 CRK 为例，随着 C/A 从 0.09 增加到 0.25，H_2 从 7.2％增加到 20.6％ [图 5.31（a）]，CO 从 5.2％增加到 5.9％ [图 5.31（b）]，CO_2 从 18.9％降低到 16.8％ [图

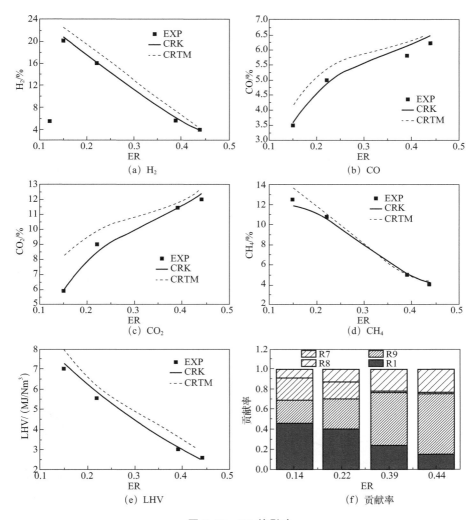

(a) H₂ ~ (f) 贡献率

图 5.30　ER 的影响

5.31（c）］，CH₄ 从 5.7% 增加到 13.8%［图 5.31（d）］，LHV 从 3.4MJ/Nm³ 增加到 7.2MJ/Nm³［图 5.31（e）］。大多数实验数据与 CRK 模型的模拟数据相一致，表明 CRK 模型在鼓泡流化床废轮胎气化模拟中具有良好的应用前景。对于 H_2，随着 CO_2 的引入，相比于单独的空气气化，二氧化碳气化变得越来越重要。反应消耗了更多的热量，这可能会引起燃烧速率的降低，最终导致氢气的增加。CO 的增加和 CO_2 的减少可能是由于二氧化碳气化反应造成的。CRK 和 CRTM 预测的 H_2 之间的差距变小，特别是在 C/A 为 0.25 时。这表明随着 CO_2 的引入，已经达到了新的平衡。对于 CO，初始速率增加较快，随后速率变缓，这主要是由于可利用的氧气较多，燃烧成为主导，随后二氧化碳气化成为主导。

由于二氧化碳的气化，CO_2 浓度不断降低，随着 H_2、CO 和 CH_4 的含量增加，LHV 无一例外地增加。

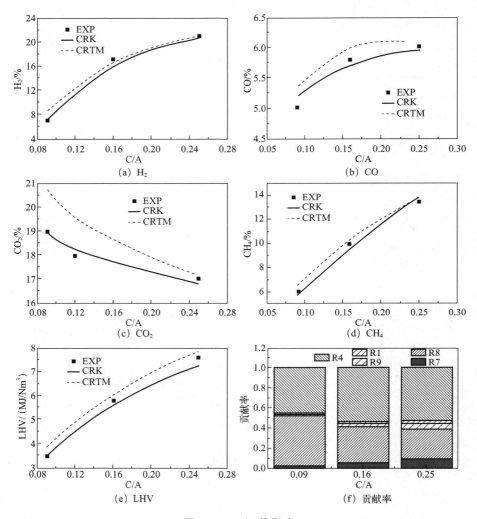

图 5.31 C/A 的影响

为了更详细地了解引入二氧化碳的反应变化，对不同反应的贡献率进行了分析，如图 5.31（f）所示。在大多数情况下，二氧化碳气化反应（R4）占主导地位，占总反应的 45% 以上，并且这些反应随着 C/A 的增加而增加。其次是一氧化碳燃烧反应（R8），占总反应的 30% 以上，但随着 C/A 的增加，这些反应显著减少。二氧化碳的引入显著抑制了氢气和甲烷的燃烧，导致其含量增加。

（3）水蒸气和空气混合气化

水蒸气被用作气化剂，通常与空气混合以产生氢气并调节气化温度。在模拟过程中，蒸汽与空气的比值（S/A）从 0.21 变化到 0.27，间隔为 0.01。CRK、CRTM 和实验的 H_2、CO、CO_2、CH_4 和 LHV 不同 S/A 的结果如图 5.32 所示。与单独空气气化和二氧化碳与空气混合气化的结果类似，CRK 的预测能力明显优于 CRTM。对于 CRK，当 S/A 从 0.21 增加到 0.27 时，H_2 从 20.4％ 先下降到17.7％，后上升到 18.8％ ［图 5.32（a）］，CO 从 5.3％ 先下降到 4.8％，后上升到 5.8％ ［图 5.32（b）］，CO_2 从 8.5％ 先上升到 11.9％，后下降到 9.1％ ［图5.32（c）］，CH_4 从 12.4％ 持续下降到 11.4％ ［图 5.32（d）］，LHV 在 7.5MJ/Nm^3 附近保持相对稳定 ［图 5.32（e）］。CRK 和实验数据的重叠表明了气体组分预测的准确性。在低 S/A 下观察到明显的差异，但随着 S/A 比值的增加，这些差异减小。这些观察结果归因于复杂的化学反应之间的相互作用。在较低的 S/A 下，燃烧产生的热量有可能被气化所消耗。CRTM 一直高估了 H_2 的产量，尤其是在低S/A 时，CRTM 无法模拟氢气浓度达到最低点的情况，而这一限制在 CRK 内并不存在。这一点表明热力学平衡模型适用于高温，而在较低温度下受到限制。

引入水蒸气后，反应之间的相互作用变得更加复杂。与空气气化相比，水蒸气气化反应（R2）和水煤气变换反应（R3）的影响更加明显。如图 5.32（f）所示，在 S/A 为 0.21 时，R2 和 R3 的贡献率分别为 30％ 和 18％。这表明燃烧的影响明显大于气化，引起可燃成分氢气和一氧化碳的减少。然而，在 S/A 比值为 0.27 时，R2 和 R3 的贡献率分别为 42％ 和 32％。这些数值意味着气化已经成为主导，导致氢气和一氧化碳增加。因此，这些因素导致了氢气和一氧化碳浓度的先降低后增加。

（4）水蒸气气化

在模拟过程中，蒸汽与燃料的比值（S/F）从 0.27 变化到 0.52，间隔为 0.01。CRK、CRTM 和实验的 H_2、CO、CO_2、CH_4 和 LHV 在不同 S/F 下的气化性能如图 5.33 所示。CRK 模型的预测能力超过了 CRTM 模型。对于 CRK 模型，当 S/F从 0.27 增加到 0.52 时，H_2 从 42.1％ 增加到 53.5％ ［图 5.33（a）］，CO 从2.4％ 增加到 5.4％ ［图 5.33（b）］，CO_2 从 2.3％ 增加到 3.6％ ［图 5.33（c）］，CH_4 从 29.2％ 降低到 22.7％ ［图 5.33（d）］。LHV 最初从 15.4MJ/Nm^3 上升到15.9MJ/Nm^3，然后下降到 14.5MJ/Nm^3 ［图 5.33（e）］。对于所有气体组分，CRK 模型的预测精度均高于 CRTM 模型。显然，CRK 模型高估了 H_2 浓度，因为随着水蒸气的增加，水煤气变换反应会产生更多的氢气。其中 CO 最初变化较快，然后逐渐变缓，这可能是由于在低 S/F 时，以水蒸气气化为主 ［图 5.33（f）］，导致 H_2 和 CO 产量增加。在较高的 S/F 下，由于水蒸气气化消耗了更多的碳，导致CO 逐渐升高，因此水煤气变换反应变得越来越显著 ［图 5.33（f）］。LHV 的初始

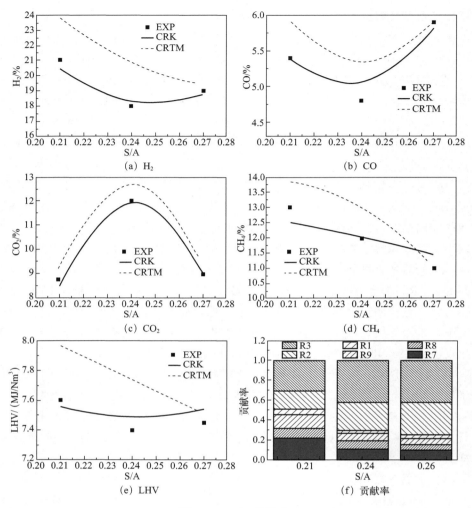

图 5.32 S/A 的影响

增加可能是由于 H_2 和 CO 的贡献大于 CH_4。此后，趋势发生逆转。

对于水蒸气气化，重点考虑了水蒸气气化反应（R2）和水煤气变换反应（R3）。如图 5.33（f）所示，R2 比 R3 更显著。随着 S/F 的增加，R2 的贡献率从 0.57 增加到 0.65。这导致用于生产氢气和一氧化碳的碳消耗较高。

（5）不同气化方案的比较

以上结果表明，利用 Aspen 模型可以有效地模拟不同的气化方案，对工业操作至关重要。详细比较气化剂类型［空气气化（ER）、水蒸气/燃料（S/F）、水蒸气/空气（S/A）和二氧化碳/空气（C/A）］对气体组成和 LHV 的影响。产氢量依次为水蒸气（48.81%）、二氧化碳/空气（30.71%）、水蒸气/空气（22.63%）和空气气化（20.8%）。对于一氧化碳，依次为空气气化（6.2%）、二氧化碳/空气

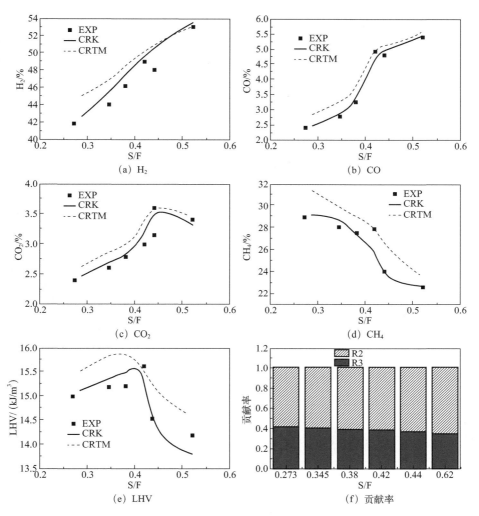

(a) H₂   (b) CO   (c) CO₂   (d) CH₄   (e) LHV   (f) 贡献率

图 5.33　S/F 的影响

（5.48%）、水蒸气/空气（4.88%）和水蒸气（3.89%）。二氧化碳产生量依次为二氧化碳/空气（12.76%）、空气气化（12.4%）、蒸汽/空气（9.58%）和蒸汽（3.3%）。甲烷依次为水蒸气（26.37%）、二氧化碳/空气（15.58%）、水蒸气/空气（11.94%）和空气气化（11.8%）。LHV 的大小顺序为水蒸气（15.21MJ/Nm³）、二氧化碳/空气（9.59MJ/Nm³）、水蒸气/空气（7.34MJ/Nm³）和空气气化（7.2MJ/Nm³）。其中由于水蒸气气化和水煤气变换反应，水蒸气的引入导致了氢气和甲烷产量的增加。有趣的是，使用二氧化碳代替蒸汽导致了 LHV 的增加。这些发现对于二氧化碳的利用是十分有用的。

　　根据产生气体的最终用途，对各种气化方案提出了相应的建议，如发电、燃料电池和化工生产。对于发电而言，建议使用二氧化碳/空气气化工艺——由于其适中的气体低热值和利用二氧化碳的能力。对于燃料电池，适宜采用水蒸气气化由于其较高的产氢能力。对于合成氨、甲醇、天然气和二甲醚等化工生产，考虑到 H_2/CO 值范围为 1.6～3.4，推荐二氧化碳/空气工艺为最优选择。

为便于更清晰地对比不同气化剂的影响，分析了相同气化剂配比下各反应的贡献率。ER 为 0.25 时，氢气燃烧（R7）、一氧化碳燃烧（R8）、甲烷燃烧（R9）和碳燃烧（R1）的贡献率分别为 0.41、0.30、0.17 和 0.12。当 C/A 为 0.25 时，氢气燃烧（R7）、一氧化碳燃烧（R8）、甲烷燃烧（R9）、碳燃烧（R1）和二氧化碳气化（R4）的贡献率分别为 0.09、0.29、0.06、0.03 和 0.53。当 S/A 为 0.25 时，氢气燃烧（R7）、一氧化碳燃烧（R8）、甲烷燃烧（R9）、碳燃烧（R1）、水蒸气气化反应（R2）和水煤气变换反应（R3）的贡献率分别为 0.12、0.08、0.07、0.03、0.28 和 0.42。当 S/F 为 0.25 时，水蒸气气化反应（R2）和水煤气变换反应的贡献率分别为 0.42 和 0.57。

将二氧化碳/空气单独气化与空气单独气化进行对比发现，随着二氧化碳的引入，氢气、一氧化碳、甲烷和碳的燃烧反应受到了极大的抑制。对氢气、甲烷和碳燃烧的影响明显大于对一氧化碳燃烧的影响。当对比水蒸气/空气与空气气化时，水蒸气的引入也极大地抑制了氢气、一氧化碳、甲烷和碳的燃烧反应。对于不同的燃烧反应，这些影响并无显著差异。然而，当对比水蒸气/空气和水蒸气单独气化时，水蒸气中水蒸气气化反应（R2）与水煤气变换反应（R3）的比值（0.73）远高于水蒸气/空气（0.66）。这说明引入空气后，对水蒸气气化反应（R2）的影响小于对水煤气变换反应（R3）的影响。

5.5.2.5 结论

利用 Aspen Plus 软件对废旧轮胎在鼓泡流化床中的气化过程进行了数值模拟，采用 7 个单元来描述这些过程：RYIELD、SEPARATION、RGIBB、MIXTER、CSTR、PLUG 和 CYCLONE。为了更好地模拟气体组分（H_2、CO、CO_2 和 CH_4）和气体低热值（LHV），考虑达到热力学平衡的化学反应（CRTM）和受动力学控制的化学反应（CRK），建立了 2 个 Aspen Plus 模型。与 CRTM 模型相比，CRK 模型表现出更优越的性能。随着温度的升高，两个模型之间的差异减小，这可能是因为动力学不再是所研究反应的限制因素。

比较了不同气化剂，包括空气、水蒸气、空气/水蒸气和空气/二氧化碳。对于空气气化，ER 为 0.15 时，氢气燃烧（R7）占总反应的 46% 以上，而 ER 为 0.44 时，一氧化碳燃烧（R8）占总反应的 60% 以上。在二氧化碳与空气气化（C/A）的情况下，二氧化碳气化（R4）占总反应的 45% 以上。对于空气和水蒸气气化（S/A），在 S/A 为 0.21 时，燃烧（52%）占主导地位，而在 S/A 比值为 0.27 时，气化（74%）变得更加显著。在水蒸气气化中，水蒸气气化反应（0.65）比水煤气变换反应（0.35）的影响更明显，导致最高的氢气浓度和 LHV。向空气中添加二氧化碳也可以提高 LHV，表现出比空气气化更好的性能。氢气、一氧化碳、二氧化碳和甲烷的最高气体组成分别为水蒸气气化的 48.81%、空气气化的 6.2%、二氧化碳/空气气化的 12.76% 和水蒸气气化的 26.37%。水蒸气气化时可获得最高的 LHV（15.21MJ/Nm³）。

随着二氧化碳和水蒸气的引入，氢气、一氧化碳、甲烷和碳的燃烧反应受到了极大的抑制。在二氧化碳/空气燃烧过程中，对氢气、甲烷和碳燃烧的影响比对一氧化碳燃烧的影响大。然而，这些影响在蒸汽/空气工艺中没有显著差异。水蒸气气化（0.73）过程中水蒸气气化反应（R2）与水煤气变换反应（R3）的比值远高于水蒸气/空气（0.66）过程。这说明引入空气后，对水蒸气气化反应（R2）的影响小于对水煤气变换反应（R3）的影响。

对于发电，宜采用二氧化碳/空气工艺，由于其适中的气体低热值和可利用二氧化碳的优势。对于燃料电池，水蒸气气化工艺由于其较高的制氢能力认为是最合适的。对于合成氨、甲醇、天然气和二甲醚等化工生产，考虑到 H_2/CO 值范围为 1.6～3.4，推荐二氧化碳/空气工艺为最优选择。

所建立的鼓泡流化床废轮胎气化 Aspen Plus 模型可用于预测不同气化剂下的气化性能，并提供了优化的气化方案。

5.5.3　旋转填料床真空精馏乙醇和水

5.5.3.1　引言

精馏作为重要且能耗高的分离过程之一，被广泛应用于液体混合物的分离。但气液传质速率小、泛点低、小的气液比和安装成本高是限制精馏塔发展的主要问题，尤其是对于木质纤维素发酵液中浓度较低的生物乙醇的分离[38]。针对上述问题，开发了旋转填料床（RPB），以离心力场代替传统重力场。此外，由于具有高气体流量和采用大空隙率填料的可行性以及设备体积小和移动灵活的特点，RPB 具有良好的精馏性能。因此，在 RPB 中进行减压精馏有望成为获得无水乙醇的有效途径。为了研究 RPB 中的精馏蒸馏原理，首次采用了基于 Aspen 模型，将持液量和有效相界面面积引入模型中，这些因素在以前的工作中很少考虑。此外，还测试了其他气液传质系数关联式，以表明其有效性。考察操作条件包括超重力因子、操作压力和进料浓度对塔顶产出物浓度（X_D）和理论塔板高度（HETP）的影响。

5.5.3.2　模型建立

(1) 实验

图 5.34（a）呈现了在 RPB 中全回流条件下间歇减压精馏的实验装置。RPB 采用波纹管不锈钢丝网填料，空隙率为 0.95，比表面积为 930m²/m³。转子内径为 180mm，外径为 285mm，轴向高度为 310mm。转子转速在 275～700r/min 之间变

化，从而提供 20～130 倍的超重力环境。蒸汽在压降作用下沿轴向进入旋转填充床，最终从转子顶部流出。进料乙醇的质量分数从 70％到 95％。采用气相色谱仪（GC-S7900）测定出口乙醇浓度。液体通过缓冲罐经液体分布器进入转子内侧，在离心力作用下通过旋转填料向外移动。因此，在填料表面形成微小液滴和薄膜，形成较大的气液相界面，有利于精馏过程的进行。含有高浓度乙醇的蒸汽最终被冷凝器收集，然后从 RPB 顶部回流，而富含水分的液体从底部排出，然后返回到再沸器。实验过程中，操作压力变化范围为 11.325～101.325kPa，由真空泵控制。详细的实验流程参考文献 [39]。

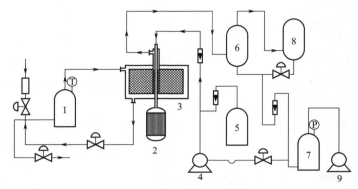

(a) 超重力减压精馏实验装置

1—再沸器；2—转子；3—旋转填料床；4—回流泵；5—产品罐；6—第一冷凝器；
7—缓冲罐；8—第二冷凝器；9—真空泵

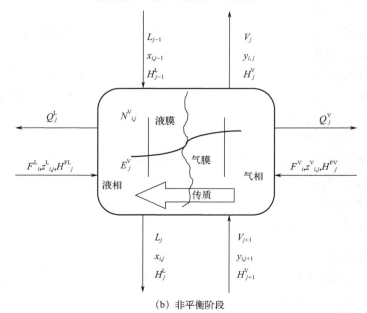

(b) 非平衡阶段

图 5.34　减压精馏实验装置及非平衡级

（2）模型

选择一个控制单元对 RPB 中的减压精馏性能进行非平衡建模，如图 5.34（b）所示。

① 冷凝器。

质量平衡方程：

$$L_{i,1} + V_{i,1} - V_{i,2} = 0 \tag{5.5}$$

式中，L 表示液相；V 表示气相；下标 i，j，1，2 表示不同塔板。

能量平衡方程：

$$H_j^V V_j + H_j^L L_j - H_2^V V_2 + Q_1 = 0 \tag{5.6}$$

式中，H^V 表示气相焓（J/mol）；H^L 表示液相焓（J/mol）；Q_1 表示冷凝器的功率（W）。

相平衡方程：

$$K_{i,1} x_{i,1} - y_{i,1} = 0 \tag{5.7}$$

式中，K 表示相平衡常数；x 表示液相摩尔分率；y 表示气相摩尔分率。

四段 RPB 的质量方程和能量方程如下：

对于蒸汽（质量方程）：

$$F_j^v z_{i,j}^v + V_{j+i} y_{i,j+1} - V_j y_{i,j} - N_{i,j}^V = 0 \tag{5.8}$$

式中，F 表示进料流率（mol/s）；N 表示质量传递速率（mol/s）。

对于液体（质量方程）：

$$F_j^L z_{i,j}^L + L_{j-1} x_{i,j-1} - L_j x_{i,j} + N_{i,j}^L = 0 \tag{5.9}$$

式中，z 表示进料摩尔分率。

对于蒸汽（能量方程）：

$$F_j^V H_j^{FV} + V_{j+1} H_{j+1}^V - V_j H_j^V - E_j^V - Q_j^V = 0 \tag{5.10}$$

式中，E 表示传热速率（J/s）；Q 表示热交换的功率（W）。

对于液体（能量方程）：

$$F_j^L H_j^{FL} + L_{j-1} H_{j-1}^L - L_j H_j^L - E_j^L - Q_j^L = 0 \tag{5.11}$$

归一化方程：

$$\sum_{i=1}^{c} x_{i,j}^e - 1 = 0 \tag{5.12}$$

$$\sum_{i=1}^{c} y_{i,j}^e - 1 = 0 \tag{5.13}$$

$$\sum_{i=1}^{c} x_{i,j} - 1 = 0 \tag{5.14}$$

$$\sum_{i=1}^{c} y_{i,j} - 1 = 0 \tag{5.15}$$

传质方程：

$$N_{i,j}^V = c_j^V \sum_{m-1}^{n-1} K_{i,m,j}^V a_j (y_{m,j} - y_{m,j}^e) + y_{i,j} \sum_{i=1}^{n} N_{i,j}^V \tag{5.16}$$

$$N_{i,j}^L = c_j^L \sum_{m-1}^{n-1} K_{i,m,j}^L a_j (x_{m,j}^e - x_{m,j}) + x_{i,j} \sum_{i=1}^{n} N_{i,j}^L \tag{5.17}$$

式中，a 表示气液有效接触面积（$\mathrm{m^2/m^3}$）。

传热方程：

$$E_j^V = h_j^V a_j \frac{\varepsilon_j^V}{e^{\varepsilon_j^V} - 1} (T_j^V - T_j^e) + \sum_{i=1}^{c} N_{i,j}^V H_j^V \tag{5.18}$$

$$E_j^L = h_j^L a_j (T_j^e - T_j^L) + \sum_{i=1}^{c} N_{i,j}^L H_j^L \tag{5.19}$$

T 反应温度（K）

界面方程：

相平衡：

$$y_{i,j}^e = K_{i,j} x_{i,j}^e \tag{5.20}$$

质量平衡

$$N_{i,j}^V = N_{i,j}^L \tag{5.21}$$

能量平衡：

$$E_{i,j}^V = E_{i,j}^L \tag{5.22}$$

② 再沸器。

质量平衡：

$$V_{i,N} + L_{i,N} - L_{i,N-1} = 0 \tag{5.23}$$

能量平衡：

$$H_N^V V_{i,N} + H_N^L L_{i,N} - H_{N-1}^L L_{i,N-1} - Q_N = 0 \tag{5.24}$$

相平衡方程：

$$K_{i,N} x_{i,N} - y_{i,N} = 0 \tag{5.25}$$

RPB 中的传热系数类比于传质系数，采用 Chilton-Colburn 形式：

$$j_H = j_D = \frac{f}{2} \tag{5.26}$$

$$\frac{Nu}{RePr^{1/3}} = \frac{Nu}{RePr} Pr^{2/3} = St Pr^{2/3} = \frac{h}{\rho C_p u_b} Pr^{2/3} = j_H \tag{5.27}$$

$$\frac{Sh}{ReSc^{1/3}} = \frac{Sh}{ReSc} Sc^{2/3} = St' Sc^{2/3} = \frac{k}{u_b} Sc^{2/3} = j_D \tag{5.28}$$

$$h = k\rho C_p \left(\frac{Sc}{Pr}\right)^{2/3} \tag{5.29}$$

式中，j_H 表示热量传质因子；j_D 表示质量传递因子；Nu 表示努塞尔准数；Re 表示雷诺数；Pr 表示普朗特准数；St 表示斯坦顿数；ρ 表示密度（$\mathrm{kg/m^3}$）；C_p 表示热容（m^3/kg）；u_b 表示速度（m/s）；Sh 表示施伍德准数；Sc 表示施密特准数。

气膜传热系数：

$$h^V = k^V \rho^V C_{pm}^V \left(\frac{Sc}{Pr}\right)^{2/3} \tag{5.30}$$

液膜传热系数：

$$h^L = k^L \rho^L C_{pm}^L \left(\frac{Sc}{Pr}\right)^{2/3} \tag{5.31}$$

上述方程在 RPB 中的形式与传统精馏塔中几乎没有差别。然而，流体力学行为却存在较大差异，如气液质量传递速率、有效接触面积和持液量等。因此，将 Aspen Plus 精馏模型中的常用速率关联式替换为一组用 FORTRAN 编写的新方程来模拟 RPB 中的减压精馏过程，如下所示：①液相传质速率。Chen 等[40]采用氧-水体系开发了一种包含填料特性的广泛使用的关联式。②气相传质速率。Chen 等[41]收集了 430 个实验 k_G 值，并检验了之前的经验关联式，建立了更精确的关联式。③有效相界面积。采用 Luo 等[42]开发的 RPB 专用关联式。④持液量。Yang 等[43]总结了前人关于 RPB 中持液量的关联式，并基于 X 射线技术提出了一种新的精确关联式。⑤压降。Sudhoff 等[44]提出了用 RPB 中的压降来模拟 RPB 中的精馏性能。这些方程汇总于表 5.15。

由于在 Aspen Plus V8.6 中没有针对 RPB 的内置模块，因此对传统的基于速率的 BATCHSEP 间歇精馏模型进行了修正，以模拟 RPB 中的减压精馏性能。根据 Krishna 的方法[45]，将 RPB 转化为具有相同环形体积和物料流通面积的立式圆柱体。结合上述关联式，求解了质量和能量平衡方程。对于液相，采用 NTRL 方程作为活度系数模型；而对于气相，NTRL 方程采用理想模型描述。利用 Aspen Plus 对 RPB 进行减压精馏性能计算的流程如图 5.35 所示。

表 5.15　RPB 中气液传质速率、有效相界面积、持液量和压降的关联式

项目	模型	参考文献
液相传质速率		
$\dfrac{k_L a D_p}{D_L a_t}\left(1 - 0.93\dfrac{v_0}{v_t} - 1.13\dfrac{v_i}{v_t}\right) = 0.35 Sc_L^{0.5} Re_L^{0.17} Gr_L^{0.3} We_L^{0.3} \left(\dfrac{a_t}{a_p}\right)^{-0.5} \left(\dfrac{\sigma_C}{\sigma_W}\right)^{0.14}$		[40]
气相传质速率		
$\dfrac{k_G a}{D_G a_t^2}\left(1 - 0.9\dfrac{v_0}{v_t}\right) = 0.023 Re_G^{1.13} Re_L^{0.14} Gr_G^{0.31} We_L^{0.07} \left(\dfrac{a_t}{a_p}\right)^{1.4}$		[41]
有效接触面积		
$\dfrac{a}{a_t} = 66.510 Re_L^{-1.41} Fr_L^{-0.12} We_L^{1.21} \psi^{-0.74}$		[42]

项目	模型	参考文献
	持液量	
	$$\varepsilon_L = 12.159 Re_L^{0.923} Gr_L^{-0.610} Ka^{-0.019}$$	[43]
	压降	
	$$\Delta p = 0.5\rho_v \omega^2 (R_0^2 - R_i^2) + \frac{5C}{22}\left(\frac{\varepsilon \dot{m}_v}{\pi h \rho_v}\right)^2 (R_i^{-1.1} - R_0^{-1.1})$$ $$C = \frac{a_p \rho_v}{\varepsilon^3}\left(\frac{\dot{m}v}{2\pi h a_p u_v}\right)^{0.1}$$	[44]

注：k_L 表示液相传质速率（m/s）；D_p 表示填料孔径（m）；D_L 表示液相扩散系数（m²/s）；a_t 表示填料总比表面积（m²/m³）；v_0 表示填料外径到空腔内的体积（m³）；v_t 表示 RPB 的总体积（m³）；v_i 表示床内部体积（m³）；Gr 表示格拉霍夫准数；a_P 表示 2mm 直径的圆珠单位体积的比表面积（m²）；σ_C 表示临界表面张力（N/m）；σ_W 表示水的表面张力（N/m）；k_G 表示气相传质速率（m/s）；D_G 表示气相扩散系数（m²/s）；We 表示韦伯数；ψ 表示形状因子；ε_L 表示液体持液量；Ka 表示卡皮察数。

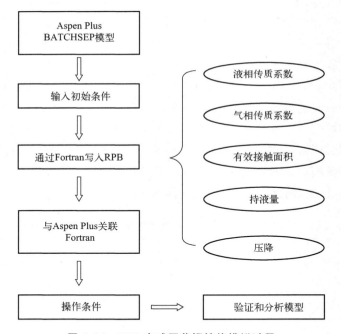

图 5.35 RPB 中减压蒸馏性能模拟过程

为了检验模型的准确性，采用两个指标进行评价，包括塔顶馏出物浓度（X_D）和等效塔板高度（HETP）：

$$\text{HETP} = \frac{R_o - R_i}{\text{NTP}} \tag{5.32}$$

式中，R_o 为填料外径（m）；R_i 为填料内径（m）；NTP 为理论塔板数。

5.5.3.3 模型预测——操作条件

(1) 超重力因子

不同操作压力下 X_D 和 HETP 随超重力因子变化的实验数据和模拟结果如图 5.36 所示。预测值与实验值吻合较好。在操作压力为 61.325kPa 时，X_D 迅速达到最大值 94.9%，随后缓慢下降至 93.2%，如图 5.36（a）所示。随着超重力因子的增大，更多的液体被破碎成更小的液滴，从而获得更高的传质传热速率和更大的液体表面积，有利于减压精馏的进行。然而，随着超重力因子的增加，蒸汽与液体的接触时间减少，限制了减压精馏的进行。结果表明，在超重力因子较小时，前者可能大于后者，反之亦然。HETP 可以作为描述 RPB 中分离效率的指标。不同超重力因子对 HETP 的影响如图 5.36（b）所示。结果表明，HETP 随着超重力因子的增大先急剧减小后缓慢增大，说明超重力因子可以增强 RPB 中的传质和减压精馏性能。这与 Lin 等[46] 和 Mondal 等[47] 在超重力因子较大时的结果不同，这可能是由于低操作压力造成的。同时注意到，当超重力因子小于 20 时，操作压力对 HETP 的影响更为明显。适合 RPB 减压精馏的超重力因子在 80 左右。

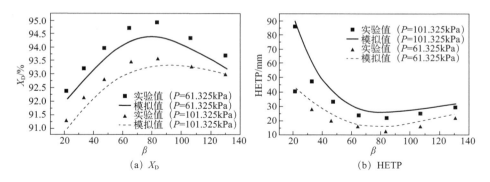

(a) X_D 　　　　(b) HETP

图 5.36　恒定进料浓度下（90%）下不同超重力因子对减压精馏性能的影响

(2) 操作压力

不同进料浓度下 X_D 和 HETP 随操作压力变化的实验数据和模拟结果如图 5.37 所示。模拟结果与实验数据吻合较好。操作压力在减压精馏过程中起重要作用。如果过大，则无法获得目标物的分离效率。如果太小，设备成本会急剧增加。如图 5.37（a）所示，当进料浓度为 70%（质量分数）时，随着操作压力的降低，X_D 迅速增加，但当进料浓度为 90% 时，X_D 几乎保持不变。当操作压力低于 30kPa 时，由于平衡限制，两种进料浓度下 X_D 的差异变小。同时发现 RPB 可以使用更低的进料浓度来获得更高纯度的产物。不同操作压力对 HETP 的影响如图 5.37（b）所示。当进料浓度为 70% 时，操作压力从 101kPa 降低到 11kPa 时，

HETP 从 44.7mm 降低到 17.8mm。当进料浓度为 90% 时，HETP 变化不大。RPB 的设备尺寸随着 HETP 的减小而减小。这有利于昂贵且对温度敏感材料的处理。RPB 减压精馏适宜的操作压力为 30kPa 左右。

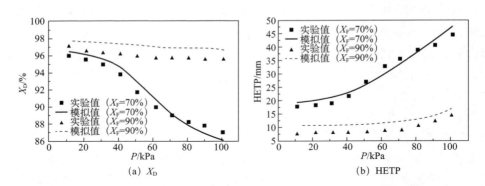

图 5.37　恒定超重力因子（64.01）下不同操作压力对减压蒸馏性能的影响

（3）进料浓度

不同操作压力下 X_D 和 HETP 随进料浓度变化的实验数据和模拟结果如图 5.38 所示。预测数据显示出与实验结果相似的趋势。如图 5.38（a）所示，随着进料浓度的增加，X_D 缓慢增加。这可能是由于操作压力降低时，水和乙醇之间的相对挥发度变大。不同进料浓度对 HETP 的影响如图 5.38（b）所示。当操作压力为 51.325kPa 时，进料浓度从 90% 增加到 95%，HETP 从 19.3mm 下降到 8.3mm。但当操作压力为 11.325kPa 时，HETP 下降缓慢。

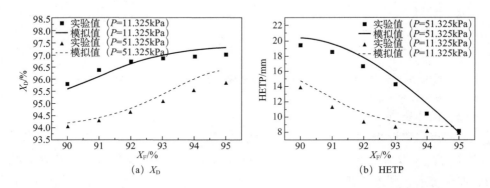

图 5.38　恒定超重力因子（64.01）下不同进料浓度对减压蒸馏性能的影响

（4）RPB 与常规精馏塔性能的比较

通过与传统精馏塔进行对比，以评价减压精馏在 RPB 中分离乙醇-水的性能，结果见表 5.16。可以看出，减压蒸馏中 RPB 的 HETP 和床层体积远小于传统的填料塔，但与 RPB 中的普通精馏相当，表明减压精馏过程是一种有前途的替代方法。当操作压力由 101kPa 进一步降低至 64kPa 时，在保证分离效率基本不变的情况下，设备尺寸可显著减小 92.7%。由以上分析可知，减压精馏在分离液体混合物方面具有潜在的应用价值，特别是对于热敏性物料，具有分离效率高和设备体积小等优点。

表 5.16　RPB 与常规塔减压蒸馏性能的比较

项目	RPB[48]	传统填料塔[48]	本文
内径/m	0.2	—	0.18
外径/m	0.8	0.40	0.285
高度/m	0.55	11.0	0.31
床体积/m³	0.276	1.40	0.02
操作压力/kPa	101	101	64
HETP/m	0.0055	0.3246	0.0089

5.5.3.4　结论

基于 Aspen Plus V8.6 中 BATCHSEP 模型，开发了一种用于 RPB 中减压蒸馏乙醇水的预测方法。通过 Fortran 代码将气液传质系数、界面面积、持液量和压降引入模型中。预测塔顶产出物浓度 X_D 和等效理论板 （HETP） 的实验结果。随着超重力因子的增加，X_D 迅速增加到最大值，然后缓慢下降。然而，HETP 显示出相反的趋势。当操作当压力超过 30kPa 时，当进料浓度为 70% 时，对 X_D 和 HETP 的影响更为显著。合适的减压蒸馏的超重力因子和操作压力 RPB 分别约为 80kPa 和 30kPa。两个模拟结果和实验数据表明，RPB 具有相比传统填料床具有较小的体积，表明 RPB 是一种有效且有前景的减压蒸馏装置。

5.5.4　旋转填料床汽提氨氮废水

5.5.4.1　引言

在中国，合成氨工业排放的氨氮废水造成水体富营养化，威胁饮用水质量，已成为中国政府亟待解决的问题[49]。因此，从含氨氮废水中回收氨氮的工艺引起了新一轮的关注。回收的氨作为还原剂用于 NO_x 的选择性催化还原过程，从而进一步降低成本。然而，由于传统的氨回收技术存在易结垢，且运行成本较高，磷酸铵镁沉淀和离子交换等方式无法满足人们对经济有效的回收方法的期望。幸运的是，空气汽提可能是解决这些问题的可行方法[50]。

汽提的基本原理是将氨尽可能多地从液相转移到气相。在气液平衡状态下，气相和液相中氨的浓度差异较大。填料床（PB）中高的氨回收率通常是通过扩大设备规模或增加设备数量来实现的，这对于现有的企业来说是非常困难的，特别是对于空间有限的过程。因此，研究人员受到启发，开发更小和氨回收率更高的设备。由于采用比重力场大许多倍的离心力场，导致传质速率增强和设备尺寸减小，而 RPB 对氨氮废水的回收效果较好。然而，到目前为止，性能提高仍然来自大量的实验，这些过程费时费力。此外，实验中获得一些重要的参数非常困难，有时甚至是相当昂贵的。因此，开发各种模型，如经验模型、Aspen Plus 模型和人工神经网络（ANN）模型，以协助 RPB 的发展十分必要。

基于 Aspen Plus 平台，通过修正氨氮废水中气液传质速率、持液量、传热速率和气液有效接触面积等重要参数，建立实验室规模和中试规模 RPB 氨氮废水汽提过程的数学模型。为满足国家废水排放标准，汽提后液相氨的目标浓度应控制在 20mg/L 以下。利用该模型对超重力因子、气液比、pH 值和温度等操作条件进行了评价，并与实验数据进行比较。该模型可以充分和快速地评价不同规模和不同氨浓度下的氨回收潜力。当进口氨浓度发生变化时，可及时提供优化后的运行条件，以达到排放标准，避免污染。随着模型中进一步增加设备和运行成本，将为行业提供更合适可行的运行条件。因此，人力、时间和物力的成本将大大降低。该模型将成为 RPB 中氨氮废水中氨回收设计和工业化提供有力的工具。

5.5.4.2　实验与模型

(1) 实验

为了更好地说明模型，首先简要介绍实验过程。图 5.39 为 RPB 氨氮废水中氨回收的实验流程图。氨氮废水先从水箱中抽出，再由液体分布器分布，随后经 RPB 离心力进一步分布。同时，由于压力差，新鲜空气同时引入 RPB，随后含氨空气在 RPB 顶部排出。详细信息可参考文献 [50，51]。

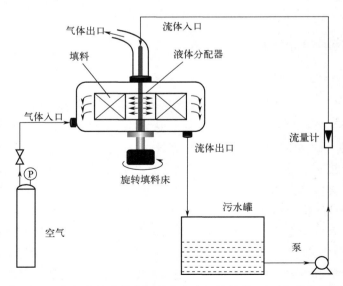

图 5.39　空气汽提法从含氨氮废水中回收氨的 RPB 实验流程图

为了验证模型，从 Yuan 等[50-51] 和 Gu 等[52] 在实验室规模 RPB 的工作以及 Yuan 等[51] 在中试规模 RPB 的工作中收集了不同操作条件下氨回收率的实验数据，列于表 5.17。进口氨浓度在 $1000\sim5630\text{mg/L}$ 之间变化。RPB 的体积约为 $4.03\times10^4\sim242.4\times10^4\text{m}^3$。超重力因子（$\beta$）在 $6.0\sim96.4$ 之间变化，计算公式如下：

$$\beta = \frac{\int_{r_i}^{r_o} \dfrac{\omega^2 r}{g} \times 2\pi r\,\mathrm{d}r}{\int_{r_i}^{r_o} 2\pi r\,\mathrm{d}r} = \frac{2\omega^2(r_i^2 + r_i r_o + r_o^2)}{3(r_i + r_o)g} \tag{5.33}$$

式中，β 为超重力因子；ω 为角速度（rad/s）；r_i 和 r_o 分别为转子的内半径和外半径（m）；g 为重力加速度（m/s^2）。

气液比为体积流量比，其值为 $750\sim1800$。当加入 NaOH 溶液时，溶液的 pH 值在 $9.5\sim11.5$ 之间变化。RPB 和溶液温度均保持恒定，温度范围为 $298\sim313\text{K}$。

表 5.17 实验室规模和中试规模的 RPB 中从含氨氮废水中空气汽提回收氨的实验条件

实验条件	实验室 RPB			小试 RPB
	Yuan 等[50]	Yuan 等[51]	Gu 等[52]	Yuan 等[51]
内径/m	0.0355	0.0355	0.084	0.125
外径/m	0.0850	0.0850	0.360	0.280
轴向高度/m	0.0215	0.0215	0.030	0.123
填料类型	304 不锈钢丝网	304 不锈钢丝网	不锈钢丝网	304 不锈钢丝网
RPB 设备体积（10^{-4}）/m^3	4.03	4.03	115.4	242.4
进口氨浓度/（mg/L）	1000	1000	4000	5630
气体流速/（m/s）	$0.187\sim0.448$	$0.104\sim0.448$	$0.106\sim0.641$	$4.17\sim12.5$
液体流速（10^{-4}）/（m/s）	$1.24\sim4.98$	$1.24\sim4.98$	4.273	$13.9\sim41.7$
超重力因子	$6\sim96.4$	$6.03\sim96.48$	$11\sim110$	$20.3\sim225.56$
温度/℃	$25\sim40$	30	10	30
pH	11	11	$9.5\sim11.5$	$11.5\sim12$
氨回收率/%	$25.2\sim81.2$	$29.4\sim75.6$	$27.8\sim45.3$	$90.8\sim99.4$
最低氨浓度/（mg/L）	19.8	24.4	2184	33.78

（2）模型建立

Aspen Plus V8.6 中 RADFRAC 模块对汽提氨氮废水回收氨的过程提供了较好的基础平台。假设 RPB 中环形的体积等于 PB 中圆柱块的体积[53]。因此，RPB 中汽提法回收氨氮废水中氨的模拟方法与 PB 相似。而在超重力环境下，RPB 的一些流体力学行为与 PB 有很大的不同。因此，PB 中的气液传质速率、持液量、传热速率和气液有效接触面积可以被 RPB 中特有的性质所取代。RPB 中的计算单元如图

5.40 所示。在汽提工艺中，空气与氨氮废水以逆流方式接触。

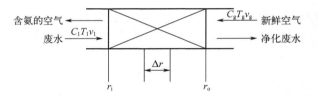

图 5.40　RPB 中通过空气汽提回收氨氮废水中氨的模型架构

然后基于控制变量法建立模型。假设 RPB 内为平推流，液体形态以液滴为主。传质和传热之间的相互作用可以忽略不计。

气体的质量平衡方程：

$$\frac{\partial(C_g v_g)}{\partial r} = 2\pi r Z \varepsilon a_{gl} N \tag{5.34}$$

式中，C_g 为气体中氨的浓度（mol/m^3）；v_g 为气体体积流量（m^3/s）；r 为 RPB 的径向距离（m）；Z 为 RPB 填料高度（m）；ε 为填料孔隙率（m^3/m^3）；$a_{g,l}$ 为气液有效接触面积（m^2/m^3）；N 为氨的摩尔质量通量［$mol/(m^2 \cdot s)$］。

边界条件：

$$r = r_0, \quad C_g = C_{g,0} \tag{5.35}$$

式中，$C_{g,0}$ 为入口气体中氨的浓度（mol/m^3）。

液体的质量平衡方程：

$$\frac{\partial(C_1 v_1)}{\partial r} = 2\pi r Z \varepsilon a_{gl} N + \varepsilon_1 R \tag{5.36}$$

式中，C_1 为液相中氨的浓度（mol/m^3）；v_1 为液体体积流量（m^3/s）；ε_1 为持液量（m^3/m^3）；R 为氨解离平衡常数（mol/m^3），计算如下：

$$R = \frac{C_{NH_4^+} C_{OH^-}}{C_{NH_3}} \tag{5.37}$$

式中，$C_{NH_4^+}$ 为铵离子浓度（mol/L）；C_{OH^-} 为羟基离子浓度（mol/L）；C_{NH_3} 为氨分子的浓度（mol/L）。

边界条件：

$$r = r_i, \quad C_1 = C_{1,0} \tag{5.38}$$

式中，$C_{1,0}$ 为入口溶液中氨的浓度（mol/m^3）。

传质模型：

$$N = K_g(P_g - P^{eq}) \tag{5.39}$$

式中，K_g 为总气相传质系数［$mol/(m^2 \cdot Pa \cdot s)$］；$P_g$ 为液相中氨的分压（kPa）；P^{eq} 为氨在液相中的平衡分压（kPa）。

$$K_{g}=\frac{1}{(1/k_{g})+(H/k_{l})} \tag{5.40}$$

式中，k_g 为气相传质系数 [mol/（m² · Pa · s）]；k_l 为液相传质系数（m/s）；H 为氨的亨利定律常数 [mol/（m³ · kPa）][54]，计算如下：

$$\ln H=-\frac{4200}{T}+3.133 \tag{5.41}$$

式中，T 是温度（K）。

在离心力的作用下，液相传质系数、气相传质系数、气液有效接触面积、持液量和气液相界面换热系数等在 RPB 内都能得到较大的提高。所使用的关联式还检查了其有效性，使模型更加准确。

液相传质系数[41]：

$$\frac{k_{L}a_{gl}d_{P}}{D_{L}a_{t}}\left(1-0.93\frac{v_{0}}{v_{t}}-1.13\frac{v_{i}}{v_{t}}\right)=$$
$$0.35Sc_{L}^{0.5}Re_{L}^{0.17}Gr_{L}^{0.3}We_{L}^{0.3}\left(\frac{a_{t}}{a_{P}}\right)^{-0.5}\left(\frac{\delta_{c}}{\delta_{w}}\right)^{0.14} \tag{5.42}$$

式中，k_L 为液体体积传质系数（1/s）；d_p 为床内不锈钢丝网直径（m）；D_L 为液相氨的分子扩散系数（m²/s）；a_t 为单位体积的比面积（m²/m³）；v_0 为床层外半径与固定壳体之间的体积（m³）；v_i 为床层内部半径内体积（m³）；v_t 为 RPB 的总容积（m³）；Sc_L 为液体施密特数（v_L/D_L）；Re_L 为液体雷诺数 $\{\rho_L Q_L \ln (r_0/r_i) / [2\pi Z_B (r_0-r_i) a_t \mu_L]\}$；$Gr_L$ 为液体格拉什夫数（$d_p^3 g_c/v_L^2$）；We_L 为液体韦伯数 $[L^2 \rho_L/ (a_t \delta)]$；$a_P$ 为直径 2mm 的珠粒单位体积的表面积（1/m²）；δ_c 为临界表面张力（N/m）；δ_w 为水表面张力（kg/s²）。

气相传质系数[40]：

$$\frac{k_{G}a_{gl}}{D_{G}a_{t}^{2}}\left(1-0.9\frac{v_{0}}{v_{t}}\right)=0.023Re_{G}^{1.13}Re_{L}^{0.14}Gr_{G}^{0.31}We_{L}^{0.07}\left(\frac{a_{t}}{a_{P}}\right)^{1.4} \tag{5.43}$$

式中，k_G 为气体体积传质系数（1/s）；D_G 为气相氨的分子扩散系数（m²/s）；Re_G 为气体雷诺数 $\{\rho_G Q_G \ln (r_0/r_i) /2\pi Z_B (r_0-r_i) a_t \mu_G\}$；$Gr_G$ 为气体格拉什夫数（$d_p^3 g_c//v_{G^2}$）。

气液有效接触面积[41]：

$$\frac{a_{gl}}{a_{t}}=66.510Re_{L}^{-1.41}Fr_{L}^{-0.12}We_{L}^{1.21}\psi^{-0.74} \tag{5.44}$$

式中，Fr_L 为液体弗鲁德数（$L^2 a_t/g_c$）；ψ 是特征参数。

持液量[42]：

$$\varepsilon_{L}=12.159Re_{L}^{0.923}Gr_{L}^{-0.610}Ka^{-0.019} \tag{5.45}$$

式中，Ka 是卡皮查数（$\mu^4 g/\sigma^3 \rho$）。

气体的焓平衡方程：

$$\frac{\partial (C_g T_g v_g)}{\partial r} = 2\pi r Z \frac{\varepsilon a_{gl}}{C_{pg}} h_{gl} (T_l - T_g) \tag{5.46}$$

式中，T_g 为气体温度（K）；C_{pg} 为恒压气体热容 [J/（mol·K）]；h_{gl} 为气液界面换热系数 [W/（m·K）]；T_l 是液体温度（K）。

边界条件：

$$r = r_0, \quad T_g = T_{g,0} \tag{5.47}$$

$$r = r_i, \quad \frac{\partial (C_g T_g v_g)}{\partial r} = 0 \tag{5.48}$$

液体的焓平衡方程：

$$\frac{\partial (C_l T_l v_l)}{\partial r} = 2\pi r Z \frac{\varepsilon a_{gl}}{C_{pl}} h_{gl} (T_l - T_g) \tag{5.49}$$

边界条件：

$$r = r_i, \quad T_l = T_{l,0} \tag{5.50}$$

$$r = r_0, \quad \frac{\partial (C_l T_l v_l)}{\partial r} = 0 \tag{5.51}$$

气液界面换热系数的计算公式如下：

$$h_{gl} = k_g C_p \left(\frac{Sc}{Pr}\right)^{2/3} \tag{5.52}$$

式中，Sc 为施密特数；Pr 是普朗特数。

Aspen Plus 缺乏内置模块来模拟 RPB 中的空气汽提氨氮废水中的氨。值得庆幸的是，Aspen Plus 中的 RADFRAC 模块可以很好地模拟 PB 中的这些过程。因此，RPB 中的相关关联式通过 FORTRAN 编写的用户定义函数引入到上述模块中。

氨回收率（η）计算如下：

$$\eta = \left(1 - \frac{C_{L,out}}{C_{L,in}}\right) \times 100\% \tag{5.53}$$

式中，η 为氨回收率（%）；$C_{L,out}$ 为出口液氨浓度（mg/L）；$C_{L,in}$ 为进口液氨浓度（mg/L）。

气液两相的物理化学性质和传质性质如下[50]。298K、303K 和 313K 时液体密度分别为 997.1kg/m³、995.7kg/m³ 和 992.3kg/m³，气体密度分别为 1.1855kg/m³、1.166kg/m³ 和 1.127kg/m³，液体黏度分别为 8.9×10^{-4} kg/（m·s）、7.98×10^{-4} kg/（m·s）和 6.53×10^{-4} kg/（m·s），气体的黏度分别为 1.85×10^{-5} kg/（m·s）、1.87×10^{-5} kg/（m·s）和 1.91×10^{-5} kg/（m·s），液体扩散系数分别为 1.71×10^{-9} m/s²、1.90×10^{-9} m/s² 和 2.41×10^{-9} m/s²。

5.5.4.3　模型验证

为了进一步检验模型的有效性，将实验室规模 RPB 中氨回收率（η）的预测结果与 Yuan 等[50,51] 和 Gu 等[52] 的实验数据进行对比，如图 5.41（a）所示。预测数据与实验结果吻合较好，误差在 ±10% 以内。然而，部分数据超出了误差范围。主要由于 RPB 内的流动假设为平推流。然而，由于液体和气体之间不断更新的接触面积，流动模式可能不再是严格的平推流。此外，液体的存在形式（薄膜或液滴）总是随着操作条件的变化而变化。其他实验测得的流体动力学性质，包括持液量和气液接触时间，也可能与模型有差异。以上因素都可能导致模拟结果与实验数据的偏差。此外，还利用所建立的模型对 RPB 的中试数据进行预测。对中试 RPB 氨回收率（η）的预测结果与实验数据[50] 进行对比，如图 5.41（b）所示。该模型可以很好地预测大多数情况，这表明该模型可以用于放大过程。部分数据超出了误差范围，这可能是由于中试 RPB 的返混程度略低于实验室 RPB，从而导致氨回收率下降。

5.5.4.4 模型预测——操作条件

为了进一步揭示 RPB 汽提法回收氨氮废水中氨的性能，在模型中进行了超重力因子、气液比、pH 值和温度对氨回收率的影响，并与实验结果进行了比较。

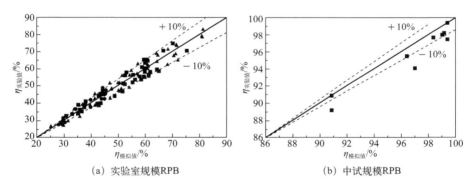

(a) 实验室规模RPB (b) 中试规模RPB

图 5.41 预测结果与实验数据的比较

（1）气液比（G/L）

图 5.42 为超重力因子（β）为 6.0（■）、24.1（●）、96.4（▲）、pH 值为 11、温度为 303K、进口氨浓度为 1000mg/L 时，气液比（G/L）对氨回收率（η）的影响，实验结果取自 Yuan 等[50,51]。当超重力因子为 96.4 时，预测 η 值从 38.4% 增加到 65.2%，G/L 从 750 增加到 1800。注意，G/L 的增加是由于气体流量的增加，而液体流量保持不变。随着气体流量的增大，气相中氨被稀释。假设在其他操作条件不变的情况下，氨蒸发速率不变。氨气的蒸发驱动力增大，导致更多的氨气由液相进入气相。由模型可知，气相传质系数与气体雷诺数有很大关系［式（5.42）］。随着气体流量的增大，气相雷诺数增大，然后气相传质系数增大［式（5.42）］，然后整体传质系数增大［式（5.39）］。此外，气体与液体持续接触，

气体阻力可能随着气体流量的增加而减小，这也有利于气液传质。然而，高气体流速和高转速会对液体传质元件产生强烈的剪切力，从而形成微小的液滴。此外，传热速率也得到了提高。这些因素也有利于氨回收过程。

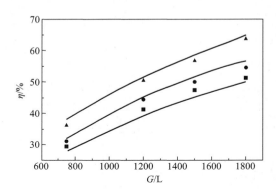

图 5.42　不同气液比对氨回收率的影响在超重力因子（β）为 6.0（■）、24.1（●）和 96.4（▲）。符号指实验数据（Yuan 等[50]）和线表示模型预测值

（2）超重力因子

不同超重力因子（β）对氨回收率（η）的影响如图 5.42 所示。在气液比为1800时，超重力因子由 6.0 增加到 96.4，预测 η 由 50.1% 增加到 65.2%。此外，当考虑到其他气液比时，这一趋势也呈现出类似的规律。随着超重力因子的增大，气液传质阻力均显著减小。由于剪切力的影响远大于表面张力的影响，氨氮废水与新鲜空气的接触面积也有所增加，湍流程度增强，有利于氨的扩散。由模型可知，气体和液体的传质系数与气体和液体的格拉什夫数有很大关系［式（5.42）和式（5.43）］。随着超重力因子的增大，气体的格拉什夫数、液体的格拉什夫数和液体的弗劳德数均增大，然后气体和液体的传质系数增大［式（5.34）、式（5.42）和式（5.43）］，整体气体传质系数增大［式（5.40）］。此外，气液有效接触面积随着液体弗劳德数的减小而增大［式（5.44）］。并且，随着液体格拉什夫数的减少，持液量增加［式（5.45）］。在超重力因子的研究范围内，上述因子均占主导地位，有利于氨的回收。RPB 汽提法回收氨氮废水的独特之处在于，可以通过调整超重因子及时控制回收率，特别是当进口氨浓度发生变化时。预测结果（线）与实验结果（点）吻合较好。然而，实验数据与预测结果之间的偏差也可以在图 5.41 中找到。当超重力因子从 6 增加到 96.4 时，G/L 为 750 和 1800 时的预测数据与实验结果的偏差分别从 5.73% 和 2.59% 降低到 4.42% 和 1.84%。

超重力因子为 96.4 和气液比为 1800 时的误差（1.84%）远小于超重力因子为6 和气液比为 750 时的误差（5.73%）。这主要是因为模型中假设液体的形态为液滴，然而在较小的超重力因子下，一些液体可能以液膜的形式存在。液膜的传质速率远低于液滴的传质速率。但是接触时间增加，导致了实验数据与预测结果之间的偏差。随着超重力因子和气液比的增大，大部分液体以液滴的形式存在，这与模型假设一致。因此，偏差逐步变小。

（3）pH 值

图 5.43 显示了超重力因子为 67、气液比为 1000、温度为 283K、进口氨浓度为 4000mg/L 时，pH 值对氨回收率（η）的影响。当 pH 值从 9.5 增加到 10.5 时，预测 η 首先从 27% 迅速增加到 40%。然后，当 pH 值从 10.5 到 11.5 变化时，η 从 40% 到 45% 略有变化。由模型可知，pH 值与氨解离平衡常数有很大关系［式（5.37）］。随着 pH 值的增大，平衡向左移动，液相中以氨分子形式存在的氨增多，传质速率增大，氨氮废水中氨更容易被转移到气相中。如图 5.43 所示，当 pH 值从 9.5 增加到 11.5 时，预测数据与实验结果的偏差从 9.5% 下降到 2.17%。随着 pH 值的增加，偏差大大减小，这可能是由于产生了更多的氨分子，气液之间的相互作用增强。因此，形成液滴的可能性会增加，这意味着模型更接近实验。这将使 pH 较小下的预测传质率远低于实验传质率。随着 pH 值的增大，这些影响可能会变得更加显著，使实验数据比预测结果大。上述因素使 pH 值小时的偏差大于 pH 值高时的偏差。

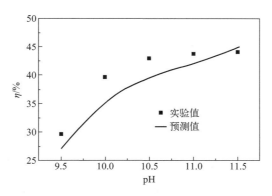

图 5.43 不同 pH 值对氨回收率的影响

注：符号指实验数据（Gu 等[52]）和线表示模型预测值

（4）温度

图 5.44 显示了超重力因子为 6、24.1、54.2 和 96.4、气液比为 1200、pH 值为 11、进口氨浓度为 1000mg/L 时温度（T）对氨回收率（η）的影响。在超重力因子为 6 时，随着温度从 298K 增加到 313K，预测 η 从 39.8% 线性增加到 60.6%，温度对氨回收率的影响在 303K 以上更为明显。这是由于亨利常数随着温度的升高而增加［式（5.41）］。氨氮废水中氨分子的解吸和转化为气相的氨分子数量由于溶解的增加而增加。随着温度的升高，氨氮在气相和液相中的扩散系数和换热速率

均增大，氨氮废水的黏度和表面张力减小。根据模型，这些会引起液体弗劳德数（Fr_L）、气体格拉什夫数（Gr_G）、液体格拉什夫数（Gr_L）、卡皮查数（Ka）、普朗特数（Pr）、气体雷诺数（Re_G）、液体雷诺数（Re_L）、施密特数（Sc）、液体施密特数（Sc_L）和液体的韦伯数（We_L）等无量纲数的变化。这将导致气体和液体传质系数［式（5.42）和式（5.43）］、气体总传质系数［式（5.40）］、气液有效接触面积［式（5.44）］、持液量［式（5.45）］、气液传热系数［式（5.52）］之间的一系列复杂的相互作用。此外，随着温度的升高，液滴的尺寸也越来越小。以上原因加速了传质速率的增大，进而促进了 η 的增大。但是高温会导致更多的能量消耗和更多的水进入气体。因此，在权衡回收率和能耗后，应慎重选择合适的温度。

如图 5.44 所示，当温度从 298K 升高到 313K 时，超重力因子为 6 和 96.4 时的预测数据与实验结果的偏差分别从 3.76% 和 3.03% 降低到 0.66% 和 2.28%。预测数据与实验结果之间的误差可能是由于模型中没有考虑传热和传质之间的相互作用。实际上，在 RPB 中汽提氨氮废水中氨的过程中，传热可以促进传质，反之亦然。高温时的误差比低温时小，这可能是由于随着温度的升高，氨氮废水中氨分子的解吸数量增加，有利于液滴的形成。此外，薄膜更容易破碎成液滴。使预测的传质速率与实验值接近。在高温下，预测数据与实验结果之间的误差减小。

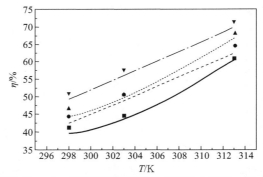

图 5.44   不同温度（T）对氨回收率的影响［超重力因子（β）为 6.0（■）、24.1（●）和 96.4（▲）］

注：符号指实验数据（Yuan 等[50]）和线表示模型预测值

5.5.4.5   结论

建立了实验室规模和中试规模的汽提法回收氨氮废水中氨的理论模型。为了更好地描述这些过程，将 RPB 中气液传质速率、持液量、传热速率和有效气液接触面积的关联式通过 FORTRON 引入到 Aspen 中的 RADFRAC 模块。模拟结果与实验结果吻合较好，误差为 ±10%。通过模拟考察了超重力因子、气液比、pH 值和温度等重要操作参数对氨回收率的影响，并与实验数据进行了比较。预测结果表明，在研究的操作条件范围内，氨回收率随超重力因子、气液比、pH 值和温度的增加而增加。由于其设备体积小，灵活性高，因此 RPB 是一种很有前途的技术，可以从氨氮的废水中回收氨。

5.6 展望

Aspen Plus 作为一种广泛应用的流程模拟软件，其对于单个反应器的模拟欠缺，可以提供典型的模块与 CFD 有效地耦合。对于复杂反应动力学方程，目前缺乏有效的与机理模型的耦合。未来可以与 CFD 耦合进行反应器和工艺的开发。

参考文献

[1] 韩宁宁 . 生物质与煤流化床共气化数值模拟 [D]. 吉林：东北电力大学，2014.

[2] 彭伟锋 . 水煤浆气化过程的建模与优化 [D]. 上海：华东理工大学，2011.

[3] 折卉 . 干法气流床煤气化系统模拟 [D]. 西安：西安科技大学，2014.

[4] 车德勇 . 基于物化结构特征的生物质与煤共气化特性研究 [D]. 吉林：东北电力大学，2014.

[5] 姚卫国 . 煤气化过程的动态模拟与优化 [D]. 西安：西安科技大学，2016.

[6] 张亚宁 . 生物质气化产气的模拟及优化研究 [D]. 哈尔滨：哈尔滨工业大学，2009.

[7] 宋志春 . 兖州煤气化过程的数值模拟 [D]. 太原：太原理工大学，2010.

[8] 刘忠慧 . 循环流化床煤气化工艺的模拟与优化研究 [D]. 北京：中国科学院大学，2018.

[9] 李娜 . 常压固定床煤富氧高温气化技术数值研究 [D]. 青岛：中国石油大学（华东），2014.

[10] 杨汉敏 . 海拉尔褐煤的热解机理与流化床气化特性 [D]. 上海：上海交通大学，2014.

[11] 林慧丽 . 单喷嘴粉煤气流床气化炉的稳态与动态模拟 [D]. 上海：华东理工大学，2012.

[12] Z. Y. Liu，Y. T. Fang，S. P. Deng，et al. Simulation of pressurized ash agglomerating fluidized bed gasifier using Aspen Plus [J]. Energy & Fuels，26（2011）：1237-1245.

[13] H. M. Yan，V. Rudolph. Modelling a compartmented fluidised bed coal gasifier process using Aspen Plus [J]. Chemical Engineering Communications，183

(2000)：1-38.

[14] D. H. Jang，H. T. Kim，C. Lee，et al. Kinetic analysis of catalytic coal gasi-fication process in fixed bed condition using Aspen Plus [J]. International Journal of Hydrogen Energy，38（2013）：6021-6026.

[15] C. Sánchez，E. Arenas，F. Chejne，et al. A new model for coal gasification on pressurized bubbling fluidized bed gasifiers [J]. Energy Conversion and Man-agement，126（2016）：717-723.

[16] 杨海霞，高伟达，付一政．基于 Perl 语言的含能材料耐热性能模拟 [J]. 火力与指挥控制，2018，43（08）：138-142.

[17] 吴鹏飞．喷雾干燥法制备 HMX 基含铝炸药研究 [D]. 太原：中北大学，2022.

[18] 冀威．悬浮喷雾干燥技术制备核壳复合含能材料及性能表征 [D]. 太原：中北大学，2016.

[19] 王新全，边红莉，张锡铭，等．CL-20/NQ 复合含能微球的制备及其表征 [J]. 科学技术与工程，2018，18（01）：234-239.

[20] 张园萍．高能钝感 CL-20 基复合微球的构筑及性能表征 [D]. 太原：中北大学，2020.

[21] 王江．基于喷雾干燥技术的炸药微粉制备与表征 [D]. 太原：中北大学，2015.

[22] 郭晨．RDX 和 HMX 细化结晶溶剂与温度的模拟仿真及制备研究 [D]. 太原：中北大学，2019.

[23] 张鑫，刘梦雅，徐聪，等．溶剂体系温度对细化 HMX 性能的影响 [J]. 火工品，2020，11（06）：38-41.

[24] 柴凡，李伟伟，史晓澜，等．喷雾干燥制备含能材料平均粒径的神经网络模拟 [J]. 火工品，2022，11（06）：60-64.

[25] 王乾．市政污泥喷雾干燥塔结构及运行特性数值模拟 [D]. 哈尔滨：哈尔滨理工大学，2022.

[26] 刘殿宇．多喷头压力喷雾干燥塔喷嘴的设计及注意事项 [J]. 医药工程设计，2013，34（04）：1-3.

[27] 孟瑞晨．半干法脱硫塔内喷雾干燥过程模拟研究 [D]. 青岛：中国石油大学（华东），2021.

[28] 耿涛．半干法烟气脱硫喷雾干燥过程数值模拟研究 [D]. 青岛：中国石油大学（华东），2020.

[29] B. O. Oboirien，B. C. North. A review of waste tyre gasification [J]. J. Envi-ron. Chem. Eng.，5（2017）：5169-5178.

[30] M. Labaki, M. Jeguirim. Thermochemical conversion of waste tyres—A review [J]. Environ. Sci. Pollut. Res., 24 (2017): 9962-9992.

[31] H. Karatas, H. Olgun, B. Engin, et al. Experimental results of gasification of waste tire with air in a bubbling fluidized bed gasifier [J]. Fuel, 105 (2013): 566-571.

[32] H. Karatas, H. Olgun, F. Akgun. Experimental results of gasification of waste tire with air&CO₂, air& steam and steam in a bubbling fluidized bed gasifier [J]. Fuel Process. Technol., 102 (2012): 166-174.

[33] J. A. Conesa, R. Font, A. Fullana, et al. Kinetic model for the combustion of tyre wastes [J]. Fuel, 77 (1998): 1469-1475.

[34] B. H. Song. Gasification kinetics of waste tire char and sewage sludge char with steam in a thermobalance reactor [J]. J. Ind. Eng. Chem., 11 (2005): 361-367.

[35] R. Murillo, M. V. Navarro, J. M. Lopez, et al. Kinetic model comparison for waste tire char reaction with CO₂ [J]. Ind. Eng. Chem. Res., 43 (2004): 7768-7773.

[36] Z. Y. Liu, Y. T. Fang, S. P. Deng, et al. Simulation of pressurized ash agglomerating fluidized bed gasifier using Aspen Plus [J]. Energy Fuel., 26 (2012): 1237-1245.

[37] M. S. Eikeland, R. K. Thapa, B. M. Halvorsen. Aspen Plus simulation of biomass gasification with known reaction kinetic [J]. Linkoping Electron. Conf. Proc., 119 (2015): 149-155.

[38] K. Gudena, G. P. Rangaiah, S. Lakshminarayanan. HiGee Stripper-membrane system for decentralized bioethanol recovery and purification [J]. Ind. Eng. Chem. Res., 52 (2013): 4572-4585.

[39] 宋子彬. 超重力减压精馏分离乙醇—水的实验研究 [D]. 太原：中北大学, 2015.

[40] Y. S. Chen, F. Y. Lin, C. C. Lin, et al. Packing characteristics for mass transfer in a rotating packed bed [J]. Ind. Eng. Chem. Res., 45 (2006): 6846-6853.

[41] Y. S. Chen. Correlations of mass transfer coefficients in a rotating packed bed [J]. Ind. Eng. Chem. Res., 50 (2011): 1778-1785.

[42] Y. Luo, G. W. Chu, H. K. Zou, et al. Gas-liquid effective interfacial area in a rotating packed [J]. Ind. Eng. Chem. Res., 51 (2012): 16320-16325.

[43] Y. C. Yang, Y. Xiang, G. W. Chu, et al. A noninvasive X-ray technique for determination of liquid holdup in a rotatingpacked bed [J]. Chem. Eng. Sci.,

138 (2015)：244-255.

［44］ D. Sudhoff，M. Leimbrink，M. Schleinitz，et al. Modelling，design and flexi-bility analysis of rotating packed beds for distillation ［J］. Chem. Eng. Res. Des. ，94 (2015)：72-89.

［45］ A. S. Joel，M. H. Wang，C. Ramshaw. Modelling and simulation of intensified absorber for post-combustion CO_2 capture using different mass transfer corre-lations ［J］. Appl. Therm. Eng. ，74 (2015)：47-53.

［46］ C. C. Lin，T. J. Ho，W. T. Liu. Distillation in a rotating packed bed ［J］. J. Chem. Eng. Jpn. ，35 (2002)：1298-1304.

［47］ A. Mondal，A. Pramanik，A. Bhowal，et al. Distillation studies in rotating packed bed with split packing ［J］. Chem. Eng. Res. Des. ，90 (2012)：453-457.

［48］ R. J. Prada，E. L. Martínez，M. R. W. Maciel. Computational study of a rota-ting packed bed distillation column ［J］. Comput. Aided Chem. Eng. ，30 (2012)：1113-1117.

［49］ Jiao W. Z. ，Luo S. ，He Z. ，et al. Applications of high gravity technologies for wastewater treatment：A review ［J］. Chem. Eng. J. ，2017，313：912-927.

［50］ Yuan M H，Chen Y H，Tsai J Y，et al. Ammonia removal from ammonia rich wastewater by air stripping using a rotating packed bed ［J］. Process. Saf. Environ. Protect. ，2016，102：777-785.

［51］ Yuan M H，Chen Y H，Tsai J Y，et al. Removal of ammonia from wastewater by air stripping process in laboratory and pilot scales using a rota-ting packed bed at ambient temperature ［J］. J. Taiwan Inst. Chem. Eng. ，2016，60：488-495.

［52］ 谷德银，刘有智，祁贵生，等 . 新型旋转填料床吹脱氨氮废水的实验研究 ［J］. 天然气化工（C1 化学与化工），2014，39 (04)：1-4.

［53］ Krishna G，Min T H，Rangaiah G P. Modeling and analysis of novel reactive Higee distillation ［J］. Comput. Aided Chem. Eng. ，2012，31：1201-1205.

［54］ Hasanoglu A，Romero J，Pérez B，et al. Ammonia removal from wastewater streams through membrane contactors：experimental and theoretical analysis of op-eration parameters and configuration ［J］. Chem. Eng. J. ，2016，160：530-537.

第 6 章

机器学习模型

6.1　概述

人工智能（artificial intelligence，AI）的概念，自 1956 年由约翰·麦卡锡首次提出以来，便引发了关于计算机能否模拟人类思考的广泛探讨。当前，人工智能的核心挑战可被视为如何赋予机器推理、知识获取、规划、学习、交流、感知、移动以及操作物体的能力，进而构建类似人类的智力，以解决那些传统上依赖人类智慧才能应对的问题。长期以来，不少专家寄希望于通过程序员编写详尽的规则来处理知识，从而实现与人类智力相当的人工智能，这种基于规则的实现方式被称为符号人工智能。符号人工智能在处理如象棋等规则明确的问题上表现出色，但在面对复杂且模糊的现实问题时，则显得力不从心[1]。

随着时间的推移，人工智能已渗透到金融、医疗、电商、教育和制造业等多个领域，成为日常生活不可或缺的一部分。无人银行、无人驾驶汽车、无人快递配送以及 GPT4.0 展现出的强大图文生成、对话延伸和文件分析能力、Soar 的文字转视频功能，这一切都标志着人类已身处人工智能时代。

机器学习（machine learning）作为人工智能的一个重要分支，是一门融合概率论、统计学、近似理论和复杂算法的交叉学科。广义上，机器学习是通过赋予机器学习能力，使其完成无法通过直接编程实现的任务。而在实践中，它则是一种利用历史数据训练模型，进而预测未知领域的方法，其核心是从大量已知数据中建立模型或挖掘有用知识的过程。机器学习的两个关键步骤是"训练"和"预测"，其中"模型"是这两个过程的桥梁。"训练"产生"模型"，而"模型"指导"预测"。

机器学习的目标，是将人类的思考与经验归纳过程转化为计算机通过处理历史数据来建立模型的过程。与传统线性拟合相比，机器学习方法在揭示复杂的非线性关系和交互效应方面具有显著优势。作为一种数据驱动的高级数学方法，机器学习在处理特征复杂的非线性响应和海量数据时，因其"自学习"能力、算法设计的简洁性、操作的便捷性以及省时性，能够提供精确的预测和最优解决方案，从而大幅降低劳动强度、时间和操作成本。

机器学习的发展历程可以追溯到 Thomas Bayes 在 1783 年提出的贝叶斯理论，这一理论为机器学习的贝叶斯分支奠定了基础，它通过历史数据来推断最可能发生的事件，体现了从经验中学习的核心思想[2]。随后，Alan Turing 在 1950 年提出的图灵测试，为人工智能设定了一个衡量标准，即计算机是否能在对话中展现出与人类相似的智能。Arthur Samuel 在 1952 年开发的机器学习程序，通过学习棋类游戏策略来提升性能，标志着机器学习在实践中的应用。Donald Michie 在 1963 年推出的强化学习程序，进一步推动了机器学习的发展。

IBM 的深蓝计算机在 1997 年击败国际象棋世界冠军卡斯帕罗夫以及谷歌的

AlphaGo 在 2016 年战胜围棋高手 Lee Sedol，都是机器学习领域的重要里程碑[3]，特别是深度学习的兴起，在 2006 年以后迅速发展，其算法旨在模仿人类思维过程，并在图像和语音识别等领域取得了显著成就。

机器学习模型的应用虽然广泛，但也面临一些主要困境[4]。

① 数据稀缺性和质量问题。机器学习需要大量高质量的数据来建立可靠的预测模型。由于缺乏统一的数据标准和质量控制，不同研究之间的数据质量参差不齐，这限制了机器学习模型的稳健性。

② 过度拟合。这是机器学习模型在训练数据上表现良好，但在新数据上表现不佳的问题。深度学习模型由于其复杂性，更容易出现过度拟合。通过特征选择、数据增强、交叉验证和正则化等方法，可以在一定程度上降低过度拟合的风险。

③ 模型偏差。模型偏差可能源于数据集和算法的系统扭曲，导致预测结果不准确。这种偏差可能由于训练数据的代表性不足、研究者的特定习惯或数据泄漏等。

为了克服这些困境，研究人员和工程师需要开发更有效的数据收集和预处理方法，设计更鲁棒的算法以及实施严格的数据管理和审查流程。通过这些努力，机器学习技术的应用将更加广泛和可靠。

6.2 机器学习模型分类及建模方法

6.2.1 机器学习模型分类 [2-3, 5-6]

机器学习模型基于数据是否经过人为标注分为监督学习、无监督学习和半监督学习。监督学习依赖于有标注的数据进行训练，虽然效果显著，但数据获取成本较高。无监督学习则无须标注，自主学习数据特征，尽管学习效率可能较低，却能利用更多数据。这两种方法的共同点在于，都通过构建数学模型，并将其转化为最优化问题来求解。半监督学习则介于两者之间，结合了部分标注数据和大量未标注数据。

6.2.1.1 监督学习

监督学习是机器学习中的一种主流方法，其核心在于利用已知输入值和目标值的训练数据来学习并构建预测模型。这种方法通过识别输入与输出之间的映射关系，实现对未知输入的预测或分类。在此过程中，输入值被称为特征，而输出值则被称为标签或目标。监督学习能够识别并分类带有不同标记类型的样本，主要分为分类和回归两大类。

在分类任务中，监督学习算法通过训练将数据划分到特定的类别中。例如，垃圾邮件过滤器能够分析并学习已被标记为垃圾邮件的电子邮件,将新邮件与之比较,并将匹配度高的新邮件标记为垃圾邮件,分入相应的文件夹,而匹配度低的则被归为正常邮件,发送到收件箱。在回归任务中,算法利用标记数据预测未知信息,如天气预报应用程序通过分析历史天气数据(包括平均气温、湿度和降水量等)来预测当前及未来的天气状况。

监督学习涵盖了多种算法,可以根据算法结构将其分为非集成算法和集成算法两大类。

(1) 非集成算法

非集成算法构建于单一学习器之上,省去了将算法拆分为多个构建块的步骤,从而简化了模型结构,并减少了不必要的复杂性。这类算法特别适合于数据集较小的研究场景,因为它们通常不需要进行复杂的迭代计算,因此计算成本相对较低。尽管如此,一些非集成算法依然对噪声具有较强的鲁棒性,这使得在经过适当开发后,也能适用于大数据和量子计算领域。此外,非集成算法也可以通过多模型组合和强化学习等技术进行训练,展现出一定的研究和开发潜力。

(2) 集成算法

集成算法的目标是通过结合多个弱学习器来构建一个更加强大和鲁棒的模型。这种方法利用了不同模型的优点,减少了依赖单一模型的风险,并显著提升了模型的整体泛化能力。在处理机器学习中的回归问题时,集成算法展现出了处理复杂内外部因素的能力、良好的可扩展性以及卓越的预测性能,使其在回归预测任务中具有高度的可行性和合理性。与传统的回归算法相比,集成算法能够提供更高质量和更精确的预测结果。

总的来说,集成算法和非集成算法在机器学习领域各有千秋。选择哪种算法取决于具体的问题性质和数据特征。非集成算法以其简洁性和易于解释的特点,适用于处理较小规模的数据集。而集成算法在应对复杂问题和大规模数据时表现更为出色,通过融合多个模型的优点,它能够提供更加强大的泛化能力。在实际应用中,根据问题的需求和数据的特点来选择最合适的算法是至关重要的。

6.2.1.2 半监督学习[6]

半监督学习(semi-supervised learning,SSL)是机器学习中的一种重要范式,它旨在通过同时利用有限的标记数据和大量的未标记数据来提高学习效率。SSL 的核心理念基于以下两种假设:流形假设,假设数据分布在一个高维空间中的低维流形上,未标记数据可以帮助模型更好地理解这个流形结构;聚类假设,假设相似的样本更可能拥有相同的标签,因此可以通过聚类来推断未标记数据的标签。半监督学习的核心目标是充分利用样本信息,提高模型的泛化能力和可解释性,尤其是在标记数据稀缺的情况下,这种学习范式显得尤为有效。以下是半监督学习中常见范式的介绍。

（1）自训练

自训练是一种基于流形假设的半监督学习方法。其基本流程是使用标记数据训练初始模型，然后利用该模型对未标记数据进行预测。通过置信度评价，将模型预测中置信度较高的结果作为新的标记样本，用于更新和重新训练模型。这种方法可以逐步扩充训练集，提高模型性能。

（2）协同训练

协同训练适用于存在多视图假设的数据，即数据可以从多个独立的角度进行描述。例如，在视频分类中，可以同时使用图像和声音作为特征。协同训练要求每个视图都包含足够的信息，并且不同视图之间对于给定标签是条件独立的。通过训练多个模型分别处理不同视图的数据，并在训练过程中交换高置信度的预测结果，模型可以相互补充，迭代更新，从而提升整体性能。

（3）置信度评判

在半监督学习中，如何从模型的预测结果中选择高置信度的标签是关键。以下是一些常用的置信度评判方法。

① 专家评审。通过人工判断模型对未标记数据的预测合理性，但这种方法人力成本较高。

② 模型性能提升。通过观察模型在验证集上的性能是否有所提升来判断伪标记数据的置信度。如果模型性能提升，可以认为这些伪标记数据具有较高的置信度。常用的性能指标包括 R^2（相关系数）、RMSE（均方根误差）和 MAE（平均绝对误差）。

半监督学习通过这些方法有效地利用未标记数据，提高了学习效率，尤其是在大规模数据集中标记数据相对较少的情况下，展现了其独特的优势。

6.2.1.3 无监督学习

在无监督学习中，数据不带有标签，这使得它非常适合处理现实世界中大量未标记的数据。无监督学习算法在揭示数据结构和模式方面发挥着关键作用，主要分为聚类和降维两大类。

（1）聚类

聚类算法根据数据的属性和行为将数据自动分组，而不需要预先指定组数。例如，在市场营销中，可以根据年龄、婚姻状况等特征将消费者划分为不同的群体，以便实施更有针对性的营销策略。

（2）降维

降维算法通过减少数据集中的变量来消除冗余信息，寻找数据间的共同点。这种方法在数据可视化系统中尤为有用，因为可以帮助发现数据的趋势和规律。

6.2.1.4 集成学习[7-8]

集成学习（ensemble learning）是有监督学习技术的衍生，但性能比有监督学习更强大，它通过结合多个基础学习器来提高预测性能，解决单个模型的复杂性和过拟合问题[9]。与深度学习中的 ANN（人工神经网络）和 CNN（卷积神经网络）不同，集成学习采用多个模型的"集体智慧"来实现更优的预测。

集成学习的关键点如下。

① 基础学习器。在大多数集成学习算法中，决策树常被选作基础学习器，因为它们简单、易于理解且预测能力强。

② 集体智慧。通过组合不同的学习算法，集成学习能够获得比任何单一算法更好的预测性能。

③ 数据处理策略。针对不同规模的数据集，集成学习可以采用不同的策略。对于大数据集，可以将其分割成多个小数据集；对于小数据集，可以使用自举法进行抽样，生成多个子数据集进行学习和组合。

集成学习在机器学习中的重要性不言而喻，尤其在处理分类和回归问题时表现突出。根据个体学习器的类型，集成学习器可以分为以下两类。

① 同质集成学习器。这类学习器由相同类型的学习器组成，主要包括 Bagging 和 Boosting 两种方法。

② 异质集成学习器。这类学习器由不同类型的学习器组成，Stacking 是异质集成预测的主要方法之一。

集成学习通过这些方法，不仅提高了模型的预测能力，还增强了模型的泛化能力和鲁棒性。

（1）Bagging

Bagging，即 bootstrap aggregating，是一种并行式集成学习方法。它通过自举法（bootstrap）从原始数据集中进行有放回的抽样，并生成多个子数据集。在这些子数据集上分别训练模型，最终将这些建立的模型进行合并。在分类任务中，Bagging 通常采用多数投票的方式来确定最终的分类结果；在回归任务中，则通过计算所有模型预测结果的平均值来得到最终的预测值。Bagging 方法能够有效降低模型的方差，提高预测的稳定性。随机森林（random forest）算法就是 Bagging 思想与决策树结合的产物，它通过集成多个决策树来提高预测的准确度。

（2）Boosting

Boosting 是一种串行式集成学习方法，它通过逐步构建模型来增强模型整体预测能力。Boosting 从训练一个简单的弱学习器开始，每次迭代都会根据前一次迭代的预测结果来调整数据的权重，使得模型在后续迭代中更加关注难以预测的样本。通过这样的方式，Boosting 逐步构建出一个强学习器。相比于 Bagging，Boosting 通常能够提供更高的预测准确率，但也更容易过拟合。XGBoost（extreme gradient boosting）和 CatBoost（category boosting）是两种最为新颖且应用最为广泛的算法。

XGBoost 是一种高效的梯度提升决策树（GBDT）实现，它在机器学习领域中被广泛应用。XGBoost 在以下几个方面进行了优化。

① 正则化。XGBoost 在训练过程中自动添加正则化项，以减少模型的复杂度，防止过拟合，提高模型的泛化能力。

② 二阶导数。它利用了损失函数的二阶导数信息，更准确地估计损失函数的形状，提高了寻找最优树分裂点的效率。

③ 自定义损失函数。XGBoost 允许用户定义自己的损失函数和评估指标，使其适用于各种不同的问题和场景。

④ 并行计算。XGBoost 具有出色的并行计算能力，能够高效地处理大规模数据集。

⑤ 缺失值处理。XGBoost 能够自动学习处理缺失值的策略，无须进行复杂的预处理。

XGBoost 支持多种目标函数和评价标准，适用于回归、分类和排序等多种机器学习任务。由于其卓越的性能和灵活性，XGBoost 在数据科学竞赛和工业应用中都非常受欢迎。

CatBoost 是一种创新的集成学习模型算法，它在处理类别特征方面具有显著的优势。CatBoost 的"对称树"结构优化了类别特征的处理，提高了处理分类数据的效率和准确性。与其他集成学习模型不同，CatBoost 无须复杂的预处理步骤，如独热编码或标签编码，它能够直接处理原始的类别特征，简化了数据准备流程，并加快了模型训练。

CatBoost 在减少训练偏差、防止过拟合以及增强模型泛化能力方面表现出色。这是因为 CatBoost 的算法设计充分考虑了类别特征的统计属性，有效地避免了过拟合问题。此外，CatBoost 采用了先进的梯度提升机制，通过优化目标函数的近似值和梯度更新，进一步提高了模型训练的效率和预测的精确度。

总的来说，XGBoost 和 CatBoost 作为机器学习领域中的两种强大的集成学习模型算法，在提升模型预测性能和处理大型数据集方面具有显著的优势。

（3）Stacking

Stacking 也称为堆叠泛化，是一种高级的集成学习技术。它通过将多个不同的基学习器按照一定的层次结构组合起来，形成一个新的集成模型。在 Stacking 中，每个基学习器的输出被用作下一个层次学习器的输入，最终的输出由一个元学习器（通常是一个简单的线性模型）生成。

通过这种组合方法，Stacking 能够降低模型的过拟合风险，提高模型的准确性和鲁棒性。Stacking 的优势在于它能够结合不同学习器的特点，通过元学习器来优化最终的预测结果。然而，Stacking 也存在一些局限性，比如计算成本较高，且元学习器的选择对最终模型性能有较大影响。

6.2.2 常用的建模方法

6.2.2.1 回归分析[6,10-11]

回归分析是一种统计方法，用于评估和建模两个或多个变量之间的关系，其最简单的形式是线性回归。线性回归（linear regression）是一种基础的统计模型，它假设输出变量与输入变量之间存在线性关系。线性回归的优势在于简单和易于建模。然而，它对于非线性关系的处理能力有限。为了克服这一局限，可以采用多项式回归，它通过引入变量的高次项来捕捉非线性关系。贝叶斯线性回归则是一种更为先进的模型，它结合了贝叶斯理论和线性回归，通过为参数设置先验分布，并利用数据更新这些参数的后验分布，从而提供预测值及其不确定性评估。这种方法在处理参数不确定性和模型选择方面特别有用。尽管回归分析方法具有可解释性，但模型的简单性也导致其对非线性等复杂关系的预测性能较差。

6.2.2.2 主成分分析[5-6,12]

主成分分析（principal component analysis，PCA）是一种常用的线性降维技术，旨在通过线性投影将高维数据映射到低维空间，同时保留尽可能多的数据信息。

PCA 的步骤如下：计算每个变量的均值，并将每个数据点减去其对应的均值（中心化数据）；计算中心化数据的协方差矩阵，这反映了变量之间的相关性；求解协方差矩阵的特征值和特征向量；根据特征值的大小，保留前 n 个最大的特征向量，这些特征向量定义了新的低维空间；将原始数据投影到这些选定的特征向量上，得到降维后的数据。

PCA 的优点在于它能够减少数据的维度，同时保留数据的主要特征。在处理实际问题时，PCA 有助于解决变量间的信息重叠问题，使得能够使用较少的指标来代替原来较多的指标，从而简化数据结构，提高数据分析的效率。

6.2.2.3 支持向量机[10-11,13]

支持向量机（support vector machine，SVM）是由 Cortes 和 Vapnik 在 1995 年提出的一款强大的分类和回归分析工具。SVM 的核心思想是找到一个最优的超平面，使得不同类别的数据点能够被尽可能清晰地区分开来。在 SVM 中，超平面的定义可以表示为：

$$\{(x_1, y_1), (x_2, y_2), (x_3, y_3), \cdots, (x_n, y_n)\}, \tag{6.1}$$

当 $x_i = (a_1^{(i)}, a_2^{(i)}, a_3^{(i)}, \cdots, a_m^{(i)})$ 且 $y_i \in \{-1, 1\}$。

SVM 的训练过程可以概括为寻找一个超平面，使得不同类别样本之间的间隔最大化，即：

$$wx + b = 0 \tag{6.2}$$

式中，超平面描述中 w 为斜率，b 为截距。

支持向量机通过最大化余量来求解超平面，这个解是唯一的。在特征空间中，点与决策边界的距离可以作为分类结果的置信度指标。如图 6.1 所示，距离决策边界越远的点，其分类结果的置信度越高。

SVM 的优点包括：能够找到全局最优解，而不仅仅是局部最优解；通过核函数，SVM 能够有效地处理非线性问题，将数据映射到高维空间中，从而实现线性可分；对异常值具有较低的敏感性，因为只有支持向量（位于边际上的点）对超平面的位置有影响。

SVM 的结构设计与计算流程与人工神经网络有相似之处，包括输入层节点数、输出层节点数以及核函数类型和参数的设置。

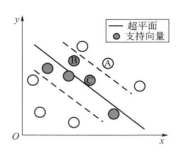

图 6.1　支持向量机模型示意图

SVM 的常用参数如下。

① 核函数。核函数用于将非线性问题转化为线性问题。常见的核函数有：线性核（linear），适用于线性可分的问题；多项式核（polynomial），通过引入多项式特征，使数据在高维空间中更好地分离；径向基函数核（RBF），通过高斯分布的相似度度量，将数据映射到无限维的特征空间。

② 惩罚参数。惩罚参数控制了对分类错误的惩罚程度。值越大，对错误的惩罚越重，可能导致过拟合。

③ 类别权重。在不平衡数据集上，通过调整类别权重来平衡不同类别的重要性。

④ 收敛容忍度。用于控制优化算法的收敛速度，即算法何时停止寻找最优解。

SVM 在机器学习领域中被广泛应用，特别是在处理高维数据和需要高预测准确性的场景中。通过合理选择核函数和调整参数，SVM 可以成为解决复杂分类问题的有力工具。

6.2.2.4　决策树[3,5,9-11]

决策树（decision tree）是一种强大的机器学习模型，它通过一系列的判断规则来对数据进行分类或回归。以下是决策树的一些核心特点和构造过程。

① 决策树特点。复杂性，相比线性模型，决策树能够捕捉更复杂的数据关系；特征不变性，决策树对特征缩放和多种转换不敏感；稳健性，对无关特征具有较强的稳健性；可解释性，生成的模型可被检查，每个决策路径都有明确的解释。

② 决策树的类型。分类树，使用信息熵或基尼不纯度来划分节点，处理离散型数据；回归树，处理连续性数据，目标是减少分支节点的偏差。

③ 决策树的构造过程。建立根节点，选择最优特征和阈值来划分数据集；递

归分割，对每个子集重复选择最优特征和阈值，直到满足停止条件；生成叶节点，当子集不能再分割或分类明确时，生成叶节点。

④ 决策树的停止条件。子集的数据点数量低于预设阈值；子集的纯度达到预设水平；子集的特征不再有区分力。

⑤ 决策树的挑战。过拟合，简单的决策树容易过拟合，需要通过剪枝来优化；高方差，训练数据的微小变化可能导致决策树结构的大幅变化。

⑥ 决策树的剪枝策略。预剪枝，在树生长过程中提前停止；后剪枝，先生成一棵完整的树，然后修剪掉不必要的分枝。

⑦ 集成方法。DFR（decision forest），使用投票方法对不同的决策树进行集成；GBDT（gradient boosting decision tree），通过迭代减少模型的偏差，每棵树基于前一棵树的残差进行训练；XGBR（extreme gradient boosting regression），使用二阶泰勒展开和正则化来优化模型，降低过拟合风险。

⑧ 模型评估。k 倍交叉验证，用于评估模型的泛化能力，避免过拟合；嵌套的 k-fold 交叉验证，提供更鲁棒的模型评估。

决策树和其集成方法在机器学习中占有重要地位，它们在处理分类、回归问题时表现出色，尤其是在需要模型解释的场景中。通过合理的选择和调整，决策树相关算法可以成为解决复杂机器学习问题的有效工具。

6.2.2.5　随机森林[5-6,8,11-12]

随机森林（random forest，RF）是一种强大的机器学习算法，它结合了决策树的灵活性和 Bagging 集成方法的优势。以下是随机森林的详细解释和参数说明。图 6.2 为随机森林建模流程。

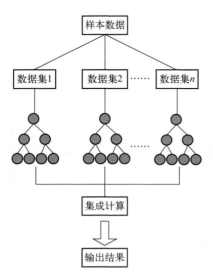

图 6.2　随机森林建模流程图

① 随机森林的优点。降低过拟合，通过集成多棵决策树，随机森林能够降低单一决策树的过拟合风险；提高预测能力，多棵树的集成可以提高模型的预测准确度；特征重要性评估，随机森林能够提供特征重要性的排序，帮助理解数据；鲁棒性，对异常值和噪声具有较高的容忍度；高效性，相比神经网络，随机森林通常训练速度更快，且需要调整的参数较少。

② 随机森林的参数。n_estimator，决策树的数量，默认值通常是 100，但这个参数对模型性能有显著影响，需要根据具体情况调整；max_depth，树的最大深度，限制深度可以防止过拟合，特别是在数据

量较大和特征较多的情况下。一般可以在 $10 \sim 100$ 之间取值；min_samples_split，分割内部节点所需的最小样本数。较小的值会导致树更加复杂，可能会过拟合；min_samples_leaf，叶节点所需的最小样本数。较大的值可以防止模型学习到过于特定的数据特征；max_feature，寻找最佳分割点时考虑的特征数量，常见的选项有 auto（特征总数的平方根）、sqrt、log2，或者是一个具体的数值；random_state，控制随机性的种子。设置一个固定的随机种子可以确保模型的可重现性。

随机森林是一种广泛应用于分类和回归问题的算法，它的灵活性和其他强大性能使其在多个领域有着广泛的应用。通过调整上述参数，可以优化随机森林模型，以适应不同的数据集和任务需求。

6.2.2.6 人工神经网络[7,9-16]

人工神经网络（artificial neural network，ANN）模型是模拟人脑神经元连接和工作原理的计算模型，它们在机器学习和人工智能领域扮演着极其重要的角色。图 6.3 为人工神经网络模型的基本结构。

① 神经元（nodes）。人工神经网络模型的基本单元，类似于人脑中的神经元，它们通过连接相互传递信息。

② 层（layers）。人工神经网络模型通常包括输入层、一个或多个隐含层以及输出层。输入层，接收外部数据输入；隐含层，对输入数据进行处理和转换，可能有一个或多个隐含层；输出层，输出神经网络的最终结果。

③ 权重（weights）和偏差（biases）：每个连接都有与之相关的权重，用于调整信号强度；每个隐含层和输出层的神经元还有一个偏差项。

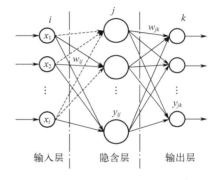

图 6.3 人工神经网络模型

④ 激活函数（activation function）：非线性函数，用于决定神经元是否应该被激活，常见的激活函数有 Sigmoid、ReLU 和 Tanh 等。

人工神经网络模型通过以下步骤进行学习：前向传播（forward propagation），输入数据通过网络层层传递，直到输出层产生结果；损失函数（loss function），计算网络输出与实际值之间的差异，常用的损失函数有均方误差（MSE）、交叉熵（cross-entropy）等；反向传播（back propagation），根据损失函数的梯度，通过网络反向更新权重和偏差；优化算法（optimization algorithm），如梯度下降（gradient descent）及其变体，用于调整网络参数以最小化损失函数。

人工神经网络模型的应用：人工神经网络模型因其强大的函数逼近能力，被广泛应用于图像识别、语音识别、自然语言处理和预测分析等领域。它们能够处理复杂的非线性问题，并在大数据集上表现出色。

ANN 的优点：非线性数据处理能力，ANN 能够有效地处理非线性数据，这在许多实际问题中是非常关键的；自适应能力，通过学习，ANN 能够适应不同的环境，并具有较强的泛化能力；复杂映射和关联，ANN 能够实现复杂参数和目标数据之间的映射和关联，这在传统方法中很难实现。

ANN 的缺点：局部极小值，训练过程中可能导致网络收敛到局部极小值，而不是全局最优解；过度拟合，ANN 可能会对训练数据过度拟合，导致泛化能力下降；泛化能力受多种因素影响，数据规模、特征、模型参数量和网络结构等都会影响 ANN 的泛化能力；黑箱性质，ANN 的决策过程不透明，难以解释预测结果的原因；计算资源需求，训练 ANN 需要大量的计算资源和时间；可解释性，与决策树等模型相比，神经网络缺乏直观的可解释性，这在需要模型解释的应用中是一个缺点。

尽管存在这些局限性，人工神经网络模型仍然是研究和应用中非常受欢迎的工具，特别是在需要高度准确性和能够处理复杂数据模式的任务中。随着研究的深入，研究人员正在开发新的技术和方法来提高人工神经网络模型的透明度和可解释性，以扩大其应用范围。

（1）感知器

① 单层感知器。单层感知器是一种简单的神经网络模型，由单个神经元组成，适用于解决线性可分问题。其执行过程如下：输入一个 m 维向量 $\boldsymbol{x} = [\boldsymbol{x}_1, \boldsymbol{x}_2, \cdots, \boldsymbol{x}_m]$，每个分量都乘以其对应的连接权值；在隐含层输出一个标量，通过激活函数处理。

② 多层感知器（multilayer perceptron，MLP）。MLP 是一种深度神经网络模型，具有很强的泛化能力，能学习和贮存大量输入输出模式之间的映射关系，而无需了解映射关系的具体表达公式。MLP 由输入层、隐含层和输出层构成，不同层之间是全连接的，而网络本身不含任何回路，确保信息仅在单一方向上传播。MLP 结构如图 6.4 所示。

MLP 的常用参数：隐含层大小，指定隐含层中的神经元数量和层数；激活函数，用于隐含层和输出层的激活函数，如 relu、Sigmoid 和 tanh 等；优化器，用于优化模型参数的算法，如 sgd、Adam 和 LBFGS 等；正则化参数，控制模型的正则化程度，防止过拟合；学习率，控制参数更新的步长；最大训练周期，指定模型的最大训练周期，防止过训练。

MLP 在曲线拟合和函数逼近等领域有广泛应用，但其模型解释性相对较差，训练过程要求大量的数据和计算资源，通常依赖反向传播算法与梯度下降法来调整权重，从而最小化预测误差，这是其在实际应用中存在的潜在劣势。尽管如此，MLP 因其强大的功能和灵活性，在机器学习领域仍然是一个非常重要的工具。

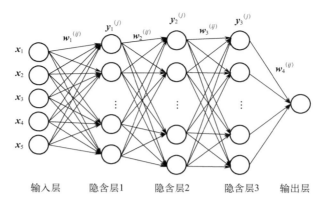

图 6.4　多层感知器结构

（2）线性神经网络

线性神经网络是一种简单的神经网络模型，它与单层感知器相似，但不限于输出二值结果，它可以接受任意值的输入。由于该网络使用线性运算规则，主要适用于解决线性可分问题。线性神经网络的激活函数通常是线性的，这与感知器中的二值激活函数不同。

（3）反向传播神经网络

BP（back propagation）神经网络是在多层神经网络模型的基础上提出，即反向传播神经网络。它解决了感知器和线性神经网络无法处理的复杂非线性问题。BP神经网络的特点是信号前向传递，误差反向传播。在前向传递过程中，输入信号通过隐含层逐层处理，最终到达输出层。如果输出层的输出值与期望输出值不符，则网络会通过反向传播过程调整权值和阈值，以减少预测误差。BP神经网络通常包括输入层、至少一个隐含层和输出层。

（4）深度神经网络[8]

深度神经网络（DNN）是指具有多个隐含层的神经网络模型，它通过增加隐含层的数量，能够更清晰地描述特征，从而提高模型的复杂度和预测精度。深度神经网络能够自动学习和提取高层次特征，减少手工特征工程的需求。它在图像识别、自然语言处理、游戏智能和自动驾驶等领域表现出色，极大地推动了人工智能技术的发展。

（5）循环神经网络[8,10,12]

循环神经网络（RNN）是一种专门用于处理时间序列数据的神经网络。与传统的前馈神经网络不同，RNN在网络结构中引入了时间维度，使得网络能够记忆前一个时间步的信息，并在当前时间步中使用这些信息。这种结构使得RNN在处理序列数据时表现出色。然而，标准RNN在处理长序列时容易出现梯度消失或爆炸的问题，这限制了其学习长期依赖关系的能力。

（6）长短期记忆神经网络[8,10]

长短期记忆神经网络（LSTM）是一种特殊的 RNN，设计用来解决标准 RNN 中的梯度消失问题。LSTM 通过引入门结构（包括输入门、遗忘门和输出门）来控制信息的流动，从而能够有效地记忆和传递长序列信息。LSTM 在处理存在长期依赖性的序列数据时表现出色。

（7）卷积神经网络[10,12]

卷积神经网络（CNN）是一种主要用于图像识别和处理的神经网络，它通过使用共享的卷积核来减少训练参数的数量，从而降低训练成本。CNN 包含卷积层和池化层，能够通过非线性映射提取输入数据的局部特征和整体特征。CNN 在图像识别、视频分析和自然语言处理等领域有着广泛的应用。

6.2.3　超参数优化算法

在机器学习领域内，超参数扮演着至关重要的角色，它们是模型训练前必须精心挑选的一系列参数，对模型的性能和训练效率产生深远影响。在进行超参数的优化之前，研究者需针对不同的学习模型，明确指出那些对模型表现具有决定性作用的超参数作为优化对象。通常，会优先考虑那些对模型性能影响最为显著的参数进行精细调整。接下来，必须为这些超参数设定一个合理的搜索范围，无论是连续参数的可能区间，还是离散参数的具体取值，都需预先界定。不同的预测任务和数据集特性决定了超参数搜索范围的不同，而恰当的搜索范围能够确保模型在有限的资源和时间约束下，充分探索参数空间，以增加捕获最优超参数组合的可能性。

在机器学习实践中，优化算法是寻找模型参数最优配置的数学工具。这里，目标函数多为损失函数，它量化了模型预测与实际数据之间的偏差。传统的优化算法，如梯度下降及其变种（包括随机梯度下降、小批量梯度下降等），在模型训练中得到了广泛应用，特别是在线性回归、逻辑回归和神经网络等模型中。这些算法通过逐次迭代来调整模型参数，旨在降低损失函数的值，从而提升模型的预测准确性。除了这些传统方法，近年来，诸如遗传算法、模拟退火算法和粒子群优化算法等新兴技术也开始应用于机器学习的优化问题。这些全局优化算法在广阔的参数空间中搜索全局最优解，有时能够有效避免陷入局部最优的困境。虽然这些算法可能伴随着较高的计算成本，但它们在处理复杂模型和非凸优化问题时展现出了无可比拟的优势。随着数据量的激增和计算能力的飞跃，优化算法不仅在提升模型性能上起到关键作用，也在提高模型的可解释性、泛化能力和计算效率上产生了重要影响。因此，探索和应用更高效的优化算法，已成为机器学习研究的一个热点领域。

6.2.3.1　网格搜索[8]

网格搜索（grid search）算法是一种基础且广泛使用的超参数优化技术。它通过系统地遍历预先设定好的超参数组合网格，以寻找最优的超参数设置。这种方法实际上是一种穷举搜索策略，它依赖于网格来指定超参数的可能值，并利用交叉验证来评价每一组超参数组合的性能。通过比较不同组合的性能评分，网格搜索能够确定最优的超参数配置。尽管网格搜索在理论上能够找到全局最优解，但这要求搜索空间足够大且步长选择得当，这通常会消耗大量的计算资源，并且搜索效率相对较低。

6.2.3.2　随机搜索[8]

随机搜索（random search）算法是一种更为高效的超参数优化技术，它在预定义的超参数空间内进行随机采样。不同于网格搜索的系统性遍历，随机搜索通过随机选择超参数组合进行模型训练和评估，并最终确定性能最佳的超参数值。由于随机搜索不局限于固定的网格点，它能够在相同的计算资源下探索更广阔的超参数空间，因此在实践中往往能够以更高的效率找到接近最优的超参数组合。

6.2.3.3　贝叶斯优化[7-8]

贝叶斯优化（bayesian optimization）算法是一种基于概率模型的超参数优化方法，它通过构建目标函数的代理模型来指导超参数的搜索过程。这种方法利用先前的评估结果来选择下一个最有潜力的超参数组合进行评估，旨在减少必要的评估次数，并逐步逼近最优解。贝叶斯优化特别适用于评估成本高昂的情况。SMBO（sequential model-based optimization）是贝叶斯优化的一种实现，它通过迭代的方式进行优化。不同的贝叶斯优化方法主要在概率模型的选择和采集函数的设计上有所区别。基于 TPE（tree-structured parzen estimator）和基于高斯过程回归（gaussian process regression，GPR）的模型是贝叶斯优化中常用的两种概率模型。在高维或复杂的搜索空间中，TPE 通常能够提供更优的性能。

高斯朴素贝叶斯模型（gaussian naive bayes）是朴素贝叶斯分类器的一种变体，特别适用于特征变量服从高斯分布的数据集。该模型基于贝叶斯定理构建，并假设在给定类别下所有特征相互独立。尽管这种"朴素"的假设在现实数据中不一定成立，但高斯朴素贝叶斯模型在许多分类问题中仍然表现出色。它通过计算特定特征条件下各分类的概率，并选择具有最大后验概率的类别作为预测结果，以简洁高效的方式完成分类任务。凭借其直观的概率框架和对数据分布的简化假设，即使特征之间存在依赖关系，高斯朴素贝叶斯模型也能提供满意的解决方案。因此，在特征分布假设与实际情况相符的情况下，高斯朴素贝叶斯模型成为解决特定类型数据分类问题的重要工具，其准确性和实用性尤为显著。

6.2.3.4　K-最近邻[6,7]

K-最近邻（K-nearest neighbor，KNN）算法是一种简单而有效的超参数优化方法，广泛应用于分类和回归问题。其核心思想是在特征空间中找到与待预测样本最接近的 K 个训练样本，并根据这些邻居的类别或值来预测新样本的类别或值。在分类问题中，KNN 通过多数投票机制确定新样本的类别，即选择 K 个最近邻中最常见的类别。在回归问题中，则通常计算这 K 个邻居的目标值的平均值作为预测值。KNN 算法的优点在于其简单易懂且易于实现，但它也存在一些局限性，比如计算成本随样本量增加而上升，且在不平衡数据集上表现可能不佳。

6.2.3.5　粒子群优化[7-8,13]

粒子群优化（particle swarm optimization，PSO）算法是一种基于群体智能的优化方法，由 Kennedy 和 Eberhart 在 1995 年提出。PSO 算法受到鸟类觅食行为的启发，将每个潜在的解视为一个没有质量和体积的"粒子"，这些粒子在搜索空间中通过跟踪自己的历史最佳位置和整个群体的最佳位置来调整自己的飞行轨迹。速度决定了粒子移动的快慢和方向，而位置则代表了问题空间中的一个解。PSO 算法的优势在于其简单，易于实现，并且需要调整的参数较少，能够更好地平衡全局探索和局部开发，有助于避免搜索陷入局部最优。它适用于多种优化问题，包括连续、离散和多目标优化，并且通常能够快速找到高质量的解。

6.2.3.6　差分进化[7]

差分进化（differential evolution，DE）算法是一种强大的全局优化算法，由 Storn 和 Price 在 1997 年提出，主要用于解决连续优化问题。DE 算法通过模拟自然选择和遗传变异的过程，在种群中生成新的候选解，并通过差分变异、交叉和选择操作来迭代改进这些解。差分变异是 DE 算法的核心，它通过比较种群中不同个体的差异来产生新的解。DE 算法以其简单、稳定和强大的全局搜索能力而受到重视，特别适合解决具有多个峰值、非线性以及高维的复杂优化问题。

6.2.3.7　麻雀优化算法[7]

麻雀优化算法（sparrow search algorithm，SSA）自 2019 年提出以来，已成为元启发式优化领域的一个新兴算法。它基于对麻雀群体觅食行为的模拟，为解决各种优化问题提供了有效的解决方案。SSA 算法的核心在于其独特的全局和局部搜索策略，这些策略是通过模拟麻雀在觅食、警戒和飞行中的行为来实现的。在 SSA 中，领导麻雀负责引导群体向食物丰富的区域移动，而追随麻雀则根据领导者的行为和环境变化来调整自己的位置。这种动态的角色互动增强了算法的搜索能力，使其能够在复杂的环境中高效地寻找最优解。SSA 算法考虑了自然界中麻雀行为的随机性和不确定性，使其具有出色的适应性和鲁棒性。在面对动态变化的优化问题时，SSA 能够灵活调整搜索策略，有效避免局部最优，提高找到全局最优解的概率。SSA 算法的优势在于其在探索和利用之间实现了良好的平衡，这对于解决多峰值优化问题尤为重要。此外，SSA 对参数的依赖性较低，使其能够适应多种类型的优化问题，并有效抵抗噪声和异常值的影响。

6.2.3.8　遗传算法[13]

遗传算法（genetic algorithm，GA）是一种模拟自然选择和遗传机制的优化方法，它通过模拟生物进化过程中的选择、交叉和变异来搜索最优解。遗传算法以其高效的启发式搜索和并行计算能力而广泛应用于各种优化问题。在遗传算法中，参数的选择对算法的性能有着重要影响。种群规模、进化代数、交叉概率和变异概率是算法中需要确定的几个关键参数。种群规模通常设置在 $10 \sim 100$ 之间，过大的种群规模会增加计算时间而不一定能提高结果质量，而种群规模太小则可能无法提供足够的采样点。交叉概率通常设置在 $0.4 \sim 0.9$ 之间，它控制着交叉操作的频率，对种群的更新速度有直接影响。变异概率则影响算法的探索能力，通常设置得较低，以保持种群的稳定性。进化代数是终止算法的条件之一，如果连续多代的最优个体适应度没有变化，可以认为算法已经收敛，可以终止运算。合适的进化代数可以确保算法既不会过早结束，也不会因为过长的运行时间而浪费计算资源。遗传算法的成功应用不仅展示了其理论上的创新性，而且在实际问题的解决中展现了强大的适用性和有效性。

6.3 机器学习模型建模的关键

机器学习模型建模的关键在于选择哪种模型以及哪些重要参数来进行模拟。以神经网络模型为例来介绍，主要包含输入参数的选择，神经网络模型的选择、算法的选择以及隐含神经元个数的设置。一个好的模型应该在训练数据与测试数据的可接受误差和模型的复杂性之间进行权衡。

6.3.1 输入参数的选择

在神经网络模型的模拟中，输入参数的选择是至关重要的第一步。正确的输入参数可以显著提高模型的预测能力和泛化能力。对于煤气化过程，输入参数的选择需要基于对工艺的深入理解。输入参数通常分为物料性质、操作参数和设备参数三大类。物料性质主要有工业分析（固定碳、挥发分和灰分）、元素（C、H、O）分析、比表面积、活化能、矿物质含量及种类等。操作参数主要有空气流量、氧气流量、水蒸气流量、进料量、颗粒粒径、气化时间、催化剂类型、催化剂负载量和排灰速率等。设备参数主要包括反应器直径、高度以及内构件等。常见的煤气化输出参数包括合成气产率及生成速率、气体组成、碳转化率、合成气低热值、气化反应速率、H_2/CO 比例以及活性炭比率。可以看出，评价指标众多，影响因素众多，如何根据需要评价的指标，如碳转化率和气体组成确定恰当的输入参数至关重要。选择合适的输入参数涉及以下几个关键点。

① 相关性分析。使用统计学方法，如皮尔逊相关系数，可以分析输入参数与

输出参数之间的相关性，帮助筛选出对输出影响最大的参数。

② 领域知识。专家经验在输入参数的选择中起重要作用，尤其是在缺乏足够数据的情况下。

③ 试错法。通过不断试验和模型验证，可以逐步确定哪些参数对模型性能有显著影响。

6.3.2　神经网络模型的选择

选择合适的神经网络类型对于模型的性能同样至关重要。不同的神经网络结构适合解决不同类型的问题，以下是一些常见的神经网络模型及其特点。

① 前馈反向传播神经网络（FFBPNN）。这是最常用的神经网络类型，适用于静态映射问题，其中信息从输入层流向输出层，没有反馈连接。

② 串级正反向传播神经网络（CFBPNN）。这种网络考虑了输入和前一层输出对当前层的影响，适合处理时间序列数据。

③ 埃尔曼正反向传播神经网络（EFBPNN）。这种网络具有短期记忆能力，可以存储时间模式信息，适合序列预测问题。

④ 递归神经网络（RNN）。RNN 具有内部状态，可以处理变量随时间变化的问题，适合时间序列预测。

⑤ 非线性自回归神经网络（NARX）。NARX 模型将当前输出作为下一时刻的输入，适合预测动态系统。

不同神经网络模型优缺点见表 6.1。

表 6.1　不同神经网络模型的优缺点

神经网络模型	优点	缺点
FFBPNN	结构简单，易于实现	不适合处理时间序列数据
CFBPNN	考虑了输入和前一层的影响	训练复杂，容易过拟合
EFBPNN	具有短期记忆能力	计算量大，训练时间长
RNN	适合处理时间序列数据	容易出现梯度消失或爆炸问题
NARX	适合动态系统预测	需要大量的历史数据

在选择神经网络类型时，需要考虑数据的特点、问题的复杂性以及计算资源。通常，通过实验和比较不同网络类型的表现，可以找到最适合特定问题的神经网络模型。

6.3.3　神经网络算法的选择

在选择神经网络算法时，需要考虑算法的速度和精度。以下是一些常见的 ANN 算法及其优缺点。

① 误差反向传播（BP）。这是一种基本的神经网络训练算法，通过反向传播误差来调整网络权重。

② 粒子群优化（PSO）。基于群体智能的优化算法，模拟鸟群的社会行为来寻找最优解。

③ 遗传算法（GA）。模拟自然选择和遗传学原理的优化算法，通过选择、交叉和突变操作来搜索最优解。

④ 反向传播（BP）。最常用的神经网络训练算法，通过计算输出层的误差来调整隐含层和输入层的权重。

⑤ 正交最小二乘学习算法。用于解决线性回归问题，特别适用于参数估计。

⑥ 线性最小二乘算法。用于寻找数据的最佳拟合直线，简单且计算效率高。

⑦ Levenberg Marquardt（L-M）算法。结合了梯度下降法和牛顿法的优点，适用于复杂问题的快速收敛。

⑧ 动量梯度下降率（MGD）。通过引入动量项来加速学习过程，有助于跳出局部最小值。

⑨ 自适应学习速率（GDX）。通过调整学习率来提高算法的效率和稳定性

部分神经网络算法优缺点见表 6.2。

表 6.2　部分神经网络算法优缺点

优化算法	优点	缺点
L-M	结合了梯度法和牛顿法的优点，可以通过调节参数优化计算过程	在处理网络权值数目较多的复杂问题时，需要很大的内存
GDX	改变学习率并加入动量项，避免陷入局部极值	收敛速度慢，存储空间也相对较小
GA	根据生物遗传规律得到最优的权值阈值	编码不规范及表示不准确，不能全面表示优化问题的约束
PSO	计算简便，具有较强的全局搜索能力和较快的收敛速度	较弱的局部搜索能力，较低的搜索精度

选择合适的算法确实是一个挑战，通常需要根据具体问题的特性、数据的规模和结构以及计算资源等因素进行综合考虑。通过模拟结果和交叉验证来确定最佳算法是一个实用的方法。过拟合和局部极小问题是神经网络训练中常见的问题，需要通过正则化技术、提前停止、增加数据集多样性等方法来解决。

6.3.4　隐含神经元个数的设置

隐含神经元的数量确实是神经网络模拟时的一个关键因素，它的重要性体现在以下几方面：网络性能，隐含层神经元的数量直接影响网络的拟合能力，即网络能

否学习到数据中的复杂模式。收敛速度，适当的神经元数量可以加快网络的收敛速度，减少训练时间；泛化能力，过多的神经元可能会导致网络过拟合，即网络学习到了训练数据中的噪声而非潜在的模式，从而降低了泛化到新数据的能力。

隐含层神经元数量的选择与网络复杂度有关，更多的神经元意味着更高的网络复杂度，这可能会导致训练时间增加，计算资源消耗增大。目前确定隐含层神经元数量的方法主要是半经验关联式，如 Zhao 等提出[17]：

$$C_H = 2C_P + 1 \tag{6.3}$$

式中，C_H 为隐含层神经元数量；C_P 为输入变量的个数。

另外一种是[18-19]：

$$l = \sqrt{n+m} + a \tag{6.4}$$

式中，l 为隐含层神经元个数；n 为输入层神经元个数；m 为输出层神经元个数；a 为 1～10 的随机数。

为了获得更好的性能，模拟在此基础上进一步扩大神经元的数量进行计算。

6.4 机器学习模型建模过程

以 ANN 模型的建模（图 6.5）过程为例，主要由输入层、隐含层和输出层组成。ANN 模型可以采用 MATLAB（R2015a）中神经网络/数据管理器（nntool）进行建模。ANN 模型的建立包括三个步骤：构建数据集，选择神经网络模型、算法和神经元个数以及模型性能的评价。表 6.3 总结了鼓泡流化床煤气化的 ANN 模型。

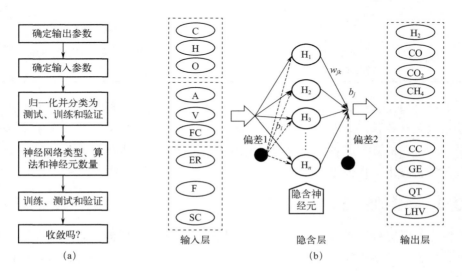

(a)　　　　　　(b)

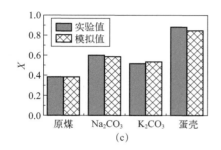
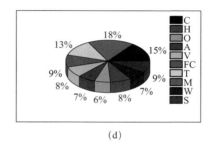

图 6.5   ANN 模型建模过程

表 6.3   鼓泡流化床煤气化的 ANN 模型

参考文献	输入参数	输出参数	ANN 模型	算法	神经元个数	数据量
Patil-Shinde 等[20]	FC/VM, A, SSA, AE, F, T, ADR A/F	R, P, CC, LHV	MLP	EBP	2	36
Chavan 等[21]	FC, VM, MM, T, A/F, S/F	R, LHV	MLP	EBP	—	81
Li 等[22]	Q_{O_2}, Q_S, F	H_2, CO, CO_2, CH_4, Q_g, LHV, T	BPNN	L-M, PSO	20~30	174
Guo 等[23]	T, t	ACR,	MFNN	BP	3	—
Li 等[24]	C, H, O, A, V, FC, T, M, W, Q_S	H_2, CO, CO_2, CC	CFBPNN, FFBPNN	L-M, GA	16~26	45

6.4.1   构建数据集

在构建数据集时，首先需要确定模型的评价指标，即明确模型需要模拟的性能指标。接着，分析哪些因素可能影响这些性能指标，并使用皮尔逊相关系数分析来确定这些因素与性能指标之间的相关性。基于这些分析，可以确定输入和输出数据集，从而构建模拟数据集。

数据归一化处理是必不可少的步骤，它有助于提高神经网络的训练效率和稳定性。归一化公式如式（6.5）所示

$$x_N^i = \frac{x_i - x_{min}}{x_{max} - x_{min}} \tag{6.5}$$

式中，x_N^i、x_i、x_{min}、x_{max} 分别为数据集的转换值、实际值、最小值和最大值。

将数据集进一步随机分为训练集（75%）、测试集（15%）和验证集（10%），这样做可以确保模型具有良好的预测能力，并有助于减少过拟合现象。

6.4.2 选择神经网络模型、算法和神经元个数

根据问题的特性选择合适的神经网络模型，如 FFBPNN、LR、CFBPNN、NARX 和 EFBPNN 等。同时，选择合适的训练算法，如 Levenberg-Marquardt（L-M）、粒子群算法（PSO）和遗传算法（GA）等。基于输入和输出参数的个数，可以计算基本的神经元个数，然后根据实际情况扩大或缩小范围，进行神经网络模型的训练。在模拟过程中，输入变量的初始值通常是随机生成的。隐含层中的权重（w_{ij}、w_{jk}）和偏置（b_i、b_j）参数是通过训练过程估计得到的。为了防止过拟合，模型训练过程中还采用了验证检查。隐含层和输出层之间通常使用 Tansig、Tanh 或 Sigmoid 等传递函数。

6.4.3 评价模型性能

模型性能的评价通常采用以下指标：相关系数（R^2），衡量模型预测值与实际值之间的相关性；均方误差（MSE，也称 E^2），衡量模型预测值与实际值之间的平均平方差；平均绝对误差（MAE），衡量模型预测值与实际值之间的平均绝对差；平均绝对百分比误差（MAPE），衡量模型预测值与实际值之间的平均绝对百分比差。

具体表达式如式（6.6）～式（6.9）所示。

$$R^2 = 1 - \frac{\sum_{i=1}^{N} (L_i - L_i^{\text{pred}})^2}{\sum_{i=1}^{N} (L_i - L_i^{\text{avg}})^2} \tag{6.6}$$

$$\text{MSE} = \frac{1}{N} \sum_{i=1}^{N} (L_i - L_i^{\text{pred}})^2 \tag{6.7}$$

$$\text{MAE} = \frac{1}{N} \sum_{i=1}^{N} |L_i - L_i^{\text{pred}}| \tag{6.8}$$

$$\text{MAPE} = \frac{1}{N} \sum_{i=1}^{N} \left| \frac{L_i - L_i^{\text{pred}}}{L_i} \right| \tag{6.9}$$

式中，N 为所使用的数据量，L_i、L_i^{pred} 和 L_i^{avg} 分别为实验数据、模拟数据和平均数据。

R^2 接近于 1，MSE、MAE 和 MAPE 越小，说明模型的模拟结果越接近实验值，模型性能越好。通过多次训练，直到 MSE 和 R^2 没有明显变化，记录这些值以供分析。然后，可以尝试添加更多的神经元到网络中，并重复之前的训练过程，以进一步提升模型性能。

6.5 应用实例

下面结合具体应用进行模型的介绍,其应用主要有三大领域:第一类是含能材料领域,主要包括喷雾干燥制备含能材料,如六硝基六氮杂异伍兹烷(CL-20),环三亚甲基三硝胺(RDX)和环四亚甲基四硝胺(HMX)等;第二类是含碳资源的高效转化过程,主要包括煤、生物质和废轮胎等的气化过程;第三类是化工单元操作过程,主要包括吸收、精馏、萃取和多相分离等过程。在含能材料领域,通过考察神经网络模型和算法对颗粒平均粒径和跨度的影响,分析喷雾干燥制备含能材料过程。含碳资源的高效转化过程以煤和生物质共气化,煤与生物质、石油焦共气化、煤的催化气化为例,将生物质掺混比、催化剂负载量和类型等引入模型,分析对气体组成,特别是氢气和 H_2/CO 比例的影响。化工单元操作以吸附、除尘和超临界为例,模拟了吸附量和分级效率以及降解率。其他方面的研究在陆续开展中。

6.5.1 喷雾干燥制备含能材料

6.5.1.1 引言

随着科技的进步,含能材料在军事、航空和民用等领域的应用越来越广泛。感度和稳定性是评估含能材料性能的重要指标,而其中粒径和粒径分布是影响感度的重要因素。常用调控含能材料形貌和结构的方法有研磨法、溶剂/非溶剂法、超临界流体法和喷雾干燥法[25-27]。其中喷雾干燥法是一种比较有效的方法,具有产物质量好、工艺简单且易于控制和连续化生产等优点。由于实验过程操作烦琐而且危险性高,并且在优化参数的过程中会消耗大量的人力物力,因此利用人工神经网络模型体现了巨大的优势。

6.5.1.2 模拟对象

将含能材料原料溶于其对应的溶剂(丙酮和乙酸乙酯等)中,制备前驱体溶液,然后通过蠕动泵经喷嘴将其送入喷雾干燥塔,与热氮气充分接触,溶剂迅速蒸发,含能材料颗粒随氮气进入旋风分离器,由于离心沉降的作用,含能材料颗粒落入收集瓶中,尾气排出。实验流程如图 6.6 所示。

6.5.1.3 人工神经网络模型的建立

(1)数据收集和处理

选取了 121 组近年来喷雾干燥制备含能材料(CL-20、RDX 和 HMX)实验过程的数据[25-26,28-29],其中包含操作条件(气体流量 G、液体流量 L、入口温度 T、溶质质量分数 ω、溶剂黏度 μ 和溶质相对分子质量 M)、平均粒径 D_p 以及粒径分布 Span。

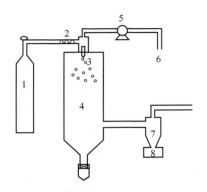

图 6.6　喷雾干燥制备含能材料流程图

1—氮气瓶；2—电加热器；3—喷嘴；4—喷雾干燥塔；5—蠕动泵；

6—溶液入口；7—旋风分离器；8—收集器

（2）输入层与输出层参数的确立

通过对喷雾干燥各操作条件、溶质和溶剂参数进行分析，确定输入层节点为气体流量、液体流量、入口温度、质量分数、黏度和相对分子质量，输出层节点为平均粒径或粒径分布。喷雾干燥制备含能材料的人工神经网络模型如图 6.7 所示。

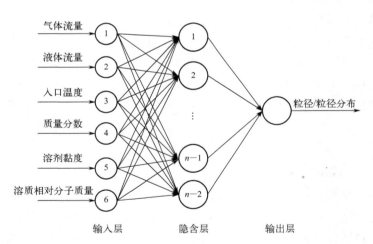

图 6.7　喷雾干燥制备含能材料的人工神经网络模型

（3）隐含层神经元个数的确定

采用式（6.3）确定隐含层神经元个数，将输入层节点数 6 和输出层节点数 1 代入得到隐含层神经元个数的范围为 3～13，再通过试错法对其逐一进行计算，得到最佳隐含层神经元个数。

（4）模型的验证

为了验证模型的可行性，通常采用相关系数 R^2 和均方误差 E^2（MSE）对模型进行评价，R^2 越大，E^2 越小，则模型的预测性能越好。

（5）人工神经网络模型的建模过程

首先将收集到的喷雾干燥制备含能材料的数据导入 Matlab，随后打开人工神经网络模型工具箱。工具箱界面主要包含了输入数据、期望输出、预测输出、预测误差和人工神经网络模型。将数据导入人工神经网络模型工具箱后，点击 New 按钮进入到模型建立界面，可以选择人工神经网络模型、训练算法、隐含层神经元个数和激励函数等参数。此处以 FFBPNN 为例，训练算法选择 L-M 算法，隐含层神经元个数为 10，激励函数选择双曲正切 S 形 tansig。人工神经网络模型的选择为 FFBPNN、CFBPNN、EFBPNN、LR 和 NARX 五种。选择了 GD、GDX、L-M、GA 和 PSO 五种算法。GA 和 PSO 通过代码实现，其中 GA 参数设置迭代次数为 50，种群规模为 20，交叉概率为 0.8，变异概率为 0.01。PSO 参数设置学习因子 c_1 和 c_2 为 2，迭代次数为 50，种群规模为 20。参数选择好后，点击 Creat 按钮建立模型，选择导入的含能材料数据，点击 Train Network 按钮开始训练。最后显示 FFBPNN 的结构，并且可以得到训练步数、训练时间和均方误差等结果。点击 Regression 按钮打开回归曲线图，可以得到训练集、验证集和测试集的回归曲线和相关系数。

6.5.1.4 人工神经网络模型类型和算法的优化

以操作条件（气体流量、液体流量、入口温度和溶质质量分数）和物性参数（溶剂黏度和溶质相对分子质量）为输入，平均粒径为输出，建立喷雾干燥制备含能材料（CL-20、RDX 和 HMX）平均粒径的人工神经网络模型，并考察不同人工神经网络模型类型和训练算法对其结果的影响。

① 人工神经网络模型类型对含能材料平均粒径的影响。

为了考察不同人工神经网络模型对含能材料平均粒径的影响，采用了五种人工神经网络模型，分别为前馈反向传播神经网络（FFBPNN）、串级正反向传播神经网络（CFBPNN）、埃尔曼正反向传播神经网络（EFBPNN）、递归神经网络（LR）和非线性自回归神经网络（NARX）。

不同人工神经网络模型在最佳隐含层神经元个数的相关系数和均方误差如图 6.8（a）和（b）所示。由图可以看出，不同人工神经网络模型的 R^2 均在 0.95 以上，说明人工神经网络模型可以很好地模拟喷雾干燥过程。图 6.8（a）中，FFBPNN 隐含层神经元个数从 3 增加到 12 时，R^2 从 0.9827 增加到 0.9927，E^2 从 0.3160 减小到 0.1400，继续增加到 13 个隐含层神经元个数时，R^2 下降到 0.9886，E^2 增加到 0.2157。其他人工神经网络模型呈现类似的规律。FFBPNN、CFBPNN、EFBPNN、LR 和 NARX 的最佳隐含层神经元个数分别为 12、10、8、10 和 12。不同人工神经网络模型在预测喷雾干燥制备含能材料的平均粒径时所需要的最佳隐含层神经元个数不同，当隐含层神经元个数小于最佳值时，网络模型的学习能力并没

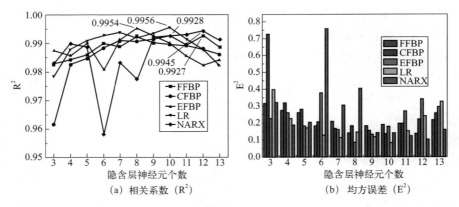

图 6.8　不同隐含层神经元个数的性能

有达到最好，在训练过程中并不能使数据达到最佳的拟合状态；而当隐含层神经元大于最佳值时，网络模型可能处于过拟合的状态，大幅度增加了网络模型陷入局部极值的概率，并且使得网络模型的复杂度增加，训练速度变慢。

通过对比五种不同人工神经网络模型在不同隐含层神经元下的相关系数和均方误差，可以得到不同人工神经网络模型的性能依次是 LR、EFBPNN、NARX、CFBPNN 和 FFBPNN。这是因为 FFBPNN 单向传播的特点限制了后续权重修正的信息来源；而 CFBPNN 在结构上加入了第一层输入对权重的影响；EFBPNN 作为一个递归神经网络考虑了前后数据的相关性，将上一时刻的隐含层输出作为下一时刻的隐含层输入，因此精度明显提高；而 LR 在 EFBPNN 的基础上进一步改进，每一层都加入了一个时间延时；NARX 与 LR 相比，反馈只来源于输出层，与隐含层的信息无关。因此 LR 在对喷雾干燥制备含能材料的平均粒径进行预测时性能优于其他模型。同时可以发现，EFBPNN 和 LR 的 R^2 相差 0.002，但是隐含层神经元个数 LR 比 EFBPNN 增加了 2 个，即在网络模型的复杂度上有所增加。考虑到网络模型所用数据较少，增加两个神经元对复杂度的影响较低，因此以预测结果的精确度代表人工神经网络模型性能，得到 LR 性能最好，最佳结构是 6-10-1。

为了进一步说明不同人工神经网络模型在最佳隐含层神经元个数的误差分布情况，对其频率分布进行了模拟，如图 6.9 所示。

从图 6.9（a）中可以看出，FFBPNN 预测结果的误差在 −0.4~0.4 之间的有 98 个，且最大误差达到了 −1.27；从图 6.9（b）中可以看出，CFBPNN 预测结果的误差在 −0.4~0.4 之间的有 102 个，最大误差达到了 −1.59；从图 6.9（c）中可以看出，EFBPNN 预测结果的误差在 −0.4~0.4 之间的有 105 个，最大误差达到了 −1.63；从图 6.9（d）中可以看出，LR 预测结果的误差在 −0.4~0.4 之间的有 109 个，且其中有 87 个的误差在 −0.2~0.2 之间，最大误差达到了 −1.91；从

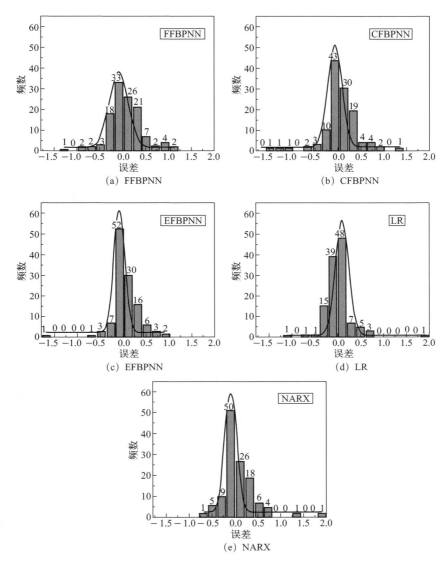

图 6.9　不同神经网络模型的误差频率分布

图 6.9（e）中可以看出 NARX 预测结果的误差在−0.4～0.4 之间的有 103 个，最大误差达到了−1.81。通过对比可以发现，LR 的整体误差是最小的，预测结果更加稳定准确。此外，每种人工神经网络模型都有个别点的误差较大，这是由于计算过程陷入局部极小，造成网络模型收敛至局部最优解。而模拟的数据收集自不同的文献，由于测试方法的不同也会给模型引入一定的误差。

　　② 算法优化对含能材料平均粒径的影响。

　　人工神经网络模型的算法对计算过程是否陷入局部极小值、收敛速度的快慢、精度高低有很大影响，因此考察了四种算法对平均粒径的影响，分别为 Levenberg-Marquardt 算法（L-M）、动量梯度下降和自适应学习率算法（GDX）、遗传算法（GA）和粒子群算法（PSO）。

不同算法对 LR 优化后的性能对比图如图 6.10 所示。由图 6.10 可知，GA 的 R^2 从 0.9956 增加到 0.9967，E^2 从 0.0862 减小到 0.0559；其他算法呈现类似的规律。在预测精度上相比于优化之前有了明显的提高。利用不同算法对 LR 进行优化时的性能顺序依次是 GA、L-M、PSO 和 GDX。

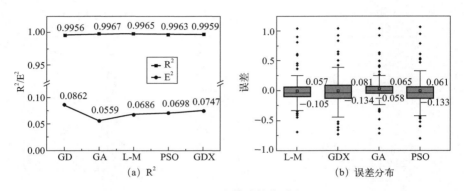

图 6.10 不同算法性能对比

为了更直观地对比分析不同算法优化的人工神经网络模型的性能，采用箱型图对其误差进行表示，如图 6.11 所示。从图 6.11 中可以看出，GA 优化的预测误差主要分布在 -0.058～0.065 之间，L-M 误差主要集中在 -0.105～0.057 之间，PSO 误差主要集中在 -0.133～0.061 之间，GDX 误差主要集中在 -0.134～0.081 之间。通过对比发现，GA 性能更好，GDX 效果并不显著。这是由于 GA 以编码的形式处理数据，通过选择、交叉和变异操作后，使得权值和阈值的分配更加合理，并且遗传算法并行运算的优势可以有效地避免陷入局部极值的问题；L-M 在处理结构简单的网络模型时有明显的优势，收敛速度和精度都有很大的提升；PSO 虽然加强了全局搜索能力，但是局部搜索能力并没有优化，因此虽然在精度上有所提高，但是相对于 GA 而言还是略有不足；而 GDX 通过附加动量项和改变学习速率有效地避免了计算结果陷入局部极值，但是对精度的提升并不显著。

为了更好地对不同算法的性能进行分析，对其频率分布进行了模拟，如图 6.11 所示。

从图 6.11（a）中可以看出，L-M 优化的预测误差范围在 -0.8～1.2 之间，且在 -0.2～0.2 之间的有 89 个。这是由于 L-M 算法结合了高斯-牛顿算法以及梯度下降法的优点，极大地避免了计算过程陷入局部极小值。从图 6.11（b）中可以看出，GDX 优化的预测误差范围在 -0.8～1.2 之间，且在 -0.2～0.2 之间的有 83

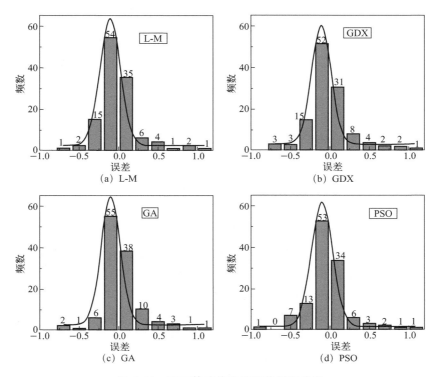

图 6.11　不同算法优化的误差频率分布

个，与图 6.9（d）相比虽然小误差的数据降低，但是没有明显的异常值，因此在精度上略有提高。这是由于 GDX 算法有效解决了人工神经网络模型计算过程学习率选择的问题。从图 6.11（c）中可以看出，GA 优化的预测误差范围在 $-0.8\sim1.2$ 之间，与图 6.9（d）相比误差范围明显减小，且在 $-0.2\sim0.2$ 之间的有 93 个。说明了 GA 算法通过模仿生物遗传规律选择的权值阈值在促进误差收敛的过程中起到了积极的作用，并且有效地克服了计算过程陷入局部极小值的缺陷。从图 6.11（d）中可以看出，PSO 优化的预测误差主要集中在 $-1\sim1.2$ 之间，且在 $-0.2\sim0.2$ 之间的有 87 个。说明 PSO 以迭代搜索最优值的原理有效地避免了网络模型陷入局部极小值。

累计分布函数常用在实验结果的数据分析中。对预测结果与实验结果之间相对误差低于 5% 的数据所占比例进行分析，并作累积分布曲线图，如图 6.12 所示。GA 的预测结果有 72% 的数据低于该基准，L-M 和 PSO 有 68% 的数据低于该基准，而 GDX 只有 62% 的数据低于该基准。通过多种对比可以看出，GA 对喷雾干燥制备含能材料的平均粒径的泛化能力更强，预测精度更高。

6.5.1.5　GA-LR 模型的优化与预测

GA-LR 最适用于预测喷雾干燥制备含能材料的平均粒径，但是 GA 中参数众

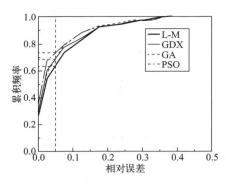

图 6.12　相对误差累积分布图

多，可能会对结果产生影响，因此需要对 GA 中各参数进行优化。采用 GA-LR 预测模型对喷雾干燥制备含能材料的平均粒径和粒径分布进行了预测，考察了不同算子（选择算子、交叉算子和变异算子）和概率（交叉概率和变异概率）对 GA-LR 预测模型性能的影响。

（1）GA-LR 预测喷雾干燥制备含能材料的平均粒径

① 选择算子对含能材料平均粒径的影响。

在交叉算子为均匀交叉（交叉概率为 0.8）和变异算子为均匀变异（变异概率为 0.01）的条件下，考察了三种选择算子（轮盘赌法、两两竞争法和最优个体保留法）对含能材料平均粒径的影响。不同选择算子的 GA-LR 性能对比图如图 6.13 所示。由图 6.13 可知，采用轮盘赌法的 GA-LR 模型的 R^2 为 0.9967，E^2 为 0.0559；两两竞争法的 GA-LR 模型的 R^2 为 0.9970，E^2 为 0.0539；最优个体保留法的 GA-LR 模型的 R^2 为 0.9969，E^2 为 0.0547。不同选择算子的 GA-LR 的性能顺序依次是两两竞争法、最优个体保留法和轮盘赌法。

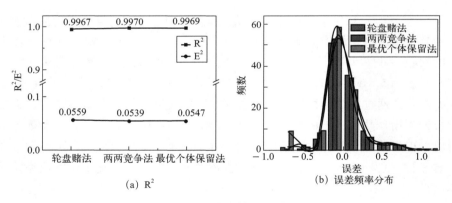

(a) R^2　　(b) 误差频率分布

图 6.13　不同选择算子性能对比

为了进一步说明不同选择算子的误差分布情况，对其频率分布进行了模拟，如图 6.13 所示。从图 6.13 中可以看出，轮盘赌法的预测误差范围在 $-0.8 \sim 1.2$ 之间，且在 $-0.1 \sim 0.1$ 之间的有 60 个；两两竞争法的预测误差范围在 $-0.8 \sim 0.8$ 之间，且在 $-0.1 \sim 0.1$ 之间的有 71 个；最优个体保留法的预测误差范围在 $-0.6 \sim 1.2$ 之间，且在 $-0.1 \sim 0.1$ 之间的有 67 个。通过对比可以发现，采用两两竞争法的整体误差最小，预测结果更加准确。这是由于轮盘赌法可能重复选择适应度较高的个体，降低了种群的多样性，容易陷入局部极值；两两竞争法通过选择两个个体对比，大大降低了计算复杂度且保证了种群的多样性；最优个体保留法虽然将好的个体一直保留，得到的个体适应度较高，但是也增加了其陷入局部极值的概率。因此，两两竞争法的 GA-LR 更适用于对喷雾干燥制备含能材料的平均粒径进行预测。

② 交叉算子对含能材料平均粒径的影响。

a. 交叉算子。在选择算子为两两竞争法和变异算子为均匀变异（变异概率为 0.01）的条件下，考察了三种交叉算子（单点交叉、双点交叉和均匀交叉）对含能材料平均粒径的影响。不同交叉算子的 GA-LR 的性能对比图如图 6.14 所示。由图 6.14 可知，单点交叉的 GA-LR 模型的 R^2 为 0.9951，E^2 为 0.0928；双点交叉的 GA-LR 模型的 R^2 为 0.9940，E^2 为 0.1149；均匀交叉的 GA-LR 模型的 R^2 为 0.9970，E^2 为 0.0539。采用不同交叉算子的 GA-LR 的性能顺序依次是均匀交叉、单点交叉和双点交叉。

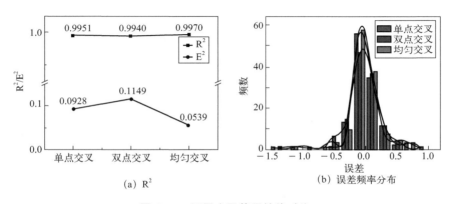

(a) R^2 (b) 误差频率分布

图 6.14　不同交叉算子性能对比

为了进一步说明不同交叉算子的误差分布情况，对其频率分布进行了模拟，如图 6.14 所示。从图 6.14 中可以看出，采用单点交叉的预测误差范围在 −1.4～0.8 之间，且在 −0.2～0.2 之间的有 89 个；双点交叉的预测误差范围在 −1.6～1.0 之间，且在 −0.2～0.2 之间的有 82 个；均匀交叉的预测误差范围在 −0.8～0.8 之间，且在 −0.2～0.2 之间的有 94 个；通过对比可以发现，采用均匀交叉的整体误差最小，预测结果更加准确。这是由于使用单点交叉和双点交叉都会降低种群多样性，在交叉过程中可能破坏适应度较高的个体，但单点交叉对个体基因的破坏性较小，因此比双点交叉性能略好，而均匀交叉根据概率交叉部分染色体，使得其后代具有更高的多样性，且均匀交叉的全局搜索能力更强。因此，均匀交叉的 GA-LR 更适用于对喷雾干燥制备含能材料的平均粒径进行预测。

b. 交叉概率。在选择算子为两两竞争法、交叉算子为均匀交叉和变异算子为均匀变异（变异概率为 0.01）的条件下，考察了五种交叉概率（0.5、0.6、0.7、

0.8 和 0.9) 对含能材料平均粒径的影响。不同交叉概率的 GA-LR 的性能对比如图 6.15 所示。由图 6.15 可知，随着交叉概率从 0.5 增加到 0.8，R^2 从 0.9924 增加到 0.9970，E^2 从 0.1498 减小到 0.0539，交叉概率继续增加到 0.9 时，R^2 减小到 0.9956，E^2 增加到 0.0873。可以看出，在交叉概率为 0.8 时性能最好。

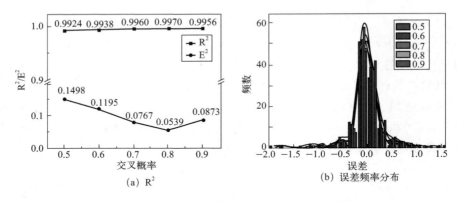

图 6.15　不同交叉概率性能对比

为了进一步说明不同交叉概率的误差分布情况，对其频率分布进行了模拟，如图 6.15 所示。从图 6.15 中可以看出交叉概率为 0.5 的预测误差范围在 $-2.0 \sim 1.0$ 之间，且在 $-0.2 \sim 0.2$ 之间的有 83 个；交叉概率为 0.6 的预测误差范围在 $-1.8 \sim 1.6$ 之间，且在 $-0.2 \sim 0.2$ 之间的有 82 个；交叉概率为 0.7 的预测误差范围在 $-1.0 \sim 1.4$ 之间，且在 $-0.2 \sim 0.2$ 之间的有 89 个；交叉概率为 0.8 的预测误差范围在 $-0.8 \sim 0.8$ 之间，且在 $-0.2 \sim 0.2$ 之间的有 94 个；交叉概率为 0.9 的预测误差范围在 $-0.8 \sim 1.6$ 之间，且在 $-0.2 \sim 0.2$ 之间的有 87 个。通过对比可以发现，当交叉概率为 0.8 时，整体误差最小，预测结果更加准确。这是由于交叉概率决定了种群的交叉次数，交叉概率越大，种群收敛得越快，但是当交叉概率过大时，有可能会破坏适应度较高的个体，从而导致性能变差。

③ 变异算子对含能材料平均粒径的影响。

a. 变异算子。在选择算子为两两竞争法和交叉算子为均匀交叉（交叉概率为 0.8）的条件下，考察了三种变异算子（基本位变异、均匀变异和逆转变异）对含能材料平均粒径的影响。不同变异算子的 GA-LR 的性能对比如图 6.16 所示。由图 6.16 可知，基本位变异的 GA-LR 模型的 R^2 为 0.9963，E^2 为 0.0708；均匀变异的 GA-LR 模型的 R^2 为 0.9970，E^2 为 0.0539；逆转变异的 GA-LR 模型的 R^2 为 0.9966，E^2 为 0.0630。采用不同变异算子的 GA-LR 的性能顺序依次是均匀变异、逆转变异和基本位变异。

为了进一步说明不同变异算子的误差分布情况，对其频率分布进行了模拟，如图 6.17 所示。从图 6.17 中可以看出，基本位变异的预测误差范围在 $-0.6 \sim 1.2$ 之

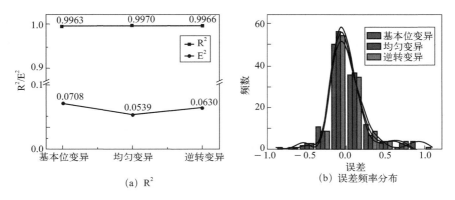

(a) R^2　　　　　　　　(b) 误差频率分布

图6.16　不同变异算子性能对比

间，且在-0.2~0.2之间的有87个；均匀变异的预测误差范围在-0.8~0.8之间，且在-0.2~0.2之间的有94个；逆转变异的预测误差范围在-1.0~0.8之间，且在-0.2~0.2之间的有90个；通过对比可以发现，采用均匀变异的整体误差最小，预测结果更加准确。这是由于基本位变异只改变个体中单个基因，并且变异概率小，因此性能较差；均匀变异根据概率选择个体中要变异的基因，大大增加了种群多样性以及局部搜索的能力，避免陷入局部极值；而逆转变异是将两个基因中间的值调转，并没有产生新的基因。因此，均匀变异的GA-LR更适用于对喷雾干燥制备含能材料的平均粒径进行预测。

　　b. 变异概率。在选择算子为两两竞争法、交叉算子为均匀交叉（交叉概率为0.8）和变异算子为均匀变异的条件下，考察了五种变异概率（0.0001、0.001、0.01、0.1和0.2）对含能材料平均粒径的影响。不同变异概率的GA-LR的性能对比如图6.17所示。由图6.17可知，随着变异概率从0.0001增加到0.1时，R^2从0.9958增加到0.9973，E^2从0.0791减小到0.0503，当变异概率继续增加到0.2时，R^2减小到0.9941，E^2增加到0.1126。可以看出，在变异概率为0.1时性能最好。

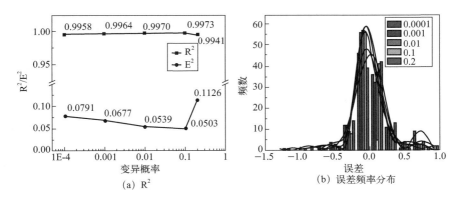

(a) R^2　　　　　　　　(b) 误差频率分布

图6.17　不同变异概率的性能对比

为了进一步说明不同变异概率的误差分布情况，对其频率分布进行了模拟，如图 6.17 所示。从图 6.17 中可以看出，变异概率为 0.0001 的预测误差范围在 $-1.2 \sim 1.0$ 之间，且在 $-0.2 \sim 0.2$ 之间的有 82 个；变异概率为 0.001 的预测误差范围在 $-1.0 \sim 0.8$ 之间，且在 $-0.2 \sim 0.2$ 之间的有 88 个；变异概率为 0.01 的预测误差范围在 $-0.8 \sim 0.8$ 之间，且在 $-0.2 \sim 0.2$ 之间的有 94 个；变异概率为 0.1 的预测误差范围在 $-0.6 \sim 1.0$ 之间，且在 $-0.2 \sim 0.2$ 之间的有 97 个；变异概率为 0.2 的预测误差范围在 $-1.4 \sim 1.0$ 之间，且在 $-0.2 \sim 0.2$ 之间的有 81 个。通过对比可以发现，当变异概率为 0.1 时，整体误差最小，预测结果更加准确。这是由于变异概率影响着种群的多样性，当变异概率过小时，种群变化较慢，很难产生适应度较高的个体；当变异概率较大时，则会使其变为随机搜索，使得计算精度变差。

④ 各输入节点对输出的影响。

通过对 GA-LR 的各节点的权值进行绝对值求和，可以得出每种输入对平均粒径的影响值的大小，如图 6.18 所示。从图 6.18 中可以看出，气体流量对含能材料颗粒粒径的影响最大（25.76%），其次是黏度（18.9%）、液体流量（15.19%）、质量分数（14.7%）、相对分子质量（13.04%）和温度（12.4%）。可以看出，每个输入对输出的影响都不可或缺。

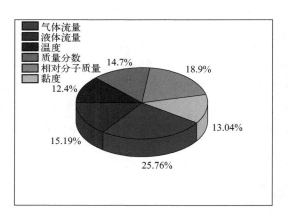

图 6.18　输入参数影响值占比

（2）GA-LR 模拟含能材料的粒径分布

除了含能材料平均粒径是影响感度的重要因素之外，粒径分布对其也有很大的影响。颗粒均一性越好，感度越小。描述粒径分布的方法有很多，通过跨度（Span）对喷雾干燥制备含能材料的粒径分布进行描述，其计算公式如式（6.10）所示：

$$\mathrm{Span} = (D_{90} - D_{10})/D_{50} \qquad (6.10)$$

式中，D_{10}、D_{50} 和 D_{90} 表示颗粒的累积分布概率分别为 10%、50% 和 90% 时所对应的直径。跨度越大表示粒径分布范围越大，跨度越小表示粒径分布范围越小，均一性越好。

① 隐含层神经元个数对粒径分布的影响。

采用平均粒径得出 GA-LR 的最佳参数，对喷雾干燥制备含能材料的跨度数据进行训练，得到不同隐含层神经元个数的模型性能如图 6.19 所示。

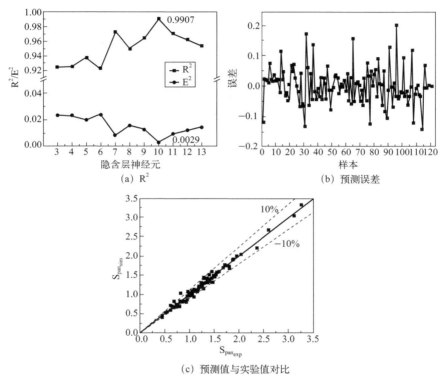

(a) R^2

(b) 预测误差

(c) 预测值与实验值对比

图 6.19　GA-LR 预测性能

从图 6.19（a）可以看出，随着隐含层神经元个数从 3 增加到 10，GA-LR 的性能有些起伏，但总体呈上升趋势，继续增加到 13 个时，GA-LR 的性能呈下降趋势，并在隐含层神经元个数为 10 时，该模型的性能达到最佳。图 6.19（b）是 GA-LR 的预测误差图，从图中可以看出，误差大部分集中在 $-0.1 \sim 0.1$ 之间，个别数据误差较大，误差范围达到 $-0.142 \sim 0.204$，说明 GA-LR 在训练过程中基本克服了网络模型陷入局部极值的缺陷。图 6.19（c）是 GA-LR 预测值与实验值的对比图，从图中也可以看出，预测值与实验值的相关性很高，数据集中在对角线附近，误差在 10% 以内。证明了 GA-LR 适用于对喷雾干燥制备含能材料跨度的预测。

② 各输入节点对输出的影响。

通过对 GA-LR 的各节点的权值进行绝对值求和，可以得出每种输入对跨度的影响值的大小，如图 6.20 所示。从图 6.20 中可以看出，黏度对含能材料颗粒粒径分布的影响最大（25.45%），其次是相对分子质量（18.95%）、气体流量（16.93%）、液体流量（16.31%）、质量分数（12.35%）和温度（10.02%）。

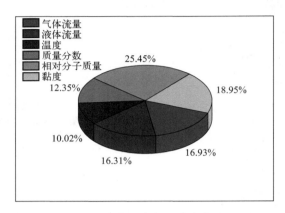

图 6.20　输入参数影响值占比

通过对比输入参数对平均粒径和粒径分布的影响占比的分析，可以发现黏度的影响最大，因此综合考虑黏度对平均粒径和粒径分布的影响最为重要。

6.5.1.6　人工神经网络模型与经验关联式的对比

由于实验操作的危险性以及步骤的烦琐性，所能探究的操作条件范围和数据有限，因而引入人工神经网络模型来预测喷雾干燥制备含能材料（CL-20、RDX 和 HMX）的平均粒径和粒径分布。以喷雾干燥制备含能材料的平均粒径和粒径分布为考察对象，对比经验关联式与 GA-LR 模型预测性能的优劣，并进一步研究不同操作条件（气体流量、液体流量、入口温度、溶质质量分数和溶剂黏度）对平均粒径和粒径分布的影响规律。该研究结果为定量计算喷雾干燥制备含能材料的平均粒径和粒径分布提供了理论基础，进而优化工艺参数。

为了与人工神经网络模型进行对比，以颗粒平均粒径和跨度为因变量，气体流量、液体流量、入口温度、质量分数、溶剂黏度和溶质相对分子质量为自变量建立经验关联式，如式（6.11）和式（6.12）所示：

$$D_\mathrm{p} = 1.084 \times 10^5 G^{-0.18} L^{0.298} T^{-2.07} \omega^{0.892} \mu^{0.337} M^{0.145} - 0.025 \qquad (6.11)$$

$$\mathrm{Span} = 6.712 \times 10^{10} G^{-0.384} L^{0.454} T^{-2.787} \omega^{0.865} \mu^{0.792} M^{-1.216} - 0.027 \qquad (6.12)$$

式中，G 为气体流量，L/h；L 为液体流量，mL/min；T 为入口温度，K；ω 为质量分数，%；μ 为溶剂黏度，mPa·s；M 为溶质相对分子质量，g/mol。

式（6.11）和式（6.12）的性能如表 6.4 所示。

表 6.4　式（6.11）和式（6.12）性能表

项目	R^2	E^2
式（6.11）	0.877	0.112
式（6.12）	0.840	0.149

从表 6.4 中可以看出，式（6.11）和式（6.12）的相关系数均大于 0.8，说明实验值与公式值具有较强的相关性，因此经验关联式可以很好地模拟喷雾干燥制备含能材料过程。

人工神经网络模型 GA-LR 和经验关联式的对比如图 6.21 所示。

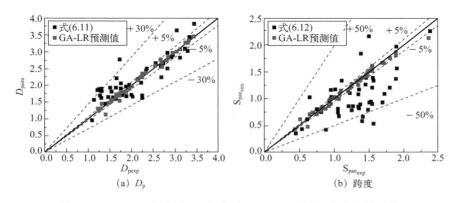

图 6.21　GA-LR 和式（6.11）和式（6.12）预测与实验值的对比

从图 6.21（a）可以看出，GA-LR 预测的平均粒径更接近于对角线，误差在 5% 以内；而式（6.11）的预测值较为分散，误差在 30% 以内。从图 6.21（b）中可以看出，GA-LR 预测的跨度值的误差在 5% 以内，而式（6.12）的预测值的误差在 50% 以内。说明 GA-LR 预测的能力优于经验关联式，这是由于人工神经网络模型在计算过程中会根据结果调整参数，使得输出与输入呈现一种非线性的关系，从而得到的结果的精度要高于线性方程。

GA-LR、式（6.11）和式（6.12）预测值与实验值的误差如图 6.22 所示。

从图 6.22（a）可以看出，GA-LR 预测值的误差全部在 −0.2~0.2 之间，而式（6.11）预测的平均粒径值的误差基本上分布在 −0.4~0.4 之间，最大达到了 −1.05；从图 6.22（b）可以看出，GA-LR 预测值的误差全部在 −0.2~0.2 之间，而式（6.12）预测的跨度值的误差基本分布在 −0.4~0.8 之间，最大达到了 −0.752。可以明显看出，GA-LR 的结果要更加精确，说明了人工神经网络模型在模拟含能材料方面的优势。

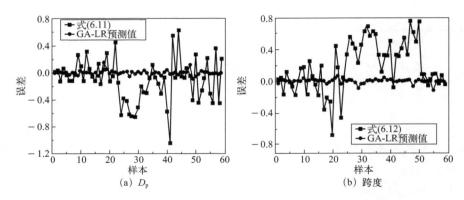

图 6.22 GA-LR 和式 (6.11) 和式 (6.12) 预测值与实验值的误差

6.5.1.7 结论

以喷雾干燥制备含能材料的平均粒径和粒径分布为研究对象，通过分析得到对其影响较大的因素，分别为气体流量、液体流量、入口温度、质量分数、相对分子质量和黏度。建立了喷雾干燥制备含能材料平均粒径和粒径分布的人工神经网络模型，考察了不同人工神经网络模型、算法优化和遗传算子对模型性能的影响，并进一步讨论了操作条件对平均粒径和粒径分布的影响，得到的主要结论如下。

① 采用 FFBPNN、CFBPNN、EFBPNN、LR 和 NARX 对含能材料平均粒径进行预测，得到 LR 性能最佳，R^2 为 0.9956，E^2 为 0.0862，最佳结构为 6-10-1，并采用 L-M、GDX、GA 和 PSO 算法对 LR 进行优化，得到 GA-LR 性能最佳，R^2 为 0.9963，E^2 为 0.0698。

② 对 GA 中算子进行优化，得到最佳算子。选择算子为两两竞争法、交叉算子为均匀交叉（交叉概率为 0.8）和变异算子为均匀变异（变异概率为 0.1），R^2 为 0.9973，E^2 为 0.0503。利用 GA-LR 对粒径分布进行预测，得到喷雾干燥制备含能材料粒径分布的预测模型，R^2 为 0.9907，E^2 为 0.0029，并建立 GA-LR 预测界面。

③ 拟合得到平均粒径和粒径分布的经验关联式，与 GA-LR 进行对比，得到 GA-LR 性能远优于经验关联式。利用 GA-LR 对含能材料平均粒径和粒径分布进行预测，并与实验数据进行对比，得到以丙酮和乙酸乙酯为混合溶剂时，喷雾干燥制备 CL-20 的适宜条件是气体流量为 3000L/h，液体流量为 10mL/min，入口温度为 353K 和质量分数为 3.4%。以丙酮为溶剂时，喷雾干燥制备 RDX 的适宜条件是气体流量为 357L/h，液体流量为 1.5mL/min，入口温度为 333K 和质量分数为 1.9%；喷雾干燥制备 HMX 的适宜条件是气体流量为 660L/h，液体流量为 1.5mL/min 和入口温度为 348K。以乙酸乙酯为溶剂时，喷雾干燥制备 HMX 的适宜条件是液体流量为 1.5mL/min、入口温度为 358K 和质量分数为 1%，且通过对

比不同操作条件对不同含能材料平均粒径和粒径分布的影响，发现质量分数对 CL-20 平均粒径的影响最大，气体流量和黏度对 RDX 平均粒径的影响最大，液体流量和入口温度对 HMX 平均粒径的影响最大；液体流量、入口温度、质量分数和黏度对 RDX 跨度的影响最大，气体流量对 HMX 跨度的影响最大。

6.5.2 煤和生物质共气化反应动力学研究

6.5.2.1 引言

近年来中国经济的快速增长促使化石燃料消耗量不断增加，能源短缺问题日益严重，已成为全球关注焦点。煤炭作为我国的主要能源，其燃烧和气化过程中会产生大量的二氧化碳。目前在"碳中和"和"碳达峰"的要求下，需要大力开发可再生能源，生物质能具有很大的发展潜力。我国具有丰富的生物质资源，其中，农林废弃物及禽畜粪便资源量每年可达 10 亿吨。与煤炭相比，生物质具有如下特点[30]：①高挥发分而低固定碳，是适合热解和气化的原料；②可再生性；③原料富氧富氢；④广泛分布性。生物质气化是生物质利用的重要途径之一，通过气化炉将生物质转化为使用方便而且清洁的可燃气体，用作燃料或生产动力。但是生物质在单独气化时也有一定缺点，如颗粒不规则性会造成床层不稳定、降低气化效率、影响气化稳定性等。

煤和生物质共气化不仅可以利用煤气化和生物质单独气化的优势，还能够有效解决局限性。由于生物质具有较高的挥发分以及较高的反应性，与煤共气化可以降低气化反应所需的温度，促进焦油进一步分解，进而提高气化效率等。此外，由于生物质中还含有一定量碱金属成分，有一定的催化作用。因此，煤和生物质共气化是一个有效的、环保的技术途径。然而，其过程中的反应动力学对反应器的开发和设计尤为重要。目前基于特定煤和生物质建立的动力学模型在推广应用于其他煤和生物质过程存在较大误差，因而高精度地预测煤和生物质共气化过程中的动力学行为对其发展意义重大。

6.5.2.2 模拟对象

（1）水蒸气气化

水蒸气气氛下煤和生物质共气化实验在热重上进行，如图 6.23 所示。该实验系统由供气系统、电加热炉、温度控制系统、数据测量与采集系统组成。首先制备煤焦或生物质半焦样品，将其均匀分布于热重上。同时将预热好的水蒸气通入热重中，通过电加热炉控制所需的反应温度。通过数据测量与采集系统实时监测和记录样品的质量变化；待实验完成后，停止供气和加热，关闭实验设备。对采集到的数据进行分析和处理，详细的实验流程参考文献[31]。

（2）二氧化碳气化

二氧化碳气氛下煤与生物质共同气化反应过程与水蒸气气化类似，不同之处在于其气化剂采用二氧化碳，详细的实验流程参考文献[32]。

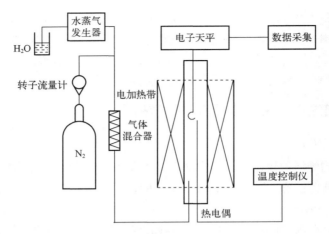

图 6.23　水蒸气气氛下煤和生物质共气化实验流程图

6.5.2.3　机器学习模型的建立

(1) 数据收集和处理

水蒸气气氛。通过图像分析法选取 402 组数据［数据来自张科达[33]、韩启杰[31]、郝巧铃[34] 以及宋新朝[35] 等近年来水蒸气气氛下煤焦（褐煤焦、淮南煤焦、锡林浩特煤焦、神木煤焦、平朔煤焦和伊宁煤焦）和生物质（木屑半焦、麦秆半焦、稻秆焦、高粱秆焦、玉米秆焦及杨木屑焦）共气化动力学实验过程中反应时间 t，气化温度 T、煤和生物质掺混比 ω、水蒸气流量 Q_s 和颗粒粒径 D_p 以及碳转化率 X］作为样本数据，其范围如表 6.5 所示。

表 6.5　水蒸气气氛下煤与生物质共气化的操作条件

t/min	T/℃	ω/%	Q_s/ (mL/min)	D_p/mm	X
0～140	700～1100	0～1	0.758～500	0.001～0.18	0～0.99

二氧化碳气氛。采用类似水蒸气气化的方法，通过图像分析法选取 389 组数据［（数据来自王姗[36]、赵振虎[32]、赵梦[37]、李润[38] 以及陈楠楠[39]）近年来二氧化碳气氛下煤焦（阜阳气煤焦、蒙东褐煤焦、晋城无烟煤焦、永城无烟煤焦和烟煤焦）和生物质（麦秆焦、玉米秸秆焦、稻草秸秆焦）共气化动力学实验过程中反应时间 t、气化温度 T、煤和生物质掺混比 ω、二氧化碳流量 Q_c 和颗粒粒径 D_p 以及碳转化率 X］作为样本数据，其范围如表 6.6 所示。

表 6.6　二氧化碳气氛下煤和生物质共气化的操作条件

t/min	T/℃	ω/%	Q_c/ (mL/min)	D_p/mm	X
0～140	850～1050	0～1	50～600	0.064～0.2	0.01～0.99

此外，将实验数据划分为训练集（70%）、测试集（15%）和验证集（15%），以便后续模型的建立。具体而言，在水蒸气气氛下，训练集样本数据为 282 个，验证集样本数据和测试集样本数据各为 60 个；在二氧化碳气氛下，训练集样本数据为 273 个，验证集样本数据和测试集样本数据各为 58 个。

（2）建模过程

① 支持向量机的建立过程。支持向量机模型建立的步骤如图 6.24 所示。

a. 数据预处理。对数据进行归一化等处理。

b. 导入数据。将处理好的数据导入 Matlab 中。

c. 代码计算。支持向量机的代码为 [net＝fitrsvm（p＿train，t＿train，'KernelFunction'，'linaer'）]。其中，使用 fitrsvm 函数构建 SVM 模型，参数为 "'KernelFunction''linaer'"（线性核函数）。最后，使用训练集（p＿train 为输入数据、t＿train 为输出数据）训练得到的模型进行预测，并通过 fitrsvm 函数对全部数据进行建模，得到最终的支持向量机的预测值。

d. 判断是否为最优解。根据重复计算判断预测结果的优劣程度。

e. 输出最优解。将输出的最优预测结果进行保存。

② 随机森林模型的建立过程。随机森林模型的步骤如图 6.25 所示。前面步骤①～④与支持向量机模型类似，不同在于：随机森林代码为（tree＝100；leaf＝5；net＝TreeBagger（tree，p_train，t_train，'Minleaf'，leaf））。其中，TreeBagger

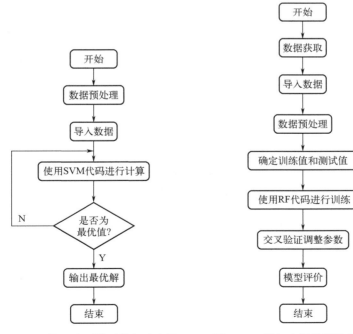

图 6.24　支持向量机模型执行流程图　　**图 6.25　随机森林模型执行流程图**

函数构建随机森林模型，参数包括决策树数目（trees）为 100 和最小叶子数（leaf）为 5；交叉验证调整参数、模型评价：利用验证集对模型进行检验，调整随机森林的参数（决策树的数目以及最小叶子数），选出合适的参数组合建立随机森林模型，对模型准确性等指标进行全面评价总结。

③ 多层感知机模型的建立过程。通过对煤和生物质共气化的操作条件进行分析，确定多层感知机输入层节点为反应时间 t、气化温度 T、煤和生物质掺混比 ω、气化剂流量 Q 和颗粒粒径 D_p；输出层节点为碳转化率 X。煤和生物质共气化的多层感知机模型如图 6.26 所示。

多层感知机模型的建立步骤如图 6.27 所示。前面步骤①～④与支持向量机模型类似，不同在于：多层感知机的代码为（hiddenLayerSize ＝［15，9］；net ＝ feedforwardnet（hiddenLayerSize），net. trainParam. epochs ＝ 1000；net. trainParam. lr＝0.02；）；使用的参数包括结构参数（隐含层数和隐含层神经元个数）和超参数（学习率和最大训练周期）。其中，"hiddenLayerSize" 指定了多层感知机中的两个隐含层的结构，分别包含 15 个和 9 个神经元，然后使用 "feedforwardnet" 函数创建了一个前馈神经网络对象，并将其存储在变量 "net" 中，最后通过 "net. trainParam. epochs＝1000" 设置了训练周期为 1000 次以及通过 "net. trainParam. lr＝0.02" 设置了学习率为 0.02 的多层感知机训练算法。

交叉验证调整参数：对于每个参数组合，评估模型性能，并选择表现最好的组合作为最终的模型参数。结构参数优化：隐含层的个数和神经元个数是多层感知机的重要结构参数，通过交叉验证来找到最佳的结构参数，隐含层选取的范围为 1～3，神经元的个数范围为 1～20；超参数优化：学习率和最大训练周期是多层感知机的重要超参数，同样通过交叉验证的方法来寻找最佳的超参数组合。学习率的取值范围为 0.001～1000，最大训练周期的取值范围为 200～1000。

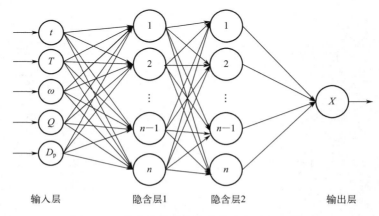

图 6.26　煤和生物质共气化的多层感知机模型

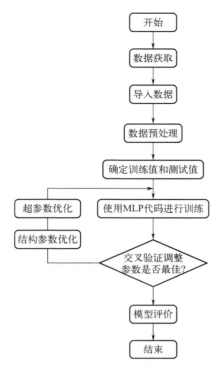

图 6.27　多层感知机算法执行流程图

④ 人工神经网络模型的建立过程。通过对煤和生物质共气化的操作条件进行分析，确定输入层节点为反应时间 t、气化温度 T、煤和生物质掺混比 ω、气化剂流量 Q 和颗粒粒径 D_p；输出层节点为碳转化率 X。煤和生物质共气化的人工神经网络模型如图 6.28 所示。

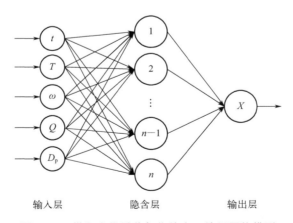

图 6.28　煤和生物质共气化的人工神经网络模型

参考经验公式计算得到的神经元的个数为 2～12。本文选择了 FFBPNN、CFB-PNN 和 EFBPNN 三种人工神经网络模型和 L-M、GDX、BFG 和 RP 四种算法对煤和生物质共气化的碳转化率进行预测。

6.5.2.4　机器学习模型的预测结果

采用支持向量机（SVM）、随机森林（RF）、多层感知机（MLP）以及人工神经网络（ANN）四种典型的机器学习模型来预测水蒸气和二氧化碳气氛下煤和生物质共气化过程中的碳转化率。考察的因素有反应时间、气化温度、生物质掺混比、气化剂流量以及颗粒粒径。模型性能的优劣采用平均绝对误差（MAE）、均方误差（MSE）、平均绝对百分比误差（MPAE）以及相关系数（R^2）来评价。为了进一步说明机器学习的优越性，与常规动力学模型，如体积模型（VM）、缩核模型（SCM）和随机孔模型（RPM）进行了对比分析。

（1）支持向量机

表 6.7 为水蒸气和二氧化碳气氛下支持向量机的相关系数表，由表 6.7 可得，在水蒸气气氛下支持向量机的 R^2 均在 0.11 以上，其中测试集的 R^2 最大为 0.1646，而在二氧化碳气氛下支持向量机预测的 R^2 均在 0.53 以上，其中训练集的 R^2 最大为 0.5777。

表 6.7　水蒸气和二氧化碳气氛下支持向量机的相关系数

项目	R^2	
	水蒸气气氛下	二氧化碳气氛下
训练集	0.1151	0.5363
测试集	0.1646	0.5777
验证集	0.1585	0.5726

图 6.29（a）为水蒸气气氛下支持向量机的预测误差结果，可以看出训练集、测试集以及验证集的 MAE 分别为 0.2595、0.2636 以及 0.2531，训练集、测试集以及验证集的 MSE 分别为 0.0985、0.09950 以及 0.08950，训练集、测试集以及验证集的 MPAE 分别为 0.1500、0.16105 以及 0.15923。图 6.29（b）在二氧化碳气氛下支持向量机的预测误差，由 6.29（b）可得，训练集、测试集以及验证集的 MAE 分别为 0.1504、0.1424 以及 0.1608，训练集、测试集以及验证集的 MSE 分别为 0.03820、0.03150 以及 0.03630，训练集、测试集以及验证集的 MPAE 分别为 0.1662、0.1720 以及 0.1740。产生此现象的原因可能是支持向量机算法处理样本有限[40-42]。支持向量机预测二氧化碳气氛下的性能明显优于水蒸气气氛下，但是整体误差依然较大。

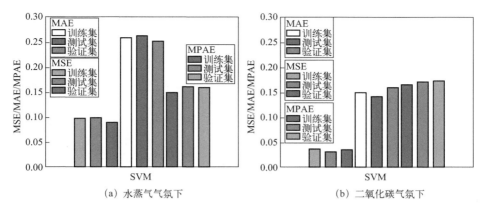

（a）水蒸气气氛下   （b）二氧化碳气氛下

图 6.29   支持向量机在不同气氛下的误差对比

（2）随机森林

表 6.8 为水蒸气和二氧化碳气氛下随机森林预测的相关系数表。可以看出，在水蒸气气氛下随机森林的 R^2 均在 0.63 以上，其中训练集的 R^2 最大为 0.7559；而在二氧化碳气氛下随机森林预测的 R^2 均在 0.77 以上，其中训练集的 R^2 最大为 0.8594。

表 6.8   水蒸气和二氧化碳气氛下随机森林的预测相关系数

项目	R^2	
	水蒸气气氛下	二氧化碳气氛下
训练集	0.7559	0.8594
测试集	0.6431	0.8039
验证集	0.6338	0.7754

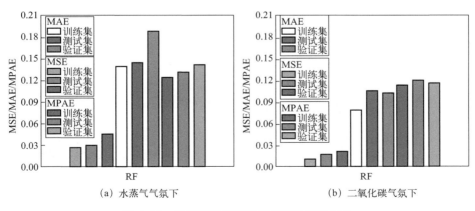

（a）水蒸气气氛下   （b）二氧化碳气氛下

图 6.30   随机森林在不同气氛下的误差对比

图 6.30（a）为在水蒸气气氛下随机森林的预测误差，可以看出，训练集、测试集以及验证集的 MAE 分别为 0.1412、0.1459 以及 0.1908，训练集、测试集以及验证集的 MSE 分别为 0.02750、0.02940 以及 0.04620，训练集、测试集以及验证集的 MPAE 分别为 0.1258、0.1330 以及 0.1430。图 6.30（b）为在二氧化碳气氛下随机森林的预测误差，由图 6.30（b）可得，训练集、测试集以及验证集的 MAE 分别为 0.0791、0.1062 以及 0.1042，训练集、测试集以及验证集的 MSE 分别为 0.01061、0.01812 以及 0.02181，训练集、测试集以及验证集的 MPAE 分别为 0.1146、0.1210 以及 0.1180。产生此现象的原因为随机森林算法能够处理高维数据和大量特征，对特征的处理有较好的鲁棒性[43-45]。综上所述，随机森林相对于支持向量机预测二氧化碳气氛下的性能有了明显提升，但是预测性能依然较差，与支持向量机类似，二氧化碳气氛下的性能明显优于水蒸气气氛下，但是二者之间的差距在减小。

（3）多层感知机

表 6.9 为水蒸气和二氧化碳气氛下多层感知机的相关系数表，可以看出，在水蒸气气氛下多层感知机的 R^2 均在 0.92 以上，其中训练集的 R^2 最大为 0.9866；而在二氧化碳气氛下多层感知机预测的 R^2 均在 0.99 以上，其中训练集的 R^2 最大为 0.9984。

表 6.9　水蒸气和二氧化碳气氛下多层感知机预测相关系数

项目	R^2	
	水蒸气气氛下	二氧化碳气氛下
训练集	0.9866	0.9983
测试集	0.9245	0.9942
验证集	0.9648	0.9943

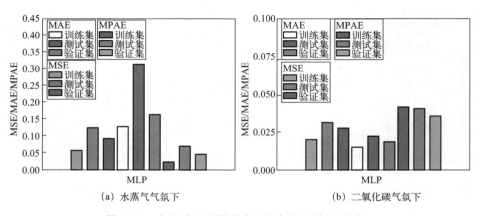

（a）水蒸气气氛下　　　　　　　（b）二氧化碳气氛下

图 6.31　多层感知机模型在不同气氛下的误差对比

图 6.31（a）为水蒸气气氛下多层感知机的预测误差，可以看出，训练集、测试集以及验证集的 MAE 分别为 0.02272、0.06698 以及 0.04375，训练集、测试集以及验证集的 MSE 分别为 0.05449、0.1227 以及 0.09123，训练集、测试集以及验证集的 MPAE 分别为 0.1257、0.3120 以及 0.1643。图 6.31（b）为二氧化碳气氛下多层感知机的预测误差，由图 6.31（b）可得，训练集、测试集以及验证集的 MAE 分别为 0.1472、0.02207 以及 0.01841，训练集、测试集以及验证集的 MSE 分别为 0.01992、0.03087 以及 0.2753，训练集、测试集以及验证集的 MPAE 分别为 0.04172、0.04069 以及 0.03557。产生这种情况的原因为多层感知机可以通过学习从训练数据中捕捉模式和关系，具有一定的泛化能力，在一定程度上提高了预测精度和可靠性[46-48]。综上所述，多层感知机相对于随机森林，性能得到大幅度提高，且二氧化碳气氛下的性能略优于水蒸气气氛下。

（4）人工神经网络模型

表 6.10 为水蒸气和二氧化碳气氛下人工神经网络模型预测的相关系数表。可以看出，在水蒸气气氛下人工神经网络模型的 R^2 均在 0.89 以上，其中训练集的 R^2 最大为 0.9901；而在二氧化碳气氛下人工神经网络模型预测的 R^2 均在 0.97 以上，其中训练集的 R^2 最大为 0.9978。图 6.32（a）为水蒸气气氛下人工神经网络模型的预测误差，可以看出，训练集、测试集以及验证集的 MAE 分别为 0.02858、0.04827 以及 0.03682，训练集、测试集以及验证集的 MSE 分别为 0.008010、0.009810 以及 0.009380，训练集、测试集以及验证集的 MPAE 分别为 0.08086、0.09333 以及 0.09172。图 6.32（b）为二氧化碳气氛下人工神经网络模型的预测误差，可以看出，训练集、测试集以及验证集的 MAE 分别为 0.01632、0.01676 以及 0.02622，训练集、测试集以及验证集的 MSE 分别为 0.0051、0.00496 以及 0.00442，训练集、测试集以及验证集的 MPAE 分别为 0.05766、0.03142 以及 0.08881。这是因为人工神经网络模型具有较强的非线性建模能力，能够逼近任意复杂的函数[49-50]，综上所述，人工神经网络模型相对于随机森林性能也得到了大幅度的提高，且在二氧化碳气氛下的性能略优于在水蒸气气氛下。

表 6.10　水蒸气和二氧化碳气氛下人工神经网络模型预测相关系数

项目	R^2	
	水蒸气气氛下	二氧化碳气氛下
训练集	0.9901	0.9978
测试集	0.9880	0.9929
验证集	0.8922	0.9750

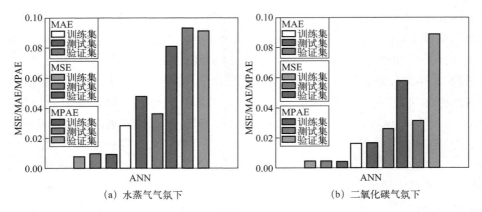

图 6.32　人工神经网络模型在不同气氛下的误差对比

（5）不同机器学习模型的对比

通过对比支持向量机（SVM）、随机森林（RF）、多层感知机（MLP）以及人工神经网络（ANN）四种机器学习模型在水蒸气和二氧化碳气氛下的 R^2、MAE、MSE 以及 MPAE，可以得到不同机器学习模型的性能由低到高依次是：支持向量机、随机森林、多层感知机以及人工神经网络模型。其中，支持向量机的预测性能最差，误差最大和相关系数最低，这是因为其处理非线性问题的能力受限。随机森林的预测性能优于支持向量机，但预测精度仍然较低，并且在测试集的预测精度较差，说明该模型的泛化能力较差。与支持向量机和随机森林相比，多层感知机拥有更多的隐含层和更多的神经元，这使得其在处理非线性问题时表现出更强大的拟合能力和学习能力，从而提升了预测的准确性和泛化能力。人工神经网络模型可以适应和解释更复杂的模式和非线性关系，其预测精度也较高。

因此，后续采用多层感知机和人工神经网络模型来进一步对比分析水蒸气和二氧化碳气氛下的煤和生物质共气化的性能。

（6）机器学习模型与传统动力学模型的对比

为了进一步说明机器学习模型的优越性，将多层感知机和人工神经网络模型与传统的动力学模型（体积模型、缩核模型和随机孔模型）对水蒸气气氛下的碳转化率进行预测，结果如图 6.33 所示。

其中，利用最小二乘法求得水蒸气气氛下的体积模型、缩核模型和随机孔模型，具体表达式如式（6.13）～式（6.15）所示：

$$\frac{\mathrm{d}X}{\mathrm{d}t} = (0.02 + 0.06\omega)\mathrm{e}^{-\frac{0.67}{8.314 \times T}} Q^{0.16} D_{\mathrm{p}}^{0.03} (1 - X) \tag{6.13}$$

$$\frac{\mathrm{d}X}{\mathrm{d}t} = (0.02 + 0.06\omega)\mathrm{e}^{-\frac{0.67}{8.314 \times T}} Q^{0.16} D_{\mathrm{p}}^{0.03} (1 - X)^{\frac{2}{3}} \tag{6.14}$$

$$\frac{\mathrm{d}X}{\mathrm{d}t} = (0.02 + 0.06\omega)\mathrm{e}^{-\frac{0.67}{8.314 \times T}} Q^{0.16} D_{\mathrm{p}}^{0.03} \sqrt{1 - 0.75(1 - X)} \tag{6.15}$$

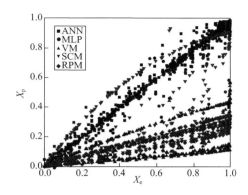

图 6.33　水蒸气气氛下不同模型预测碳转化率对比

图 6.33 中横坐标表示实验值，纵坐标表示不同模型的预测值。越靠近对角线，表示计算结果与实验值的吻合越好。从图 6.33 可以看出，人工神经网络模型与多层感知机预测值集中在对角线附近，说明两种模型预测的碳转化率与实验值有很好的一致性，预测性能较好。而体积模型、缩核模型和随机孔模型的数据点分散在对角线周围且偏离较大，说明体积模型、缩核模型和随机孔模型存在较大的误差，预测性能较差。因此，五种模型预测水蒸气气氛下的碳转化率的优劣顺序为人工神经网络模型、多层感知机、体积模型、随机孔模型和缩核模型。产生这种现象的原因为，体积模型和缩核模型在处理非线性关系时的能力相对较弱。体积模型、随机孔模型和缩核模型在模型建立过程中很难考虑不同煤焦和生物质焦的气化特性，这种非线性的复杂关系无法采用准确的模型进行表达，因而其外推能力较差，预测结果较差。尽管随机孔模型在模型中考虑了孔隙率的变化过程，但是预测结果依然不能令人满意。人工神经网络模型和多层感知机具有较强的非线性预测能力，通过多层神经元的组合和非线性激活函数的作用，可以很好地模拟煤和生物质共气化过程复杂的非线性函数关系，能够更好地适应真实数据的非线性特征，从而提高预测性能。人工神经网络模型和多层感知机，具有很强的非线性建模能力，能够适应复杂的煤和生物质共气化反应体系和数据关系，与传统动力学模型相比，人工神经网络模型和多层感知机均能够较好地学习和捕捉复杂的煤和生物质共气化反应规律，从大量的动力学数据中提取规律，更为准确地预测碳转化率。

同时，求得二氧化碳气氛下的体积模型、缩核模型和随机孔模型具体表达式如式（6.16）～式（6.18）所示：

$$\frac{\mathrm{d}X}{\mathrm{d}t} = (0.02 + 21.63\omega)\mathrm{e}^{-\frac{40.29}{8.314 \times T}} Q^{1.1} D_{\mathrm{p}}^{0.15} (1 - X) \tag{6.16}$$

$$\frac{\mathrm{d}X}{\mathrm{d}t} = (0.02 + 21.63\omega)\mathrm{e}^{-\frac{40.29}{8.314 \times T}} Q^{1.1} D_{\mathrm{p}}^{0.15} (1 - X)^{\frac{2}{3}} \tag{6.17}$$

$$\frac{dX}{dt} = (0.02 + 21.63\omega)e^{-\frac{40.29}{8.314 \times T}}Q^{1.1}D_p^{0.15}\sqrt{1 - 0.85(1 - X)} \qquad (6.18)$$

模型进一步对比了五种模型在二氧化碳气氛下的预测性能，如图 6.34 所示。预测二氧化碳气氛下碳转化率的模型精度顺序依次为人工神经网络模型、多层感知机、体积模型、随机孔模型和缩核模型，这一规律与水蒸气气化下的规律一致。

总的来说，人工神经网络模型与多层感知机具有更强的非线性预测能力和更好的数据拟合性，因此在预测水蒸气和二氧化碳气氛下碳转化率方面表现更好，其他模型可能由于缺乏非线性能力，导致其预测性能相对较差。

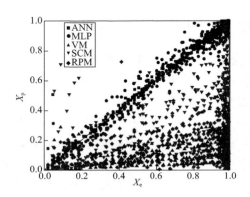

图 6.34　二氧化碳气氛下不同模型预测碳转化率对比

6.5.2.5　机器学习模型的优化

多层感知机和人工神经网络模型均可以很好地预测煤和生物质共气化的碳转化率，但是其中参数众多，可能会对结果产生影响，因此需要对多层感知机模型和人工神经网络模型中各参数进行优化。多层感知机的结构优化参数有隐含层个数（1~3）和各层神经元个数（1~20）。超参数优化参数包括学习率（0.001、0.005、001、0.015 以及 0.02）以及最大训练周期（200、400、600、800 以及 1000）。人工神经网络模型主要有前馈反向传播神经网络（FFBPNN）、串级正反向传播神经网络（CFBPNN）、埃尔曼正反向传播神经网络（EFBPNN），算法主要有 Levenberg-Marquardt 算法（L-M）、拟牛顿算法（BFGS）、弹性反向传播算法（RP）和动量梯度下降和自适应学习率算法（GDX）。

（1）多层感知机的优化

① 结构优化。

多层感知机的网络结构中的隐含层个数和神经元数量对预测性能具有显著影响。模型首先对比了单层、双层和三层隐含层的多层感知机的预测性能，其 R^2、MAE、MSE 和 MPAE 的结果如图 6.35（a）～（d）所示。

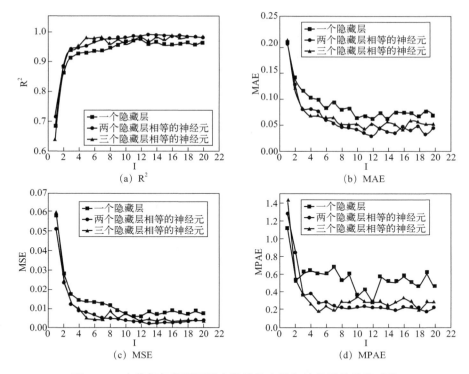

图 6.35　水蒸气气氛下不同个数的隐含层和神经元的性能对比

以单层隐含层为例，当神经元数量从 1 增加到 3 时，R^2 从 0.6811 快速增加到 0.9121，MAE 从 0.2094 快速减少到 0.1123，MSE 从 0.0588 快速减小到 0.0177，MPAE 从 1.1232 快速减小到 0.6320，这是因为模型中相对较少的隐含层节点没有足够的学习或处理信息的能力，因此，拟合效果随着神经元数量的增加而增加。当隐含层神经元数量从 3 增加到 12 时，R^2 从 0.9121 缓慢增加到 0.9734，但 MAE、MSE 和 MPAE 整体上呈下降趋势。其中，MAE 从 0.1123 减少到 0.06084，MSE 从 0.0177 减少到 0.000204，MPAE 从 0.6320 减少到 0.2886。但当每层神经元数量从 12 增加到 20 时，R^2、MAE、MSE 和 MPAE 整体上变化不明显，双层和三层隐含层神经元数量的变化呈类似规律。与单层隐含层结构相比，双层隐含层的结构能明显改善，但是三层隐含层结构性能并没有明显提升，反而有所下降。例如，当每层神经元数量为 12 时，单层、双层和三层隐含层的 R^2 依次为 0.9734、0.9852 和 0.9812，MSE 依次为 0.005760、0.000204 和 0.00314，MAE 依次为 0.06084、0.02992 和 0.05303，MPAE 依次为 0.2886、0.2298 和 0.2941。由于三层隐含层结构复杂和单层的性能较差，因此，水蒸气气氛下的多层感知机的最优结构是双层隐含层，总神经元数量为 24。

同样对比了二氧化碳气氛下单层、双层和三层隐含层的多层感知机的预测性能，其 R^2、MAE、MSE 和 MPAE 的结果如图 6.36 （a） ～ （d） 所示。

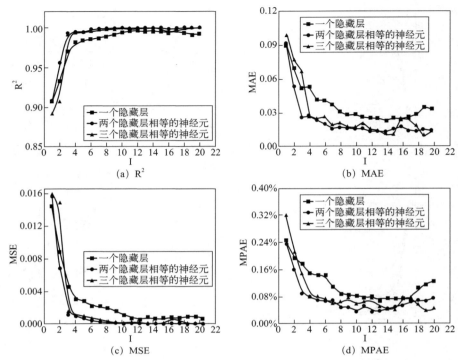

(a) R² (b) MAE (c) MSE (d) MPAE

图 6.36　二氧化碳气氛不同数目的隐含层和神经元的性能对比

可以看出，双层隐含层的多层感知机优于单层和三层，其总神经元数量为 24，此时的 R^2、MAE、MSE 和 MPAE 分别为 0.9995、0.01368、0.00059 和 0.08562。

此外，每个隐含层的神经元数量对模型的性能也会有影响。为此，利用交叉验证方法，比较了隐含层为 2 个、总神经元数量为 24 的情况下，第一层神经元数量从 1 增加到 23，第二层神经元数量从 23 减小到 1 时的多层感知机的预测结果，如图 6.37 所示。

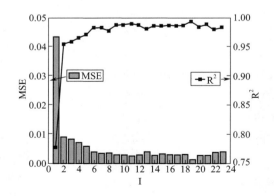

图 6.37　水蒸气气氛下不同神经元的 R^2 和 MSE

从图 6.37 可以看出，随着第一层隐含层的神经元数量的增加，第二层隐含层的神经元数量的减少，多层感知机预测结果的 R^2 整体上逐渐增加，MSE 整体上逐渐降低。在第一层隐含层的神经元数量为 19 和第二层隐含层的神经元数量为 5 时，R^2 达到最大值 0.9932，MSE 达到最小值 0.001530。继续增加第一层隐含层的神经元数量，减小第二层隐含层的神经元数量，R^2 呈现缓慢减小的趋势，MSE 呈现逐渐增加的趋势。因此，考虑到多层感知机的预测性能以及计算效率，在水蒸气气氛下，采用 2 个隐含层，第一层神经元数量为 19，第二层神经元数量为 5 的模型结构。

二氧化碳气氛下的不同神经元的 R^2 和 MSE 如图 6.38 所示。随着第一层隐含层的神经元数量的增加，第二层隐含层的神经元数量的减少，多层感知机预测结果的 R^2 整体上逐渐增加，MSE 整体上逐渐降低。在第一层隐含层的神经元数量为 15 和第二层隐含层的神经元数量为 9 时，R^2 达到最大值 0.9932，MSE 达到最小值 0.001530。继续增加第一层隐含层的神经元数量，减小第二层隐含层的神经元数量，R^2 呈现缓慢减小的趋势。因此，二氧化碳气氛下的最优结构是第一层隐含层神经元数量为 15，第二层隐含层神经元数量为 9 的模型结构。与水蒸气气氛下神经元数量不同的原因为水蒸气气氛和二氧化碳气氛下对输入数据的影响特征不同，因而导致了多层感知机需要不同的结构来更好地学习和拟合水蒸气和二氧化碳气氛下的实验数据。

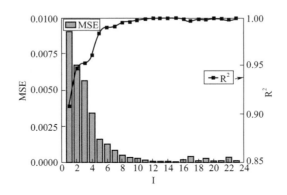

图 6.38 二氧化碳气氛下不同神经元的 R^2 和 MSE

② 超参数优化。

为了进一步提高水蒸气气氛下煤和生物质共气化碳转化率的预测精度，对多层感知机中的学习率和最大训练周期这两个超参数进行优化。采用正交实验设计选取学习率为 0.001、0.005、0.010、0.015 和 0.020，最大训练周期为 200、400、600、800 和 1000。

模型预测性能 MAE、MSE 和 MPAE 如图 6.39 所示。结果表明，不同超参数

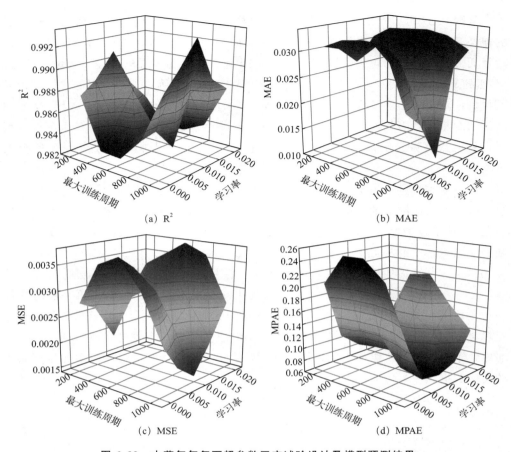

(a) R² (b) MAE

(c) MSE (d) MPAE

图 6.39　水蒸气气氛下超参数正交试验设计及模型预测结果

组合下，多层感知机的预测碳转化率的误差存在一定差异，R^2 介于 0.9825～ 0.9932、MAE 介于 0.01129～0.03302、MSE 介于 0.001530～0.03740、MPAE 介于 0.07236～0.2531，其中，最大训练周期为 1000、学习率为 0.01 的超参数条件下的碳转化率性能最好，MAE＝0.01129、MSE＝0.001530、MPAE＝0.07236 和 R^2＝0.9932。因此，水蒸气气氛下预测碳转化率的 MLP 模型最优超参数组合为：最大训练周期为 1000、学习率为 0.01。

二氧化碳气氛下，模型预测性能 R^2、MAE、MSE 和 MPAE 如图 6.40 所示。

不同超参数组合下，多层感知机预测碳转化率的误差存在一定差异，R^2 介于 0.9893～0.9996、MAE 介于 0.01049～0.03996、MSE 介于 0.00005680～ 0.0008120、MPAE 介于 0.02528～0.1605，其中，最大训练周期为 1000、学习率为 0.01 的超参数条件下碳转化率的误差相对最低，相关系数最高，其对应指标分别为 MAE＝0.01049、MSE＝0.00005680、MPAE＝0.02528、R^2＝0.9996。因此，二氧化碳气氛下的多层感知机的最优超参数组合为：最大训练周期为 1000、学

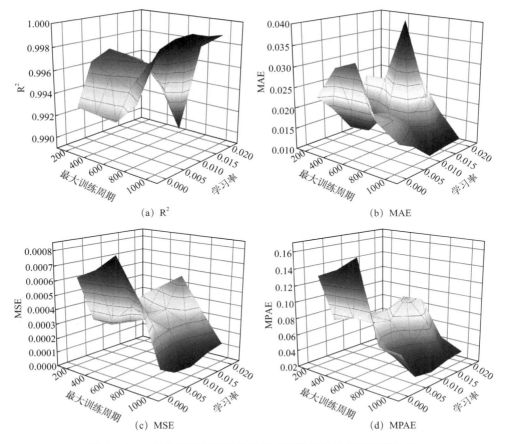

(a) R^2

(b) MAE

(c) MSE

(d) MPAE

图 6.40　二氧化碳气氛下超参数正交试验设计及模型预测结果

习率为 0.01，由此可得，二氧化碳最佳超参数结构与水蒸气气氛下的超参数结构
一致。

（2）人工神经网络模型的优化

人工神经网络模型进一步对比了不同神经网络模型（FFBPNN、CFBPNN 和
EFBPNN）以及不同算法（L-M、BFGS、GDX 和 RP）对水蒸气和二氧化碳气氛
下煤和生物质共气化下碳转化率的影响。

① 类型。

水蒸气气氛下，三种人工神经网络模型（FFBPNN、CFBPNN 和 EFBPNN）
在隐含层神经元数量为 2～12 时的 R^2、MAE、MSE 和 MPAE，如图 6.41 所示。

从图 6.41 可得，三种人工神经网络模型的 R^2 均在 0.89 以上，说明人工神经
网络模型具有很好的预测精度。对于 FFBPNN 模型，当隐含层神经元的数量从 2
个增加到 11 个时，R^2 整体呈现增大趋势，在隐含层神经元的数量为 11 时达到最
大，此时的 R^2 为 0.9901、MAE 为 0.03640、MSE 为 0.001660 以及 MPAE 为

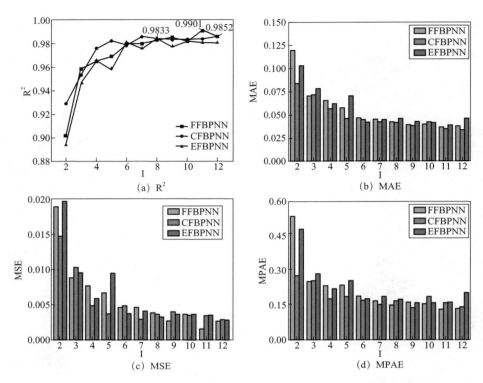

图 6.41　水蒸气气氛下不同神经网络模型在不同隐含层神经元的性能评价

0.1298。之后继续增大隐含层神经元的数量到 12，R^2 减小到 0.9852，MAE 增加到 0.3731，MSE 增加到 0.002650 以及 MPAE 增加到 0.1339。可以看出，增加隐含层神经元的数量可以提高模型性能，但过多的神经元可能导致性能下降，因此在选择人工神经网络模型的网络结构时需要权衡其性能和模型的复杂度。对于 CFB-PNN 模型和 EFBPNN 模型，整体变化规律与 FFBPNN 模型类似。三种不同模型的优劣顺序为 FFBPNN、CFBPNN 以及 EFBPNN。这是因为 EFBPNN 模型增加了接收前后输出输入数据的"承接层"，使得 EFBPNN 模型成了一种循环神经网络，该层接收来自前一时刻的隐含层的输出，并将其作为当前时刻的输入。额外的"承接层"增加了模型结构的复杂性，从而降低了模型预测的精度[51]。CFBPNN 模型结构上加入了第 1 层输入对权重的影响，因此预测准确度略有提高[52]。FFBPNN 模型计算了每一层的误差信号，并根据权重调整公式，更新每一层的权重矩阵，从而提高了预测的准确度[53]。

　　因此，预测水蒸气气氛下煤和生物质共气化的动力学的最佳人工神经网络模型是 FFBPNN 模型，最佳结构为 5-11-1。但是每种类型的神经网络都存在部分数据误差较大的情况，这可能是因为计算过程陷入局部极小值，导致网络收敛到局部最优解，因此需要进一步优化算法。

二氧化碳气氛下，人工神经网络模型的类型（FFBPNN、CFBPNN 和 EFB-PNN）在隐含层神经元数量为 2～12 时的 R^2、MAE、MSE 和 MPAE，如图 6.42 所示。

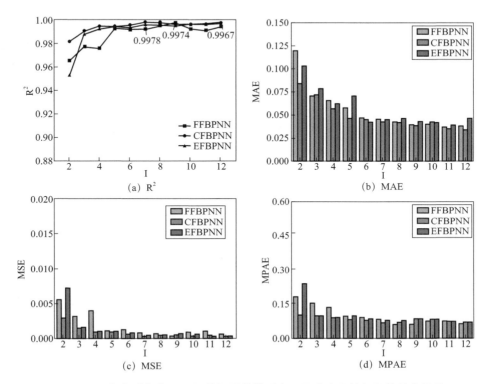

图 6.42　二氧化碳气氛下不同神经网络模型在不同隐含层神经元的性能评价

　　三种人工神经网络模型的预测性能优劣顺序分别是 CFBPNN（$R^2=0.9978$、MAE$=0.01778$、MSE$=0.00357$、MPAE$=0.06492$、最佳隐含层神经元为 7 个）、FFBPNN（$R^2=0.9974$、MAE$=0.01802$、MSE$=0.00370$、MPAE$=0.06020$、最佳隐含层神经元为 9 个）和 EFBPNN（$R^2=0.9967$、MAE$=0.02008$、MSE$=0.000384$、MPAE$=0.06350$、最佳隐含层神经元为 12 个）。故预测二氧化碳气氛下煤和生物质共气化的动力学的最佳人工神经网络模型是 CFBPNN 模型，最佳结构为 5-7-1。此结果与水蒸气气氛下的优劣顺序有所不同，这可能与输入数据的特征分布有关。CFBPNN 整体误差小于 FFBPNN 模型和 EFBPNN 模型，预测结果更为准确。因此后续二氧化碳气氛下的模拟采用 CFBPNN 模型进行，最佳结构为 5-7-1。

　　② 算法。

　　影响人工神经网络模型性能的因素除了神经网络模型类型外，算法也会对预测结果产生一定影响，因此优化算法是十分必要的。图 6.43（a）展示了 FFBPNN 模型下三种不同算法性能的对比，算法优劣的顺序为：L-M 算法（$R^2=0.9901$，MSE＝0.001660）、BFGS（$R^2=0.9619$，MSE＝0.008520）和 RP（$R^2=0.9345$，MSE＝0.01440）。其中，L-M 算法表现最佳，这是因为 L-M 算法通常能够实现全局收敛，并找到最优解，相比之下，BFGS 算法和 RP 算法可能只能找到局部最优解。另外，相对于 BFGS 和 RP 算法，L-M 算法相对简单，通过迭代调整参数的值来寻找最优解[54]。因此，L-M 算法在性能优化方面优于其他两种算法。图 6.43（b）展示了二氧化碳气氛下 CFBPNN 模型使用不同算法的相关系数和均方误差的对比。CFBPNN 模型中三种算法的优劣顺序为 L-M（$R^2=0.9977$、MSE＝0.001660）、BFGS（$R^2=0.9619$，MSE＝0.008520）和 RP（$R^2=0.9345$，MSE＝0.003570），这是由于 GDX 算法虽然通过附加动量项和改变学习速率，有效避免了计算结果陷入局部极值，但对精度提升并不显著。BFGS 算法虽然收敛速度快，迭代次数少，但对精度提升并不明显。L-M 算法处理结构简单的网络时有明显优势，收敛速度和精度都有很大提升。

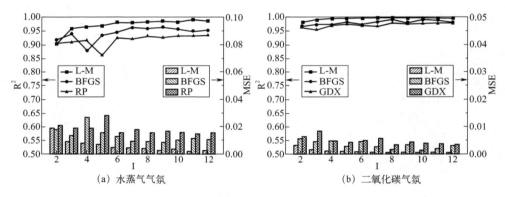

（a）水蒸气气氛　　　　　　　　　　（b）二氧化碳气氛

图 6.43　ANN 模型下不同算法性能对比

（3）多层感知机与人工神经网络模型的对比

前面研究表明，FFBPNN-L-M 和多层感知机可以很好地预测水蒸气气氛下煤和生物质共气化的碳转化率，为了进一步说明两种模型性能的优劣，对比了人工神经网络模型和多层感知机在最优结构下的预测值和实验值，其结果如图 6.44 所示。

从图 6.44 中可以看到，多层感知机进行训练时，预测值和实验值的相关性较高，误差在 10%～20% 之间，在使用人工神经网络模型进行训练时，预测值和实验值的相关系数高于多层感知机，误差在 10% 左右，证明了人工神经网络模型可以更好地预测水蒸气气氛下煤和生物质共气化的碳转化率。因此，选择人工神经网络模型作为预测后续不同操作条件下的水蒸气气氛下煤和生物质共气化的碳转化率模型。

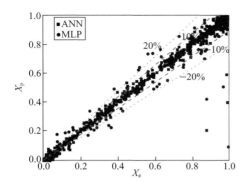

图 6.44 多层感知机与人工神经网络模型
预测水蒸气气氛下碳转化率与实验值的对比

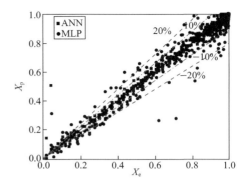

图 6.45 多层感知机与人工神经网络模型
预测二氧化碳气氛下碳转化率与实验值对比

图 6.45 为二氧化碳气氛下多层感知机与 CFBPNN-L-M 在最佳结构下预测碳转化率和实验值的对比。从图 6.45 可知，多层感知机的预测值与实验值的误差为 20%。而人工神经网络模型误差在 10% 以内，说明人工神经网络模型预测性能更好，可以模拟二氧化碳气氛下煤和生物质共气化的反应特性，这主要是由于人工神经网络模型经过了充分的训练，使其能够有效地学习和模拟碳转化率。因此选择人工神经网络模型作为预测后续不同操作条件下的二氧化碳气氛下煤和生物质共气化的碳转化率模型。

6.5.2.6 结论

以水蒸气和二氧化碳气氛下的煤和生物质共气化的碳转化率为研究对象，通过分析得到对其影响较大的因素分别为气化温度、生物质掺混比、气化剂流量以及煤和生物质颗粒粒径。建立煤和生物质共气化的碳转化率的机器学习模型，考察机器学习模型类型和结构对性能的影响，并与传统动力学模型进行对比，得到的主要结论如下。

① 采用支持向量机、随机森林、多层感知机以及人工神经网络模型对水蒸气和二氧化碳气氛下下煤和生物质共气化的碳转化率进行预测，得到在水蒸气气氛下，多层感知机与人工神经网络模型的性能较好；在二氧化碳气氛下，多层感知机与人工神经网络模型性能较好。将水蒸气和二氧化碳气氛下的多层感知机和人工神经网络模型与动力学模型进行比较，得到人工神经网络模型和多层感知机预测均优于体积模型、缩核模型和随机孔模型。

② 采用隐含层个数（1~3）、神经元个数（1~20）、学习率（0.001、0.005、0.01、0.015 和 0.02）和最大训练周期（200、400、600、800 和 1000）对 MLP 进行结构上的优化，得到在水蒸气气氛下，隐含层为 2 层且第一层隐含层神经元数量为 19、第二层隐含层神经元数量为 5、学习率为 0.01 和最大训练周期为 1000 时性

能最佳；在二氧化碳气氛下，隐含层为两层且第一层隐含层神经元数量为 15，第二层隐含层神经元数量为 9、学习率为 0.01 和最大训练周期为 1000 时性能最佳。

③ 采用不同神经网络模型（FFBPNN、CFBPNN 以及 EFBPNN）以及不同算法（L-M、BFGS、GDX 和 RP）对人工神经网络模型进行优化，得到水蒸气气氛下，FFBPNN-L-M 性能最佳，结构为 5-11-1。二氧化碳气氛下，CFBPNN-L-M 性能最佳，结构为 5-7-1。

6.5.3 煤和生物质共气化工艺过程

6.5.3.1 引言

煤炭是目前中国的主要能源。然而，随着"碳达峰"和"碳中和"新政策的实施，部分替代煤炭变得越来越重要。煤和生物质的共气化提供了一个潜在的有效和经济的解决方案，以面对这些挑战，而不影响整体性能。目前尽管采用人工神经网络模型模拟煤和生物质的共气化过程的性能，但没有很好地考虑产氢量。人工神经网络模型和算法对氢气的预测精度有很大的影响，在之前的文献中只考虑了一种人工神经网络模型（前馈反向传播）和两种优化算法（Bayesian regularization back propagation 算法和 Levenberg-Marquardt 算法）。因此，比较了五种不同的人工神经网络模型和五种不同的优化算法，并对生物质和煤的共气化产氢量进行了相对全面的分析。考虑的人工神经网络模型包括前馈反向传播神经网络（FFBPNN）、串级正反向传播神经网络（CFBPNN）、埃尔曼正反向传播神经网络（EFBPNN）、递归神经网络（LR）和非线性自回归神经网络（NARX）。优化后的算法包括 Levenberg-Marquardt（L-M）算法、动量梯度下降（GD）、有无自适应学习速率算法（GDX）、遗传算法（GA）和粒子群算法（PSO）。因此，采用优化的人工神经网络模型和算法对 H_2/CO 比和合成气产率进行了模拟。为了确定影响 H_2/CO 比的关键因素，对贡献率进行了详细的分析。这些发现可作为调整相关参数的依据，在煤与生物质共气化过程中为实现高的氢气产率提供有价值的工具。

6.5.3.2 模拟对象

与煤和生物质共气化产氢[55-58] 的实验过程类似，以 Li 等[56]为例，描述在鼓泡流化床中生物质和煤的共气化过程的详细信息，如图 6.46 所示。煤与生物质在给料机中混合，随后送入鼓泡流化床的下部。气化剂（蒸汽、空气或氧气）最初加热到预设温度，然后从底部引入气化炉。煤和生物质都被转化为合成气。大颗粒（底灰）从气化炉底部排出。飞灰由旋风收集。焦油通过冰浴冷凝。甲烷可以通过蒸汽-甲烷重整反应转化为 H_2 和 CO。CO 可以通过水煤气变换反应转化生成 H_2。因此，剩下的气体是 H_2 和二氧化碳。捕获二氧化碳后，得到纯 H_2。

6.5.3.3 人工神经网络模型的建立

人工神经网络模型模拟生物质和煤在鼓泡流化床中产生 H_2 过程的结构如图

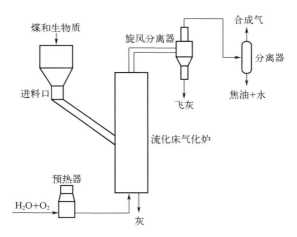

图 6.46　鼓泡流化床煤和生物质共气化实验过程[56]

6.47 所示。为了扩展模型的应用，还进行了其他气体（CO 和 CO_2）和气化性能（碳转化率、气化效率、气体总气产率、合成气产率、气体低热值和气体高热值）的预测，如表 6.11 所示。输入数据的选择基于其对输出数据的显著影响。最后选择混合工业分析（FC、V 和 A）、混合元素分析（C、H、O）和操作条件（温度 T、当量比 ER、生物质与煤比 W、水碳比 SC）作为输入数据。鼓泡流化床共气化的基本参数详见表 6.11，并考虑了一些主要的气体成分，如 H_2、CO 和 CO_2。

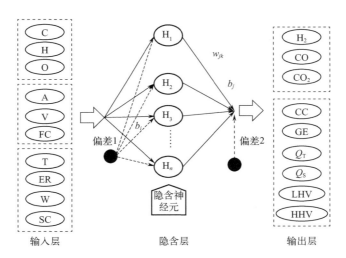

图 6.47　鼓泡流化床煤和生物质共气化人工神经网络模型

所使用物质的工业分析和元素分析见表 6.12。在人工神经网络模型中使用的生物量和煤的混合工业和元素分析通过以下公式计算：混合性质＝W×生物量性质＋（1－W）×煤性质（元素分析中涉及 C、H 和 O，工业分析中涉及 A、V 和 FC）。

数据点为 465，数据集被随机分为三组，其中 75% 用于训练 (348 个数据)，15% 用于测试 (70 个数据)，10% 用于验证 (47 个数据)，使用 MATLAB 中的 "分割和" 函数。数据来自 Vélez 等[55]、Li 等[56]、Song 等[57] 和 Valdés 等[58] 的文献。

表 6.11 鼓泡流化床共气化的基本参数

项目	Vélez 等[55]	Li 等[56]	Song 等[57]	Valdés 等[58]
内径 (ID)/cm	22	12	5	10
高度 (H)/cm	400	157.8	75	64
温度 (T)/℃	804~846	912~1045	600~1000	800~850
进料量/(kg/h)	3.9~8.2	3	1.8~2.8	3.25
生物质比例 (W)/%	6~15	0~33	0~20	6~10
蒸汽碳比 (SC)/(kg/kg)	0.1~0.66	0.26~0.88	0.12~0.48	0.3~0.4
当量比 (ER)/(Nm³/Nm³)	0.2~0.28	0.32~0.47	0.08~0.31	0.12~0.24
H_2/%	1.6~14.2	11.94~23.18	12~39	12.9~20.64
CO/%	0.75~12.18	21.06~36.64	27.83~49.69	16.47~22.06
CO_2/%	1.51~10.32	53.44~92.95	10.89~37	0.16~1.06
CH_4/%	—	0.92~3.1	4.5~7.5	0.77~1.04
N_2/%	—	21.2~29.54	—	56.47~62.72
Tar/(g/kg)	—	—	3.5~10	—
碳转化率 (CC)/%	40.46~87.28	53.44~92.95	49.11~89.69	36.2~79.9
气化效率 (GE)/%	6.87~61	39.64~79.06	33~70	16.9~75.55
总气体或者合成气量 (Q_T, Q_S) / (Nm³/kg)	0.2~1.78	1.36~3.05	0.7~1.36	2~3.38
气体低热值	0.5~4.4	3.95~6.72	6.72~12.75	2.97~3.8

表 6.12 所使用物料的工业分析和元素分析 (质量分数,%)

类型	工业分析			元素分析				
	FC	A	VM	C	H	N	O	S
煤[55]	39	15.4	36.4	82.4	5.1	0.8	10.3	1.4
稻壳[55]	14.1	17.2	58.9	45.8	6	0.3	47.9	0
锯末[55]	13.1	0.8	73.8	51.6	4.9	0.9	42.6	0
咖啡壳[55]	14.3	1.0	74.3	46.8	4.9	0.6	47.1	0.6

类型	工业分析			元素分析				
	FC	A	VM	C	H	N	O	S
神木煤[56]	58.52	9.19	28.51	70.35	4.56	10.53	1.04	0.55
松木屑[56]	14.91	1.55	73.63	45.39	4.02	38.1	0.62	0.41
稻壳[56]	16.55	12.64	65.23	38.61	4.28	37.16	1.08	0.65
煤[57]	91.66*	25.42	8.34*	87.94	3.22	1.1	5.32	2.42
稻壳[57]	19.91*	14.12	80.9*	45.91	2.88	0.93	48.5	1.78
次烟煤[58]	37.89	14.31	37.41	57.78	4.23	1.1	22.12	0.46
棕榈壳[58]	18.58	6.84	67.7	47.72	5.5	0.96	45.67	0.15

通过文献总结并考虑共气化过程，选择前馈反向传播神经网络（FFBPNN）、递归循环神经网络（LR）、串级正反向传播神经网络（CFBPNN）、非线性自回归神经网络（NARX）和埃尔曼正反向传播神经网络（EFBPNN）。研究了五种算法：Levenberg-Marquardt（L-M）、遗传算法（GA）、动量梯度下降率（GD）、自适应学习速率（GDX）和粒子群优化方案（PSO）。

6.5.3.4 人工神经网络模型类型和算法的优化

（1）类型

不同隐含神经元数量下人工神经网络模型的训练性能如图6.48（a）和（b）所示。在3～13的范围内寻找合适的神经元个数。如图6.48（a）所示，所考虑的5种人工神经网络模型的 R^2 值最初随着隐含神经元数量的增加而增加，之后减少。每个模型都有一个最优隐含神经元个数。不同人工神经网络模型的最佳值表现如下：CFBPNN为12个隐含神经元（$R^2=0.9681$），EFBPNN为9个隐含神经元（$R^2=0.9925$），NARX为7个隐含神经元（$R^2=0.9958$），EFBPNN为6个隐含神经元（$R^2=0.9981$），FFBPNN有10个隐含神经元（$R^2=0.9839$）。由此可以推断，LR表现出了最好的性能。图6.48（b）中所研究的五种人工神经网络模型的MSE值也有类似的趋势，其中LR表现最好，MSE值最小（0.2185）。基于 R^2 和MSE值，五种人工神经网络模型的性能顺序为LR、NARX、EFBPNN、FFBPNN和CFBPNN。这个顺序在很大程度上与每个模型的数据处理方法有关。FFBPNN的特征是单向传播，这限制了后续的权重调整信息。CFBPNN在第一层中引入了对权重的输入效应。EFBPNN是一个考虑到输入和输出之间关系的递归网络。LR通过在每一层中加入一个时间延迟来进一步增强。但是，在NARX中，只接收到输出层的反馈，而不包括来自隐含层的信息。

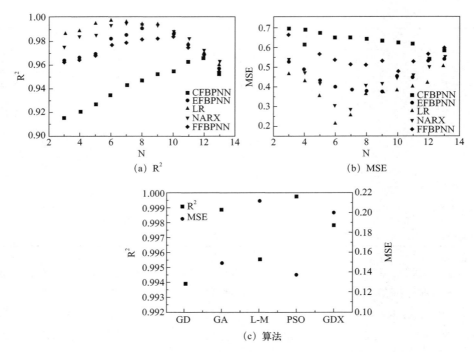

图 6.48　人工神经网络模型的性能对比

（2）优化算法

模型优化算法的性能如图 6.48（c）所示。在图 6.48（c）中，所考虑的五种算法的最优结果如下：PSO（$R^2 = 0.9995$，MSE = 0.1357）、GA（$R^2 = 0.9987$，MSE = 0.1465）、GDX（$R^2 = 0.9938$，MSE = 0.2235）、LM（$R^2 = 0.9953$，MSE = 0.2065）和 GD（$R^2 = 0.9938$，MSE = 0.2235）。这些结果在很大程度上与数据优化过程相关。在遗传算法中，数据处理涉及选择、交叉和突变操作，导致权值和阈值的分布更加合理。此外，遗传算法的并行处理能力有效地绕过了局部优化。LM 采用了简单的处理过程，收敛速度和精度高。PSO 增强了全局搜索能力，同时保持本身搜索能力不变。虽然在 GDX 和 GD 中分别引入了动量项和学习率调整，从而降低了收敛到局部最优的风险，但准确性的提高并不显著。最终，选择 LR 和 PSO 作为人工神经网络模型和优化算法。

用 LR-PSO 模型预测的气体组成（H_2、CO 和 CO_2）与不同研究者的实验结果的比较如图 6.49 所示。数据与对角线非常吻合，表明所提出的人工神经网络模型可以有效地模拟鼓泡流化床的共气化过程。

6.5.3.5　人工神经网络模型预测

（1）生物质与煤比（W）

生物质与煤的比（W）是一个关键参数。如果比例低，部分替代煤的能力就会

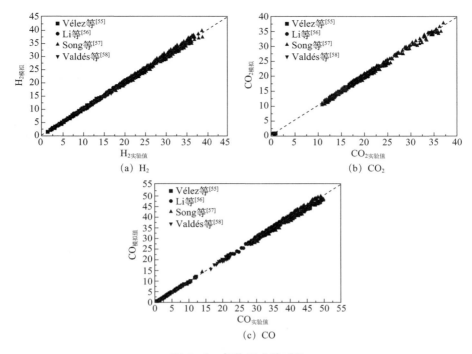

图 6.49　气体组成的对比

被极大限制。反之，如果过高，煤的气化性能会恶化，可能会影响下游工艺。采用合成气产率（Q_S）和 H_2/CO 比两个指标对工艺进行评价。在不同生物质与煤的比例下，H_2/CO 的 Q_S 和其比值如图 6.50（a）所示。在模拟过程中，W 从 0 变化到 33％，间隔为 1％。随着生物质与煤的比从 0 上升到 33％，模拟的 Li 等[56] 的 H_2/CO 比从 0.48 线性上升到 0.69。然而，随着生物质与煤比值从 0 增加到 20％，预测的 Song 等[57] 的 H_2/CO 比最初保持稳定，然后从 1.05 迅速下降到 0.69。由于高的合成气产率和 H_2/CO 比，Li 等[56] 的最佳生物质与煤比为 33％，Song 等[57] 为 12％。H_2/CO 比应谨慎处理，因为其与后续的气体处理密切相关。Li 等[56] 的 Q_S 从 0.85Nm³/kg 下降到 0.82Nm³/kg，而 Song 等[57] 的 Q_S 从 0.93Nm³/kg 增加到 1.09Nm³/kg。

　　这些现象的产生是由于低的水碳比，高的生物质与煤比。随着生物质的增加，碳和水含量增加，混合物的反应活性增加，从而导致气体产量增加。水煤气变换反应加剧，消耗了更多的 CO，并产生了更多 H_2，最终导致 H_2 与 CO 的比例增加。虽然一些氢气可能与煤反应产生焦油，但这一现象并不明显。其变化趋势与所使用的生物质密切相关。在 Li 等[56] 的文献中，采用了 H/C 比为 0.088 和高挥发性物质（83.1daf％）的松木屑。相比之下，在 Song 等[57] 的文献中，使用了 H/C 比为 0.062 和低挥发性物质（80.9daf％）的稻草。稻草灰分中碱土和碱土金属含量高于

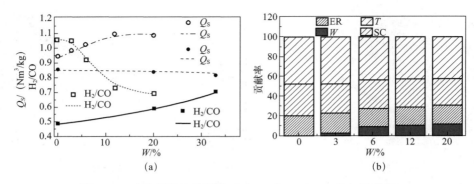

图 6.50　生物质煤比的影响　(a) Q_S 和 H_2/CO；(b) 贡献率

松木。这导致了焦油进一步分解成小分子。结果表明，稻草的 H_2、CO 和合成气产量（Q_S）均高于松木屑。此外，由于生物质的形状不规则，体积密度低，应更加重视其流态化特性。

在实际应用中，H_2 与 CO 的比值是进一步利用气体的一个非常重要的参数。然而，影响比值的因素有很多，这使得实验研究难以确定最重要的因素。为了进一步揭示不同因素对 H_2 与 CO 比值的影响，进行了不同生物质与煤比值下的贡献率分析，如图 6.50（b）所示，以 Song 等[57]的文献为例，随着 W 从 0 增长到 20%，W 的贡献率从 0 上升到 12%，而 ER、SC 和 T 的贡献率分别从 21.2% 下降到18%，从 31.5% 下降到 27.5%，从 47.3% 下降到 41.3%。这些因子的顺序分别为 T、SC、ER 和 W，说明 T 为主要影响因素。当生物质与煤的比为 12 时，W 的影响缓慢增加，表明添加了最佳的生物质。

值得注意的是，虽然 H_2 与 CO 的比值和 Q_S 随生物质与煤的比值呈变化的趋势，但人工神经网络模型仍然可以通过混合的元素分析和工业分析来管理这种复杂的相互作用。这对于选择合适的生物质来匹配煤的性能以获得最佳的气化性能是至关重要的。人工神经网络模型可以作为一种筛选工具来识别几种操作条件，从而避免了大量的实验。

（2）ER 的影响

当量比（ER）表示气化炉的供热情况。如果 ER 过高，由于其挥发分含量高，额外的生物质燃烧产生二氧化碳。相反，如果 ER 太低，就会产生更多的焦油，这可能会使操作变得困难。不同 ER 值下的 Q_S 和 H_2 与 CO 的比值如图 6.51（a）所示。在模拟过程中，ER 从 0 变为 0.47，时间间隔为 0.01。在 Li 等[56]的研究中，当 ER 从 0.32 增长到 0.47 时，模拟 H_2 与 CO 的比值从 0.67 下降到 0.56。同样，在 Song 等[57]的研究中，当 ER 从 0.09 增加到 0.31 时，H_2 与 CO 的模拟比率从 0.84 下降到 0.73。Li 等[56]的 Q_S 从 0.97Nm³/kg 下降到 0.92Nm³/kg，而 Song 等[57]的 Q_S 从 0.82Nm³/kg 略有上升到 0.85Nm³/kg，然后下降到 0.74Nm³/kg。

Li 等[56]的最优 ER 为 0.32，Song 等[57]的最优 ER 为 0.13。这是由于随着 ER 的增加，在较高的流化速度下，停留时间减少，导致更多的可燃气体（H_2 和 CO）被消耗。此外，催化剂可能在较高的温度下团聚，导致 H_2 和 CO 降低。H_2 含量的下降明显大于 CO，最终导致 H_2 与 CO 比值下降。Li 等[56]的文献中使用的生物质比为 33%，远高于 Song 等[57]的 20%，这使得产生的合成气更多，但 H_2 与 CO 的比例没有变。

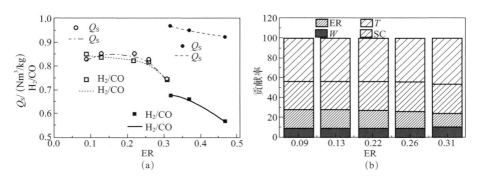

图 6.51 ER 的影响 (a) Q_S 和 H_2/CO；(b) 贡献率

不同 ER 值下的贡献率如图 6.51（b）所示，以 Song 等[57]的文献为例，当 ER 从 0.09 上升到 0.31 时，W、SC 和 T 的贡献率分别从 9.5% 上升到 10.1%，从 28.5% 上升到 30.5% 以及从 43% 上升到 45.7%。相反，ER 的贡献率从 19% 下降到 13.7%。当 ER 增加约 3.4 倍时，贡献率仅下降了约 75%。这表明，与 SC 和 T 相比，ER 发挥的作用更为有限。

（3）水碳比（SC）的影响

不同水碳比（SC）下的 Q_S 和 H_2 与 CO 比值如图 6.52（a）所示。在模拟过程中，SC 从 0 变为 0.88，时间间隔为 0.01。在 Li 等[56]的研究中，当 SC 从 0.26 增长到 0.88 时，模拟的 H_2 与 CO 的比值从 0.5 变化到 0.6。相比之下，在 Song 等[57]的研究中，当 SC 从 0.12 上升到 0.48 时，模拟的 H_2 与 CO 的比值从 0.56 迅速上升到 1.22。Li 等[56]的研究中，Q_S 最初从 $0.82Nm^3/kg$ 增加到 $1Nm^3/kg$，然后下降到 $0.78Nm^3/kg$，而 Song 等[57]的研究中，Q_S 从 $0.62Nm^3/kg$ 迅速上升到 $1.05Nm^3/kg$。Li 等[56]的最优 SC 为 0.48，Song 等[57]的最优 SC 为 0.88。这是因为随着蒸汽的增加，水煤气变换反应和蒸汽重整反应的速率增加，导致产氢量超过一氧化碳，从而提高了 H_2 与 CO 的比值。反过来又增加了气体产量。然而，当蒸汽流量超过一定的阈值时，气化炉中产生的颗粒增多，导致反应温度和 Q_S 降低。此外，不利因素也可能发挥作用。由于添加蒸汽的冷却作用，导致了气化温度的降低。而且，停留时间随蒸汽量的增加而减少。然而，这些影响并不明显。

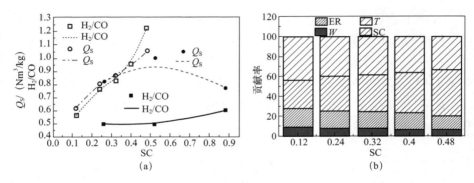

图 6.52　SC 的影响　(a) Q_S 和 H_2/CO；(b) 贡献率

不同 SC 下的贡献率如图 6.52（b）所示，以 Song 等[57]的研究为例，当 SC 比率从 0.12 上升到 0.48 时，SC 比率的贡献率从 28.6% 上升到 46.4%。而 W、ER 和 T 的贡献率分别从 9.5% 下降到 7.1%，从 19% 下降到 14.3%，从 42.8% 下降到 32.2%。当 SC 比值为 0.4 时，SC 的效果超过了 T。这些结果表明，SC 比值比 ER 和 W 的影响更为显著。

（4）温度（T）的影响

不同温度（T）下 Q_S 和 H_2 与 CO 的比值如图 6.53（a）所示。在模拟过程中，温度从 600℃ 上升到 1000℃，间隔为 10。在 Song 等[57]的研究中，随着温度从 600℃ 增加到 1000℃，模拟的 H_2 与 CO 的比值从 0.24 线性增加到 0.80。然而，对于 Valdés 等[58]的研究，随着温度从 800℃ 增加到 850℃，模拟的 H_2 与 CO 的比值从 0.86 略有变化到 0.88。Song 等[57]研究的 Q_S 从 0.46Nm³/kg 上升到 1.0Nm³/kg，而 Valdés 等[58]研究的 Q_S 从 1.55Nm³/kg 略有下降到 1.53Nm³/kg。Song 等[57]的最佳温度为 1000℃，Valdés 等[58]的最佳温度为 800℃。随着温度的升高，引入更多的热量来促进蒸汽气化，从而产生更多的氢气。水煤气变换反应的速率也增加了，消耗了更多的一氧化碳，产生了更多的氢气。此外，更多的焦油裂解产生氢气。Song 等[57]的研究采用了 H/C 比为 0.062 的稻草和挥发性物质（80.9daf%）。相比之下，Valdés 等[58]的研究中，使用了 H/C 比为 0.12 的棕榈核壳和挥发性物质（78.5daf%）。棕榈核壳的 H/C 比几乎是稻草的两倍，使得 H_2 与 CO 的比值较高。

不同温度下的贡献率如图 6.53（b）所示。以 Song 等[57]的研究为例，当温度从 600℃ 增加到 1000℃ 时，温度的贡献率从 31% 直线增加到 43%。而 W、ER 和 SC 的贡献率分别从 11.5% 下降到 9.5%，从 23% 下降到 19%，从 34.5% 下降到 28.5%。当温度超过 700℃ 时，温度的影响超过了 SC。这意味着在高温下，温度比其他因素更重要。

虽然人工神经网络模型表现出良好的性能，但模型的有效范围：C 为 48～87.94，H 为 3.15～5.95，O 为 0.90～45.64，A 为 6.59～25.42，V 为 6.22～

57.55，FC 为 15.59～77.31，T 为 600～1045，ER 为 0.08～0.47，W 为 0～34，SC 为 0.09～0.88。这个模型的外推应该谨慎，以避免发生错误。在给定的煤和生物质下，通过人工神经网络模型可以预测最高产氢量的适宜操作条件，如煤与生物质比、当量比、温度和水煤比等。

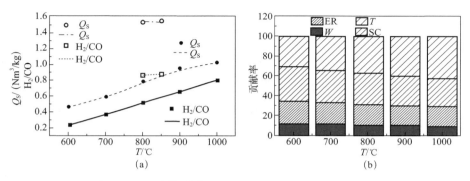

图 6.53　温度的影响　(a)　Q_S 和 H_2/CO；(b)　贡献率

6.5.3.6　结论

为了准确预测煤和生物质共气化的产氢情况，考虑了五种类型的人工神经网络模型和算法。考虑了影响氢气性能的因素，如煤与生物质混合的工业分析、煤与生物质混合的元素分析、操作条件（反应温度、当量比、生物质与煤比、水煤比）等。为了扩展人工神经网络模型的应用，还考虑了其他重要的性能，如气体（CO 和 CO_2）、碳转化率、气化效率、气体总产率、合成气产率、气体低热值、气体高热值。预测的 H_2 与实验结果吻合较好，与其他性能也吻合较好。针对产氢情况预测最好的人工神经网络模型和算法为基于 6 个隐含神经元的 LR-PSO（R^2 为 0.9995 和 MSE 为 0.1357）。Li 等[56] 和 Song 等[57] 的研究预测的最大 H_2 值分别为 22.5% 和 43%。Li 等[56]、Song 等[57] 和 Valdés 等[58] 的研究中 H_2 与 CO 的比值最高，分别为 0.7、1.2 和 0.88。Q_S 值分别为 0.85Nm³/kg、1.09Nm³/kg 和 1.55Nm³/kg。在 Song 等[57] 的研究中，影响 H_2/CO 和合成气产率的最关键因素被确定为 SC 和温度。所提出的人工神经网络模型有效地模拟了煤和生物质共气化过程中的产氢过程，有潜力作为指导实验开发的有力预估工具。

6.5.4　煤、石油焦或生物质共气化

6.5.4.1　引言

随着人们对能源供应和环境保护的日益关注，废物转化为能源的技术变得越来越重要。随着石油工业的发展，石油焦的排放量越来越大。将石油焦应用在流化床中与煤或生物质共气化是一种很有前景的方法，可以避免其排放造成的环境问题。

由于石油焦的反应性较低，单独气化非常困难[59-61]。因此，石油焦与煤/生物质和煤液化残渣共气化可能是提高其活性的一种有效方法[62-70]。首先引入 ANN 模型对石油焦与煤或生物质共气化过程进行模拟，然后分析操作条件对共气化过程的影响。将石油焦比（W）、当量比（ER）、蒸汽流量（S）、颗粒直径（D_p）、挥发分（V）和固定碳（FC）作为输入参数。以碳转化率（X）、H_2/CO 比、合成气低热值（LHV）和产气量（Q）为输出参数。采用 Levenberg-Marquardt（L-M）、遗传算法（GA）和粒子群优化（PSO）三种优化算法，将 ANN 模型的预测结果与实验结果进行了比较，验证了模型的正确性。最后，通过模型预测了石油焦比（W）、当量比（ER）和颗粒直径（D_p）对碳转化率和 H_2/CO 比的影响，并对其贡献率进行了分析。建立的流化床共气化过程 ANN 模型将为控制操作条件，从而获得高性能提供有力工具。

6.5.4.2 模拟对象

如图 6.54 所示，将石油焦、煤或生物质的混合物经料仓加入流化床气化炉，然后在气化剂（蒸汽或氧气）的作用下气化。气化后的残碳（灰分）在气化炉底排出。从气体中分离出细颗粒（粉煤灰）后得到合成气。流化床气化炉中石油焦比例（W）、当量比（ER）、蒸汽流量（S）、颗粒粒径（D_p）、挥发分（V）、固定碳（FC）、碳转化率（X）、H_2/CO 比、合成气低热值（LHV）和产气量（Q）的数据收集自 Nemanova 等[63]、Azargohar 等[64]和 Sinnathambi 等[67]的工作。设备参数及操作条件详细列于表 6.13。所用含碳物质（石油焦、生物质和煤）的工业分析和元素分析见表 6.14。

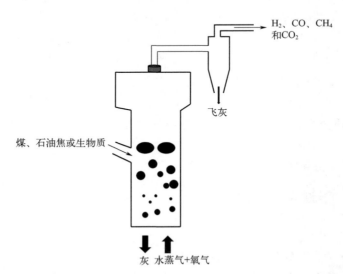

图 6.54 鼓泡流化床中煤、石油焦或生物质共气化的实验过程

表 6.13　石油焦与煤或生物质在流化床共气化的设备参数及操作条件

表 6.13　石油焦与煤或生物质在流化床共气化的设备参数及操作条件

项目	Nemanova 等[63]	Azargohar 等[64]	Sinnathambi 等[67]
内径（ID）/cm	5	7	—
高度（H）/m	30	15	—
进料流量/（g/s）	—	0.0384	—
石油焦比（W）/%	0～100	0～100	0～50
床料/g	569～584	—	—
当量比（ER）	—	0.2～0.4	2.8
颗粒粒径（D_p）/mm	1000～1500	500～700	—
碳转化率（X）/%	20～72	36.7～61.4	67.2～94.9
H_2/CO	1.8～26	0.71～1.63	5.4～10.7
合成气低热值（LHV）/（MJ/Nm^3）	0.11～5.16	5.33～8.13	—
产气量（Q）/（mol/kg）	—	32.4～56.9	38.8～52.6

表 6.14　含碳物质的工业分析和元素分析（质量分数,%）

类型	工业分析				元素分析				
	固定碳	水分	灰分	挥发分	C	H	N	O	S
石油焦[63]	80.9	0.5±0.1	3.8±0.1	14.8±1.3	83.9	3.4	1.5	1.9	5.5
褐煤[63]	44.4	1.3	15.3	39	57.1	3.4	1.0	21.6	0.6
石油焦[64]	89.1	0.3	0.1	10.5	86.3	3.8	1.0	2.9	5.9
阿达罗煤[64]	37.1	8.6	7.7	46.5	68.8	5.2	0.3	18	0.1
松丸[67]	18.5	4.5	0.5	76.5	47.7	6.3	0.16	45.3	<0.012
石油焦[67]	92.1	0.5	1.4	6	92.3	3.4	0.95	0.7	1.168

6.5.4.3　人工神经网络模型的建立

石油焦与煤或生物质共气化的 ANN 模型，如图 6.55（a）所示。

详细的模拟过程如图 6.55（b）所示。ANN 模型的一个重要过程是选择合适的包含基本特征的输入变量。通常有两种类型的参数，如煤的性质（工业分析和元素分析以及表面积）和操作参数（煤、蒸汽和氧气等的流量）。因为 H_2 和 CO 是主要的气体产物，所以采用了 FC 和 V。颗粒粒径与颗粒表面积密切相关，并可能进一步影响反应速率。石油焦混合比（W）、当量比（ER）和蒸汽流量（S）是重要的操作参数。后两个因素进一步影响了气化炉温度。因此，最终选择输入变量为石

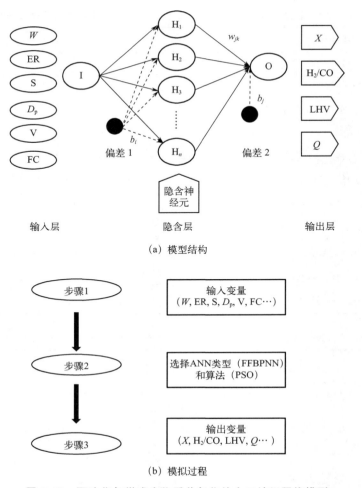

（a）模型结构

（b）模拟过程

图 6.55　石油焦与煤或生物质共气化的人工神经网络模型

注：W 为石油焦比例；ER 为当量比；S 为蒸汽流量；D_p 为颗粒粒径；V 是挥发分；FC 是固定碳；I 为输入参数；O 为输出参数；X 为碳转化率；LHV 是合成气的低热值；Q 为产气量；b_i、b_j 为调节参数；w_{jk} 是权重。

油焦混合比（W）、当量比（ER）、蒸汽流量（S）、颗粒粒径（D_p）、挥发分（V）和固定碳（FC），输出参数为碳转化率（X）、H_2/CO 比、合成气低热值（LHV）和产气量（Q）。将这些数据随机分为训练组和测试组，建立 ANN 模型。

　　通过文献调研，常用的算法是 Levenberg-Marquardt（L-M）。为了提高 L-M 的预测性能，进一步考察了遗传算法（GA）和粒子群算法（PSO）。

6.5.4.4　不同人工神经网络模型算法的优化

　　L-M、GA 和 PSO 三种人工神经网络模型预测的碳转化率如图 6.56 所示。然而，根据理论分析确定合适的隐含神经元个数是相当困难的，然后根据 E^2 和 R^2 在大范围（6～16）选择合适的隐含神经元个数。

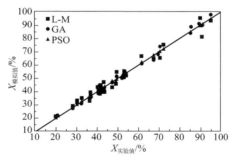

图 6.56　不同人工神经网络模型的比较

注：实验条件为 $W=100$，$ER=0.2\sim0.4$，$D_p=70\sim500\mu m$

如表 6.15 所示，根据 E^2 和 R^2，FFBPNN 的优化算法排序为：PSO 为 7（$E^2=0.000023$ 和 $R^2=0.9988$），GA 为 9（$E^2=0.000157$ 和 $R^2=0.9899$），L-M 为 10（$E^2=0.000241$ 和 $R^2=0.9797$）。结果表明，随着隐含神经元数量的增加，不同的人工神经网络模型的性能先下降后提高。存在一个合适的隐含神经元数。与 L-M 相比，GA 和 PSO 的性能都有显著提高，因为其值更接近对角线（图 6.56）。由于 PSO 具有最佳搜索解方法的优点，没有捕获和时间限制因素，对历史数据有更有效的记忆，所有粒子都保留，性能明显优于 GA。因此用于进一步分析。

表 6.15　不同隐含层神经元数优化算法的比较

序号	L-M		GA		PSO	
	MSE（E^2）	COD（R^2）	MSE（E^2）	COD（R^2）	MSE（E^2）	COD（R^2）
6	0.000894	0.9433	0.000755	0.9544	0.000151	0.9911
7	0.000768	0.9577	0.000635	0.9610	**0.000023**	**0.9988**
8	0.000543	0.9688	0.000437	0.9711	0.000373	0.9822
9	0.000389	0.9722	**0.000157**	**0.9899**	0.000418	0.9735
10	**0.000241**	**0.9797**	0.000328	0.9777	0.000634	0.9664
11	0.000463	0.9710	0.000578	0.9626	0.000898	0.9423
12	0.000588	0.9668	0.000829	0.9501	0.000901	0.9202
13	0.000766	0.9572	0.000998	0.9368	0.001242	0.9189
14	0.000924	0.9311	0.001076	0.9155	0.001450	0.9056
15	0.001455	0.9101	0.001572	0.9037	0.001794	0.8941
16	0.001688	0.9065	0.001735	0.8905	0.001872	0.8722

PSO 模型预测的碳转化率（X）、H_2/CO 比、合成气低热值（LHV）和产气量（Q）与实验结果的比较分别如图 6.57（a）～（d）所示。结果表明，PSO 模型能较好地模拟石油焦与煤或生物质共气化过程，且具有较高的精度，并通过该模型进一步研究了石油焦比例、当量比和粒径对碳转化率和 H_2/CO 比的影响。

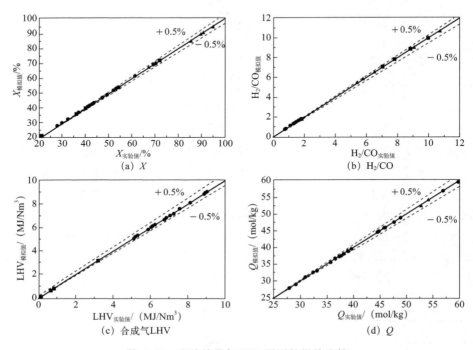

图 6.57　实验结果与 PSO 预测数据的比较

注：实验条件为 $W = 100$，$ER = 0.2 \sim 0.4$，$D_p = 70 \sim 500 \mu m$

6.5.4.5　人工神经网络模型预测

（1）石油焦混合比（W）

由图 6.58（a）可知，随着石油焦比例从 0 增加到 50%，Sinnathambi 等[67]的预测碳转化率从 72.2% 下降到 20.2%，Nemanova 等[63]的预测碳转化率从 94.8% 下降到 67.4%。这是因为煤或生物质的反应性比石油焦高。煤中的挥发分比石油焦中的高，使得产生煤焦的比表面积大，反应活化能低。这意味着随着生物质或煤的加入，石油焦中的碳结构可能会发生变化。在低碳转化率时，煤的气化占主要地位。在高碳转化率时，石油焦的气化占主要地位。然而，随着石油焦比从 50% 提高到 100%，碳转化率从 20.2% 进一步提高到 40.1%。然而，对于 Azargohar 等的工作[64]，变化趋势正好相反。在石油焦比为 20% 时存在协同效应，这可能是由混合物中的碳、灰分和氧含量引起的。煤的灰分含量约为石油焦的 4 倍。煤中的碱金属和碱土金属对石油焦的气化有促进作用，从而使总碳转化率提高[63]。通过引入不同含碳物质的挥发分（V）、固定碳（FC）和石油焦比例（W）等特征，利用人工神经网络模型可以很好地预测出不同比例的石油焦对碳转化率的影响，并模拟出协同效应，为其他共气化过程提供参考。

H_2/CO 比值对氨、甲醇、天然气、二甲醚和 F-T 合成等后续气体的利用具有重要意义。图 6.58（b）所示为石油焦比例对 H_2/CO 的影响。从图 6.58（b）中可以看出，Azargohar 等[64] 的工作中，随着石油焦比例从 0％增加到 100％，H_2/CO 的预测比从 0.7 缓慢增加到 1.43。Nemanova 等[63] 的工作表明，随着石油焦比例从 0％增加到 50％，H_2/CO 比从 5.3 缓慢增加到 6.4。这些与原煤中有机质的缩聚程度、矿物元素的含量和存在形式有很大的关系。如 Fe 或 Ca 可能促进蒸汽汽化和水煤气变换反应，H_2 升高，CO 降低，最后使得 H_2/CO 比值升高。在煤或生物质添加量较小的情况下，矿物含量低。但在添加量大时达到饱和。而且这种影响变得越来越重要。通过引入石油焦比例（W），ANN 模型可以很好地预估出适宜的 H_2/CO 比、合成气低热值（LHV）和产气量（Q），进而调整石油焦比例等操作条件。

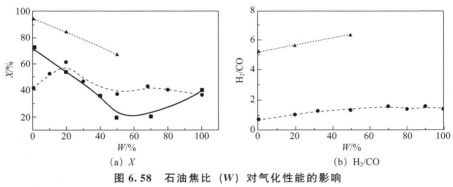

(a) X 　　　　　　(b) H_2/CO

图 6.58　石油焦比（W）对气化性能的影响

注意：实验条件的 ER＝0.2～0.4，D_p＝70～500μm

（2）当量比（ER）

当量比（ER）对碳转化率和 H_2/CO 比的影响如图 6.59（a）所示。Azargohar 等[64] 的工作，随着 ER 从 0.2 增加到 0.4，预测的 X 从 32.4％增加到 52.8％，预测的 H_2/CO 比值从 1.49 降低到 1.02。

随着 ER 的增加，氧气的引入量增加，气化炉温度和混合物的反应活性增加，有利于气化反应的发生。但随着温度的升高，石油焦的石墨化程度增加。生物质或煤中的灰分和碱金属可能被熔融，附着在石油焦表面，堵塞气体逸出通道，减少水蒸气与石油焦的接触面积。在高 C/H 条件下，石油焦对多环芳烃反应性较差，低温下不易气化，碳转化率较低。由此看来，气化的作用要比石墨化的作用大。由于煤或生物质的碳含量低于石油焦，且两种原料的氢含量相近，因此 H_2/CO 比例降

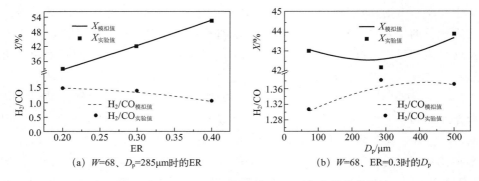

(a) W=68、D_p=285μm时的ER   (b) W=68、ER=0.3时的D_p

图 6.59　当量比（ER）和粒径（D_p）对气化性能的影响

低。结果表明，建立的 ANN 模型可以很好地模拟 ER 的影响。因为如果 ER 太低，碳转化率就随之降低。如果 ER 太高，会燃烧更多的可燃气体，使得气化效率降低。在 ANN 模型的辅助下，可以很好地预测内部的非线性关系，进而指导实验操作过程。

（3）粒径（D_p）

粒径（D_p）对碳转化率和 H_2/CO 比值的影响如图 6.59（b）所示。Azargo-har 等的工作[64]，随着粒径从 $70\mu m$ 增加到 $500\mu m$，预测的 X 从 43.0% 缓慢增加到 43.8%，预测的 H_2/CO 比值从 1.30 略微增加到 1.37。这意味着粒径对性能的影响非常小。虽然粒径可能影响孔的扩散和比表面积，但这与气化剂反应机会有很大关系。Tyler 等[71]发现，在粒径为 $900\sim2900\mu m$ 时，反应顺序和活性能没有显著差异。Zhang 等[72]发现，在粒径为 $50\sim250\mu m$ 时，完全转化的反应时间无显著差异。Trommer 等[73]认为对于柔性焦，可以忽略粒径对反应速率的影响。这些发现与本文的结果一致。ANN 模型可以很好地模拟碳转化率和 H_2/CO 比例随粒径的变化规律。这对于选择适宜的共气化粒径以及煤破碎过程具有重要意义。

（4）贡献率分析

为了进一步揭示石油焦比例（W）、当量比（ER）和粒径（D_p）对碳转化率的影响，对其贡献率进行了分析，如图 6.60 所示。因素之间复杂的相互作用通过实验很难研究。然而，神经网络模型可以有效解决这一问题。如果能得到贡献率，就能找到最重要的因素，从而为调整工艺参数提供更有力的依据。

如图 6.60（a）所示，采用不同比例的石油焦，贡献率出现了一些起伏。在石油焦比例为 20% 时，贡献率最大，为 0.37。协同效应的产生可能与此有关。如图 6.60（b）所示，ER 从 0.2 增加到 0.4，其贡献率从 0.28 增加到 0.39。虽然 ER 增加了两倍，但贡献率提高的幅度不大，约为 38%。因此，ER 的作用在高值时可能受到限制。如图 6.60（c）所示，粒径的贡献率（D_p）几乎没有变化。这与碳转化率的实验结果相一致。从以上分析可以看出，石油焦比例的贡献率非常重要，可以体现出一定的协同效应。通过添加更多的因素，可以分析出贡献率，这对调整操作条件以满足要求的性能有很大的帮助。

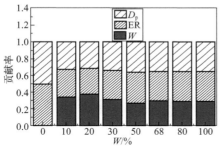
(a) 石油焦比例（W）在固定ER0.3和D_p285μm

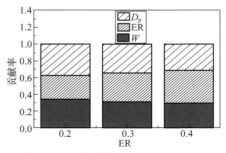
(b) 当量比（ER）在固定W68%和D_p285μm

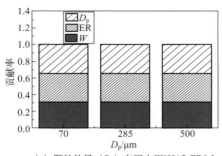
(c) 颗粒粒径（D_p）在固定W68%和ER0.3

图 6.60　不同因素的贡献率

6.5.4.6　结论

采用不同的输入参数，如石油焦比（W）、当量比（ER）、蒸汽流量（S）、颗粒直径（D_p）、挥发分（V）和固定碳（FC），建立了流化床中石油焦与生物质或煤共气化性能的 ANN 模型。预测结果与碳转化率、H_2/CO 比、合成气 LHV 和产气率的实验数据吻合较好。LM 模型、GA 模型和 PSO 模型的合适隐含神经元数分别为 10、9 和 7 个。PSO 在 E^2＝0.000023 和 R^2＝0.9988 时表现最好，可以很好地描述石油焦与煤或生物质的共气化过程。存在一个最佳的石油焦比，这与煤、生物质和石油焦的类型有很大关系。模型预测表明，随着当量比的增加，碳转化率增加，H_2/CO 比值降低。粒径对碳转化率和 H_2/CO 比的影响很小。在石油焦比为 20% 时，贡献率最大（0.37），这可能与协同效应有关。ER 的贡献率（38%）与 ER 的贡献率（200%）不同。粒径的贡献率（D_p）几乎没有变化。以上研究表明，ANN 模型可用于预估流化床共气化性能，促进流化床共气化的发展。

6.5.5 固定床煤的催化气化

6.5.5.1 引言

煤催化气化制氢或甲烷是一种清洁高效的煤炭转化方法,可为中国实现碳达峰和碳中和发挥重要作用。在煤气化过程中,煤不断与气化剂接触,在催化剂的作用下产生氢气或甲烷[74-75],煤的种类、催化剂种类和负载量对其性能有很大影响。由于气化炉内部作用复杂,这些过程很难模拟,限制了其大规模开发利用。采用ANN模型模拟固定床煤催化气化过程,引入催化剂的两个因素(催化剂类型 M 和催化剂负载量 W),然后深入研究操作条件,并分析了各因素的相对重要性。

6.5.5.2 模拟对象

固定床中煤催化气化制氢的实验过程如图 6.61 所示。

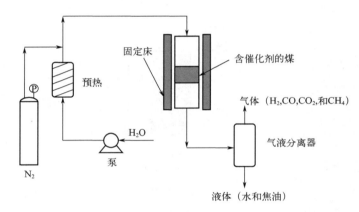

图 6.61 固定床煤催化气化的主要实验过程

表 6.16 固定床煤催化气化制氢的设备参数和操作条件

项目	Fan 等[76]	Yuan 等[77]	Suzuki 等[78]
内径/mm	22.5	22.5	16
外径/mm	200	200	320
温度/K	973~1173	873~1073	973~1073
给煤量/g	2	—	0.05
催化剂负载量(W)/%	20	0~20	5
催化剂类型/M	CaO^a	K_2CO_3	K_2CO_3,Na_2CO_3
蒸汽流速(S)/(L/min)	1	1	0.13
碳转化率(X)/%	33~92	10~92	39~98

项目	Fan 等[76]	Yuan 等[77]	Suzuki 等[78]
H_2/ (mol/mol)	0.29~1.24	0.02~1.2	0.10~1.79
CO/ (mol/mol)	0.07~0.36	0.02~0.38	0.02~0.19
CO_2/ (mol/mol)	0.07~0.48	0.02~0.52	0.02~0.60

a：假设蛋壳的主要成分是氧化钙。

负载催化剂的煤样和水蒸气/氮气混合物分别由顶部引入固定床，在其内部进行反应，在气液分离器的作用下，产物被进一步分离为气体（H_2、CO、CO_2 和 CH_4）和液体（水和焦油）。为了更好地研究固定床煤催化气化过程，选取了具有代表性的实验过程，如 Fan 等[76]、Yuan 等[77] 和 Suzuki 等[78]。表 6.16 列出了温度（T）、催化剂类型（M）、催化剂负载量（W）、蒸汽速率（S）、碳转化率（X）和产气量（H_2、CO 和 CO_2）等数据，表 6.17 列出了所用煤的工业和元素分析结果。

表 6.17 煤的工业分析和元素分析（质量分数,%）

类型	工业分析				元素分析			
	FC	A	V	C	H	N	O	S
Komisi Pemilihan Umum[76]	49.45	3.6	46.93	75.9	5.3	1.3	17.2	0.3
Lanna[77]	50.05	4.21	45.74	69.7	2.11	1.5	22.34	1.35
KPU[77]	49.47	3.59	49.94	75.90	5.73	1.3	17.21	0.26
IBC[77]	45.81	2.67	51.52	70.73	4.68	1.07	23.32	0.2
Miike[78]	48.7	8.2	43.1	83.9	5.4	—	8.8	1.9
Takashima[78]	49.6	7.2	43.2	83.9	5.4	—	9.8	0.9
New Lithgow[78]	58.1	10.8	31.1	82.0	4.9	—	12.5	0.6
Taiheiyo[78]	39.3	14.7	46	77.2	6.7	—	15.9	0.2

6.5.5.3 人工神经网络模型的建立

固定床煤催化气化的 ANN 模型的结构和建立步骤如图 6.62 所示。

选择合适的输入数据对模拟过程非常重要。为了反映气体产率（H_2、CO 和 CO_2）和碳转化率的影响，首先要考虑煤的性质。由于煤气主要含有 C、H 和 O，因此需要考虑煤元素分析中的 C、H 和 O 以及工业分析中的挥发分（V）和固定碳（FC）含量。催化剂可能会与灰分发生反应而降低其活性，因此还包括工业分析中的灰分（A）。此外是操作条件。就煤催化气化而言，催化剂的负载量（W）和类型

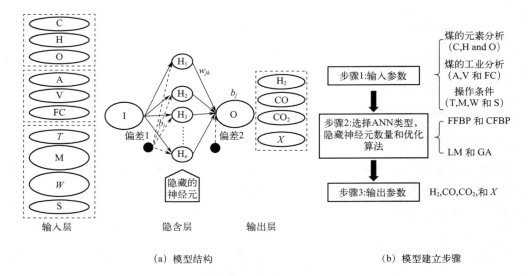

図中のラベル:

输入层:
- C
- H
- O
- A
- V
- FC
- T
- M
- W
- S

隐含层:
- H_1
- H_2
- H_3
- H_n
- I
- O
- 偏差1
- 偏差2
- w_{jk}
- b_j
- b_{1i}
- 隐藏的神经元

输出层:
- H_2
- CO
- CO_2
- X

(b) 模型建立步骤:
- 步骤1:输入参数 —— 煤的元素分析(C,H and O)、煤的工业分析(A,V 和 FC)、操作条件(T,M,W 和 S)
- 步骤2:选择ANN类型,隐藏神经元数量和优化算法 —— FFBP 和 CFBP、LM 和 GA
- 步骤3:输出参数 —— H_2,CO,CO_2,和 X

(a) 模型结构　　　　　　　　　(b) 模型建立步骤

图 6.62　固定床煤催化气化人工神经网络模型建立步骤

注：C、H、O 为煤元素分析中的碳、氢、氧；A、V、FC 为煤工业分析中的灰分、挥发分、固定碳；T 为操作温度；M 为催化剂的摩尔质量；W 为催化剂负载量；S 为蒸汽流量；I 为输入参数；O 为输出参数；X 为碳转化率；b_j 为调整参数；w_{jk} 是权重。

（以摩尔质量 M 来表示）非常重要。操作温度（T）和气化剂（蒸汽流量 S）也应考虑在内。

在文献调研的基础上，结合经验，选择 FFBPNN、CFBPNN 和 CFBPNN-GA 三种人工神经网络模型对固定床煤催化气化产气量和碳转化率进行模拟。对其他人工神经网络模型也进行了初步评估，发现其并不适合此过程。CFBPNN 和 FFB-PNN 常用的优化算法是 Levenberg-Marquard 算法（LM）和遗传算法（GA）。为了更好地对比分析，将隐含神经元的数量进一步扩大到 16～26 个，以找到最优的一个。

6.5.5.4　模型对比

固定床煤催化气化过程中重要的指标是碳转化率（X）和氢气产量（H_2）。使用了三种 ANN 模型（FFBPNN、CFBPNN 和 CFBPNN-GA）来模拟这些过程。前两种用于比较 ANN 类型的影响，后两种用于比较优化算法的影响，另一个重要因素是隐含神经元数量，是根据模拟结果确定的。表 6.18 显示了不同隐含层神经元数量的三种 ANN 模型的 MSE（E^2）和 COD（R^2）。

如表 6.18 所示，不同 ANN 类型和隐含层神经元数量下的性能差异较大，但所有预测的 R^2 都在 0.9 以上，表明 ANN 模型具有较强的预测能力。在大多数情况下，CFBPNN-GA 的性能都优于 FFBPNN 和 CFBPNN。例如，当隐含层神经元数为 20 时，CFBPNN-GA 的 E^2 为 0.000636，远小于 FFBPNN 的 0.001328 和 CFB-

PNN 的 0.001012。CFBPNN-GA 的 R^2 为 0.9944，远大于 FFBPNN 的 0.9622 和 CFBPNN 的 0.9688。随着隐含层神经元数量的增加，预测性能先上升后下降。例如，在 CFBPNN-GA 中，随着隐含层神经元数从 16 个增加到 18 个，E^2 从 0.000679 下降到 0.000241，R^2 从 0.9936 增加到 0.9978。随着隐含层神经元数从 18 进一步增加到 26，E^2 从 0.000241 增加到 0.001867，R^2 从 0.9978 下降到 0.9744。CFBPNN-GA、FFBPNN 和 CFBPNN 适合的隐含层神经元数分别为 18、20 和 21（表 6.18 中的粗体）。这是因为三种 ANN 模型的数据训练和转换方法不同，信息反馈机制也大不相同。

表 6.18　不同人工神经网络模型的比较

项目	CFBPNN		FFBPNN		CFBPNN-GA	
	MSE（E^2）	COD（R^2）	MSE（E^2）	COD（R^2）	MSE（E^2）	COD（R^2）
16	0.001825	0.9532	0.002022	0.9441	0.000679	0.9936
17	0.001632	0.9553	0.001844	0.9522	0.000431	0.9956
18	0.001425	0.9601	0.001601	0.9588	**0.000241**	**0.9978**
19	0.001277	0.9633	0.001473	0.9611	0.000419	0.9965
20	0.001012	0.9688	**0.001328**	**0.9622**	0.000636	0.9944
21	**0.000873**	**0.9708**	0.001565	0.9592	0.000794	0.9911
22	0.00975	0.9692	0.001833	0.9544	0.000915	0.9877
23	0.001025	0.9645	0.002035	0.9412	0.001257	0.9825
24	0.001345	0.9624	0.002312	0.9318	0.001467	0.9801
25	0.001466	0.9577	0.002519	0.9256	0.001659	0.9766
26	0.001754	0.9541	0.002766	0-8978	0.001867	0.9744

图 6.63（a）和（b）分别显示了三种 ANN 模型预测的碳转化率和氢气产量。CFBPNN-GA 预测的数据比 FFBPNN 和 CFBPNN 预测的数据更接近对角线，这再次证明 CFBPNN-GA 是最佳的 ANN 类型。CFBPNN-GA 模型的性能之所以优于 CFBPNN 和 FFBPNN，可能是因为采用了遗传算法（GA）来优化隐含层神经元的计算权重，如复制、交叉和突变等，避免了局部最优值，最终得到了全局最优值。CFBPNN 性能优于 FFBPNN 的原因是每一层的权重都来自前一层，并不断更新修改，使得 CFBPNN 的预测值更接近实验值。而 FFBPNN 的权重只来自输出和训练过程。在催化气化过程中，信息流并不是单向流动的，导致 FFBPNN 性能不佳。最终选择隐含神经元数少、R^2 高、E^2 小的 CFBPNN-GA 进一步模拟 CO 产率和 CO_2 产率。

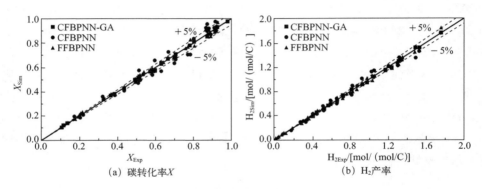

图 6.63　不同人工神经网络模型的比较

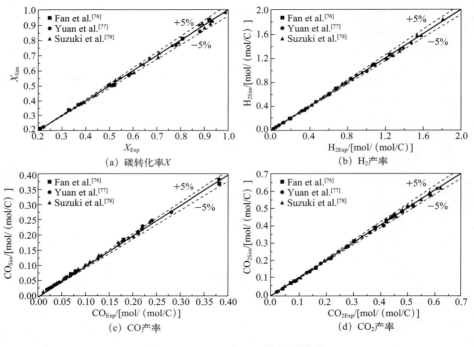

图 6.64　CFBPNN-GA 的预测性能

　　CFBPNN-GA 模型预测的碳转化率（X）、H_2 产率、CO 产率和 CO_2 产率分别如图 6.64（a）～（d）所示。虽然这些数据来自不同的文献，但 CFBPNN-GA 模型仍然可以很好地预测性能。结果表明，CFBPNN-GA 模型可以较好地处理产气量、碳转化率、煤质（工业分析和元素分析）与操作条件之间的非线性关系。为了进一步揭示煤的催化气化性能，采用 CFBPNN-GA 模型预测了温度、催化剂类型和负载量对碳转化率和氢气产量的影响。

6.5.5.5 人工神经网络模型的预测

（1）温度的影响

碳转化率和氢气产量越高，煤的催化气化性能越好。温度是气化的一个重要因素。催化剂最大的优点是降低了反应温度，提高了热效率。温度对碳转化率的影响如图 6.65（a）所示，随着温度从 973K 升高至 1173K，模拟碳转化率从 0.33 升高至 0.93。即使在相同温度 973K 下，碳转化率差异明显，如 0.33、0.5 和 0.58。这是因为随着温度的升高，有效分子的碰撞频率增加，反应速率也随之增加，促进了吸热的水煤气变换反应和蒸汽重整反应。不同催化剂的适宜温度也大不相同。

温度对氢气产量的影响见图 6.65（b），随着温度从 973K 升高至 1173K，模拟氢气产率从 0.53mol/（mol/C）增至 1.24mol/（mol/C）。这主要是由于蒸汽气化反应和水煤气变换反应产生了更多的氢。放热反应和吸热反应的化学平衡与温度密切相关，这进一步影响了产物的生成和反应物的消耗。温度似乎对氢气产量有积极的影响，这也与催化剂的类型有关。随着温度的升高，水煤气变换反应向着反应物方向移动，这不利于氢气的产生。而水煤气变换反应则向右移动，产生了更多的氢气。当温度高于 1073K 时，二氧化碳气化反应变得重要，可能产生更多的一氧化碳，然后促进水煤气变换反应，产生更多的氢气。虽然氢气产率随温度的变化率与碳转化率的变化明显不同，但 ANN 模型的预测精度仍然很高。模型的变化趋势与实验值相一致，说明 ANN 模型可以处理固定床煤催化气化中的非线性复杂问题，并能揭示其内在规律。

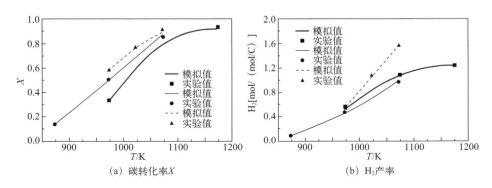

(a) 碳转化率 X (b) H_2 产率

图 6.65　温度对气化性能的影响

（2）催化剂类型的影响

催化剂类型对碳转化率的影响如图 6.66（a）所示。添加碳酸钾、碳酸钠和蛋壳后，模拟碳转化率分别从 38% 提高到 58%、53% 和 85%。产生上述现象的主要原因是催化剂的加入有效降低了反应活化能，加快了反应速度，从而促进了蒸汽气化反应。催化剂与碳的作用也不尽相同，有的形成 K-C-O[79-82]，可能促进碳转化率增加，这通过 Zhang 等[79]基于 X 射线光电子能谱得到了证实。K 峰能量变化不大，

说明 K_2CO_3 不可能转化为 K 或 K_2O，因此提出了 K-Char-O。Chen 等[81-82]基于分子轨道计算了 C-O-K 酚盐型基团。此外，随着催化剂的加入，碳的结构也发生了变化。这些在拉曼光谱分析中得到了验证，G 波段强度明显下降，D 波段变宽。Kopyscinski 等[80]也证实了这一点。当气体由 N_2 变为 CO_2 时，$2\theta = 31°$ 和 $32.5°$ 处的峰强度减弱，表明钾碳结构发生了变化。

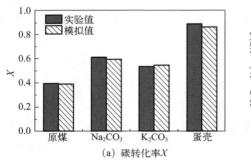 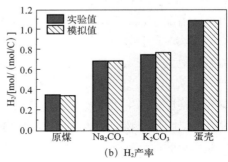

(a) 碳转化率 X　　　　　　　(b) H_2 产率

图 6.66　催化剂类型对气化性能的影响

催化剂对氢气产量的影响如图 6.66（b）所示。添加碳酸钾、碳酸钠和蛋壳后，模拟氢气产量分别从 0.33mol/（mol/C）增加到 0.67mol/（mol/C）、0.76mol/（mol/C）和 1.07mol/（mol/C）。这是因为添加催化剂促进了蒸汽气化反应和水煤气变换反应，产生了更多的氢气。催化剂碳酸钾的氢气产量远高于碳酸钠，这主要是由于其催化机理和活性位点数目不同。催化剂的流动性对催化剂的活性有很大影响。碳酸钾的迁移能力强于碳酸钠。与碳酸钠相比，加入碳酸钾后形成的催化剂团簇更小，煤孔更大。此外，焦油可能更容易裂解成小分子，然后还原成氢气。从模拟结果可以看出，虽然使用了不同类型的催化剂，但通过引入摩尔质量（M），ANN 模型仍然可以很好地预测三种催化剂的催化性能。未来还可以将催化剂的其他性质引入模型，这对于工业应用中催化剂的选择尤为重要。此外，各种催化剂的实验研究往往是烦琐的，这些过程可以通过人工神经网络模型来简化。

（3）催化剂负载量的影响

碳酸钾是一种常用的高性能催化剂，并对催化剂负载量的影响进行了研究。碳酸钾负载量对碳转化率的影响如图 6.67（a）所示。当催化剂负载量从 0（原煤）增加到 10%（质量分数）时，模拟碳转化率从 0.37 增加到 0.88，然后随着催化剂负载量增加到 20%，碳转化率缓慢增加到 0.92，当催化剂负载量过少时，不能有效地打开煤孔，进而促进反应。当催化剂负载量过大时，有效催化表面积减小，使催化活性降低，从而使碳转化率增加。催化剂负载量对氢气产量的影响如图 6.67（b）所示，当催化剂负载量从 0（原煤）增加到 10% 时，模拟氢气产量从 0.29mol/（mol/C）增加到 1.2mol/（mol/C）。原因与碳转化率类似。催化剂的负载量对工业操作尤为重要。如果负载量过低，则性能不佳；如果负载量过高，成本较高。适当的催化剂负载量对提高碳转化率和氢气产量至关重要。将催化剂负载量（W）引入人工神经网络模型，预测的碳转化率和氢气产量与实验值吻合较好，表明人工神经网络模型可以很好地预测催化剂负载量的影响。

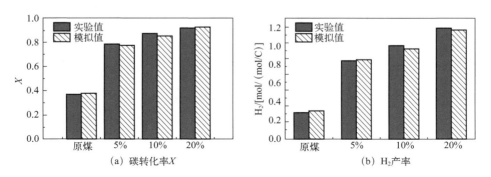

图 6.67　催化剂负载量对气化性能的影响

（4）相对重要性分析

分析各因素对碳转化率和氢气产量的相对重要性，对控制各参数以获得较高的性能具有重要意义。为了深入了解固定床煤催化气化制氢过程，考虑了煤的元素分析（C、H 和 O）、煤的工业分析（灰分 A、挥发分 V 和固定碳 FC）和操作条件（温度 T、催化剂类型 M、催化剂负载量 W 和蒸汽流量 S）等因素的相对重要性。碳转化率和氢气产量结果分别如图 6.68（a）和（b）所示。

对碳转化率影响最重要的三个因素是催化剂类型（M，18%）、催化剂负载量（W，15%）和温度（T，13%），如图 6.68（a）所示。煤的元素分析和工业分析的效果几乎相同，在 6%～9% 的范围内变化。在氢气产量方面，最重要的三个因素与碳转化率相同，如图 6.68（b）所示。例如，催化剂类型的权重对氢气产量（17%）的影响略低于对碳转化率（18%）的影响。同时指出，不能忽略灰分的影响（6% 和 7%），灰分可能与催化剂发生反应，降低催化剂的活性。从以上结果可以推断，要获得高碳转化率和氢气产率，首先要考虑催化剂的类型。此外是催化剂负载量，这也与催化剂的回收率相关。第三个重要因素是温度，温度应与灰熔点相匹配。利用人工神经网络模型，可以比较不同催化剂的效果。在不久的将来，随着催化气化大数据的发展，人工神经网络模型的应用范围将越来越广。

6.5.5.6　结论

为了揭示固定床煤催化气化过程中的碳转化率和氢气产量，建立了三种类型的人工神经网络模型。选取煤的元素分析（C、H 和 O）、工业分析（灰分 A、挥发分 V 和固定碳 FC）和操作条件（温度 T、催化剂类型 M、催化剂负载量 W 和蒸汽流

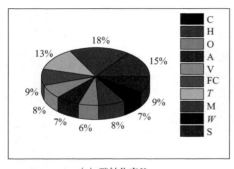 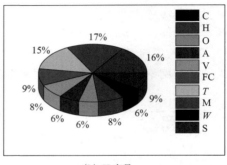

(a) 碳转化率 X (b) H_2 产量

图 6.68　输入变量的相对重要性

量 S) 作为输入参数，模拟结果与实验数据在碳转化率和氢气产量上吻合较好，CFBPNN-GA、FFBPNN 和 CFBPNN 的合适隐含神经元个数分别为 18、20 和 21，CFBPNN-GA 的 $E^2 = 0.000241$，$R^2 = 0.9978$ 优于 CFPPNN 和 FFBPNN。所建立的 CFBPNN-GA 模型能较好地描述温度、催化剂类型和催化剂负载量对碳转化率和氢气产量的影响，随着温度的升高，碳转化率提高，氢气产量提高。不同类型的催化剂，其性能差异较大，这可能与不同的催化机理有关。随着催化剂负载量的增加，碳转化率和氢气产量均有所提高，但也应控制在合理的范围内。最重要的三个因素是催化剂类型、催化剂负载量和温度，所提出的人工神经网络模型可以对不同类型的催化剂进行比较，为煤催化气化提供合适的操作条件。

6.5.6　流化床废轮胎气化

6.5.6.1　引言

随着汽车工业的发展，废轮胎的数量越来越多，而且废轮胎难以处理，对人类生活环境有一定的影响。将废轮胎转化为有价值的产品气体，不仅减轻了环境污染，而且还提供了一种替代能源。将人工神经网络模型整合到废轮胎气化过程中，特别是对各种气化策略的模拟和对其贡献比的分析。重点研究了不同的气化剂对氢含量、低热值（LHV）、能量转化率（EC）和气体产率（Y）的影响。

6.5.6.2　模拟对象

废轮胎采用常压鼓泡流化床气化过程进行气化，如图 6.69 所示。废轮胎用螺旋给料机在气化炉中进料。气化剂，包括空气、蒸汽、二氧化碳或其混合物，在风箱中混合完全，然后通过气体分布板（孔径 2mm）引入流化床内，使用流量计测量气化剂的流量。此外，床料用于辅助流化。废轮胎气化产生的气体和焦油，经过旋风分离器捕获细颗粒，并在冷罐中收集焦油，最终获得了净化后的气体。气体的组分分析采用了非色散红外吸收技术。在实验过程中，一次只改变了一个因素，而其他所有因素都保持不变。关于实验过程的其他详细信息参考 Karatas 等[83-84]。实验数据来自 Karatas 等[83-84]、Leung 等[85]、Raman 等[86]和 Xiao 等[87]的研究。共利用 84 个数据集构建人工神经网络模型，如表 6.19 所示。模型中包含的变量包括进料流量（F）、床料粒度（D_b）、轮胎粒度（D_p）、当量比（ER）、二氧化碳与空气比（C/A）、蒸汽与空气比（S/A）、蒸汽与进料比（S/F）、气体成分、气体低热值（LHV）、能量转换率（EC）和气体产率（Y）。废轮胎的性能列于表 6.20。

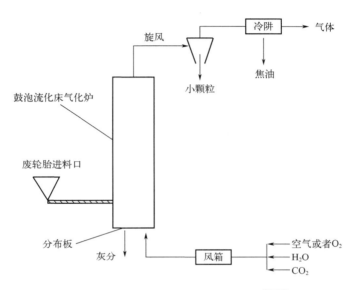

图 6.69　鼓泡流化床废轮胎气化过程[88-89]

表 6.19　废轮胎气化人工神经网络模型使用的参数

项目	Karatas 等[83-84]	Leung 等[85]	Raman 等[86]	Xiao 等[87]
D/mm	82	—	230	30
H/m	2.29	—	—	0.56
气化剂	空气、水蒸气、二氧化碳	空气	水蒸气/空气	空气
D_p/mm	0.6～1.0	0.4，0.9，2.1	3	2，3
床料	石英砂	—	硅砂	沙子
D_b/μm	140～800	—	55	25～35.5
ER/(Nm³/ Nm³)	0.15～0.45	0.07～0.42	—	0.2～0.8
T/K	983～1028	673～1153	897～1061	673～973
F/(kg/h)	0.825	2～4	6.17～13.06	0.12～0.72
C/A/(kg/h/kg/h)	0.1～0.25	—	—	—

项目	Karatas 等[83-84]	Leung 等[85]	Raman 等[86]	Xiao 等[87]
S/A/(kg/h/kg/h)	0.20~0.27	—	—	—
S/F/(kg/h/kg/h)	0.27~0.52	—	0.2~0.5	—
H_2/%	4~53	0.5~4.4	24~50	0.1~3
CO/%	2.4~9.8	20~34	1~9	1.9~4.8
CO_2/%	2.4~19	—	5~14	3.6~8.1
CH_4/%	4~29	2.7~8	20~34	0.1~3.6
LHV/(MJ/Nm^3)	2.6~15.8	2.1~6.4	24~40	0.1~8.8
EC/%	—	0.1~0.38	0.2~0.42	—
Y/(m^3/kg)	—	0.2~0.73	—	1.8~5.5

表 6.20　废轮胎的工业分析和元素分析（质量分数，%）

参考文献	工业分析			元素分析				
	FC	A	VM	C	H	N	O	S
Karatas 等[83-84]	29.11	6.68	64.21	80.1	7.97	0.15	2.62	2.49
Leung 等[85]	27.04	6.66	66.30	81	7	0.3	2.4	1.8
Raman 等[86]	—	4.76	—	85.15	7.15	0.26	1.83[a]	—
Xiao 等[87]	20.44	5.01	74.55	81.46	6.84	2.27	2.01	1.38

a：O+S。

6.5.6.3　人工神经网络模型的建立

在建立人工神经网络模型之前，首先对数据进行分析。对数据集进行皮尔逊相关系数分析，如图 6.70 所示。输入参数分别为 F、D_b、D_p 和 R（代表 ER、C/A、S/A、S/F）。由于气化产物中主要含有甲烷和 H_2，因此甲烷与 H_2（0.9）有很强的线性关系。甲烷热值高，与 LHV 有很强的线性关系（0.88）。结果表明，F 与 H_2（0.69）、甲烷（0.6）和 EC（0.6）有很强的相关性。气化剂比值（R）对 Y 有利，因为与废轮胎反应产生气体。

鼓泡流化床废轮胎气化人工神经网络模型如图 6.71（a）所示。通过对废轮胎气化过程的综合分析，选择了气体组成、气体低热值（LHV）、能量转化率（EC）和气体产率（Y）作为输出数据。随后，将影响这些性能的因素确定为输入数据，包括 F、D_b、D_p、ER、C/A、S/A 和 S/F。由于所研究的废轮胎的工业分析和元素分析等性质差异较小，对气化性能的影响较小，所以在人工神经网络模型中未考虑。输入和输出数据（表 6.19）形成了人工神经网络模型中的数据集。数据集被随

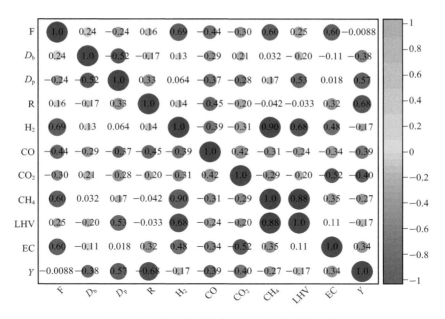

图 6.70 输入和输出参数的皮尔逊相关矩阵

机分为三组，其中 75% 用于训练（63 个数据），15% 用于测试（12 个数据），10% 用于验证（9 个数据）。选择五种人工神经网络模型来分析，如广义回归神经网络（GRNN）、串级正反向传播神经网络（CFBPNN）、径向基神经网络（RBNN）、埃尔曼正反向传播神经网络（EFBPNN）、增强动态响应的前馈分布式神经网络（FFDTDNN）以及前馈反向传播神经网络（FFBPNN）。算法为 Levenberg-Marquard（L-M）。

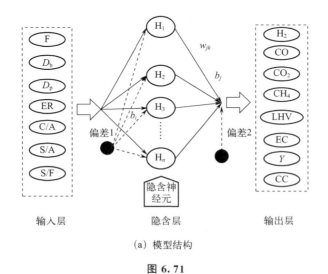

（a）模型结构

图 6.71

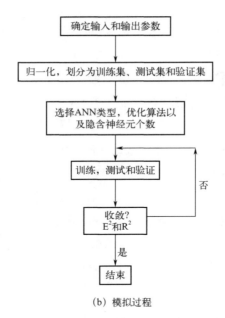

（b）模拟过程

图 6.71　鼓泡流化床废轮胎气化的人工神经网络模型

6.5.6.4　人工神经网络模型的优化

根据 MSE 和 R^2 确定合适的人工神经网络模型和隐藏的神经元数量，如表 6.21 所示。GRNN 在 MSE$=2.55\times10^{-2}$、$R^2=0.9987$ 和 14 个隐藏神经元数中表现最好。训练方法的优劣顺序如下：GRNN、CFBPNN、RBNN、EFBPNN、FFDTD 和 FFBPNN。可以推断，非线性近似能力对废轮胎的气化更为重要。隐含神经元的最佳数量在 14～18 个之间。R^2 最高、MSE 最低、隐含神经元数量较少，最终选择 GRNN 模型作为人工神经网络模型。

表 6.21　不同人工神经网络模型的性能

人工神经网络模型	MSE	R^2	最优的隐含层个数
GRNN	2.55×10^{-2}	0.9987	14
CFBPNN	3.68×10^{-2}	0.9853	15
RBNN	4.31×10^{-2}	0.9766	16
EFBPNN	4.98×10^{-2}	0.9733	16
FFDTD	6.34×10^{-2}	0.9675	17
FFBPNN	8.92×10^{-2}	0.9231	18

为了表示所建立的 GRNN 模型的优势，训练、测试和验证的比较如图 6.72 所示。

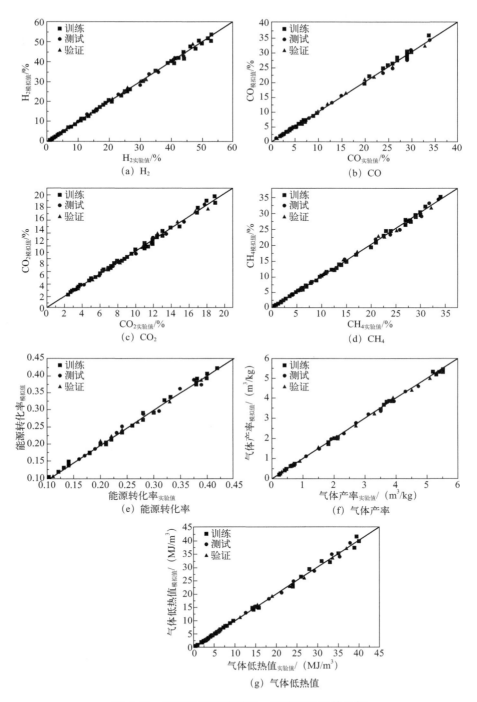

图 6.72　GRNN 模型的训练、测试和验证的比较

结果表明，输出性能的训练、测试和验证数据值非常接近对角线，表明 GRNN 模型是最合适的模型。尽管不同流化床的操作参数有很大的变化，但大多数数据点都接近对角线。这表明，人工神经网络模型对鼓泡流化床中废轮胎气化过程具有良好的模拟能力。数据在高氢值和二氧化碳值上存在一些差异，这是由于人工神经网络模型无法模拟一些现象，如热解过程中大分子裂解成小分子。通过 GRNN 模型，也有效地模拟了 LHV、EC 和 Y 等气化性能指标。预测数据与实验结果吻合较好。这些良好的结果进一步验证了 GRNN 模型是预测废轮胎气化行为的有价值的工具。

6.5.6.5 人工神经网络模型的预测

为了进一步分析废轮胎的气化行为，研究了不同气化剂类型对氢气含量、LHV、EC 和 Y 的影响，以确定最合适的气化策略，并评估了各因素的相对贡献率。

(1) 氢气含量 (H_2)

氢气是一种清洁和高效的能源，是未来能源系统的重要组成部分。将废轮胎有效地转化为氢气可以对经济增长作出重大贡献。常用的气化方案包括空气气化、二氧化碳和空气混合气化、蒸汽和空气气化和蒸汽气化。不同气化策略下的 H_2 含量如图 6.73（a）所示。

如图 6.73（a）所示，随着 ER 从 0.1 增加到 0.6，模拟的氢气含量从 24％显著下降到 1％。值得注意的是，二氧化碳与空气的混合气化策略产生了一些有趣的结果。当 C/A 比值从 0.1 增加到 0.3 时，模拟的氢气含量呈上升趋势，从 10％上升到 24％，随后保持稳定状态。这表明，增加二氧化碳可能是提高氢气产量的一种可行方法，为利用 CO_2 温室气体提供了一种替代方法。相反，随着 S/A 比值从 0.1 上升到 0.3，模拟的氢气含量从 30％下降到 21％，之后稳定不变。当 S/F 比值上升三倍时，模拟的氢气含量最初增加了 1.7 倍，随后波动较小。最佳的产氢率是 ER 为 0.1（24％）、C/A 为 0.3（24％）、S/A 为 0.1（30％）和 S/F 为 0.3（50％）。

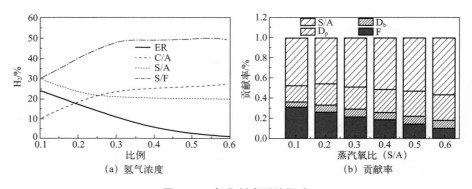

图 6.73　气化剂类型的影响

上述现象可以解释如下。由于废轮胎中挥发性物质含量较高（约60%），气体主要是通过热解和二次热解过程产生的。这一过程有利于重烃、轻烃和烃类气体在高温下分解为氢气。然而，一些氢气可能会被氧化，导致在高ER值下产生蒸汽。此外，废轮胎的反应性在高温下显著增强，这有利于进一步气化。由此看来，燃烧速率超过了分解速率和气化速率，导致氢气含量随着ER的增加而降低。引入二氧化碳后气化反应的速率增加。二氧化碳的含量多，氧气浓度降低，使得氢气燃烧速率降低。最终，在高C/A比下建立了一个新的平衡。随着蒸汽的加入，在气化过程中消耗了更多的能量。燃烧速率远高于气化速率，导致氢气含量降低。由于烃类分解、燃烧和蒸汽气化之间复杂的相互作用，氢气含量的变化很小。然而，只有当单独使用蒸汽作为气化剂时，氢气含量才会持续增加并保持不变，因为蒸汽气化最终达到了平衡状态。

为了强调各种因素的重要性，计算了不同氢气含量时的贡献率。空气和蒸汽混合气化中的化学反应明显比单独的空气气化、空气和CO_2混合气化和单独的蒸汽气化中的化学反应更加复杂。以空气和蒸汽气化为例，分析了F、D_b、D_p和S/A的贡献率，如图6.73（b）所示。这些因子的顺序是S/A、F、D_p和D_b。随着S/A比增加6倍，F的贡献率下降到三分之一，D_b从0.05轻微变化到0.08，D_p从0.16增加到0.25，S/A从0.47上升到0.57。应该更多地关注F和D_p，特别是在较低的S/A比率下。尽管采用了不同的气化技术，但人工神经网络模型有效地预测了这些过程，并确定了关键因素，这对研究人员寻找合适的气化剂非常有利，特别是对于废轮胎。

（2）气体低热值（LHV）

LHV是评估气体在燃烧和加热应用的关键性指标。LHV低于$4MJ/m^3$的气体在实际使用中面临挑战。然而，LHV在$4.5\sim9MJ/m^3$范围内被认为可以应用于燃气轮机或发动机（Xiao等[87]，2008）。气化剂类型对LHV的影响如图6.74（a）所示。当ER逐步增加6倍时，模拟的LHV下降了76%。这种急剧的下降可能是由于氢气和甲烷的显著减少引起的。相反，当C/A比值从0.1上升到0.6时，模拟的LHV从4.2稳步上升，达到$11MJ/m^3$。随着S/A比值增加6倍，模拟的LHV在$7\sim7.8MJ/m^3$之间波动。此外，随着S/F比值增加6倍，模拟的LHV在$15\sim15.8MJ/m^3$之间波动。

为了指导工业运行过程，Karatas等[84]（2013）提出了经验关联式来预测LHV：

$$LHV = -54.816ER^2 + 4.1963ER + 7.6339 \quad 0.15 \leqslant ER \leqslant 0.29 \quad (6.19)$$

$$LHV = -42.772ER^2 - 40.862ER + 12.464 \quad 0.29 \leqslant ER \leqslant 0.45 \quad (6.20)$$

上述关联式成功地模拟了Karatas等[84]（2013）的工作，但未能很好地模拟Leung和Wang[85]（2003）以及Xiao等[87]（2008）的结果。因此，一个修正的关联式被提出，以扩大其应用范围，如下所示：

$$LHV = 1.251ER - 0.939 \quad 0.29 \leqslant ER \leqslant 0.60 \tag{6.21}$$

虽然修正的关联式［式（6.21）］提高了对上述性能的描述，但仍然缺乏对涉及二氧化碳、蒸汽或其混合物的气化过程的描述，这种限制给工业应用带来了不便。尽管如此，人工神经网络模型对各种气化剂的模拟精度都很高，如图6.74（a）所示。此外，人工神经网络模型有助于预先估计所需的LHV，随后确定适当的气化剂的类型和数量，这对开发人员或客户具有相当实用的价值。

为了阐明影响LHV的关键因素，进行了贡献率分析，如图6.74（b）所示。分析表明，在低S/A比值下，F和S/A的影响几乎相等。然而，F（0.37）的贡献率比S/A（0.27）更明显，这表明对于高LHV，燃料和气化剂之间的相互作用是一个重要因素。D_b的影响保持相对稳定，从0.22到0.26变化最小。

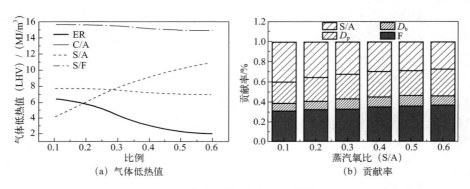

(a) 气体低热值　　　　　　　　(b) 贡献率

图 6.74　气化剂类型对 LHV 的影响

（3）能量转换率（EC）

EC是指从废轮胎转移到气体的能量，这是技术评估的关键参数。不同气化策略下的EC如图6.75（a）所示。从图6.75（a）可知，随着ER从0.1增加到0.6，模拟的EC从0.13增加到0.32。同样地，随着C/A从0.1增加到0.6，模拟的EC从0.1逐步增加到0.24。然而，当S/A从0.1增加到0.6时，模拟的EC值明显从0.28增加到0.57。此外，模拟了EC从0.25上升到0.45，S/F从0.1扩展到0.6。蒸汽气化的EC在0.57达到峰值，超过单独空气气化的0.32。因此，很明显蒸汽气化可以更有效地将废轮胎从固体能源转化为气体。

为了阐明影响EC的关键因素，进行了贡献率分析，如图6.75（b）所示。发现S/A的贡献率大于F。然而，最重要的因素是在S/A比为0.4时的D_p，这表明在较高的S/A比值下，粒径作用越来越显著。利用人工神经网络模型作为实验前的工具进行最佳的气化剂预测，可显著降低与实验研究相关的成本。

（4）气体产率（Y）

了解气体产率是非常有用的。不同气化策略下的产气率如图6.76（a）所示。

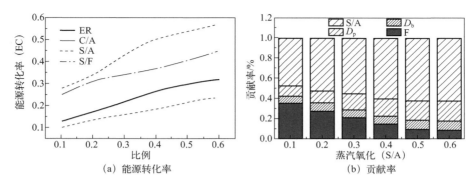

图 6.75　气化剂类型对 EC 的影响

如图 6.76（a）所示，模拟产气率随气化剂比例的增加而增加。气化剂比为 0.6 时可以达到最大产气率，单独空气气化最大产气率为 $4.7\text{m}^3/\text{kg}$，空气和 CO_2 混合气化最大产气率为 $4.1\text{m}^3/\text{kg}$，空气和蒸汽混合气化最大产气率为 $6.3\text{m}^3/\text{kg}$，单独蒸汽气化最大产气率为 $5.1\text{m}^3/\text{kg}$。对影响气体产率的各种因素进行了贡献率分析，如图 6.76（b）所示。因素的重要性顺序为 S/A、F、D_p 和 D_b。变化趋势与 EC 相似。

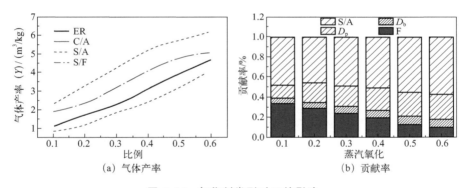

图 6.76　气化剂类型对 Y 的影响

人工神经网络模型可以有效地模拟各种气化剂下氢气含量、LHV、EC 和 Y 等关键气化性能。因此，可以进行一个全面的评价。对于单独的空气气化，当当量比（ER）增加时，氢气含量和 LHV 降低，而 EC 和 Y 增加。最佳的 ER 应该在这些因素之间取得平衡，以满足下游工艺的需求。对于空气和二氧化碳混合气化，观察到了很好的效果，应该监测添加量，以确保气化炉稳定运行。随着 S/A 的增加，氢气含量降低，LHV 保持相对稳定，但 EC 和 Y 增加。应该选择一个合适的 S/A 比值来权衡这些因素。对于单独的蒸汽气化，氢气含量、EC 和 Y 均增加，而 LHV 保持不变。这些观察结果与 C/A 的观察结果相似。蒸汽流量的值仅限于维持气化炉稳定运行。

6.5.6.6 结论

废轮胎气化的人工神经网络模型用于模拟气体组成、LHV、EC 和 Y。GRNN 模型优于 CFBPNN、RBNN、EFBPNN、FFDTD 和 FFBPNN，MSE $= 2.55 \times 10^{-2}$，$R^2 = 0.9987$，隐含的神经元数量为 14。当 S/F 比值为 0.3 时，最大氢气含量为 50%。当 S/F 比值为 0.1 时，LHV 值最高，为 15.8MJ/m^3。当 S/A 比值为 0.6 时，最大 EC 为 0.57，Y 为 6.2m^3/kg。增加 CO_2 时，氢气含量和 LHV 含量显著增加。影响空气和蒸汽气化的因素顺序为 S/A、F、D_p 和 D_b。人工神经网络模型比经验关联式具有更广的应用范围，被证明是废物-能源循环过程中的一个有价值的工具。未来可以对不同规模的流化床性能进行研究。其他产品也可以考虑，从而提高经济效益，如 BTX 和 PCX。

6.5.7 旋转填料床活性炭吸附

6.5.7.1 引言

煤炭工业排放的废水已成为我国亟待解决的环境污染问题。物理吸附是去除废水中低浓度污染物的一种较为合适的方法，并有可能回收一些有价值的副产品作进一步利用。活性炭具有比表面积大、吸附容量大、成本低等优点，在吸附过程中常用作吸附剂。然而，常规吸附中高的压降限制了其发展。粒径小的活性炭具有较高的传质速率，可用于旋转填料床（RPB）。通过在人工神经网络模型中引入填料密度 C_k 来反映填料对吸附的影响。首次采用 CFBPNN、EFBPNN 和 FFBPNN 三种

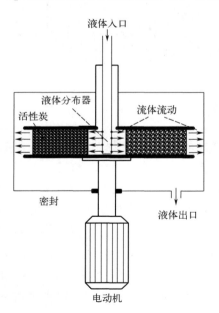

图 6.77 超重力吸附装置

人工神经网络模型对 RPB 中的吸附过程进行了分析，建立了旋转填料床中预测活性炭吸附性能的有力辅助工具。

6.5.7.2 模拟对象

旋转填料床中活性炭吸附实验装置如图 6.77 所示。含低浓度污染物的水通过液体分布器引入 RPB，并通过离心力在填料上充分分散。填料采用活性炭代替了常用的金属丝网填料或者鲍尔环。通过调节转速可以控制过程中的吸附速率。

采用 Lin 等[90]、Lin 等[91] 和 Kundua 等[92] 关于吸附性能的实验数据建立 ANN 模型，然后将其分为两组，75% 的训练组（156 个样本）和 25% 的测试组（52 个样本），具体的实验条件如表 6.22 所示。

表 6.22　RPB 的设计和实验条件

项目	Kundua 等[92]	Lin 等[91]	Lin 等[90]
内径/m	0.2	0.2	0.2
外径/m	0.32	0.4	0.4
轴向高度/m	0.1	0.2	0.2
初始浓度/(mg/L)	50～100	2.3	85～205
活性炭量/g	5～15	30	36
时间/min	0～120	0～180	0～390
液体流率/(L/min)	0.17～0.67	0.4～3	1.532
转速/(r/min)	285～1140	600～1800	400～1600
吸附量/(mg/g)	0～14.73	0～190.87	0～16.35

6.5.7.3　人工神经网络模型的建立

针对吸附过程的特性，选择 $\bar{\beta}$（超重力因子）、Re_L、t/t_{max}（吸附时间与最大吸附时间比值）、C_k/C_0（填料密度与溶液浓度比值）作为输入参数，输出变量为 q_t/q_{max}（吸附量至最大吸附量比值），如图 6.78 所示。

模型采用不同的人工神经网络模型，如前馈反向传播神经网络（FFBPNN）、串级正反向传播神经网络（CFBPNN）和埃尔曼正反向传播神经网络（EFBPNN）。算法为 Levenberg-Marquardt。为了获得更准确的结果，将神经元数量从 4 个增加到 13 个，比较性能。

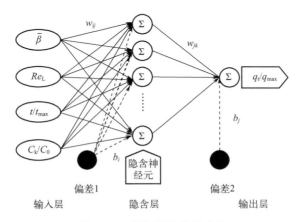

图 6.78　神经网络吸附过程

6.5.7.4 人工神经网络模型的对比

表 6.23 分别列出了隐含层中不同神经元个数的 FFBPNN、CFBPNN 和 EFB-PNN 的 MSE（E^2）和 COD（R^2）计算结果。E^2 越小，R^2 越大，结果越好。表 6.23 显示，利用所建立的人工神经网络模型可以很好地预测不同 RPB 的吸附情况。结果表明，FFBPNN 的最优隐含神经元数为 9 个，$E^2 = 0.000490$，$R^2 = 0.9962$；EFBPNN 的最优隐藏神经元数为 12 个，$E^2 = 0.000590$，$R^2 = 0.9972$。而对于 CFBPNN，隐含神经元 8 和 12 的 R^2 相同（0.9960），E^2 不同（0.000570 和 0.000547）。当神经元进一步增加 4 个时，准确率仅提高 4% 左右。综合考虑模型的复杂度和可接受误差，最终选择 CFBPNN 的隐含神经元为 8 进行模拟。

表 6.23　不同人工神经网络模型在不同隐含神经元数下的比较

No.	FFBPNN		CFBPNN		EFBPNN	
	MSE（E^2）	COD（R^2）	MSE（E^2）	COD（R^2）	MSE（E^2）	COD（R^2）
4	0.001290	0.9901	0.001340	0.9913	0.001760	0.9792
5	0.000828	0.9923	0.000878	0.9933	0.001210	0.9874
6	0.000657	0.9943	0.000762	0.9949	0.000665	0.9956
7	0.000768	0.9943	0.000592	0.9954	0.000546	0.9956
8	0.000567	0.9959	0.000570	0.9960	0.000686	0.9929
9	0.000490	0.9962	0.000828	0.9932	0.000997	0.9931
10	0.000595	0.9956	0.000615	0.9955	0.000736	0.9959
11	0.000531	0.9933	0.000846	0.9937	0.000685	0.9914
12	0.000597	0.9952	0.000547	0.9960	0.000590	0.9972
13	0.000608	0.9957	0.000903	0.9939	0.000634	0.9940

注：FFBPNN 为前馈反向传播神经网络；CFBPNN 为串级正反向传播神经网络；EFBPNN 为埃尔曼正反向传播神经网络；MSE 为均方误差；COD 为相关系数。

图 6.79～图 6.81 分别显示了 FFBPNN、CFBPNN 和 EFBPNN 对测试数据的详细预测结果。对角线表示 ANN 模型计算数据与实验数据之间的精确拟合。离线越近，结果就越好。研究发现，EFBPNN 在测试集中表现最佳（$E^2 = 0.00016$，$R^2 = 0.9793$），其次是 CFBPNN（$E^2 = 0.00019$，$R^2 = 0.9746$），然后是 FFBPNN（$E^2 = 0.00021$，$R^2 = 0.9731$）。因此，在综合了训练数据和测试数据的可接受误差以及模型的复杂性后，最终选择了 FFBPNN。

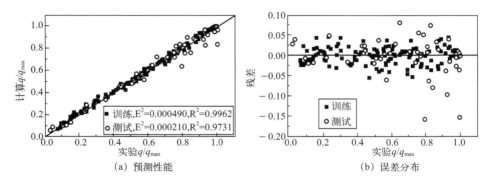

图 6.79　FFBPNN 模型的性能

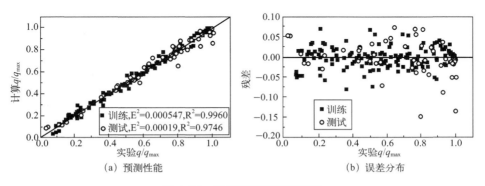

图 6.80　CFBPNN 模型的性能

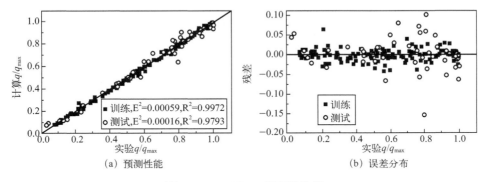

图 6.81　EFBPNN 模型的性能

6.5.7.5　MNR 模型与 ANN 模型的比较

目前最为常见的是用多元非线性回归模型（MNR）来预测活性炭的吸附过程，如式（6.22）所示：

$$\frac{q}{q_{max}} = 13.427\beta^{0.06476}Re_L^{-0.05778}\left(\frac{t}{t_{max}}\right)^{0.50463}\left(\frac{C_k}{C_0}\right)^{-0.19686} \tag{6.22}$$

图 6.82 显示了 MNR 模型的预测性能和误差分布。结果表明，MNR 模型具有较好的预测性能，训练集 $E^2 = 0.1215$ 和 $R^2 = 0.8682$，测试集 $E^2 = 0.0601$ 和 $R^2 = 0.8964$。虽然 MNR 模型具有 RPB 中吸附性能与操作条件关系明确的优点，但 MNR 模型的误差远大于 ANN 模型。其中，MNR 模型给出的预测精度误差为 EFBPNN 模型的 206 倍（训练集）和 375 倍（测试集），表明 EFBPNN 模型具有较好的预测性能。主要有两方面因素：一方面是回归分析仅考虑单一参数，而两参数之间的相互作用可能不包括在内；另一方面是特定的 RPB 结构和有限的操作参数。综上所述，所提出的人工神经网络模型优于 MNR 模型，尽管其具有黑箱特性。

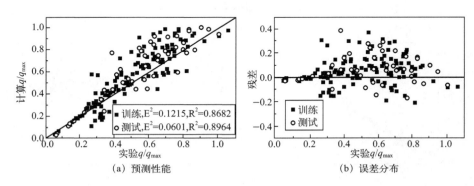

(a) 预测性能   (b) 误差分布

图 6.82 MNR 模型的性能

6.5.7.6 结论

建立了一种模拟 RPB 在活性炭上吸附性能的人工神经网络模型。模拟结果与实验数据吻合较好。FFBPNN、EFBPNN 和 CFBPNN 的最优隐含神经元数分别为 9 个、12 个和 8 个。三种人工神经网络模型相比，EBPNN 模型表现最好，训练集的均方误差为 0.00059，测试集的均方误差为 0.00016。与基于多元非线性回归（MNR）模型相比，人工神经网络模型对训练集和测试集的均方误差分别降低了 99.59% 和 99.65%，表明人工神经网络模型对 RPB 中活性炭的吸附性能预测更好。所提出的人工神经网络模型可以最大限度地提高 RPB 的吸附量，为 RPB 的开发提供支持。

6.5.8 旋转填料床颗粒物脱除

6.5.8.1 引言

煤基燃料燃烧产生的细颗粒物是中国雾霾天气日益严重的主要原因之一[93]。控制和减少人为细颗粒物排放已成为中国亟待解决的问题，许多研究者从多个方面研究了粉尘性能[94-101]。Liu 等[94]分析了不同产业结构和政策对中国大气污染的影响。Chiang 等[95]利用高分子干燥剂解决了流化床中的粉尘问题。Lu 等[96]利用计算流体力学（CFD）研究了太阳能光伏的粉尘污染。根据中国新出台的电厂排放限制规定，即超低排放（ULE）标准，排放颗粒物的浓度应小于 $5mg/Nm^{3[97]}$。

然而，传统的颗粒捕获技术，如重力过滤器、旋风过滤器、袋式过滤器、文丘里洗涤器、喷雾洗涤器和湿式静电洗涤器，可能无法以经济有效的方式满足这一要求[100]。根据 Natale 等[101]的研究，织物过滤器、静电除尘器、颗粒凝聚器和气泡塔对 PM1 的处理效果较好，但可能不适用于发电厂。然而，气体的深度净化在设备或运行成本上仍然面临很大的挑战，通常以压力降或设备尺寸为代价来获得较高的除尘效率，这将阻碍上述技术的发展。因此，有必要通过新的原理和技术开发一种高效、低成本的除尘设备，特别是对于空间有限的工厂。旋转填料床（RPB）是近年来为提高气液传质效率而采用和发展起来的一种设备，采用旋转填料床来产生比重力场强数十万倍的人工离心力，并将液体分解成细小的液滴[102]。基于这些优点，RPB 在除尘领域受到了新的关注。

RPB 的最佳除尘工艺条件通常通过实验来确定，费时费力。而相对于旋流器、喷雾洗涤器和湿式静电洗涤器，RPB 内填料结构复杂，流型不确定，因此很难采用 CFD[103]、Aspen[104]和经验模型[105]对其除尘性能进行模拟。因此，有必要开发一种新的方法来预测 RPB 的除尘效率。由于填料通道内流态复杂多变，理论模型难以建立，目前还没有合适的方法用于设计和放大 RPB 除尘过程。因此，首先将人工神经网络模型扩展到 RPB 的除尘过程，引入了两个重要的参数，即颗粒粒径和液滴直径。首次采用串级正反向传播神经网络（CFBPNN）、前馈反向传播神经网络（FFBPNN）和埃尔曼正反向传播神经网络（EFBPNN）3 种人工神经网络模型对 RPB 除尘效率进行了分析，建立了预测除尘性能的有力辅助工具。

6.5.8.2　模拟对象

图 6.83 是旋转填料床除尘过程的神经网络模拟。含尘空气在压降作用下通过旋转填料，以逆流或错流的方式与气体接触。水通过液体分布器引入，在离心力作用下，在填料表面被喷射成微小的液滴和液膜。RPB 中液滴的大小一般比喷淋塔小一个数量级。旋风分离器与喷淋塔相结合的除尘机理以及 RPB 独特的流体力学特性使颗粒的分离效率提高。

从 Fu[106]、Li 等[107]、Zhang 等[108]和 Song 等[109]的实验数据中收集了 326 个样本用于建立分级效率的数据集，然后随机分为 75%（244 个样本）的训练组和 25%（82 个样本）的测试组。不同 RPB 的实验条件见表 6.24。由表 6.24 可以看出，RPB 的设备参数内径、外径和轴向高度，分别为 0.08~0.19m、0.125~0.375m 和 0.05~0.4m。不同操作条件分别为进口颗粒浓度、气体流速、液体流速、转子转速和颗粒大小，分别为 $0.01 \sim 0.025 kg/m^3$、$0.016 \sim 0.556 m^3/s$、$0.133 \sim 5.526 \times 10^{-4} m^3/s$、400~1500r/min 和 0.263~5.480μm。上述设备参数和操作条件均为输入变量。而作为输出数据的分级效率在 50%~100% 之间变化。

表 6.24　旋转填料床的设计和实验条件

项目	Fu[106]	Li 和 Liu[107]	Zhang 等[108]	Song 等[109]
内径/m	0.19	0.08	0.16	0.1
外径/m	0.375	0.3	0.32	0.125
轴向高度/m	0.178	0.4	0.05	0.05
进口颗粒浓度/(kg/m^3)	0.01	0.02	0.02	0.025
气体流量/(m^3/s)	0.082~0.246	0.056~0.067	0.016~0.066	0.056~0.556
液体流量（10^{-4})/(m^3/s)	1.578~5.526	0.133~0.333	0.138~0.553	1.67~4.17
转速/(r/min)	565~848	479~729	400~1200	600~1500
颗粒大小范围/μm	0.263~5.480	0.505~3	0.507~2.91	0.704~2.96
分级效率/%	50~100	75~100	78~100	79~100

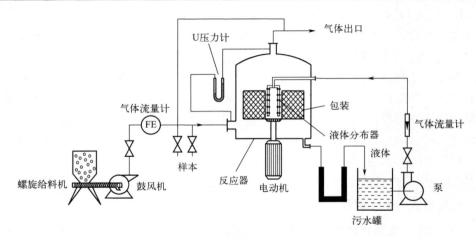

图 6.83　神经网络模拟除尘过程

6.5.8.3　人工神经网络模型的建立

除尘过程的特有性质是颗粒粒径和液滴直径。因此，在无因次分析的基础上，采用输入变量 Re_G、Re_L、Re_w、M〔$(d_0^2 \rho_L)/(d_p^2 \rho_p)$〕（$d_0$ 为液滴直径，ρ_L 为液体密度，d_p 为颗粒直径，ρ_p 为颗粒密度）、C_{si}/ρ_G（C_{si} 为进口颗粒浓度，ρ_G 为气体密度）和输出变量 η，如图 6.84 所示。采用了 CFBPNN、FFBPNN 和 EFBPNN 三种人工神经网络模型。为了获得更好的性能，模拟对比了 6~16 个神经元的数量，算法采用了 Levenberg-Marquardt 算法。表 6.24 为旋转填料床的设计条件和实验条件。

6.5.8.4　人工神经网络模型的对比

不同隐含神经元数对训练数据的 FFBPNN、CFBPNN 和 EFBPNN 的 E^2 值和 R^2 值如表 6.25 所示。采用人工神经网络模型对不同 RPB 的分级效率进行了较好的模拟。

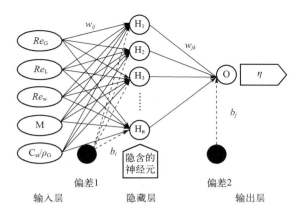

图 6.84　人工神经网络模拟除尘结构图

表 6.25　不同隐含神经元的反向传播神经网络对比

No.	FFBPNN		CFBPNN		EFBPNN	
	MSE（E^2）	COD（R^2）	MSE（E^2）	COD（R^2）	MSE（E^2）	COD（R^2）
6	0.000223	0.9944	0.000287	0.9628	0.000297	0.9728
7	0.000176	0.9915	0.000248	0.9851	0.000295	0.9799
8	**0.000130**	**0.9952**	0.000158	0.9930	0.000195	0.9892
9	0.000115	0.9942	0.000432	0.9819	0.000142	0.9855
10	0.000180	0.9925	0.000171	0.9896	0.000183	0.9757
11	0.000185	0.9932	0.000170	0.9947	0.000173	0.9858
12	0.000161	0.9869	0.000164	0.9935	0.000144	0.9908
13	0.000185	0.9914	0.0000726	0.9969	0.000138	0.9872
14	0.000178	0.9820	0.0000943	0.9962	**0.000110**	**0.9924**
15	0.000154	0.9932	**0.0000644**	**0.9972**	0.000175	0.9868
16	0.000157	0.9941	0.0000955	0.9961	0.000297	0.9728

注：粗体为每种模型对应的最优神经元。

　　结果表明，FFBPNN 隐含神经元数为 8 时，$E^2 = 0.000130$，$R^2 = 0.9952$；CFBPNN 隐含神经元数为 15 时，$E^2 = 0.0000644$，$R^2 = 0.9972$；EFBPNN 隐含神经元数为 14 时，$E^2 = 0.000110$，$R^2 = 0.9924$ 时。图 6.85～图 6.87 进一步显示了三种 ANN 模型的详细信息。

　　图 6.85 呈现了隐含神经元数为 8 的 FFBPNN 模型的训练数据和测试数据的 E^2、R^2 和残差。如图 6.85（a）所示，训练数据 $E^2 = 0.000130$，$R^2 = 0.9952$；测试集 $E^2 = 0.00034$，$R^2 = 0.9724$。如图 6.85（b）所示，训练数据的 E^2 小于检验

集，R^2 大于检验集，误差分布几乎在±10％以内。

图 6.86 显示了隐含神经元数为 15 的 CFBPNN 模型训练数据和测试数据的 E^2、R^2 和残差。如图 6.86（a）所示，训练数据 $E^2 = 0.0000644$，$R^2 = 0.9972$，测试集 $E^2 = 0.000246$，$R^2 = 0.9795$。如图 6.86（b）所示，测试集的误差分布比训练要窄，几乎在±7.5％以内。随着隐含神经元数量从 8 个增加到 15 个，FFBPNN 训练数据的 E^2 从 0.000130 增加到 0.000154，R^2 从 0.9952 减少到 0.9932，如表 6.25 所示。而对 CFBPNN 的训练数据则产生相反的效果，E^2 从 0.000158 下降到 0.0000644，R^2 从 0.9930 增加到 0.9972，如表 6.25 所示。在神经元数量较少的情况下，CFBPNN 的性能优于 FFBPNN。

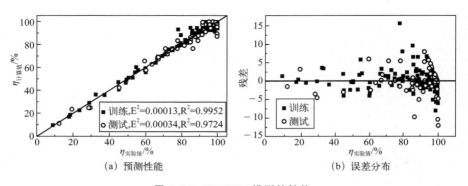

图 6.85　FFBPNN 模型的性能

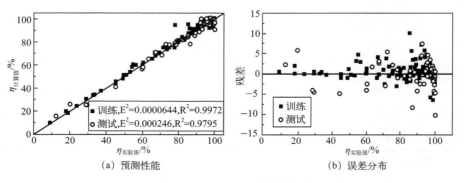

图 6.86　CFBPNN 模型的性能

隐含神经元为 14 的 EFBPNN 模型训练数据和测试数据的 E^2、R^2 和残差如图 6.87 所示。训练数据 $E^2 = 0.00011$，$R^2 = 0.9924$。测试集的 $E^2 = 0.000346$，$R^2 = 0.9704$，如图 6.87（a）所示。误差分布几乎在±8％以内，如图 6.87（b）所示。在隐含神经元数相同（14 个）的情况下，EFBPNN 的训练数据并不优于 CFB-PNN，如表 6.25 所示。与 FFBPNN 相比，当隐含神经元数增加 6 个时，E^2 仅从 0.000130 下降到 0.000110。

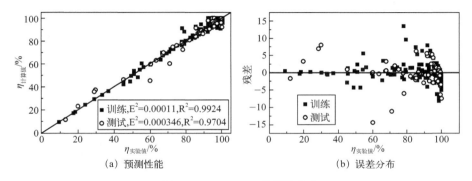

图 6.87 EFBPNN 模型的性能

综上所述，三种人工神经网络模型对训练数据的顺序为基于 E^2 的 CFBPNN、EFBPNN 和 FFBPNN。测试集的三种人工神经网络模型排序依次为 CFBPNN、FFBPNN 和 EFBPNN。CFBPNN、EFBPNN 和 FFBPNN 的最优隐含神经元分别为 15 个、14 个和 8 个。综上所述，在权衡了模型的复杂性和可接受误差后，最终选择了 FFBPNN。

6.5.8.5　结论

将设备参数（内径、外径和轴向高度）和操作条件（进口颗粒浓度、气体流速、液体流速、转子转速和粒径）组合为 5 个无因次参数（Re_G、Re_L、Re_w、M、C_{si}/ρ_G），建立了 RPB 分级效率的人工神经网络模型，为 RPB 除尘工艺的设计和优化提供了新的工具，以满足超低排放标准。由于其复杂的填料结构，给 CFD 和经验模型的建立带来了困难。人工神经网络模型仿真结果与实验数据一致，表明其是一种有效、简便的方法，能较好地描述复杂的除尘过程。此外，还得到了三种人工神经网络模型的最优隐含神经元。在人工神经网络模型的帮助下，将加快中试和工业试验的进程，其优势在未来将越来越明显。

6.5.9　超临界水氧化丙烯腈废水

6.5.9.1　引言

丙烯腈废水主要来自石化工业、焦化厂和丁二烯橡胶[110]，其主要成分有丙烯腈、乙腈和氢氰酸等物质。由于其强烈的毒性，这些污染物的排放会导致严重的环境污染问题。超临界水氧化（SCWO）可以与丙烯腈废水形成均匀的氧化条件，在无须预处理的情况下将有机物迅速转化为 CO_2、H_2O、N_2 和其他无害的小分子，尽管仍存在一些腐蚀和盐沉淀的问题[107-108]。

据悉，国内外仅有四篇关于超临界氧化丙烯腈废水的论文[111-114]，主要考察了催化剂、温度、压力、初始 TOC 或 COD 浓度、化学计量比和停留时间等因素的影响。上述的最佳性能都是通过实验来获得的，这可能需要许多实验、人力和资金来找出合适的操作条件。例如 Shin 等[111]和 Sun[113]的实验组数分别为 67 和 120。此外，丙烯腈对研究人员非常有害。由于设备的大小不同，优化操作条件难以推广应用。人工神经网络（ANN）模型可能是处理高压和危险系统的良好选择，而不必了解真正的性质。迄今为止，几乎没有关于使用人工神经网络模型模拟丙烯腈废水的文章。

6.5.9.2　模拟对象

超临界水氧化丙烯腈废水的实验过程如图 6.88 所示，包括废水储槽、高压泵、预热器、超临界水氧化反应器、阀门、冷却器和气液分配器。反应器的内径为 88mm，高度为 2105mm，总体积为 9.73L。在预热器 1 中将废水加热到 523K，之后在预热器 2 中进一步加热到 673K，然后与氧气混合后进入反应器。经过 SCWO 净化后的水与两个预热器中的废水进行热量交换，然后通过背压阀调节反应器的压力。最终通过气液分离器分离成气相和液相。

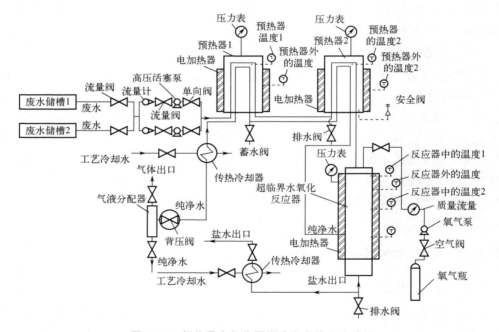

图 6.88　超临界水氧化丙烯腈废水的实验过程

采用 η 评估丙烯腈废水的超临界水氧化性能：

$$\eta = \frac{[TOC]_0 - [TOC]_t}{[TOC]_0} \tag{6.23}$$

式中，η 为 TOC 降解率（%）；$[TOC]_0$ 为初始总有机碳（mg/L）；$[TOC]_t$ 为最终总有机碳（mg/L）。TOC 采用 Sievers Innovox 进行测量。

化学计量比（SR）采用以下公式计算[107]，其变化范围为 0.875～4.375。

$$SR = \frac{[O_2]}{[TOC]_0} \quad (6.24)$$

式中，SR 为化学计量比；$[O_2]$ 为氧浓度（mol/L）。

需要注意的是，SR 不是常用形式，是指标准氧浓度与化学计量所需氧浓度的比值。对于实际废水来说，采用常用形式计算起来非常困难，因此用初始 TOC 浓度代替。

将温度和压力转化为对比温度（T/T_c，1.23～1.44）和对比压力（P/P_c，0.81～1.13），便可与其他超临界流体（CO_2）进行性能对比。

超临界氧化丙烯腈废水的其他操作条件主要有初始 TOC 浓度（$[TOC]_0$，340～27170mg/L），反应时间（36～230s）。通过优化得到最佳的操作条件为停留时间为 152s、化学计量比为 2.5 和初始 TOC 浓度为 340mg/L。

6.5.9.3 人工神经网络模型的建立

模型的实验数据采用 Shin 等[111]、Sun[113] 以及自行实验研究的 332 个实验数据点，考虑到超临界水氧化过程的重要因素和独特性质，选择对比温度（T/T_c）、对比压力（P/P_c）、化学计量比（SR）、初始 TOC 浓度（$[TOC]_0$）和停留时间（t）作为模型的输入参数，TOC 降解率（η）作为模型的输出参数，如图 6.89 所示。根据经验模型选择隐含神经元个数为 10～12。ANN 模型类型是串级正反向传播神经网络（CFBPNN）和前馈反向传播神经网络（FFBPNN）。算法为 Levenberg-Marquardt。

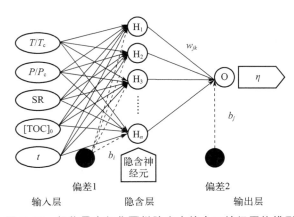

图 6.89 超临界水氧化丙烯腈废水的人工神经网络模型

6.5.9.4 人工神经网络模型的对比

在超临界极高压力条件下很难测量得到详细的流体力学，因此很难建立理论模型。幸运的是，人工神经网络模型可以快速而准确地预测超临界氧化的性能，而无需了解复杂的质量和热量传递现象。

通过训练数据，研究了两种类型的人工神经网络模型（CFBPNN 和 FFBPNN）在不同神经元个数下的性能。如表 6.26 所示，具有 12 个隐含神经元的 FFBPNN 模型表现性能最佳（$E^2 = 0.0050$ 和 $R^2 = 0.9964$）。

表 6.26　不同人工神经网络模型在不同神经元个数下的性能对比

No.	FFBPNN		CFBPNN	
	MSE（E^2）	COD（R^2）	MSE（E^2）	COD（R^2）
10	0.4400	0.9700	0.0305	0.9956
11	0.0606	0.9963	**0.0110**	**0.9917**
12	**0.0050**	**0.9964**	0.0580	0.9616

由表 6.26 可以看出，对于 FFBPNN 模型，随着隐含神经元个数从 10 增加到 11，E^2 从 0.4400 减小到 0.0606，R^2 从 0.9700 增加到 0.9963。当隐含神经元个数从 11 增加到 12 时，E^2 继续下降，从 0.0606 下降到 0.0050，但 R^2 几乎保持不变。对于 CFBPNN 模型，具有 11 个隐含神经元个数的模型表现最佳，其 $E^2 = 0.0110$，$R^2 = 0.9917$。当隐含神经元个数从 10 增加到 11 时，E^2 从 0.0305 减小到 0.0110，继续增加到 12 时，E^2 增加到 0.0580。但是，R^2 却从 0.9956 连续下降到 0.9616。原因可能是引入更多隐含神经元会考虑更多的影响因素，使得输入层和输出层之间的联系变得更加紧密，学习率增加。因此，模型的准确性和质量也得到了改善。然而，当隐含神经元数量足够多时，拟合性能可能会达到平衡，并且人工神经网络模型预测新数据的准确性和一般性能会减小。如表 6.26 所示，FFBPNN 模型在隐含神经元数量为 12 时似乎比 CFBPNN 模型性能更好，这也可以在图 6.90 中看出，FFBPNN 模型预测的结果比 CFBPNN 模型更接近对角线。原因可能是两种人工神经网络模型中权重的来源方式不同。在 CFBPNN 模型中，第一层和后续层中的权重来自输入和前一层，而在 FFBPNN 模型中，权重是根据已知的输出和可用的训练模式进行更新的，并通过网络的前向传递输入信息和后向传递输出错误进行修改的。此外，神经元连接到前一个神经元，输出是根据输入层和输出层产生的。上述因素使 FFBPNN 模型的性能优于 CFBPNN 模型。但是，在隐含神经元数量为 10 时，情况相反。引入更多的隐含神经元后，FFBPNN 模型中训练数据的准确性提高，但对于 CFBPNN 模型来说，情况并不相同。此外，良好的人工神经网络模型中的最佳神经元个数应当谨慎确定，因为它与数据的准确性、模型的性能、适当的训练方法和人工神经网络模型密切相关。如果隐含神经元数量小于最佳数量，训练结果不好，并且会进一步影响测试数据。如果高于最佳数量，可能会发生过拟合现象。

为了进一步研究人工神经网络模型的性能，还将测试数据与实验结果进行了比较。如图 6.90 所示，训练数据和测试数据点都非常接近对角线，这表明人工神经网络模型可以很好地模拟超临界氧化丙烯腈废水的过程。对于 FFBPNN 模型，预测的 TOC 降解率的测试数据（$E^2 = 0.0043$，$R^2 = 0.9973$）比训练数据（$E^2 = 0.0050$，$R^2 = 0.9964$）好。对于 CFBPNN 模型，预测的 TOC 降解率测试数据（$E^2 = 0.0215$，$R^2 = 0.9902$）比训练数据（$E^2 = 0.0110$，$R^2 = 0.9917$）差。FFB-PNN 模型中的训练数据和测试结果都比 CFBPNN 模型中的好得多。良好的测试数据表明，人工神经网络模型具有良好的扩展能力。因此，选择了具有 12 个隐含神经元的 FFBPNN 模型来模拟超临界氧化丙烯腈废水。

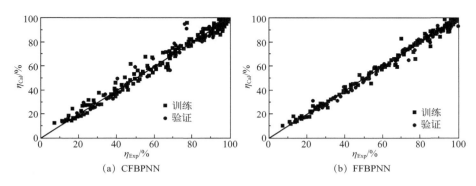

图 6.90　不同人工神经网络模型的性能

6.5.9.5　结论

建立 ANN 模型，可以准确地预测不同操作条件下的 SCWO 性能，并为实际工程应用提供有力的支持。此外，比较了 FFBPNN 和 CFBPNN 两种 ANN 模型的性能，发现 FFBPNN 模型在隐含神经元数量为 12 时表现最佳，可以模拟 SCWO 处理丙烯腈废水的过程。

6.6　展望

人工神经网络模型可以准确和快速地提供不同操作条件下的模拟结果。如果入口 TOC 浓度发生变化时，可以及时提供优化的操作参数，然后及时调控排放水质。此外，如果其他含有腈基的有机物需要处理，也可以根据其初始浓度、化学计量比、压力和温度等操作参数来预测其处理效果。这将大大缩短工程应用过程中的时间和成本。然而，需要注意的是，虽然人工神经网络模型可以提供优化的操作参数，但在实际操作过程中仍然需要充分考虑工程经验和工程实际，以保证超临界氧化的稳定性和可靠性。

进一步的研究应侧重于开发更广泛的 ANN 模型，特别是在工业数据应用方面。ANN 模型可以容纳更多种类的输入和输出数据，而这些数据对于工业运行是必不可少的。该模型可以与分子模型或 DFT、经验模型、CFD 和 Aspen 软件无缝集成。如果这些模型的某些模块不容易采用，则 ANN 模型可能是一个有力的替代方案。

参考文献

[1] Zhang W J，Chen Q Y，Chen J F，et al. Machine learning for hydrothermal treatment of biomass：A review [J]. Bioresource Technology，370（2023）：128547.

[2] 谷玉德. 面向高效能源化的城市固废元素构成与热值预测研究 [D]. 天津：天津工商大学，2023.

[3] 陈远祥. 双流化床生物炭特性分析和 VOCs 吸附机器学习模型预测 [D]. 北京：北京化工大学，2024.

[4] 杨璐菡. 水葫芦水热炭催化葡萄糖异构化及其机理研究 [D]. 杭州：浙江大学，2022.

[5] 王禹谦. 生物炭强化活性红 2 厌氧生物降解及机器学习模型研究 [D]. 哈尔滨：哈尔滨工业大学，2022.

[6] 丁旭. 基于机器学习的生物炭制备及对水中芳香性污染物吸附研究 [D]. 南京：南京信息工程大学，2024.

[7] 江思远. 机器学习辅助含钴催化剂设计及其对水中抗生素降解研究 [D]. 兰州：兰州大学，2024.

[8] 黄嘉欣. 典型木质纤维素类生物质的热解特性及机器学习研究 [D]. 合肥：中国科学技术大学，2024.

[9] 崇媛媛. 面向光化学过程的分子体系模拟与机器学习研究 [D]. 合肥：中国科学技术大学，2023.

[10] 王建斌. 危险固废协同制备水煤浆气化关键技术研究 [D]. 杭州：浙江大学，2024.

[11] 肖红亮. 气固流态化系统中互相关颗粒速度测量方法的验证研究 [D]. 北京：中国石油大学（北京），2022.

[12] 任嘉豪. 湍流分层燃烧直接数值模拟及机器学习建模 [D]. 杭州：浙江大学，2024.

[13] 邱钱粮. 神东矿区煤灰黏温特性调控方及预测模型研究 [D]. 北京：煤炭科学研究总院，2023.

[14] Serrano D. Tar prediction in bubbling fluidized bed gasification through artificial

neural networks [J]. Chemical Engineering Journal，2020，402：126229.

[15] Pandey D S，Pan I，Leahy J J，et al. Artificial neural network based modelling approach for municipal solid waste gasification in a fluidized bed reactor [J]. Waste Management，2016，58：202-213.

[16] Li W W，Wang C，Yu Z L，et al. Catalytic coal gasification：mechanism，kinetics，and reactor model [J]. International Journal of Coal Science & Technology，11（2024）：1-30.

[17] Zhao B，Su Y，Tao W. Mass transfer performance of CO_2 capture in rotating packed bed：dimensionless modeling and intelligent prediction [J]. Appl. Energy，136（2014）132-142.

[18] 谭婷丹. 优化的 BP 神经网络在煤热转化中的应用研究 [D]. 西安：西北大学，2016.

[19] 谷文媛. 基于人工神经网络煤 CO_2 催化气化的建模与预测研究 [D]. 西安：西北大学，2014.

[20] V. Patil-Shinde，T. Kulkarni，R. Kulkarni，et al. Artificial intelligence-based modeling of high ash coal gasification in a pilot plant scale fluidized bed gasifier [J]. Ind. Eng. Chem. Res. ，53（2014）：18678-18689.

[21] P. D. Chavan，T. Sharma，B. K. Mall，et al. Development of data-driven models for fluidized-bed coal gasification process [J]. Fuel，93（2012）：44-51.

[22] G. Li，Z. Y. Liu，J. G. Li，et al. Modeling of ash agglomerating fluidized bed gasifier using back propagation neural network based on particle swarm optimization [J]. Applied Thermal Engineering，129（2018）：1518-1526.

[23] B. Guo，Y. T. Shen，D. K. Li，et al. Modelling coal gasification with a hybrid neural network [J]. Fuel，76（1997）：1159-1164.

[24] W. W. Li，Y. C. Song. Artificial neural network model of catalytic coal gasification in fixed bed [J]. Journal of the Energy Institute，105（2022）：176-183.

[25] 冀威. 悬浮喷雾干燥技术制备核壳复合含能材料及性能表征 [D]. 太原：中北大学，2016.

[26] 张园萍. 高能钝感 CL-20 基复合微球的构筑及性能表征 [D]. 太原：中北大学，2020.

[27] 李聪聪 . CL-20 基复合含能微球的制备及性能研究 [D]. 太原：中北大学，2020.

[28] 石晓峰. 喷雾干燥法制备纳米复合含能微球及性能表征 [D]. 太原：中北大学，2015.

[29] 王江. 基于喷雾干燥技术的炸药微粉制备与表征 [D]. 太原：中北大学，2015.

[30] 徐春霞，徐振刚，步学朋，等. 生物质气化及生物质与煤共气化技术的研发与应用 [J]. 洁净煤技术，2008，(02)：37-40，17.

[31] 韩启杰. 农林生物质半焦与煤共气化反应性研究 [D]. 南京：南京师范大学，2021.

[32] 赵振虎. 烟煤掺混生物质在二氧化碳气氛下气化的特性研究 [D]. 北京：华北电力大学，2013.

[33] 张科达. 煤焦与生物质焦共气化动力学研究 [D]. 北京：煤炭科学研究总院，2010.

[34] 郝巧铃. 生物质与煤共气化特性的研究 [D]. 太原：太原理工大学，2012.

[35] 宋新朝，王芙蓉，赵霄鹏，等. 生物质与煤共气化特性研究 [J]. 煤炭转化，2009，32 (4)：44-46.

[36] 王姗. 玉米秸秆与晋城无烟煤共气化特性及动力学研究 [D]. 徐州：中国矿业大学，2021.

[37] 赵梦. 安徽阜阳气煤—小麦秸秆共气化特性研究 [D]. 徐州：中国矿业大学，2019.

[38] 李润. 永城无烟煤与稻草秸秆共气化特性研究 [D]. 徐州：中国矿业大学，2021.

[39] 陈楠楠. 麦秆与蒙东褐煤共气化特性研究 [D]. 徐州：中国矿业大学，2015.

[40] Li F, Zhang H. Stability evaluation of rock slope in hydraulic engineering based on improved support vector machine algorithm [J]. Complexity, 2021, 7 (2)：177-186.

[41] Pan Y, Xia K, Niu W, et al. Semisupervised SVM by hybrid whale optimization algorithm and its application in oil layer recognition [J]. Mathematical Problems in Engineering, 2021, 2021：1-19.

[42] Gaetano Z, Luca Z. A parallel solver for large quadratic programs in training support vector machines [J]. Parallel Computing, 2003, 29 (4)：535-551.

[43] Kaihara M, Kikuchi S. Discriminant analysis of countries growing wakame seaweeds：a preliminary comparison of visible-near infrared spectra using soft independent modelling, random fores and classification and regression Trees [J]. Journal of Near Infrared Spectroscopy, 2007, 16 (5)：371-377.

[44] Wang Q, Nguyen T T, Huang J Z, et al. An efficient random forests algorithm for high dimensional data classification [J]. Advances in Data Analysis & Classification, 2018, 12 (4)：953-972.

［45］ Chakravarty A，Mentink J H，Semin S，et al. Training and pattern recognition by an opto-magnetic neural network［J］. Applied Physics Letters，2022，120（2）：022403.

［46］ Yuan S L. High-rise building deformation monitoring based on remote wireless sensor network［J］. IEEE Sensors Journal，2021，21（22）：25133-25141.

［47］ 卢玉皖，郑礼全，胡超. 基于多种深度学习算法对卫星钟差预报的效果分析与对比研究［J］. 全球定位系统，2023，48（5）：46-55，91.

［48］ 柴凡，李伟伟，史晓澜，等. 喷雾干燥制备含能材料平均粒径的神经网络模拟［J］. 火工品，2022（6）：60-64.

［49］ Abdullah M. The complexity of financial development and economic growth nexus in Syria：A nonlinear modelling approach with artificial neural networks and NARDL model［J］. Heliyon，2023，9（10）：e20265.

［50］ Yuan S L. High-rise building deformation monitoring based on remote wireless sensor network［J］. IEEE Sensors Journal，2021，21（22）：25133-25141.

［51］ Li Y，Qi H，Wang H. A note about why deep learning is deep：A discontinuous approximation perspective［J］. Stat.，2024，13（1）：654.

［52］ 柴凡. 喷雾干燥制备含能材料的神经网络模拟［D］. 太原：中北大学，2023.

［53］ Lee G，Lee S，Jeon D. Dynamic block-wise local learning algorithm for efficient neural network training［J］. IEEE transactions on very large scale integration（VLSI）systems，2021，29（9）：1680-1684.

［54］ Chi C，Wang D，Yu Z，et al. A hybrid method for positioning a moving magnetic target and estimating its magnetic moment［J］. Sensors，2023（21）：25882-25894.

［55］ Vélez J F，Chejne F，Valdés C F，et al. Co-gasification of Colombian coal and biomass in fluidized bed：An experimental study［J］. Fuel，2009，88：424-430.

［56］ Li K Z，Zhang R，Bi J C. Experimental study on syngas production by co-gasification of coal and biomass in a fluidized bed［J］. Int. J. Hydrogen Energy，2010，35：2722-2727.

［57］ Song Y C，Feng J，Ji M S，et al. Impact of biomass on energy and element utilization efficiency during co-gasification with coal［J］. Fuel Process Technol.，2013，115：42-50.

［58］ Valdés C F，Marrugo G，Chejne F，et al. Pilot-scale fluidized-bed co-gasification of palm kernel shell with sub-bituminous coal［J］. Energy Fuels，2015，29：5894-5901.

[59] B. N. Murthy, A. N. Sawarka, N. A. Deshmukh, et al. Petroleum coke gasification: A review [J]. Can. J. Chem. Eng., 92 (2014): 441-468.

[60] Y. Q. Wu, S. Y. Wu, J. Gu, et al. Differences in physical properties and CO_2 gasification reactivity between coal char and petroleum coke [J]. Process Saf. Environ. Protect., 87 (2009): 323-330.

[61] E. Furimsky. Gasification reactivities of cokes derived from athabasca bitumen [J]. Fuel Process. Technol., 11 (1985): 167-182.

[62] J. Fermoso, B. Arias, M. G. Plaza, et al. High-pressure co-gasification of coal with biomass and petroleum coke [J]. Fuel Process. Technol., 90 (2009): 926-932.

[63] V. Nemanova, A. Abedini, T. Liliedahl, et al. Co-gasification of petroleum coke and biomass [J]. Fuel, 117 (2014): 870-875.

[64] R. Azargohar, R. Gerspacher, A. K. Dalai, et al. Co-gasification of petroleum coke with lignite coal using fluidized bed gasifier [J]. Fuel Process. Technol., 134 (2015): 310-316.

[65] M Wang, Y L Wan, Q H Guo, et al. Brief review on petroleum coke and biomass/coal cogasification: Syngas production, reactivity characteristics, and synergy behavior [J]. Fuel, 2021 (304): 121517.

[66] J. Fermoso, B. Arias, B. Moghtaderi, et al. Effect of co-gasification of biomass and petroleum coke with coal on the production of gases [J]. Greenhouse Gas Sci. Technol., (2012): 1-10.

[67] C. M. Sinnathambi, N. M. Najib. Effect of petroleum coke addition on coal gasification [J]. International Conference on Fundamental and Applied Sciences, 2014: 736-741.

[68] X. L. Zhan, J. Jia, Z. J. Zhou, et al. Influence of blending methods on the co-gasification reactivity of petroleum coke and lignite [J]. Energy Convers. Manag., 52 (2011): 1810-1814.

[69] J. Fermoso, B. Arias, M. V. Gil, et al. Cogasification of different rank coals with biomass and petroleum coke in a high-pressure reactor for H_2-rich gas production [J]. Bioresour. Technol., 101 (2010): 3230-3235.

[70] X. Liu, Z. J. Zhou, Q. J. Hu, et al. Experimental study on cogasification of coal liquefaction residue and petroleum coke [J]. Energy Fuels, 25 (2011): 3377-3381.

[71] R. J. Tyler, I. W. Smith. Reactivity of petroleum coke to carbon dioxide between 1030 and 1180K [J]. Fuel, 54 (1975): 99-104.

[72] Y. M. Zhang, M. Q. Yao, S. Q. Gao, et al. Reactivity and kinetics for steam

gasification of petroleum coke blended with black liquor in a micro fluidized bed [J]. Appl. Energy, 160 (2015): 820-828.

[73] D. Trommer, A. Steinfeld. Kinetic modeling for the combined pyrolysis and steam gasification of petroleum coke and experimental determination of the rate constants by dynamic thermogravimetry in the 500-1520K range [J]. Energy Fuels, 20 (2006): 1250-1258.

[74] Weiwei Li, Yuncai Song. A comprehensive simulation of catalytic coal gasification in a pressurized jetting fluidized bed [J]. Fuel, 317 (2022): 123437.

[75] Weiwei Li, ZongLiang Yu, Guoqing Guan. Catalytic coal gasification for methane production: A review [J]. Carbon Res. Conversion, 4 (2021): 89-99.

[76] S. M. Fan, L. H. Xu, T. J. Kang, et al. Application of eggshell as catalyst for low rank coal gasification: experimental and kinetic studies [J]. J. Energy Inst. , 90 (2017): 696-703.

[77] X. Z. Yuan, K. B. Lee, H. T. Kim. Investigation of Indonesian low rank coals gasification in a fixed bed reactor with K_2CO_3 catalyst loading [J]. J. Energy Inst. , 92 (2019): 904-912.

[78] T. Suzuki, M. Mishima, J. Kitaguchi, et al. The catalytic steam gasification of one Australian and three Japanese coals using potassium and sodium carbonates [J]. Fuel Process. Technol. , 8 (1984): 205-212.

[79] J. L. Zhang, R. Zhang, J. C. Bi. Effect of catalyst on coal char structure and its role in catalytic coal gasification [J]. Catal. Commun. , 79 (2016): 1-5.

[80] J. Kopyscinski, M. Rahman, R. Gupta, et al. K_2CO_3 catalyzed CO_2 gasification of ash-free coal. Interactions of the catalyst with carbon in N_2 and CO_2 atmosphere [J]. Fuel, 117 (2014): 1181-1189.

[81] S. G. Chen, R. T. Yang. Unified mechanism of alkali and alkaline earth catalyzedgasification reactions of carbon by CO_2 and H_2O [J]. Energy Fuel, 11 (1997): 421-427.

[82] S. G. Chen, R. T. Yang. The active surface species in alkali-catalyzed carbongasification: phenolate (C-O-M) groups vs clusters (particles) [J]. J. Catal. , 141 (1993): 102-113.

[83] Karatas H, Olgun H, Akgun F. Experimental results of gasification of waste tire with air & CO_2, air & steam and steam in a bubbling fluidized bed gasifier [J]. Fuel Process. Technol. , 2012, 102: 166-174.

[84] Karatas H, Olgun H, Engin B, et al. Experimental results of gasification of waste tire with air in a bubbling fluidized bed gasifier [J]. Fuel, 2013, 105: 566-571.

[85] Leung D Y C, Wang C L. Fluidized-bed gasification of waste tire powders [J]. Fuel Process. Technol. , 2003, 84: 175-196.

[86] Raman K P, Walawender W P, Fan L T. Gasification of waste tires in a fluid bed reactor [J]. Conserv. Recycl. , 1981, 4: 79-88.

[87] Xiao G, Ni M J, Chi Y, et al. Low-temperature gasification of waste tire in a fluidized bed [J]. Energy Convers. Manag. , 2008, 49: 2078-2082.

[88] Portofino S, Donatelli A, Iovane P, et al. Steam gasification of waste tyre: Influence of process temperature on yield and product composition [J]. Waste Manag. , 2013, 33: 672-678.

[89] Galvagno S, Casciaro G, Casu S, et al. Steam gasification of tyre waste, poplar, and refuse-derived fuel: A comparative analysis [J]. Waste Manag. , 2009, 29: 678-689.

[90] Lin C C, Liu H S. Adsorption in a centrifugal field: Basic dye adsorption by activated carbon [J]. Ind. Eng. Chem. Res. , 2000, 39: 161-167.

[91] Lin C C, Chen Y S, Liu H S. Adsorption of dodecane from water in a rotating packed bed [J]. J. Chin. Inst. Chem. Eng. , 2004, 35: 531-538.

[92] Kundua A, Hassan L S, Redzwan G, et al. Application of a rotating packed bed contactor for removal of Direct Red 23 by adsorption [J]. Desalin. Water Treat. , 2015, 57: 13518-13526.

[93] H. B. Yang, X. D. Zou, H. Y. Wang, et al. Study progress on PM2.5 in atmospheric environment [J]. J. Meteorol. Environ. , 28 (2012): 77-82.

[94] G. Y. Liu, Z. F. Yang, B. Chen, et al. Prevention and control policy analysis for energy related regional pollution management in China [J]. Appl. Energy, 166 (2016): 292-300.

[95] Y. C. Chiang, C. H. Chen, Y. C. Chiang, et al. Circulating inclined fluidized beds with application for desiccant dehumidification systems [J]. Appl. Energy, 175 (2016): 199-211.

[96] H. Lu, L. Lu, Y. H. Wang. Numerical investigation of dust pollution on a solar photovoltaic (PV) system mounted on an isolated building [J]. Appl. Energy, 180 (2016): 27-36.

[97] Z. F. Sui, Y. S. Zhang, Y. Peng, et al. Fine particulate matter emission and size distribution characteristics in an ultra-low emission power plant [J]. Fuel, 185 (2016): 863-871.

[98] G. Saracco, V. Specchi. Simultaneous removal of nitrogen oxides and fly-ash from coal-based power-plant flue gases [J]. Appl. Therm. Eng. , 18 (1998):

1025-1035.

[99] Y. S. Chen, Y. P. Chyou, S. C. Li. Hot gas clean-up technology of dust particulates with a moving granular bed filter [J]. Appl. Therm. Eng., 74 (2015): 146-155.

[100] G. C. Wang, P. C. Wang. PM2.5 pollution in China and its harmfulness to human health [J]. Sci. Technol. Rev., 32 (2014): 72-78.

[101] F. D. Natale, C. Carotenuto. Particulate matter in marine diesel engines exhausts: Emissions and control strategies [J]. Transportation Res. Part D, 40 (2015): 166-191.

[102] C. Ramshow, R. H. Mallinson. Mass transfer process, 4283255US [P]. 1981.

[103] H. Llerena-Chavez, F. Larachi. Analysis of flow in rotating packed beds via CFD simulations—Dry pressure drop and gas flow maldistribution [J]. Chem. Eng. Sci., 64 (2009): 2113-2126.

[104] A. S. Joel, M. Wang, C. Ramshaw, et al. Process analysis of intensified absorber for post-combustion CO_2 capture through modelling and simulation [J]. Int. J. Greenhouse Gas Control, 21 (2014): 91-100.

[105] Y. H. Chen, C. Y. Chang, W. L. Su, et al. Modeling ozone contacting process in a rotating packed bed [J]. Ind. Eng. Chem. Res., 43 (2004): 228-236.

[106] Fu J. Studies on technology of wet dust collection under high gravity [D]. Beijing: North University of China, 2015.

[107] J. H. Li, Y. Z. Liu. Experimental study of removal dust from flue gas by high gravidity technology and its mechanism [J]. Chem. Prod. Technol., 14 (2007): 35-37.

[108] Zhang L, Liu S, Liu Y Z. Experimental study on flue gas dedusting by hypergravity rotary bed [J]. Environ. Eng., 21 (2003): 42-43, 58.

[109] Y. H. Song, J. M. Chen, J. W. Fu, et al. Research on particle removal efficiency of the rotating packed bed [J]. Chem. Ind. Eng. Prog., 22 (2003): 499-502.

[110] Cole P, Mandel J S, Collins J J. Acrylonitrile and cancer: A review of the epidemiology [J]. Regul. Toxicol. Pharm., 2008, 52: 342-351.

[111] Shin Y H, Lee H S, Lee Y H, et al. Synergetic effect of copper-plating wastewater as a catalyst for the destruction of acrylonitrile wastewater in supercritical water oxidation [J]. J. Hazard. Mater., 2009, 167: 824-829.

[112] Shin Y H, Shin N C, Veriansyah B, et al. Supercritical water oxidation of wastewater from acrylonitrile manufacturing plant [J]. J. Hazard. Mater., 2009, 163: 1142-1147.

[113] Sun Q Q. Study on treatment of acrylonitrile by supercritical water oxidation [D]. Qingdao: China University of Petroleum (Huadong), 2009.

[114] Cai Y, Ma C Y, Peng Y L, et al. Preliminary exploration for the treatment of wastewater from acrylonitrile production by supercritical water oxidation [J]. Ind. Water. Treat., 2006, 26: 42-44.